Stefan Bernhard, Andreas Brensing, Karl-Heinz Witte
Biosignalverarbeitung
De Gruyter Studium

Weitere empfehlenswerte Titel

Biosignal Processing
Fundamentals and Recent Applications with MATLAB ®
Stefan Bernhard, Andreas Brensing, Karl-Heinz Witte, 2022
ISBN 978-3-11-073959-6, e-ISBN (PDF) 978-3-11-073629-8

MATLAB® Kompakt
Wolfgang Schweizer, 2022
ISBN 978-3-11-074170-4, e-ISBN (PDF) 978-3-11-074178-0

Modern Signal Processing
Xian-Da Zhang, 2022
ISBN 978-3-11-047555-5, e-ISBN (PDF) 978-3-11-047556-2

Multiraten Signalverarbeitung, Filterbänke und Wavelets
verständlich erläutert mit MATLAB/Simulink
Josef Hoffmann, 2020
ISBN 978-3-11-067885-7, e-ISBN (PDF) 978-3-11-067887-1

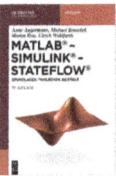

MATLAB – Simulink – Stateflow
Grundlagen, Toolboxen, Beispiele
Anne Angermann, Michael Beuschel, Martin Rau, Ulrich Wohlfarth, 2020
ISBN 978-3-11-064107-3, e-ISBN (PDF) 978-3-11-063642-0

Stefan Bernhard, Andreas Brensing,
Karl-Heinz Witte

Biosignalverarbeitung

Grundlagen und Anwendungen mit MATLAB®

2. Auflage

DE GRUYTER
OLDENBOURG

Autoren

Prof. Dr. rer. nat. Stefan Bernhard
Technische Hochschule Mittelhessen
FB Life Science Engineering
Wiesenstrasse 14
35390 Giessen
stefan.bernhard@lse.thm.de

Prof. Dr. Andreas Brensing
Hochschule Rhein Main
FB Ingenieurwissenschaften
Fachgebiet Medizintechnik
Am Brückweg 26
65428 Rüsselsheim
andreas.brensing@hs-rm.de

Prof. Dr.-Ing. Karl-Heinz Witte
Hochschule RheinMain
FB Ingenieurwesen
Am Brückweg 26
65428 Rüsselsheim
Karl-Heinz.Witte@hs-rm.de

MATLAB and Simulink are registered trademarks of The MathWorks, Inc. See www.mathworks.com/ trademarks for a list of additional trademarks. The MathWorks Publisher Logo identifies books that contain MATLAB and Simulink content. Used with permission. The MathWorks does not warrant the accuracy of the text or exercises in this book. This book's use or discussion of MATLAB and Simulink software or related products does not constitute endorsement or sponsorship by The MathWorks of a particular use of the MATLAB and Simulink software or related products.

For MATLAB® and Simulink® product information, or information on other related products, please contact:

The MathWorks, Inc.
3 Apple Hill Drive
Natick, MA, 01760-2098 USA
Tel: 508-647-700

Fax: 508-647-7001
E-mail: info@mathworks.com
Web: www.mathworks.com

ISBN 978-3-11-100189-0
e-ISBN (PDF) 978-3-11-100311-5
e-ISBN (EPUB) 978-3-11-100363-4

Library of Congress Control Number: 2022943776

Bibliografische Information der Deutschen Nationalbibliothek
Die Deutsche Nationalbibliothek verzeichnet diese Publikation in der Deutschen Nationalbibliografie; detaillierte bibliografische Daten sind im Internet über http://dnb.dnb.de abrufbar.

© 2022 Walter de Gruyter GmbH, Berlin/Boston
Einbandabbildung: aislan13 / iStock / Getty Images Plus
Druck und Bindung: CPI books GmbH, Leck

www.degruyter.com

Vorwort

Das interdisziplinäre Feld der Biosignalverarbeitung ist aus heutigen Anwendungen der Medizintechnik nicht mehr wegzudenken. Im Klinikalltag werden fortlaufend große Mengen von Bilddaten und Signalen zu Diagnosezwecken ausgewertet. Um Patienten eine möglichst effiziente Therapie und Heilung ihrer Erkrankung bieten zu können, sind belastbare Diagnosen die wichtigste Grundlage einer fundierten medizinischen Entscheidungsfindung. Oft verbleiben dem Arzt hierfür nur Minuten – ein Grund, weshalb die Daten und Signale entsprechend aussagekräftig aufbereitet werden müssen. Dazu zählt neben einer wünschenswerten Echtzeitverarbeitung vor allem die Zuverlässigkeit sowie eine übersichtliche und unmissverständliche Darstellung der diagnostischen Aussagen. Ein Weg mit vielen Unwägbarkeiten, auf welchem für die letztendliche Diagnose einige wichtige Grundregeln beachtet werden müssen.

Das vorliegende Buch bildet ein Grundlagenwerk zur Biosignalverarbeitung in dem neben einer allgemeinen Einführung zur Entstehung, Messung und analogen/digitalen Weiterverarbeitung von Biosignalen auch weiterführende Themen in Form von modernen Anwendungsbeispielen diskutiert werden. Damit ist das Buch einerseits für Lernende und Lehrende ein geeignetes Werk zum Einstieg in die grundlegende Methodik und andererseits für langjährige Anwender im Bereich der Medizintechnik und -informatik ein kompaktes Nachschlagewerk.

Die Grundlagenthematik des Buches wird durch zahlreiche aktuelle Forschungsthemen der Biosignalverarbeitung in Form von anwendungsnahen Beispielen ergänzt und bietet damit auch Forschern aus den Natur-und Lebenswissenschaften wie der Medizin und Medizintechnik vielfältige Impulse für die Entwicklung neuer Methoden zur Verarbeitung von Biosignalen.

Ausgehend von den wichtigsten physiologischen Prozessen im Körper und entlang der diagnostischen Messkette diskutieren die Autoren anhand der speziellen Sensorik und Messtechnik für verschiedene Biosignale die Grundlagen der analogen Signalverstärkung und -aufbereitung sowie die Digitalisierung solcher Signale. Auch der Entwurf wichtiger digitaler Filter und grundlegende Methoden zur Analyse der Signale im Zeit-, Frequenz- und Verbundbereich sowie spezielle Methoden zur statistischen oder modellbasierten Auswertung von Signalen werden im Detail besprochen.

Das Buch wendet sich gleichermaßen an Studierende der Naturwissenschaften, namentlich der Mathematik, Physik und Biologie, der Ingenieurwissenschaften, vor allem der Informatik, Medizintechnik und physikalischen Technik sowie der Lebenswissenschaften, insbesondere der Medizin. Die darin aufgeführten mathematischen und experimentellen Methoden entstanden in der langjährigen Tätigkeit der Autoren als Dozenten der Biosignalverarbeitung.

Kompakte Einführungen in die physikalischen und physiologischen Grundlagen erleichtern den Lesern aus fremden Fachdisziplinen den Einstieg in die Materie und dienen auch zur Auffrischung notwendiger Grundbegriffe. Die Abschnitte erheben

https://doi.org/10.1515/9783111003115-202

keinen Anspruch auf Vollständigkeit und verweisen deshalb an enstprechenden Stellen auf weiterführende Literatur.

Zu guter Letzt wird jedes Kapitel mit einem Beispiel- und Übungsteil ergänzt, welcher vom Leser zur praktischen Vertiefung und Vorbereitung des Stoffes genutzt werden kann. Die im Buch teilweise ausschnitthaft behandelten Programmbeispiele für Matlab, Scilab/COS und LTSpice stehen auf der Verlagswebsite als Zusatzmaterialien zum Download zur Verfügung.

Die inhaltliche und formale Gestaltung des Buches basiert auf den Erfahrungen der Autoren im Umfeld der Hochschule. Der im Laufe der Jahre entstandene Erfahrungsschatz beinhaltet damit auch Einflüsse aus der indirekten Mitarbeit von Studierenden, DoktorandenInnen und KollegenInnen, die hier im Einzelnen namentlich nicht alle erwähnt werden können. Für all die uns zuteilgewordene Unterstützung in Form von Verbesserungsvorschlägen, Kritik und Lob während unserer Zeit als Dozenten an der Hochschule möchten wir uns daher hier bedanken! Weiterhin danken wir Frau Eva Funk für die Erstellung und Bearbeitung von zahlreichen Abbildungen. Außerdem danken die Autoren Prof. Dr. Jörg Subke und Benedict Schneider für ihren Beitrag zu Unterabschnitt 6.2.2 und Dr. Urs Hackstein für seinen Beitrag zu Unterabschnitt 6.3.4.

Ebenso möchten wir an dieser Stelle der besseren Lesbarkeit wegen die männliche Person als einheitliche Anredeform wählen, obgleich sich natürlich alle Leser mit ihrer jeweiligen Person angesprochen fühlen sollen.

Stefan Bernhard   Andreas Brensing   Karl-Heinz Witte

Inhalt

Bildnachweise

Abb. 1.1: Bildmaterial von TMSi, Niederlande

Abb. 2.7: MRT- und CT-Angiographien des Herzens/Gehirns aus http://www.osirix-viewer.com/resources/dicom-image-library/

Abb. 2.9: MRT- und CT-Angiographien des Herzens/Gehirns aus http://www.osirix-viewer.com/resources/dicom-image-library/

Abb. 2.1, 2.2, 2.5, 2.6, 2.7, 2.9, 2.10,2.20, 2.21, 2.24, 3.3, 3.5, 3.6, 3.7, 3.34: Erstellt mit TikZ Bioliothek und Beispielen [80]

Abb 3.1, 3.10, 3.11: Adaptiert aus [16, 79]

Abb. 3.4: Zellmembran aus © natros – stock.adobe.com, http://stock.adobe.com

Abb. 3.12: Zelle, Axon, Muskel aus © joshya – stock.adobe.com, http://stock.adobe.com

Abb. 3.13, 3.17, 6.11 - 6.13: Modifiziert aus [51]

Abb. 3.38: Gehirn aus © bilderzwerg – stock.adobe.com, http://stock.adobe.com

Abb. 3.38: Sinnesorgane aus © www.freepik.com

Abb. 4.2: Haut aus © Neokryuger – stock.adobe.com, http://stock.adobe.com

Abb. 6.1: © Dule964 | Dreamstime.com

Abb. 6.2: modifiziert aus © Alila07 | Dreamstime.com

Abb. 6.4: © Alila07 | Dreamstime.com

Abb. 6.6: Motorische Einheit aus © Balint Radu – stock.adobe.com, http://stock.adobe.com

Abb. 3.1, 3.20, 4.6, 4.13, 4.16, 6.9, 6.10, 6.11, 6.12, 6.13, 6.14: modifizierter Körperumriss aus © Aaltazar – istock.de

Nachbearbeitung, Zusammenstellung und Erstellung von Bildmaterial © Eva Funk – www.evafunk.com

https://doi.org/10.1515/9783111003115-204

1 Einführung in die Biosignalverarbeitung

Die Biosignalverarbeitung ist ein interdisziplinäres Arbeitsgebiet, das die Medizinische Informatik, die Signalverarbeitung und die Lebenswissenschaften umfasst. Hauptziel der Analyse menschlicher Biosignale ist die Unterstützung der medizinischen *Diagnosestellung* mit Hilfe *mathematischer* Methoden. Eine intelligente Auswertung der Signale soll dem Mediziner wertvolle quantitative Informationen zur Diagnosestellung bereitstellen und ihn bei der medizinischen Entscheidungsfindung effektiv unterstützen. Die Themengebiete sind breit gefächert. Sie umfassen einerseits die Signalaufbereitung, Methoden zur Überwachung und Kontrolle von Vitalfunktionen in der Intensivmedizin, zum Beispiel durch die automatische Klassifikation von Signalen, und andererseits die formale Beschreibung der Zusammenhänge zwischen Signalen und physiologischen Funktionen in der medizinischen Forschung. Eine weitere, wachsende Disziplin ist die Modellbildung für physiologische Phänomene mit dem Ziel des besseren Verständnisses der zugrunde liegenden pathologischen Mechanismen und der technologischen Nutzung in der Medizingerätetechnik. Moderne Simulationstechniken bedienen sich statistischer Methoden der Parametervariation und Parameterschätzung sowie der Quantifizierung von Unsicherheiten im Modellansatz – alles mit dem Ziel, immer raffiniertere Datenauswertungsmethoden zu entwickeln. In vielen Fällen sind diese Methoden die Grundlage zur optimalen Steuerung und Regelung oder führen zu einem gänzlichen Ersatz physiologischer Funktionen, wie beispielsweise in der Prothetik.

Die Erfassung von Biosignalen zu diagnostischen Zwecken hat eine lange Geschichte. Beginnend mit der Erkenntnis der elektrischen Aktivität von Nerven- und Muskelzellen, die Luigi Galvani in seinem berühmten Froschschenkel-Experiment im Jahre 1787 beschäftigte, reihte sich eine Kette von weitreichenden Erkenntnissen zu den grundlegenden Mechanismen der Elektrophysiologie. Bereits im Jahr 1876 gelang es E. J. Marey erstmals, diese Vorgänge grafisch darzustellen. Willem Einthoven erhielt für die Entwicklung des Saitengalvanometers[1] und die Beschreibung des Elektrokardiogramms im Jahre 1924 den Nobelpreis für Medizin. Die konsequente Weiterentwicklung durch den Einsatz empfindlicherer Messtechnik, wie dem Röhrenverstärker, den Transistoren und später den integrierten Schaltkreisen sowie der aktuellen Mikroprozessortechnik, führte im Laufe der Zeit zur erheblichen Verbesserung der Signalqualität.

Heutzutage liegt das Hauptaugenmerk der Forschung auf immer anspruchsvolleren Auswertungsalgorithmen, zum Beispiel auf der Basis großer Datenmengen[2] und der Miniaturisierung der Mess- und Übertragungstechnik sowie der Datenspeicherung

---

1 Gerät zur Messung von elektrischen Herzsignalen, Hirnströmen und Nervenimpulsen.
2 Auswertung extrem großer Datensätze mit Hilfe von Computeralgorithmen mit dem Ziel, Zusammenhänge wie Trends, Korrelationen oder Muster im Verhalten der Daten sichtbar zu machen.

https://doi.org/10.1515/9783111003115-001

im Internet. Die Auswertung der Informationen und Signale des menschlichen Körpers ist heute die Grundlage fast jeder ärztlichen Diagnose. Speziell die Elektrokardiographie (EKG) entwickelte sich zu einer der am häufigsten verwendeten medizinischen Untersuchungsmethoden – täglich werden auf der Welt Millionen von EKGs aufgezeichnet. Gerade im Bereich des Langzeit-EKGs (über 24 h) sind moderne Methoden nicht mehr wegzudenken, schlägt ein Herz in dieser Zeit doch ungefähr 80.000 bis 100.000 Mal. In dieser Größenordnung stellt die Suche nach auffälligen Herzschlägen wie beispielsweise Herzrhythmusstörungen oder ungewöhnlichen Veränderungen wie Kammerflimmern die Ärzte vor eine praktisch unmögliche Aufgabe. Neben der kostbaren Zeit, die mit einer manuellen Durchsicht einhergehen würde, wäre ein Nachlassen der Aufmerksamkeit und damit ein Verlust wichtiger Ereignisse zu befürchten – von der Erstellung einer Statistik ganz zu schweigen.

Aber nicht nur in der Analyse intensivmedizinischer Daten fallen große Datenmengen an, sondern ganz aktuell auch in der Telemedizin. Die Datenvielfalt im Bereich der kommerziellen Sportmedizin ist durch die Anwendung mobiler Technologien und Software auf Smartphones ebenso rasant angewachsen, wie das kontinuierliche Monitoring älterer Menschen zur Überwachung ihrer Gesundheit. Die Liste möglicher Vitalsignale und Gesundheitsparameter neben dem EKG ist lang: Blutdruck, Herzfrequenz, Blutsauerstoffsättigung, Körpergewicht und -temperatur – alle erfordern zur Diagnoseführung eine gewissenhafte und kontextbezogene Auswertung mit mathematischen Methoden. Mit ihrer Hilfe sollen die wesentlichen Kenngrößen automatisch gefunden und der Arzt auf relevante Inhalte hingewiesen werden. Speziell beim Monitoring auf der Intensivstation oder in der Telemedizin sollen bei Patienten bedrohliche Zustände schnell und zuverlässig erkannt und dem behandelnden Personal durch einen Alarm mitgeteilt werden.

Das Problem bei dieser Form der automatischen Erkennung von wichtigen Events liegt darin, einen zuverlässigen Algorithmus mit der bestmöglichen Trefferquote zu entwickeln – bei der Vielfalt der Patienten und der Variabilität in den Signalen eine schier unmögliche Aufgabe. Anders ausgedrückt bedeutet das, dass die Algorithmen auf alle möglichen Varianten eines bestimmten Signals anwendbar sein müssen. Diese sogenannte *Robustheit* eines Algorithmus ist in der späteren Zulassung als Medizinprodukt ein essenzielles Merkmal. Zudem müssen die Messtechnik und Algorithmen gegenüber äußeren elektromagnetischen Störeinflüssen, welchen ein Messaufbau ausgesetzt sein kann, absolut unempfindlich sein.

Mathematische Methoden und die Entwicklung von Software sind demzufolge unverzichtbare Bestandteile der Biosignalanalyse. Der Erfolg moderner Monitoringsysteme kommt deshalb nur noch zum kleinen Teil von der Entwicklung der elektronischen Hardware – den weitaus größeren Anteil zum Erfolg eines innovativen Produktes trägt mittlerweile eine intelligente Signalauswertung bei. Beispielsweise werden Störsignale heutzutage neben der ausschließlichen Filterung im Frequenz- oder Zeitbereich zunehmend mit der Wavelet-Transformation im Zeit/Frequenz-Verbundbereich durchgeführt, da sie eine bestmögliche Zeit- und Frequenzauflösung für einen bestimmten Signalabschnitt erlaubt. Die Detektion wichtiger Signalabschnitte in einem EKG-Signalverlauf beispielsweise erfordert die Extraktion von statistisch belastbaren Merkmalen, die dann einem Klassifikator oder einem neuronalen Netz zur Analyse zugeführt werden. Mit dieser Methode können heutzutage schon eine Vielzahl von Anomalien in EKGs zuverlässig unterschieden werden.

Auch modellbasierte Techniken wie das Kalman-Filter oder Markov-Modelle werden zur Erkennung abnormaler (pathologischer) Zustände beziehungsweise der damit einhergehenden Zustandsänderungen eingesetzt. Eine frühzeitige Erkennung von Trends oder zufälligen Schwankungen in einem Signalverlauf, wie etwa Signalveränderungen kurz vor einem epileptischen Anfall im Elektroenzephalogramm (EEG), durch Methoden des maschinellen Lernens könnte dazu genutzt werden, um den Patienten schon vor Beginn auf einen kommenden Anfall hinzuweisen. Mit diesen statistischen Methoden sollen stochastische Schwankungen von deterministischen unterschieden beziehungsweise signifikante Änderungen erkannt werden, bevor sie selbst in Erscheinung treten. Die mathematischen Zusammenhänge, mit denen aus gegenwärtigen Messwerten die Wahrscheinlichkeit für eine zukünftige Änderung vorhergesagt werden kann, um daraus mögliche Anzeichen für eine im Entstehen befindliche Pathologie zu erkennen, liegen oft in der Theorie der komplexen Systeme und nichtlinearen Dynamik. Beispielsweise beobachtet man im normalen Herzrhythmus stabile Rhythmen (Trajektorien im Phasenraum), sogenannte *Attraktoren*, die aber manchmal über sogenannte *Bifurkationen* ins Chaos und damit in pathologische Zustände wie dem Kammerflimmern übergehen können. Diese Erkenntnis lässt sich vielleicht in nicht gar zu ferner Zukunft zur frühzeitigen Erkennung und Diagnose solcher Vorfälle zu Gunsten des Patienten nutzen.

Das vorliegende Buch gibt eine Einführung in die Theorie und prinzipielle Methodik der Biosignalverarbeitung, beschreibt die Entstehung der gängigsten Biosignale des Menschen und vermittelt die Techniken zur Messung und modernen Informationsverarbeitung mit LTSpice und Matlab/Simulink[3]. Nach einer kurzen Einführung und historischen Rückblende zu den einzelnen Themen der Elektrophysiologie sowie der analogen und digitalen Signalverarbeitung wird der Leser durch ausgewählte Anwendungen der erlernten Methodik in die Praxis der Biosignalverarbeitung mit Matlab/Simulink eingeführt.

Der Leser erhält dabei einen Überblick über die Vielfalt menschlicher Biosignale (vgl. Abbildung 1.1) und wird anhand ausgewählter Biosignale, wie etwa der Muskelaktivität im Elektromyogramm (EMG), der Aktivität des Herzmuskels im Elektrokardiogramm (EKG), der Aktivität der Nervenzellen des Gehirns im Elektroenzephalogramm (EEG) oder der Messung der Sauerstoffsättigung des Blutes im Photoplethysmogramm (PPG) in die Thematik eingeführt. In diesem Zusammenhang werden die Grundlagen zur Ableitung, Vorverarbeitung, Erkennung und Interpretation dieser Si-

---

3 The MathWorks, Inc.

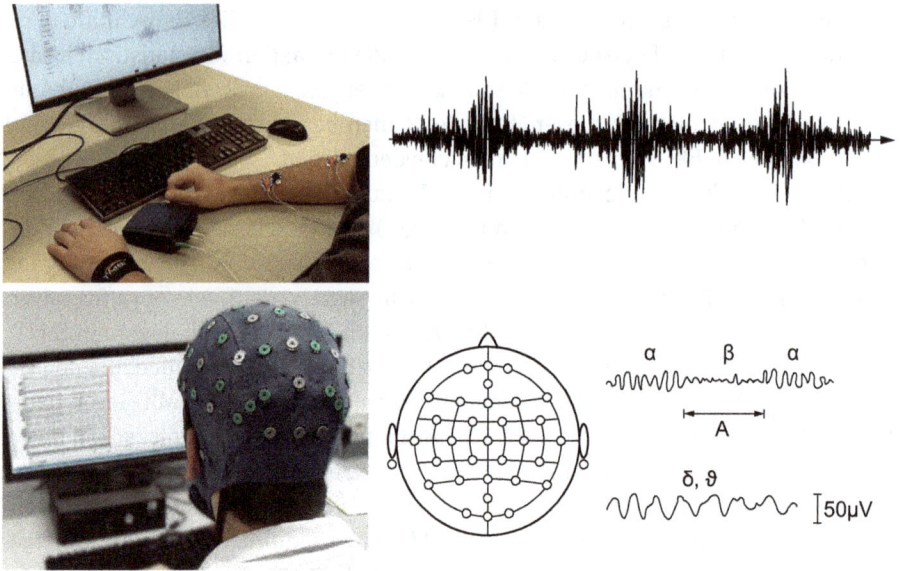

Abb. 1.1: Mögliche Quellen aus den Bereichen der Elektroenzephalographie (EEG) und Elektromyographie (EMG) mit Abbildung der typischen zeitlichen Signalverläufe der Einzelrhythmen im EEG (unten) und einer wiederholten Muskelkontraktion im EMG (oben).

gnale mit Hilfe der Simulationsumgebung LTSpice und der Programmiersprache Matlab/Simulink vermittelt. Die Durchführung der Übungen in Matlab/Simulink vermittelt zudem die notwendigen Techniken der praktischen Biosignalverarbeitung und bietet die Möglichkeit, erworbene theoretische Kenntnisse praktisch anzuwenden. Zur besseren Übersicht der verwendeten Formelzeichen, Einheiten und Konstanten befindet sich in Kapitel 7 eine nach Kapiteln sortierte Tabelle zum Nachschlagen.

Der gegenwärtige Stand der Forschung und Entwicklung wird in drei Anwendungsfeldern aus den Forschungsthemen der Autoren dargestellt: (i) mathematische Modellierung und Analyse von Signalen des Herz-Kreislaufsystems sowie der Analyse der elektrischen Aktivität der (ii) Muskeln und (iii) des Gehirns. Jedes Kapitel beinhaltet eine Reihe von Beispielen und Übungsaufgaben sowie eine Darstellung der zukünftigen Perspektiven des jeweiligen Gebietes.

2 Grundlagen der Informations-, Signal- und Systemtheorie

In der Biosignalverarbeitung werden vielfältige Methoden aus unterschiedlichen Disziplinen auf Problemstellungen in der Medizin angewendet. Die Methoden der klassischen Informations- und Signalverarbeitung bilden dabei eine wichtige Grundlage. Im folgenden Kapitel werden für die Biosignalverarbeitung wichtige Methoden aus diesen Fachdisziplinen eingeführt und beispielhaft in Bezug auf Biosignale diskutiert.

2.1 Information und Informationsübertragung

Der Begriff der Information nimmt in allen wissenschaftlichen Disziplinen einen entscheidenden Platz ein, so auch in der Biosignalverarbeitung. Allerdings ist der Informationsbegriff in den verschiedenen Fachrichtungen nicht einheitlich definiert und hat unterschiedliche Bedeutungen. Am gebräuchlichsten ist der durch C. E. Shannon[1] geprägte Informationsbegriff, der in der Nachrichten- und Kommunikationstechnik Anwendung findet.

Digitale Information

Die shannonsche Definition der *digitalen Information* bezieht sich jedoch ausschließlich auf statistische Aspekte der Information, d. h. der *Auftrittswahrscheinlichkeit* von *Zeichen* eines Zeichenvorrats in einer zu übertragenden Zeichenkette. Der statistische Informationsgehalt I dieser Folge von n Zeichen mit der jeweiligen Auftrittswahrscheinlichkeit p_i der einzelnen Zeichen ist:

$$I = \sum_{i=1}^{n} \log_2 \frac{1}{p_i} = \log_2 \frac{1}{p_1} + \log_2 \frac{1}{p_2} + \cdots + \log_2 \frac{1}{p_n} \geq 0, \quad n \in \mathbb{Z}. \tag{2.1}$$

Dieser Gleichung zufolge steigt die Information mit der Anzahl n der Zeichen in der Kette stetig an, solange für ein Zeichen aus einem Zeichenvorrat mit N unterschiedlichen Zeichen folgende Beziehung gilt:

$$0 \leq p_j \leq 1, \quad \sum_{j=1}^{N} p_j = 1. \tag{2.2}$$

Gleichung 2.2 steht für die Existenz eines Zeichens und gewährleistet gleichzeitig, dass jedes Zeichen nur einmal im Zeichenvorrat auftaucht. Aus den beiden Gleichun-

---

1 Claude Elwood Shannon (1916–2001), US-amerikanischer Mathematiker und Elektrotechniker, Begründer der Informationstheorie.

https://doi.org/10.1515/9783111003115-002

gen wird deutlich, dass der Informationsgehalt einer Zeichenkette durch seltene Zeichen, also für kleine Werte von p_j stark anwächst. Dieser Zusammenhang begründet sich damit, dass selten auftretende Zeichen eines Zeichenvorrats meist eine besondere Bedeutung in einer Nachricht haben und demnach auch einen großen Informationsgehalt tragen. Bezieht man diesen Sachverhalt auf die deutsche Sprache, haben seltener vorkommende Buchstaben einen höheren Informationsgehalt und folglich bei der Entschlüsselung einer Textnachricht eine größere Bedeutung. Tatsächlich kann anhand der Auftrittswahrscheinlichkeit von Buchstaben in einer verschlüsselten Nachricht unter bestimmten Bedingungen anhand der Gesamtauftrittswahrscheinlichkeit der einzelnen Buchstaben in der deutschen Sprache eine Entschlüsselung der Nachricht erzielt werden.

Datenmenge

Ein wichtiges Resultat der statistischen Informationstheorie ist die konsequente Beschreibung der Informationsübertragung in Form von *Symbolen*. Die informationstragenden Symbole bestehen aus *einem oder mehreren Informationseinheiten*, den sogenannten *digitalen Bits*[2]. Dabei ist 1 Bit der *Informationsgehalt*, der in einer Auswahl aus zwei gleich wahrscheinlichen Möglichkeiten enthalten ist. Der Informationsgehalt kann ein beliebiger reeller, nicht negativer Wert sein. Diese kleinsten Informationseinheiten besitzen nur zwei unterscheidbare Zustände – Null und Eins. Die Anzahl der Bits wird *Datenmenge D* genannt. Ein Symbol aus D Bits besitzt demnach $Z = 2^D$ *unterscheidbare Zustände*. Üblicherweise arbeitet man in der Übertragungstechnik[3] mit einer *Wortbreite W* von bis zu 10 Bit pro Symbol, da größere Wortbreiten meist auf der Empfangsseite aufgrund von Rauschen nicht mehr eindeutig unterschieden werden können. Da ein Symbol je nach Codierung unterschiedlich viele Datenbits besitzt, unterscheidet man zwischen der *Daten-* und der *Symbolrate* eines Datenstroms.

Datenübertragungsrate

Die Bestimmung des Datenstroms eines digitalen Signals ist beispielsweise zur Dimensionierung einer Funkverbindung bei der Datenübertragung aus Sensornetzen über Bluetooth von großer Bedeutung. Definiert man zunächst die Symboldauer T_s als die Übertragungsdauer für ein Symbol, lässt sich durch die Bildung des Kehrwerts daraus die sogenannte Symbolrate oder Baudrate $f_s = 1/T_s$ ableiten. Die Baudrate bezeichnet die Anzahl der übertragenen Symbole pro Sekunde. Übliche Baudraten liegen zwischen 9600 und 11.520 Baud (1 Baud = 1 Bd = 1 Symbol pro Sekunde)[4].

---

2 Bit ist die Kurzform für *binary digit*, dt. Binärziffer.
3 Beim digitalen Bildfernsehen sind 4 bis 6 Bit/Symbol üblich, das führt bereits zu $2^4 = 16$ beziehungsweise $2^6 = 64$ unterschiedlichen Zuständen für ein Symbol.
4 Nach Jean-Maurice-Émile Baudot, der 1874 den Baudot-Code erfand.

Tab. 2.1: Datenraten gängiger Signale.

Art	Datenrate
Auge	100 Mbit/s
Ohr	50 kbit/s
Sprache	64 kbit/s
Audio-CD (44.1 kHz, 16 Bit)	700 kbit/s
Bluetooth	50 Mbit/s

Die Datenübertragungsrate C ergibt sich demzufolge aus dem Produkt der Symbolrate und der Wortbreite $C = D \cdot W$ und wird in Bit pro Sekunde angegeben. Eine Bluetooth-3.0-Verbindung erreicht theoretisch Datenraten bis zu 25 Mbit/s, bei 8 Bit pro Byte lässt sich damit in einer Sekunde also eine Datenmenge von maximal 3.125 MByte übertragen.[5] Weitere Datenraten zum Vergleich sind in Tabelle 2.1 gegeben.

Allerdings werden diese theoretischen Datenraten in der Praxis niemals erreicht, die Gründe dafür liegen einerseits in der verfügbaren *Bandbreite* des *Übertragungskanals* und andererseits in den vorhandenen Störungen auf der Übertragungsstrecke (vgl. Abbildung 2.1).

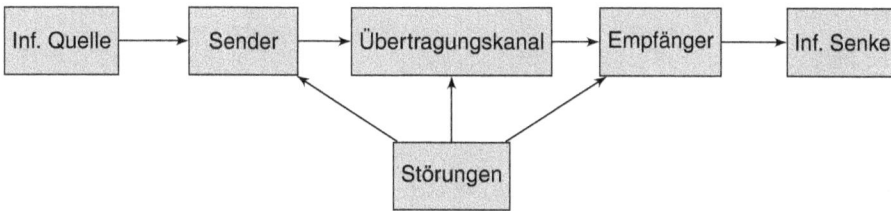

Abb. 2.1: Übertragungsstrecke einer Informationsübertragung unter dem Einfluss von Störungen.

Eine maximale Datenübertragungsrate C_{max} lässt sich mit Hilfe des *Shannon-Hartley-Gesetzes* in Abhängigkeit der Bandbreite B und dem Störabstand oder *Signal-Rausch-Verhältnis SNR* wie folgt berechnen:

$$C_{\text{max}} = B \cdot \log_2(1 + SNR) . \tag{2.3}$$

Signal-Rausch-Verhältnis

In der Elektrotechnik bezeichnet das Signal-Rausch-Verhältnis das Verhältnis der mittleren Leistung des Nutzsignals P_{Signal} zur mittleren Rauschleistung des Störsignals P_{Rauschen}. Die mittlere elektrische Leistung eines Wechselstromkreises mit ohmschem Verbraucher R, der instantanen Spannung u und dem instantanen Strom i, ist

---

5 Das Bit wird üblicherweise mit einem kleinen b und das Byte mit einem großen B abgekürzt.

definiert als $P = \overline{u \cdot i}$. Mit dem ohmschen Gesetz $i = u/R$ lässt sich folgender Zusammenhang für die Mittelwertbildung über den Zeitraum $T = t_0, \dots, t_1$ aufstellen:

$$P = \overline{u \cdot i} = \frac{1}{T} \int_{t_0}^{t_1} u \cdot i \, dt = \frac{1}{T} \int_{t_0}^{t_1} \frac{1}{R} u^2 \, dt . \tag{2.4}$$

Der *Effektivwert* einer Wechselgröße ist der Wert eines Stromes beziehungsweise einer Spannung, bei dem ein ohmscher Verbraucher in einer repräsentativen Zeit $T = t_1 - t_0$ dieselbe elektrische Leistung umsetzt wie eine entsprechende Gleichgröße. Das bedeutet, die umgesetzte mittlere Leistung der Augenblickswerte im Zeitraum $t_0, \dots, t_1$ entspricht genau der elektrischen Leistung aus den *Effektivwerten* der jeweiligen Wechselspannungen U_{eff} und -ströme I_{eff}. Mit dem zugehörigen ohmschen Gesetz $I_{\text{eff}} = U_{\text{eff}}/R$ gilt dann folgender Zusammenhang:

$$P = \frac{1}{T} \int_{t_0}^{t_1} \frac{1}{R} u^2 \, dt = U_{\text{eff}} \cdot I_{\text{eff}} = \frac{(U_{\text{eff}})^2}{R} . \tag{2.5}$$

Durch Umstellen erhält man einen Ausdruck für den Effektivwert oder den quadratischen Mittelwert einer Wechselspannung, welcher oft als RMS-Wert[6] bezeichnet wird:

$$U_{\text{eff}} = \sqrt{\frac{1}{T} \int_{t_0}^{t_0+T} u^2 dt} = \sqrt{\overline{u^2}} . \tag{2.6}$$

Entsprechende Gleichungen gelten für den Effektivwert der Stromstärke und verallgemeinernd für jedes andere periodische oder stochastische Signal. Der Signal-Rausch-Abstand entspricht demzufolge genau dem Verhältnis der quadratischen Effektivwerte der effektiven Spannungen:

$$SNR = \frac{P_{\text{Signal}}}{P_{\text{Rauschen}}} = \frac{U^2_{\text{eff}_{\text{Signal}}}}{U^2_{\text{eff}_{\text{Rauschen}}}} . \tag{2.7}$$

Aufgrund des großen möglichen Zahlenbereichs wird der Störabstand oftmals in logarithmischer Skala mit der Einheit Dezibel wie folgt angegeben:

$$SNR = 10 \log(SNR)\text{dB} = 10 \log \left(\frac{U^2_{\text{eff}_{\text{Signal}}}}{U^2_{\text{eff}_{\text{Rauschen}}}} \right) \text{dB} = 20 \log \left(\frac{U_{\text{eff}_{\text{Signal}}}}{U_{\text{eff}_{\text{Rauschen}}}} \right) \text{dB} \geq 0 , \tag{2.8}$$

wobei in der zweiten Zeile der Gleichung die Quadrate der Effektivspannungen zur Vereinfachung aus dem Logarithmus heraus gezogen wurden. Der Gleichung zufolge

---

6 Im Englischen bezeichnet man den Effektivwert mit RMS (Abkürzung für Root Mean Square, Quadratisches Mittel).

ist das Signal-Rausch-Verhältnis $SNR \geq 0$, und ein $SNR = 20\,\text{dB}$, beispielsweise, ist gleichbedeutend mit dem Verhältnis der quadratischen Mittelwerte der Amplituden des Signals und dem Rauschsignal von 100 zu 1, entsprechend einem SNR von 100. Ungeachtet der verfügbaren Bandbreite B ergeben sich daraus in der Praxis Daten-übertragungsraten von etwa dem $6,7$-Fachen verglichen mit der Datenübertragungs-rate für $SNR = 1$, d. h. $C_{\text{max}} = B \cdot \log_2(101) \approx B \cdot 6,7$.

Bandbreite und Modulation

Die Bandbreite eines Signals beschreibt das Frequenzintervall (z. B. eines Übertra-gungskanals einer Funkstrecke), in dem die grundlegenden Frequenzanteile des zu übertragenden Signals liegen. Das Frequenzintervall wird mit Hilfe der unteren und eine oberen Grenzfrequenz f_u und f_o beschrieben. Die unterschiedliche Position im Frequenzspektrum lässt sich in *Basisbandlage* ($f_u = 0$) und *Bandpasslage* ($f_u \neq 0$) unterteilen, der Größenwert der Bandbreite lässt sich mit $B = |f_o - f_u|$ berechnen. Ta-belle 2.2 zeigt übliche (Bio-)Signale und deren ungefähre Bandbreiten im Vergleich (aufsteigend sortiert).

Die Bandbreite des Übertragungskanals, beziehungsweise der Signale, die darin übertragen werden, richtet sich nach dem zu übertragenden Informationsgehalt. Da Informationen nicht über eine einzelne Frequenz übertragen werden können[7], modu-liert man das Informationssignal auf sogenannte *Trägersignale* auf. Die einfachste Art der *Modulation* sind analoge Verfahren, bei denen ein Signalparameter wie die Am-plitude oder Frequenz beziehungsweise die Phasenlage des Trägersignals durch das Informationssignal moduliert werden. Das geschieht im einfachsten Fall – der Ampli-

Tab. 2.2: Bandbreite gängiger Signale im Vergleich zu Biosignalen (aufsteigend sortiert).

Signalart/Anwendung	Bandbreite
Kernspinresonanzspektroskopie	0.1 Hz
Elektroencephalogramm (EEG)	100 Hz
Elektrokardiogramm (EKG)	300 Hz
Sprache	3.6 kHz
Elektromyogramm (EMG)	5 kHz
Audio-CD	22 kHz
UKW-Rundfunksignal	300 kHz
DVB-T	7 MHz
WLAN	bis 40 MHz
Front Side Bus im Computer	200–400 MHz
Mobilfunk 5G	3250 MHz
Glasfaser – Ethernet	20–50 GHz

---

7 Ein Signal mit einer einzelnen Frequenz überträgt keine Information, da die messbare Größe keine Änderung erfährt.

$$s_I(t) \circ \longrightarrow \otimes \longrightarrow \circ s_U(t) = s_I(t) \cdot s_T(t)$$

$$s_T(t) \circ$$

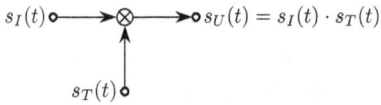

Abb. 2.2: Amplitudenmodulator, der mit Hilfe der Multiplikation des Informationssignals s_I mit dem Trägersignal s_T ein Übertragungssignal s_U erzeugt.

tudenmodulation – durch eine Multiplikation des Trägersignals mit dem Informationssignal (vgl. Abbildung 2.2).

In der Technik werden neben der analogen Amplituden- und Frequenzmodulation auch digitale Modulationsverfahren eingesetzt, um die Kanalkapazität optimal auszunutzen. Entsprechend der analogen Modulation wie der Amplitudenmodulation (AM) oder der Frequenzmodulation (FM), wird bei den digitalen Verfahren einerseits in der Pulsamplitudenmodulation (PAM) die Amplitude und andererseits in der Pulspositionsmodulation (PPM) bzw. der Pulsweitenmodulation (PWM) die Frequenz und Phasenlage der digitalen Pulse mit den Amplitudenwerten des Analogsignals moduliert (vgl. Abbildung 2.3 und Listing 2.1).

Listing 2.1: Matlab-Beispiel zur Erzeugung verschiedener Modulationssignale.

```matlab
%% Listing zeigt die Grundfunktionen der Modulation
Am1 = 0.35; fm1 = 0.05;      % Amplituden und Frequenzen
Am2 = 0.25; fm2 = 0.1;       % der Harmonischen
Ac = 1; fc = 1;


N=10; fs=N*fc;               % Abtastfrequenz
t = 0:1/fs:0.25/fm1;         % Zeitvektor niedriges fs (diskret)
th = 0:1/fs/10:0.25/fm1;     % Zeitvektor hohes fs (kont.)


% Informationssignal
is = 0.3 + Am1*cos(2*pi*fm1.*t) + Am2*cos(2*pi*fm2.*t);
ish =  0.3 + Am1*cos(2*pi*fm1.*th) + Am2*cos(2*pi*fm2.*th);
subplot(7,1,1)               % Subplot fuer 7 Plots untereinander
stem(t,is)                   % diskrete Darstellung
hold on
plot(th,ish)                 % kontinuierliche Darstellung


% Traegersignal
cs = Ac*cos(2*pi*fc.*t);
csh = Ac*cos(2*pi*fc.*th);
subplot(7,1,2)
stem(t,cs)                   % diskrete Darstellung
hold on
plot(th,csh)                 % kontinuierliche Darstellung
```

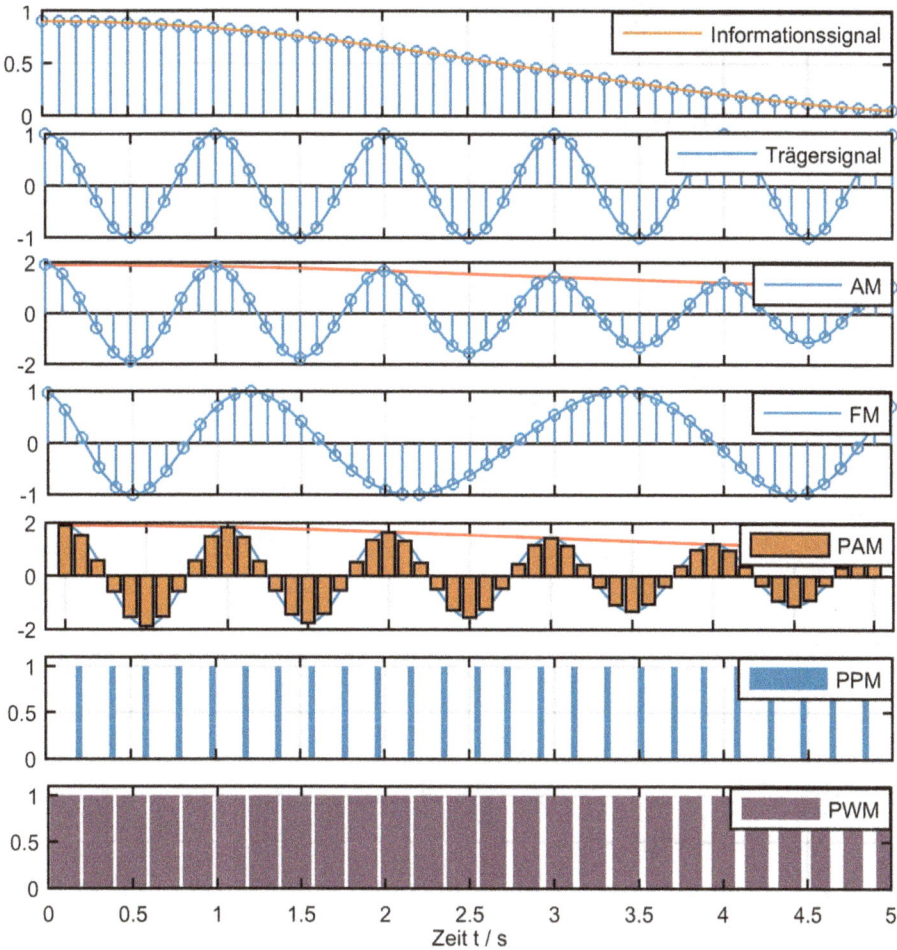

Abb. 2.3: Prinzip der grundlegenden analogen und digitalen Modulationsverfahren für ein gegebenes Informations- und Trägersignal: Die Amplitudenmodulation (AM), die Frequenzmodulation (FM), die Pulsamplitudenmodulation (PAM), die Pulspositionsmodulation (PPM) und die Pulsweitenmodulation (PWM) in Bezug auf das analoge Informationssignal (oben).

```
% Amplitudenmodulation
am = (1+is).*cs;
amh = (1+ish).*csh;
subplot(7,1,3)
plot(t,Ac.*(1+is),'r')
hold on
stem(t,am)                 % diskrete Darstellung
plot(th,amh)               % kontinuierliche Darstellung
```

```
% Frequenzmodulation
mi = 16;
fm = sin(2*pi*fc*t+(mi.*is));
fmh = sin(2*pi*fc*th+(mi.*ish));
subplot(7,1,4);
stem(t,fm);                    % diskrete Darstellung
hold on
plot(th,fmh)                   % kontinuierliche Darstellung


% Pulsamplitudenmodulation
subplot(7,1,5)
plot(t,Ac.*(1+is),'r')
hold on
bar(t,am)                      % diskrete Darstellung
plot(th,amh)                   % kontinuierliche Darstellung


% Pulspositionsmodulation
subplot(7,1,6);
ppm = modulate(is,fc,fs,'ppm');
tp = 1:length(ppm);
tp = 10*tp./N./length(is);     % passende Zeitbasis
bar(tp,ppm, 2);                % diskrete Darstellung
axis([0 5 0 1.1])


% Pulsweitenmodulation
subplot(7,1,7);
pwm = modulate(is,fc,fs,'pwm');
bar(tp,pwm,1);                 % diskrete Darstellung
axis([0 5 0 1.1])
```

Das Problem einer jeden Modulationsart ist jedoch die grundsätzliche Verbreiterung der Bandbreite in Abhängigkeit der darzustellenden Information und der möglichen (messtechnisch gerade noch unterscheidbaren) Auflösung der mit Störungen behafteten Übertragungsstrecke. Anders ausgedrückt: Auch die Informationen digitaler Signale werden in Form von Oberwellen (Harmonischen) analog übertragen, d. h. man überträgt nicht nur die Trägerfrequenz f_T, sondern ein ganzes Spektrum in den angrenzenden Frequenzbereichen. Die Oberwellen eines Signals (vgl. Abbildung 2.4) lassen sich mit Hilfe der Fourier-Reihe mathematisch beschreiben:

$$f(t) = \frac{a_0}{2} + \sum_{k=1}^{\infty} (a_k \cos(kt) + b_k \sin(kt)) . \tag{2.9}$$

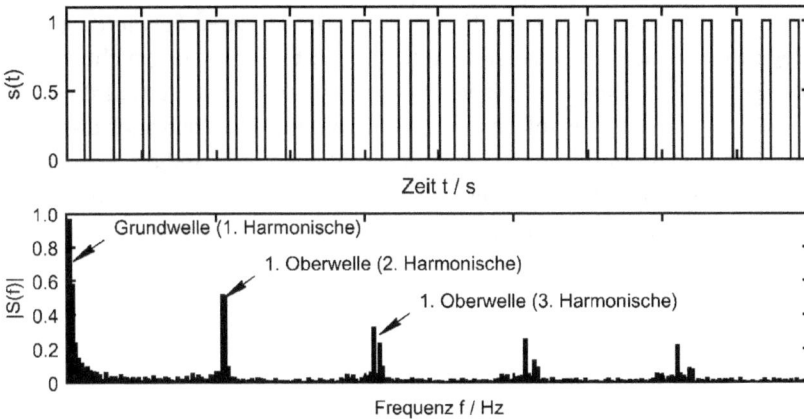

Abb. 2.4: Bandbegrenztes Pulsweitenmodulationssignal aus Abbildung 2.3 mit zugehörigem Spektrum.

Die Koeffizienten a_k, b_k in Gleichung 2.9 geben dabei die reellen Amplituden der einzelnen Sinus- und Kosinusoberschwingungen der k-ten Harmonischen an. Für bandbegrenzte Signale ist k durch einen Wert K, $k \leq K < \infty$ begrenzt; sie sind auch nur aufgrund dessen numerisch berechenbar.

Akustischer Übertragungskanal
Am Beispiel der menschlichen Stimme lässt sich dieses Konzept verdeutlichen. Die menschliche Stimme besteht neben der Grundschwingung aus einer großen Anzahl von Obertönen, die auch die Klangfarbe ausmachen. Die Information der Sprache, des Gesangs, der Tonhöhe und der Rhythmik wird durch den Sprachapparat der Grundschwingung aufmoduliert. Das Übertragungssignal transportiert demnach also eine Reihe speziell angeordneter Schwingungen, die ein gewisses Frequenzband im akustischen Übertragungskanal belegen. Üblicherweise wird dieser Übertragungskanal durch Rauschen und Umgebungsgeräusche gestört, sodass nicht immer die gesamte Information beim Empfänger ankommt. Der Empfänger muss zudem in der Lage sein, den vorher vereinbarten Code der Sprache zu verstehen. Bei einer Fremdsprache könnte dies unter Umständen nicht der Fall sein, und es wird folglich weder Information übertragen noch folgt darauf eine Handlung. Bei der Informationsübertragung spielen neben der statistischen Beschreibung nach Shannon eine Reihe weiterer Aspekte eine Rolle, die in der bisherigen Informationstheorie noch nicht enthalten sind. Diese werden in einen erweiterten Informationsbegriff gefasst.

Erweiterter Informationsbegriff
Der Informationsbegriff nach Shannon hat bei der Übertragung und Verarbeitung von Signalen und Daten einen hohen Stellenwert, allerdings werden durch diesen Begriff

keinerlei Aussagen zur Bedeutung von Nachrichten, also zu deren *Semantik*, getroffen. Der Begriff Information beinhaltet demnach in dieser Darstellung nicht die Bedeutung der Zeichen. Abhilfe schafft ein von W. Gitt[8] geprägter, erweiterter Informationsbegriff der naturgesetzlichen Information. Mit deren Hilfe lässt sich auch die Übertragung von Information in fünf unterschiedlichen Ebenen beschreiben. Sie sind in Abbildung 2.5 dargestellt. In der untersten Ebene dieses Konzepts findet sich der shannonsche Informationsbegriff der Statistik wieder, darüber die Ebenen der Syntax, Semantik, Pragmatik und Apobetik.

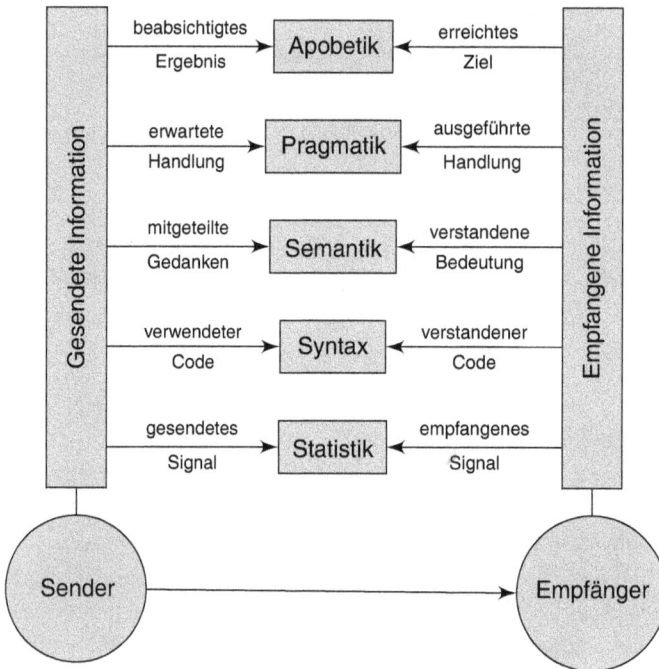

Abb. 2.5: Informationsübertragung nach dem Konzept der erweiterten naturgesetzlichen Informationstheorie von W. Gitt [21, 23].

Die Statistik beschreibt dabei die Vielfalt der möglichen Zeichen, die Syntax ihre Anordnung und die Semantik deren Bedeutung. Die Pragmatik und Apobetik beziehen sich letzten Endes auf das Verständnis, die Interpretation und die Ausführung einer Informationsnachricht; hier wird die Nachricht mit dem vereinbarten Code entschlüsselt, gedeutet und ausgeführt.

---

[8] Werner Gitt (1937) ist ein deutscher Ingenieur und Begründer der naturgesetzlichen Informationstheorie.

Laut W. Gitt [22, 23] liegt erweiterte Information I^+ nur dann vor, wenn in einem beobachtbaren System alle fünf hierarchischen Ebenen, also Statistik, Syntax, Semantik, Pragmatik und Apobedtik (lt. Abbildung 2.5), vorhanden sind und die von ihm aufgestellten Erfahrungssätze der naturgesetzlichen Informationstheorie (NGIT) gelten:

1. Eine materielle Größe kann keine nicht materielle Größe hervorbringen.
2. Information ist eine nicht materielle fundamentale Größe.
3. Information ist die nicht materielle Basis für alle programmgesteuerten technischen Systeme und für alle biologischen Systeme.
4. Es gibt keine Information ohne Code.
5. Jeder Code ist das Ergebnis einer freien willentlichen Vereinbarung.
6. Es gibt keine neue Information ohne einen intelligenten und mit Willen ausgestatteten Sender.
7. Information am Ende einer Übertragungskette kann bis auf eine intelligente Quelle zurückverfolgt werden.
8. Die Zuordnung von Bedeutung zu einem Satz von Symbolen ist ein geistiger Prozess, der Intelligenz erfordert.
9. In statistischen Prozessen kann keine Information entstehen.
10. Informationsspeicherung und -übertragung erfolgt nur auf energetisch-stofflichen Trägern.

Definition Biosignal

Unter Zuhilfenahme der erweiterten Information lässt sich der Begriff Biosignal wie folgt definieren: Ein Biosignal ist eine energetisch-stofflich messbare, physikalische Größe eines lebendigen Individuums, in welchem die diagnostischen Informationen der physiologischen Zusammenhänge auf unbekannte Weise kodiert sind. Im Falle eines Biosignals kann weiterhin in willentlich beeinflussbare sogenannte *evozierte* und nicht willentliche beeinflussbare sogenannte *autonome* Biosignale unterschieden werden. Eine für die Biosignalverarbeitung wichtige Erkenntnis, die man daraus ziehen kann, ist, dass sich die diagnostische Information über die Funktion oder Fehlfunktion eines physiologischen Systems in Form von Signalen ausdrückt und die passende Analyse der erzeugten Signale konsequenterweise zu diagnostisch nutzbarem Systemwissen führt. Überträgt man diese Erkenntnis auf den Vorgang der analogen Modulation in Abbildung 2.2, wird das Informationssignal $s_I(t)$ in der Abbildung damit zur teilweise unbekannten Einflussgröße oder der zu entschlüsselnden physiologischen Information eines biologischen Systems und das Trägersignal $s_T(t)$ zum nichtinformativen Teil des Biosignals und folglich $s_U(t)$ zum gemessenen Biosignal. Die Analyse eines Biosignals erfolgt aus diesem Grunde oftmals wie eine Dekodierung eines verschlüsselten Signals mit unvollständigem Wissen zum verwendeten Code.

2.2 Zusammenhang zwischen Signalen und Systemen

In der klassischen Signalverarbeitung geschieht die Verarbeitung und Übertragung von Informationen im Allgemeinen in Form von Signalen, d. h. die Informationen werden durch eine messbare Änderung einer physikalischen Größe kodiert. Diese Größe kann beispielsweise die Änderung einer elektrischen Potentialdifferenz an der Körperoberfläche des Menschen sein, wie beim Elektrokardiogramm, oder aber auch die lokale Änderung des magnetischen Feldvektors eines Datenbits auf einem Datenträger, z. B. einer Festplatte. Die Methoden zur Verarbeitung der Information sind dabei prinzipiell die gleichen; sie nehmen üblicherweise den Charakter eines *signalverarbeitenden* Systems an. Dies kann beispielsweise eine einfache Verschiebung des Signals, oder wie im Unterunterabschnitt 5.3.4.2 gezeigt wird, eine digitale Filterung o. ä. sein (vgl. Abbildung 2.6).

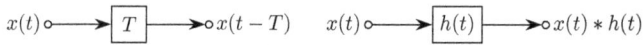

$$x(t) \circ\!\!\longrightarrow\!\!\boxed{T}\!\!\longrightarrow\!\!\circ x(t-T) \qquad x(t) \circ\!\!\longrightarrow\!\!\boxed{h(t)}\!\!\longrightarrow\!\!\circ x(t) * h(t)$$

Abb. 2.6: Zwei unterschiedliche digitale Systeme: ein zeitverschiebendes System, welches das Eingangssignal $x(t)$ um T verzögert (links) und ein digitaler Faltungsfilter, welcher das Eingangssignal $x(t)$ mit der Impulsantwort $h(t)$ des Systems faltet (rechts).

In der Biosignalverarbeitung finden signalverarbeitende Systeme insbesondere bei der Signalaufbereitung, also der Befreiung des Signals von Störungen, ihre Anwendung. In der anschließenden Analyse der Biosignale zur Diagnosefindung geht es allerdings um die Identifikation wichtiger Diagnoseparameter eines *signalerzeugenden* Systems. Ein Beispiel für ein solches signalerzeugendes System ist das menschliche Herz. Diesem *physikalischen* System kommt im Vergleich zu den signalverarbeitenden Systemen eine grundlegend andere Bedeutung zu. Diese Systeme erzeugen während des Betriebs wichtige diagnostische Informationen, wie beispielsweise ein elektrisch messbares EKG-Signal der Herzerregung.

Um diesen Umstand zu verdeutlichen, betrachten wir beispielhaft den Systemcharakter und die entstehenden Biosignale des menschlichen Herzens. Bestehend aus vier mit Blut gefüllten, durch Herzklappen getrennten Hohlräumen und einem Reizleitungssystem aus Nerven- und Muskelfasern, wird das Herz durch Nervenimpulse zu zyklischen Kontraktionen des Herzmuskels angeregt. Dabei erzeugt es eine Vielzahl von Biosignalen, welche den Zustand des Systems „Herz" in der jeweiligen Form beschreiben (vgl. Abbildung 2.7). Diese Signale nennt man deswegen *Zustandsgrößen* oder Variablen eines Systems. Neben den Signalen des elektrischen Reizleitungsystems des Herzens und den Muskelkontraktionen selbst sind auch Signale wie Druck- und Flussänderungen der Blutzirkulation und die dazugehörigen Strömungsgeräusche sowie die Geräusche der Herzklappen als akustische Signale messbar. Abbildung 2.7 zeigt die gängigsten Vitalsignale des menschlichen Herzens,

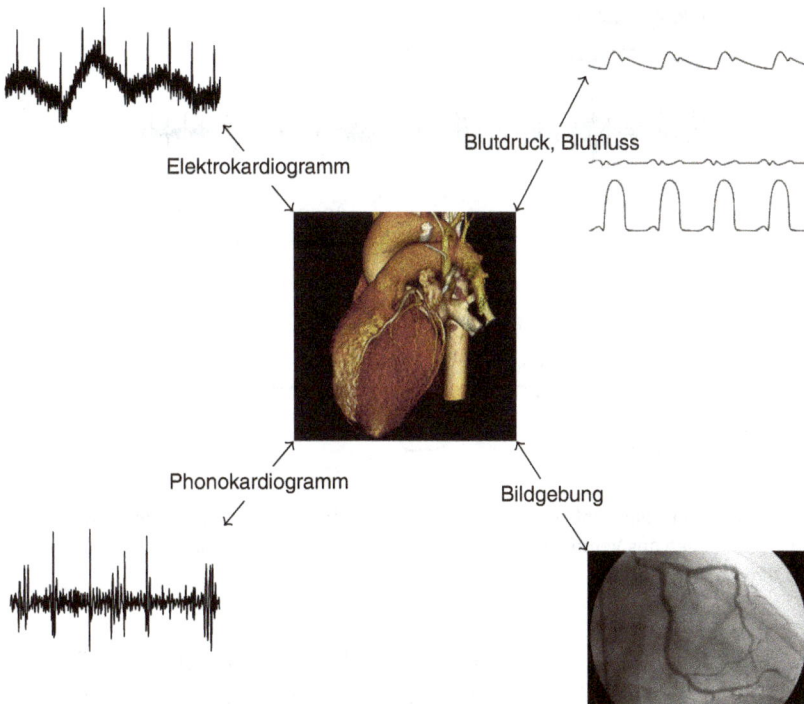

Abb. 2.7: Menschliches Herz mit den gängigen Vitalsignalen, aus denen sich mögliche Diagnosen ableiten lassen.

aus denen sich mögliche Diagnosen ableiten lassen. Abbildung 2.8 zeigt die Signale des Herzens im Überblick: Der Druckverlauf in der Aorta und im linken Ventrikel sowie das Volumen des Ventrikels lassen auf strömungsmechanisch bedingte Erkrankungen schließen, das Elektrokardiogramm gibt Anhaltspunkte zur elektromechanischen Funktionsweise des Reizleitungssystems und das Phonokardiogramm über die Funktion der Herzklappen.

Jedes dieser Signale enthält nur einen Teil der Gesamtinformation und steht zudem in einer oftmals nur teilweise bekannten Beziehung zum biophysikalischen System des Herzens. Die einzelnen Signale kodieren damit sozusagen nur ganz bestimmte Teilinformationen des Systemzustandes mit einem nur teilweise bekannten Code. Besteht beispielsweise im Reizleitungssystem des Herzens ein Leitungsblock oder ein Aortenklappenfehler, verändern sich nur bestimmte Anteile im Signal der Pathologie entsprechend. Im ersten Fall wird die Kontraktion des Ventrikels verspätet eintreten, was eine Veränderung der EKG-Signale zur Folge hat. Im zweiten Fall wird man im EKG wahrscheinlich kaum eine Veränderung bemerken, hingegen werden sich die Herztöne anders anhören. Zwischen dem signalerzeugenden System „Herz" und dem jeweiligen Biosignal besteht demnach ein mehr oder minder ausgeprägter Zusammen-

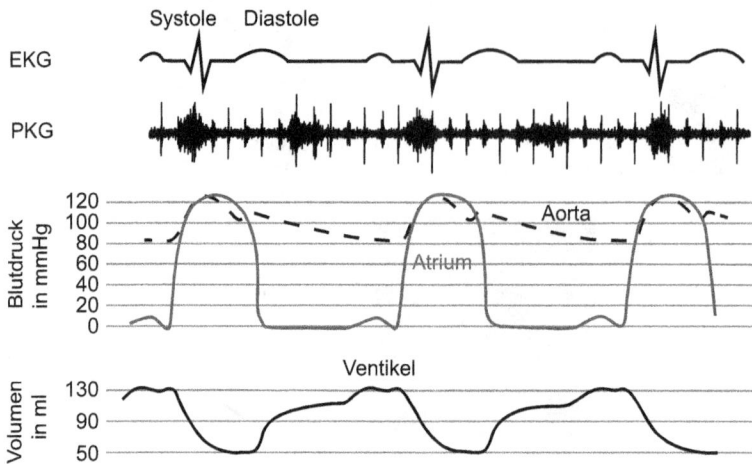

Abb. 2.8: Vitalsignale eines menschlichen Herzens: Der Druckverlauf im linken Ventrikel und der Aorta (oben), das Volumen des Ventrikels (mittig oben), das Elektrokardiogramm (mittig unten) und das Phonokardiogramm (unten).

hang. In der mathematischen Modellbildung bezeichnet man diesen Signal-System-Zusammenhang als *Sensitivität* einer Zustandsgröße (oder Messgröße) des Systems auf die Änderung eines physikalischen Systemparameters (z. B. die Leitfähigkeit des AV-Reizleitungssystems). In der Signalverarbeitung werden solche Zusammenhänge mit Hilfe der Korrelation deutlich gemacht. Wie sich im späteren Verlauf des Buches in Unterabschnitt 2.3.6 zeigen wird, spricht man von einer starken/schwachen Korrelation der Signalgrößen.

Eines der Hauptanliegen der Biosignalverarbeitung ist die Analyse und diagnostische Nutzung dieser *Signal-System*-Zusammenhänge. Aufgrund der Komplexität und Variabilität lebender Systeme sind die Zusammenhänge meist nicht eindeutig, nicht deutlich genug ausgeprägt, unvollständig, oder von Artefakten überdeckt und mit Unsicherheiten behaftet. Hilfreich bei der Suche sind dann mathematische Modelle, da sie das Grundverständnis der Systemzusammenhänge stark verbessern. Mit ihnen können beispielsweise Modellsysteme unterschiedlich parametrisiert und deren synthetische Signale im „Gott-Modus" analysiert werden. Oftmals finden sich dabei neue Signal-System-Zusammenhänge oder Signalanteile, welche sich aus messtechnischen Gründen (beispielsweise durch ungeeignete Sensorik oder Messorte, zu geringe Zeitauflösung, zu starke Artefakte oder Filterung der Signale etc.) noch nicht am physiologischen System haben messen lassen. Eine Kombination aus mathematischer Modellierung, Sensitivitätsanalyse und Anpassung der Messtechnik und Auswertungsalgorithmik erweist sich oft als sehr gewinnbringend auf der Suche nach den richtigen Parametern beziehungsweise Messgrößen im Biosignal.

2.3 Definition und Klassifizierung von Signalen

Die Methoden der Biosignalverarbeitung beziehen sich häufiger auf unterschiedliche Klassen und Definitionen von Signalen. Auch in der kontinuierlichen Signalverarbeitung sind diese als spezielle Testfunktionen in der Beweisführung von großer Bedeutung. Im Folgenden wollen wir für den Verlauf des Buches wichtige Signale mathematisch definieren und anhand ihrer Eigenschaften klassifizieren.

2.3.1 Univariate und multivariate Signale

Eine gebräuchliche mathematische Darstellung von Signalen lässt sich über die Begriffe der abhängigen und unabhängigen Größen erreichen. Nach dieser Definition ist ein Signal eine physikalische Größe, die von *einer* oder *mehreren* unabhängigen Größen abhängt. Besteht lediglich die Abhängigkeit von einer Variablen, werden Signale in der Statistik als *univariate* Signale bezeichnet, bei der Abhängigkeit von mehreren unabhängigen Größen hingegen als *multivariate* Signale. Eine weitere gebräuchliche Definition von multivariaten Signalen betrifft die Messung mehrerer Signale (z. B. für ein EEG) in einer Messanordnung mit mehreren Sensoren. Besteht bei der Messung M *univariater* Signale $x_1(t), x_2(t), \dots, x_M(t)$ eine gemeinsame Abhängigkeit zu einer unabhängigen Größe, wie beispielsweise der Zeit, gilt folgende Definition für das resultierende M-dimensionale *multivariate* Signal:

$$X_m = \{x_1(t), x_2(t), \dots, x_M(t)\} \quad \forall m \in \mathbb{N} . \tag{2.10}$$

In den meisten Fällen ist ein Biosignal jedoch einfach der zeitliche Verlauf (die Zeit ist damit die unabhängige Größe) einer physikalischen (abhängigen) Größe wie beispielsweise der elektrischen Spannung U – das zugehörige Signal wird damit zu $U(t)$ oder kurz U_t. Neben der Zeit als unabhängiger Größe findet der Ort in seinen drei Raumrichtungen (x, y, z) bei der Darstellung von Bildsignalen als zwei-, beziehungsweise dreidimensionale ortsaufgelöste Intensitätssignale $I(x, y)$ und $I(x, y, z)$ Verwendung. Besitzen diese Bildsignale zudem noch eine Zeitabhängigkeit, erhält man eine Bildsignalsequenz $I(t, x, y, z)$ als Funktion von vier unabhängigen Größen. Prinzipiell lassen sich die Methoden der Signalverarbeitung auch auf Bild- oder Videosignale anwenden, in diesem Buch beschränken wir uns jedoch auf Signalverläufe, die nur von einer unabhängigen Größe abhängen, d. h. auf univariate oder *skalare* Signale. Die Besonderheiten bei der Auswertung *multivariater* Signale werden in diesem Buch nur ansatzweise in Abschnitt 6.1 behandelt.

Abbildung 2.9 zeigt links ein zeitabhängiges EKG-Rohsignal $U(t)$, welches über einen Zeitbereich von $t = 0, \dots, 10\,\text{s}$ erfasst wurde, und rechts ein zweidimensionales MRT-Bild mit einer Auflösung von $x = y = 512$ Pixeln.

Als abhängige Größen eines Signals kommen prinzipiell alle physikalischen Größen wie Druck, Temperatur, Spannung, Strom, etc. in Betracht. Normalerweise han-

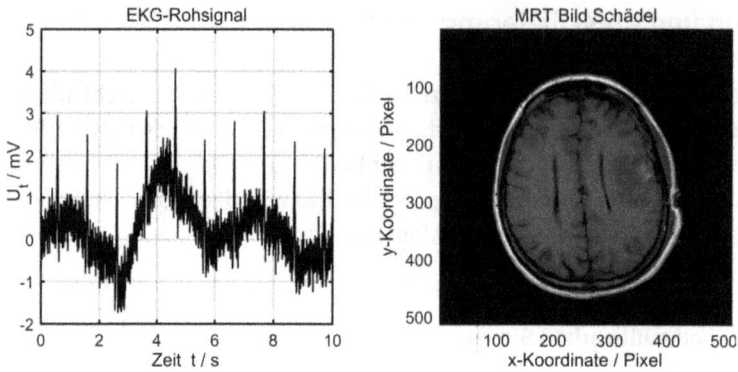

Abb. 2.9: Beispiel für ein zeitabhängiges EKG-Rohsignal $U(t)$ (links) und ein zweidimensionales MRT-Bild $I(x, y)$, das einen Schnitt durch einen Schädel zeigt (rechts).

delt es sich dabei jedoch um eine indirekte elektrische, gut messbare Größe, die über eine Beziehung der Signalumformung der direkten physikalischen Größe des (physiologischen) Prozesses zugeordnet ist. Eine detaillierte Ausführung dazu findet sich in Abschnitt 4.3.

2.3.2 Periodische, quasi-periodische, aperiodische und transiente Signale

Periodische Vorgänge sind in der Wissenschaft und Technik häufig anzutreffen, wohingegen *exakt-periodische* Vorgänge aufgrund großer natürlicher Schwankungen in der belebten Natur nur selten vorkommen. Im Gegensatz zu sehr präzisen Oszillatoren in der Technik, wie sie beispielsweise in Quarzuhren verbaut werden, ist die Periodizität physiologischer Oszillatoren oft mit großen Ungenauigkeiten behaftet. Diese sogenannten *quasi-periodischen* Vorgänge erlauben es dem Körper jedoch, sich schnell und effektiv an wechselnde äußere Bedingungen anzupassen, und bleiben im Gegensatz zu exakten periodischen Vorgängen unempfindlich gegenüber ungewollten Störeinflüssen. In Abschnitt 3.2 wird gezeigt, inwieweit diese physiologischen Schwankungen Auswirkungen bei der Entstehung von Krankheiten des Herzens haben, und in Unterunterabschnitt 6.3.1.1, wie sie zur Diagnose eingesetzt werden können.

Eine mathematische Definition für exakt-periodische Vorgänge findet sich in den harmonischen Funktionen und der darin verwendeten Kreisfrequenz ω wieder. Exaktperiodische Vorgänge sind, wie wir im nächsten Abschnitt sehen werden, immer deterministischer Natur, also vollständig vorhersagbar, und liegen in analytischer Form vor. Dies ist auch der Grund, weshalb sich jeder exakt-periodische Vorgang durch eine *Linearkombination* harmonischer Funktionen in Form der Fourier-Reihe ausdrücken lässt.

Die für die Analyse von Signalen wichtigsten harmonischen Funktionen sind die trigonometrischen Funktionen Sinus und Kosinus. In der Wissenschaft und Technik sind harmonische Funktionen zur Beschreibung von Schwingungen und Wellen all-gegenwärtig. Ein Beispiel für die Rolle der Sinusfunktion:

$$y(t) = A\sin(\omega_0 t + \varphi) = A\sin(\omega_0(t + t_0)), \qquad (2.11)$$

wobei A die Amplitude, φ der Nullphasenwinkel und ω_0 die Kreisfrequenz der harmonischen Funktion ist. Die Nullphase φ lässt sich alternativ als Zeitverschiebung $t_0 = \varphi/\omega_0$ auffassen. Die Kreisfrequenz wird definiert als

$$\omega_0 = \frac{2\pi}{T_0} = 2\pi f_0, \qquad (2.12)$$

also der Frequenz f_0 des periodischen Vorgangs multipliziert mit 2π, wobei f_0 gleich dem Kehrwert der Periodendauer T_0 der Funktion $y(t)$ ist:

$$f_0 = \frac{1}{T_0} = \frac{\omega_0}{2\pi}. \qquad (2.13)$$

Harmonische Signale ohne Phasenwinkel können mithilfe der Additionstheoreme als Summe von Sinus- / Kosinusfunktionen dargestellt werden. Eine detaillierte Beschreibung findet sich in [95]. In der Signalverarbeitung wird zur Berechnung oft die *Zeigerdarstellung* in der komplexen Ebene genutzt. Zwischen den beiden Darstellungen kann mit Hilfe der eulerschen Beziehung umgerechnet werden:

$$e^{j\varphi} = \cos\varphi + j\sin\varphi. \qquad (2.14)$$

Damit kann eine Kosinus- / Sinusfunktion als der Real- / Imaginärteil einer komplexen Exponentialfunktion aufgefasst werden:

$$z(t) = Ae^{j(\omega_0 t + \varphi)} = Ae^{j\varphi}e^{j(\omega_0 t)} = A\left(\cos(\omega_0 t + \varphi) + j\sin(\omega_0 t + \varphi)\right). \qquad (2.15)$$

Mathematisch kann diese durch einen rotierenden Zeiger der Länge A in der komplexen Ebene dargestellt werden, die Periodendauer T_0 entspricht dabei die Zeit einer ganzen Umdrehung. Die Kosinusfunktion $x(t)$ ergibt sich in dieser Darstellung aus der Projektion des Zeigers auf die reelle Achse $\mathfrak{R}\{z\}$, während die Sinusfunktion $y(t)$ die Projektion auf die imaginäre Achse $\mathfrak{I}\{z\}$ darstellt. Zur Verdeutlichung dieser gebräuchlichen Darstellungsform ist in Abbildung 2.10 die Projektion des komplexen Zeigers auf die imaginäre Achse in der komplexen Ebene dargestellt.
Mathematisch definiert man periodische Signale durch die Forderung einer konstanten Periodendauer $T_0 = \text{const.}\forall t \in \mathbb{R}$. Das bedeutet, die Funktion $s_{\text{per}}(t)$ wiederholt sich exakt nach allen k-Vielfachen von T_0, mit $k \in \mathbb{Z}$. Zu dieser Klasse von Signalen gehören auch beliebige Superpositionen harmonischer Signale, wie sie in der reellen Form der Fourier-Reihe ausgedrückt werden:

$$s_{\text{per}}(t) = \frac{a_0}{2} + \sum a_k \cos(k\omega_0 t) + b_k \sin(k\omega_0 t), \qquad \omega_0 = \frac{2\pi}{T_0}. \qquad (2.16)$$

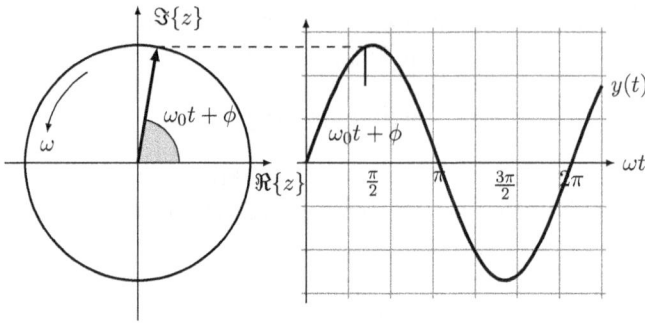

Abb. 2.10: Projektion eines komplexen Zeigers auf die imaginäre Achse im Zeigerdiagramm (links) und die Darstellung der daraus resultierenden harmonischen Sinusfunktion $y(t)$ (rechts).

Die Fourier-Koeffizienten a_k, b_k der Gleichung geben dabei die reellen Amplituden der Sinus- und Kosinusschwingung an (vgl. Abschnitt 2.4):

$$a_0 = \frac{2}{T_0} \int s_{\text{per}}(t)\mathrm{d}t \,,$$

$$a_k = \frac{2}{T_0} \int s_{\text{per}}(t)\cos(k\omega_0 t)\mathrm{d}t \,, \tag{2.17}$$

$$b_k = \frac{2}{T_0} \int s_{\text{per}}(t)\sin(k\omega_0 t)\mathrm{d}t \,, \quad k = 1, 2, 3, \dots .$$

Im Grenzfall für $k \to \infty$ lassen sich damit beliebige periodische Signale wie beispielsweise das Rechteck-, Dreieck- oder Sägezahnsignal darstellen. In der Praxis arbeitet man bei der Darstellung dieser Signale allerdings mit einer endlichen Fourier-Reihe, d. h. mit $k \to N$, $k \le N$, $N \in \mathbb{N}$.

Die Plots der Signale in Abbildung 2.11 wurden mit Matlab erzeugt (vgl. Listing 2.3.2). In den folgenden Anwendungen mit Matlab verzichten wir aus Platzgründen auf Beschriftungselemente wie Achsenbezeichnungen und Titel.

Listing 2.3.2: Matlab-Beispiel zur Erzeugung periodischer Signale mit der Fourier-Reihe.

```
%% Listing zeigt die Grundfunktionen der grafischen
%% Darstellung in der Anwendung der Fourier-Reihe
f = 1;                          % Grundfrequenz periodischer Signale
N = 1000;                       % Anzahl der Stuetzstellen
t = linspace(-pi,2*f*pi,N);     % Zeitvektor zwischen -pi und pi

% Erzeugung der Signale und grafische Darstellung im Subplot
subplot(221)
squ = square(2*t);
hold on
```

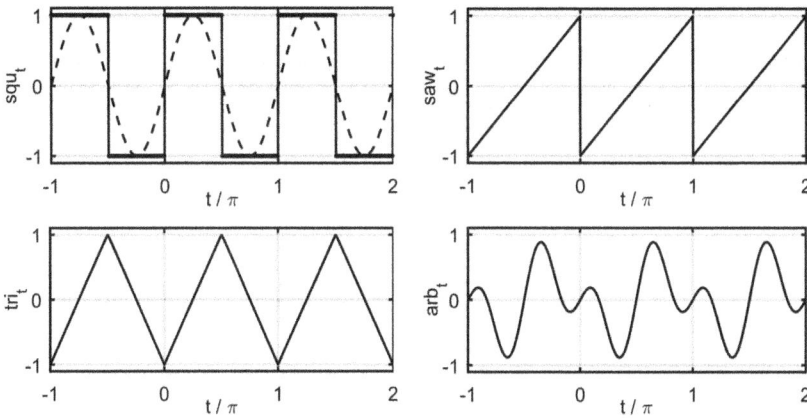

Abb. 2.11: Beispiele für periodische Signale: Rechtecksignal (links oben), Sägezahnsignal (rechts oben), Dreiecksignal (links unten) und ein beliebiges Signal aus der Superposition zweier Sinussignale (rechts unten).

```
plot(t/pi,squ,'.-',t/pi, sin(2*f*t))
ylabel('squ_t')
xlabel('t / \pi')
title('Rechtecksignal')

subplot(222)
saw = sawtooth(2*f*t);
plot(t/pi,saw)
ylabel('saw_t')
xlabel('t / \pi')
title('Saegezahnsignal')

subplot(223)
tri = triangle(2*f*t);
plot(t/pi,tri)
ylabel('tri_t')
xlabel('t / \pi')
title('Dreiecksignal')

subplot(224)
arb = -0.5*sin(2*f*t)+0.5*sin(2*2*f*t);
plot(t/pi,arb)
ylabel('arb_t')
xlabel('t / \pi')
title('Beliebige Superposition harmonischer Signale')
```

Quasi-periodische Signale, wie das EKG-Signal in Abbildung 2.12, erfüllen diese Bedingung hingegen nicht exakt. Die Periodendauer T_0 verändert sich mit jeder aktuellen Periode des Signals um $\pm\Delta T$. Dieses Verhalten lässt sich durch die sogenannte *instantane* Periodendauer $T_i = \{T_1, T_2, \ldots, T_N\}, i \in \mathbb{N}$, ausdrücken:

$$s(t) = s(t + kT_0) \quad \text{(periodisch)}$$
$$s(t) \approx s(t + kT_0) \quad \text{(quasi-periodisch)} \qquad \forall t, \; k \in \mathbb{N}. \tag{2.18}$$

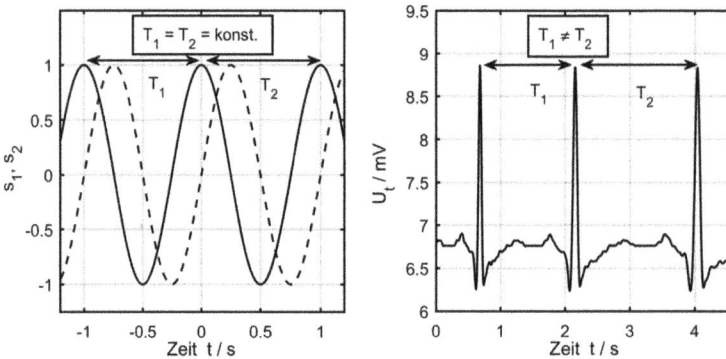

Abb. 2.12: Beispiele für periodische Signale $s_1(t)$ und $s_2(t)$ aus exakt-periodischen Prozessen (links): Das quasi-periodische EKG-Signal $s_3(t)$ hingegen (rechts) stammt aus einem Prozess, der mit Unsicherheiten behaftet ist. Seine Periodendauer $T_1, T_2, T_3, \ldots$ ändert sich mit der Zeit.

Aperiodische Signale werden über das Fehlen einer Periodendauer definiert, d. h. durch die Bedingung $T_0 \to \infty$. Zu dieser Kategorie gehören einerseits beliebige *transiente* Signale und andererseits spezielle Funktionale der Systemtheorie wie Impulse und Stufenfunktionen, welche das Ein-, Aus- oder Umschalten von Prozessen modellieren. Zu diesen Signalen gehören sowohl die rein monotonen steigenden/fallenden Exponentialfunktionen $s_1(t) = e^{-0,25t}$ oder deren Produkte mit harmonischen Funktionen $s_2(t) = \sin(2\pi t)\, e^{-0,25t}$ als auch die Dichtefunktion der Standard-Normalverteilung (vgl. Abbildung 2.13)

$$\mathcal{N}(\mu, \sigma) = \frac{1}{\sigma\sqrt{2\pi}} e^{-\frac{1}{2}\left(\frac{t-\mu}{\sigma}\right)^2}. \tag{2.19}$$

Eine weitere, in der Signalverarbeitung äußerst wichtige Signalform ist die sogenannte Delta-Distribution (auch δ-Funktion, Dirac-Funktion, Dirac-Impuls, Dirac-Puls, Dirac-Stoß[9] und Impulsfunktion genannt). Obgleich für den Funktionswert dieser Distribution gilt: $\delta(t = 0) = \infty$, wird er in der diskreten Signalverarbeitung aus

---

9 Nach dem Physiker Paul Dirac.

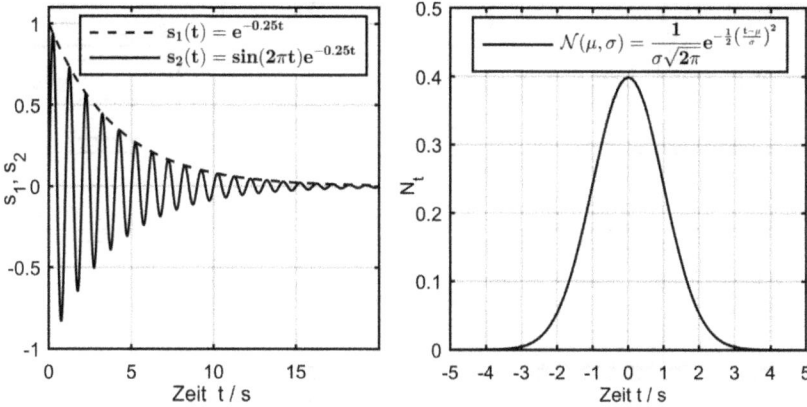

Abb. 2.13: Die beiden transienten Signale $s_1(t)$ und $s_2(t)$ (links) und das impulsförmige Signal der Normalverteilung $\mathcal{N}(\mu = 0, \sigma = 1)$ (rechts).

numerischen Gründen folgendermaßen definiert:

$$\delta(t) = \begin{cases} 1 & \text{falls } t = 0 \\ 0 & \text{sonst } t \neq 0 \end{cases} , \quad t \subset \mathbb{R} . \tag{2.20}$$

Diese Distribution lässt sich, wie alle anderen Distributionen auch, als Grenzwert einer Funktionenfolge wie beispielsweise der *Dirac-Folgen* auffassen. Im Folgenden werden zwei gängige Approximationen für die Delta-Distribution $\delta_\epsilon(t)$ angegeben. Eine Grenzwertbetrachtung $\epsilon \to 0$ der stetig differenzierbaren Normalverteilung

$$\delta_\epsilon(t) = \frac{1}{\sqrt{2\pi\epsilon}} \, e^{\left(-\frac{t^2}{2\epsilon}\right)} \tag{2.21}$$

erzeugt Funktionen mit sehr schmalen und hohen Maxima bei $t = 0$. Der Flächeninhalt unter den Funktionen hat dabei immer den Wert Eins und ist für alle ϵ eine Erhaltungsgröße. Konsequenterweise wird die mittlere Breite $\sqrt{\epsilon} \to 0$ im Grenzübergang immer schmaler, während die Höhe $1/\sqrt{\epsilon} \to \infty$ der Funktion umgekehrt stark anwächst. Für $\epsilon \to 0$ ergibt sich damit ein unendlich schmaler und unendlich hoher Impuls, der sogenannte Dirac-Impuls (vgl. Abbildung 2.14). Da die Werte „unendlich schmal" und „unendlich hoch" in der diskreten Signalverarbeitung aus numerischen Gründen nicht verwertbar sind, hat man sich auf die Darstellung des *Gewichts* geeinigt. Das Gewicht entspricht dabei genau der Fläche des Impulses und hat damit den Wert Eins.

Eine andere gebräuchliche Approximation ergibt sich aus der nur stückweise stetig differenzierbaren Funktion des Rechteckimpulses

$$\delta_\epsilon(t) = \frac{\text{rect}(t/\epsilon)}{\epsilon} = \begin{cases} \frac{1}{\epsilon} & |t| \leq \frac{\epsilon}{2} \\ 0 & \text{sonst} \end{cases} . \tag{2.22}$$

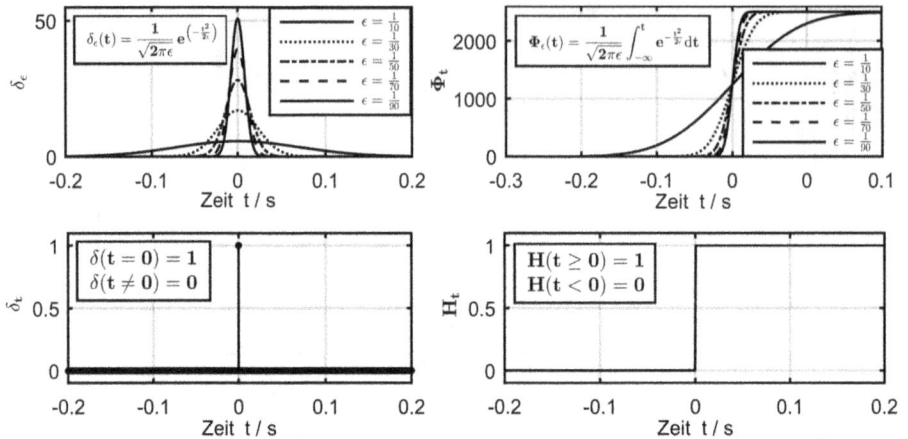

Abb. 2.14: Dirac-Folge der Normalverteilung $\delta_\epsilon(t)$ als Grenzübergang zur Delta-Distribution $\delta(t)$: Oben links die Dichteverteilung der Normalverteilung $\delta_\epsilon(t)$ und oben rechts die Verteilungsfunktion der Normalverteilung $\Psi_\epsilon(t)$ für $\mu = 0, \epsilon \to 0$. Die untere Darstellung zeigt links die in der diskreten Signalverarbeitung verwendete Delta-Distribution $\delta(t)$ und rechts die Heaviside-Funktion $H(t)$ als die Dichteverteilung der Delta-Distribution.

Auch hier führt die Grenzwertbetrachtung $\epsilon \to 0$ auf einen unendlich schmalen und unendlich hohen Impuls mit einem Flächeninhalt von Eins. Ungeachtet der verwendeten Dirac-Folge besitzt die Delta-Distribution besondere Eigenschaften, welche bei der Digitalisierung von Signalen eine wichtige Rolle spielen. Zu nennen ist die sogenannte *Ausblendeigenschaft* oder Siebeigenschaft

$$\langle \delta, f \rangle = \int_{-\infty}^{\infty} \delta(t)\,f(t)\,\mathrm{d}t = f(0)\,, \tag{2.23}$$

welche bei der Multiplikation einer Funktion $f(t)$ mit der Delta-Distribution alle Funktionswerte für $t \neq 0$ ausblendet, d. h. nur das Produkt an der Stelle $t = 0$ kann von Null verschieden sein und hat den Funktionswert $f(0)$. Die Verschiebung der Delta-Distribution um a führt auf

$$\int_{-\infty}^{\infty} f(t)\,\delta(t-a)\,\mathrm{d}t = \int_{-\infty}^{\infty} f(t)\,\delta(a-t)\,\mathrm{d}t = f(a) \tag{2.24}$$

und blendet damit alle Werte der Funktion $f(t)$ an den Stellen $t \neq a$ aus. Für den Fall der konstanten Funktion $f(t) = 1$ ergibt sich dann das Gewicht der Delta-Distribution:

$$\int_{-\infty}^{\infty} \delta(t-a)\,\mathrm{d}t = 1\,. \tag{2.25}$$

Eine weitere wichtige Signalform ergibt sich aus der Grenzwertbetrachtung der kumulativen Summe der Dichtefunktion der Normalverteilung (vgl. Abbildung 2.14), d. h.

dem kumulativen Integral von $-\infty$ bis t

$$\Phi_\epsilon(t) = \frac{1}{\sqrt{2\pi\epsilon}} \int\limits_{-\infty}^{t} e^{-\frac{t^2}{2\epsilon}} \, dt \, , \qquad (2.26)$$

als die sogenannte Verteilungsfunktion der Normalverteilung. In der Grenzwert-betrachtung $\epsilon \to 0$ erhält man die sogenannte Heaviside-Funktion (vgl. Abbildung 2.14)[10], sie wird auch Stufen-, Sprung- oder Einheitssprung-Funktion genannt. Für Argumente kleiner Null besitzt sie den Funktionswert Null, sonst einen Funktionswert von Eins. Per Definition ist die Heaviside-Funktion desshalb nur an der Stelle $t = 0$ nicht stetig:

$$H(t) = \begin{cases} 1 & t \geq 0 \\ 0 & t < 0 \end{cases} . \qquad (2.27)$$

In der Fachliteratur zur Systemtheorie findet man oftmals das Symbol $1(t)$ oder $u(t)$ nach der englischen Bezeichnung *unit step function*. Die Heaviside-Funktion ist das Integral der Dirac-Distribution

$$H(t) := \int\limits_{-\infty}^{t} \delta(s) \, ds \, , \qquad (2.28)$$

und konsequenterweise ist die Ableitung der Heaviside-Funktion die diracsche Delta-Distribution.

2.3.3 Gerade und ungerade Signale

Die Betrachtung von Symmetrien eines Signals kann bei der Zerlegung und Beschreibung eines Signals hilfreich sein. Periodische Signale lassen sich grundsätzlich in einen geraden und einen ungeraden Signalanteil zerlegen. Ein Signal heißt gerade, wenn es achsensymmetrisch zur Ordinate ist. Bei ungeraden Signalen tritt eine Punktsymmetrie zum Ursprung auf (vgl. Abbildung 2.15).

Mathematisch lässt sich diese Symmetrie folgendermaßen ausdrücken:

$$s(t) = \begin{cases} s(-t) & \text{gerade} \\ -s(-t) & \text{ungerade} \end{cases} , \quad \forall t \, . \qquad (2.29)$$

Wie wir später bei der Einführung der Fourier-Transformation in Unterabschnitt 2.4.1 sehen werden, lassen sich gerade Signalanteile nur durch eine Linearkombination gerader harmonischer Funktionen wie dem Kosinus und ungerade Signalanteile nur durch eine Linearkombination ungerader harmonischer Funktionen wie dem Sinus ausdrücken.

---

10 Nach dem britischen Mathematiker und Physiker Oliver Heaviside.

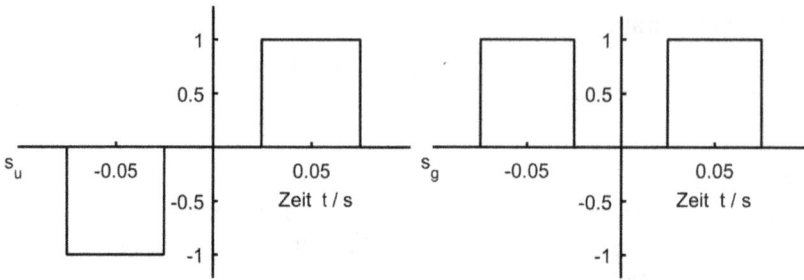

Abb. 2.15: Ein ungerades Signal $s_u(t)$ aus zwei Rechteckimpulsen (links) und ein gerades Signal $s_g(t)$ aus zwei Rechteckimpulsen (rechts).

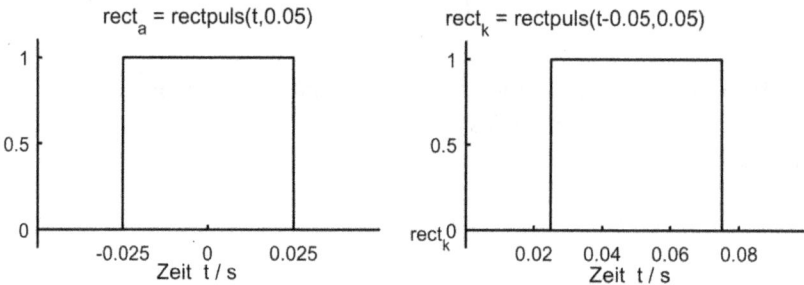

Abb. 2.16: Rechteckimpuls in Form eines akausalen Signals $s_a(t)$ (links) und eines kausalen Signals $s_k(t)$ (rechts).

2.3.4 Kausale und akausale Signale

Die Kausalität als Eigenschaft wird bei der Klassifikation von Signalen und Systemen häufig zur Beschreibung von Ein- und Ausschaltvorgängen verwendet. Abbildung 2.16 zeigt ein *akausales* Signal (links), bei dem sich der Einschaltvorgang in der Vergangenheit befindet, und ein *kausales* Signal (rechts), das erst zum aktuellen Zeitpunkt eingeschaltet wurde.

Ein kausales Signal $s(t)$ erfüllt mathematisch für alle Zeiten $t < 0$, die Bedingung $s(t) = 0$, ein akausales Signal liegt vor, wenn diese Bedingung nicht erfüllt ist, d. h:

$$s(t)_{\text{kausal}} = \begin{cases} s(t) & t \geq 0 \\ 0 & t < 0 \end{cases}, \quad s(t)_{\text{akausal}} = \begin{cases} s(t) & t \geq 0 \\ s(t) \neq 0 & t < 0 \end{cases}, \quad \forall t. \tag{2.30}$$

Die Einteilung kausal/akausal findet auch in der Beschreibung von Systemen ihre Anwendung. Im Unterschied zu Signalen wird der Kausalzusammenhang, d. h., dass eine Wirkung (Ausgangswerte eines Systems) nicht vor der Ursache (Eingangswerte eines Systems) einsetzen kann, nur bei Systemen erfüllt, deren Ausgangswerte für Zeiten $t < 0$ gleich Null sind. Systeme, welche diese Bedingung nicht erfüllen, heißen akausal und haben auch keinen realen physikalischen Wirkungszusammenhang.

2.3.5 Energie- und Leistungssignale

Die Begriffe der Energie und Leistung sind grundlegende Größen der Physik, die beispielsweise zur Bestimmung der benötigten elektrischen Energie bei der Verschiebung eines Elektrons im elektrischen Feld eines Kondensators genutzt werden können. Die Zuordnung dieser Größen zu einem rein analytischen Signal ist hingegen nicht offensichtlich, da mathematische Funktionen keine physikalische Dimension besitzen. Abschnitt 2.1 verdeutlicht den Prozess der Informationsübertragung durch die Energetisierung oder Materialisierung der Information in Informationssignale. Signale sind damit die energetische oder materialisierte Form von Informationen, folglich ist zu deren Übertragung Energie[11] notwendig. Diese bezieht sich jedoch auf den Übertragungsprozess und nicht auf das Signal selbst. Geht man von einer energetisierten Form der Signale aus, lassen sich in Anlehnung an die Elektrotechnik die folgenden Beziehungen für Energie- und Leistungssignale der Signalverarbeitung definieren: Die Energie eines komplexwertigen, zeitkontinuierlichen und dimensionslosen Signals $s(t)$ ist bestimmt durch

$$E(s_t) = \int_{-\infty}^{\infty} s(t) \cdot s^*(t) \mathrm{d}t = \int_{-\infty}^{\infty} |s(t)|^2 \mathrm{d}t \, . \tag{2.31}$$

Das Integral ist abschnittsweise über sämtliche Zeitintervalle zu berechnen, in denen $s(t)$ definiert ist. Für dimensionsbehaftete Größen, wie beispielsweise die elektrische Spannung U in Volt (V), hat die Signalenergie $E(s_t)$ dann die Dimension $V^2 t$ wie in der Elektrotechnik.

Anhand der Signalenergie unterscheidet man zwei Klassen von Signalen, die sogenannten *Energiesignale* mit endlicher, aber von Null verschiedener Energie und die *Leistungssignale* mit unendlicher Energie, aber endlicher mittlerer Leistung. Demnach ist ein Signal $s(t)$ Energiesignal, wenn es folgender Ungleichung genügt:

$$E(s_t) = \int_{-\infty}^{\infty} s(t) \cdot s^*(t) \mathrm{d}t = \int_{-\infty}^{\infty} |s(t)|^2 \mathrm{d}t < \infty \, . \tag{2.32}$$

Das Energiesignal ist also eine quadratintegrable Funktion und besitzt eine nicht verschwindende Energie E. Typische Energiesignale sind alle Signale mit endlichen Signalwerten, die irgendwann ein- und ausgeschaltet werden. Dieser Klasse von Signalen lassen sich Ein- und Ausschwingvorgänge oder aber zeitlich begrenzte pulsförmige Signale zuordnen. Folgende Beispiele sollen den Begriff des Energiesignals verdeutlichen: Ein Rechteckimpuls $s(t) = A \, \mathrm{rect}(T)$ mit der Amplitude A und der Breite T ist nach obiger Definition ein Energiesignal mit der Energie

$$E = A^2 \int_{0}^{T} \mathrm{rect}^2(T) \mathrm{d}t = A^2 T < \infty \, . \tag{2.33}$$

---

11 Beispielsweise die Sendeleistung des Senders und die Energieaufnahme des Senders/Empfängers.

Die Energieberechnung für eine Delta-Distribution,

$$\delta_\epsilon(t) = \frac{\theta}{2\epsilon}\, \mathrm{rect}\left(\frac{2\epsilon}{\theta}\right), \quad \theta \to \infty, \tag{2.34}$$

führt hingegen nicht auf ein Energiesignal, da für die Energie gilt:

$$E(\delta_\epsilon) = \frac{\theta^2}{4\epsilon^2}\frac{2\epsilon}{\theta} = \frac{\theta}{2\epsilon} \to \infty, \quad \text{für} \quad \theta \to \infty, \; 0 < \epsilon < \infty. \tag{2.35}$$

Der Grenzübergang von der Rechteckfunktion zur Deltadistribution führt demnach zu einer Änderung der Energieeigenschaften des Signals. Typische Nicht-Energiesignale sind automatisch alle Leistungssignale, denn sie besitzen eine unendliche Signalenergie bei einer endlichen mittleren Leistung:

$$0 < P = \lim_{T\to\infty} \frac{1}{2T} \int_{-T}^{T} s(t) \cdot s^*(t)\mathrm{d}t < \infty. \tag{2.36}$$

Für den Zeitpunkt t lässt sich die instantane Leistung reellerwertiger Signale durch

$$P(t) = \lim_{T\to 0} \frac{1}{2T} \int_{t-T}^{t+T} |s(t)|^2\mathrm{d}t = |s(t)|^2 \tag{2.37}$$

berechnen. Die Klasse der Leistungssignale beinhaltet periodisch fortgesetzte Energiesignale, wie beispielsweise ein Sinus-/Kosinussignal, oder stochastische Signale, wie das Rauschen mit unendlicher Energie. Beispielsweise ist die Energie für ein Gleichsignal $s(t) = A, \forall t, 0 < A < \infty$ unendlich groß, und demnach liegt kein Energiesignal, sondern ein Leistungssignal vor:

$$E = A^2 \int_{-\infty}^{\infty} \mathrm{d}t = A^2 \lim_{\theta\to\infty} \int_{-\theta}^{\theta} \mathrm{d}t \to \infty. \tag{2.38}$$

2.3.6 Deterministische und stochastische Signale

In der Theorie der Signalverarbeitung sind analytische Signale von großer Bedeutung. Das kommt unter anderem daher, dass diese Signale mathematisch exakt vorhersagbar, also vollkommen deterministisch sind. Eine wichtige Eigenschaft stellt daher die Vorhersagbarkeit von Signalen dar. Exakt vorhersagbare, sogenannte *deterministische* Signale lassen sich in einem analytischen mathematischen Zusammenhang ausdrücken und für alle Zeiten und Orte vorhersagen. *Stochastische* Zufallssignale hingegen können nicht vollständig als analytische Funktion ausgedrückt werden und demnach auch nicht exakt vorhergesagt werden (vgl. Abbildung 2.17). Wie wir in Unterabschnitt 5.3.2 sehen werden, existiert für deterministische Signale $x(t)$ stets eine

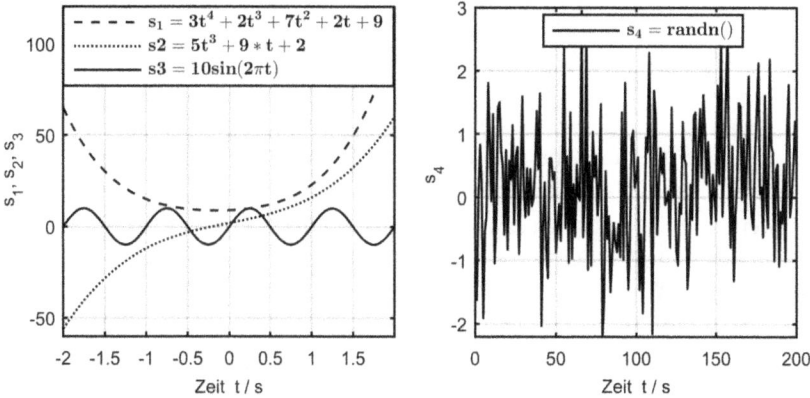

Abb. 2.17: Beispiele für Signale $s_1(t)$ bis $s_3(t)$ stammen aus einem deterministischen (exakt vorherbestimmten) Prozess und können analytisch als Polynom oder harmonische Funktion vollständig beschrieben werden (links). Das Zufallssignal $s_4(t)$ hingegen stammt aus einem zufälligen Prozess und kann durch analytische Funktionen nicht vollständig ausgedrückt werden (rechts).

über die Fourier-Reihe oder die Fourier-Transformation berechenbare Spektralfunktion $X(f)$. Bei stochastischen Signalen kann diese hingegen nicht angegeben werden, da Fourier-Reihe und Fourier-Transformation die genaue Kenntnis der Zeitfunktion für alle Zeiten t voraussetzt.

Definition: Ein deterministisches Signal lässt sich in analytischer Form exakt beschreiben und zu allen zukünftigen Zeiten vorhersagen, während ein stochastisches Signal diese Bedingung nicht oder nur unvollständig erfüllt.

Statistische Momente, Erwartungswert und Varianz

Das Verhalten stochastischer Signale kann mit Hilfe statistischer Momente wie Erwartungswert $E(\bullet)$, Varianz $\mathrm{Var}(\bullet)$ und Standardabweichung $\sigma(\bullet)$ wie folgt charakterisiert werden: Das *erste statistische Moment* oder der *Erwartungswert* einer Zufallsvariablen X ist der Wert, den die Zufallsvariable höchstwahrscheinlich annimmt. Ist x_i eine reelle diskrete Zufallsvariable mit den Werten $(x_i)_{i \in \mathbb{N}}$ und mit den jeweiligen Wahrscheinlichkeiten $(p_i)_{i \in \mathbb{N}}$ (mit $\mathbb{N}$ als Menge der natürlichen Zahlen), so errechnet sich der Erwartungswert (1. Moment) der Zeitreihe mit:

$$E(X) = \mu_X = \sum_{i \in \mathbb{N}} x_i p_i = \sum_{i \in \mathbb{N}} x_i P(X = x_i) \,. \tag{2.39}$$

Der *Erwartungswert* $E(X)$ ist demnach der mit den Wahrscheinlichkeiten P *gewichtete Mittelwert* μ_X von X und damit der höchstwahrscheinliche Wert für eine Realisierung von X (1. Moment). Bei gleicher Wahrscheinlichkeit von N Realisierungen $p_i = p = 1/N$ ist der Erwartungswert gleich dem Mittelwert $\mu_X = \mu$ von X. Für integrierbare Erwartungswerte, d. h. $E(X) = \mu_X < \infty$, ergibt sich das *zweite Moment* oder die Varianz als Erwartungswert der quadratischen Abweichung der Zufallsvariable X

zum Mittelwert μ_X

$$\text{Var}(X) = E((X - \mu)^2) = \sum_{i \in \mathbb{N}} (x_i - \mu_X)^2 P(X = x_i) \,. \tag{2.40}$$

Die *Varianz* ist eine quadratische Größe, welche die mittlere quadratische Abweichung einer Zufallsvariablen zum Erwartungswert von X angibt. Sie ist damit der Erwartungswert der quadratischen Abweichung (2. Moment). Die dazugehörige nicht quadrierte Größe ist die *Standardabweichung* σ_X, welche als die Quadratwurzel der Varianz definiert ist:

$$\sigma(X) = \sqrt{\text{Var}(X)} \,. \tag{2.41}$$

Sowohl die Varianz als auch die Standardabweichung sind positive Größen. Es gilt also $\text{Var}(\bullet) \geq 0$ und $\sigma(\bullet) \geq 0$.

Kovarianz und Korrelation

Eine weitere wichtige Größe der Statistik ist die Kovarianz zweier Signale. Sind X und Y zwei reelle, integrierbare Zufallsvariablen, deren Produkt ebenfalls integrierbar ist, d. h., die Erwartungswerte $E(X)$, $E(Y)$ und $E(XY)$ existieren, dann ist die Kovarianz von X und Y folgendermaßen definiert:

$$\text{Cov}(X, Y) = E\left((X - E(X)) \cdot (Y - E(Y))\right) \,. \tag{2.42}$$

Der Wert der Kovarianz macht tendenzielle Aussagen über die Werte zweier Zufallsvariablen X und Y: Positive Kovarianzen stehen dabei für einen monotonen Zusammenhang (gemeinsame Tendenz von X und Y), negative hingegen für einen umgekehrten monotonen Zusammenhang (entgegengesetzte Tendenz von X und Y) der Zufallsvariablen. Keinen monotonen Zusammenhang haben die Zufallsvariablen X und Y, wenn die Kovarianz Null ergibt.

Die Kovarianz gibt damit zwar die Richtung einer monotonen Beziehung zwischen zwei Zufallsvariablen an, die Stärke des Zusammenhangs kann daran jedoch nicht abgelesen werden. Eine Vergleichbarkeit mit anderen Signalpaaren erreicht man beispielsweise durch die Normierung der Kovarianz mit der Standardabweichung. Wie in Unterabschnitt 2.3.6 gezeigt wird, führt das zum Korrelationskoeffizienten der beiden Zufallsvariablen X und Y.

Signalanteile von Biosignalen

Normalerweise beinhalten reale Biosignale $U(t)$, wie das EKG-Rohsignal in Abbildung 2.9, grundsätzlich einen deterministischen Signalanteil $s(t)$ – meist das zu messende Biosignal des physiologischen Prozesses – und einen stochastischen Signalanteil aus Rauschen und Artefakten $r(t) + a(t)$. Das gemessene Biosignal wird damit:

$$U(t) = s(t) + r(t) + a(t) \,. \tag{2.43}$$

Die relevanten Informationen der Biosignale sind im Allgemeinen im deterministischen Anteil $s(t)$ enthalten, während der stochastische Signalanteil oft nur Rauschen und Artefakte enthält. Allerdings gibt es auch zahlreiche Anwendungen, die sich bei der Auswertung mit den zufälligen Abweichungen in den Signalen, also dem stochastischen Anteil, beschäftigen. Beispielsweise können bei wiederholt gemessenen Bewegungsabläufen die Abweichungen zur Mittelwertkurve der Bewegung wichtige Informationen über die Genauigkeit des Bewegungsablaufes liefern. Dieser Sachverhalt wird in Abschnitt 6.2 detailliert besprochen.

Stationarität stochastischer Signale

Die Klasse der stochastischen Signale lassen sich weiter in *stationäre* und *instationäre* stochastische Signale unterteilen. Inhaltlich bedeutet Stationarität, dass gewisse stochastische Eigenschaften des Prozesses X_t, $t = 0, 1, 2, \ldots$ zeit- bzw. ortsinvariant sind. Grundsätzlich bedeutet eine Zeit- bzw. Ortsinvarianz, dass eine bestimmte stochastische Eigenschaft unabhängig gegenüber einer Verschiebung in der Zeit beziehungsweise des Ortes ist, d. h. sich beispielsweise bei einer Verschiebung des Zeitursprungs um τ nicht ändert.

Strenggenommen werden die stationären Signale in eine starke beziehungsweise schwache Stationarität unterteilt. Ein stochastisches Signal ist kovarianzstationär oder *schwach stationär*, wenn die ersten beiden Momente, d. h. der Erwartungswert und die Varianz des Signals *zeitinvariant* sind

$$E(X_t) = \mu_X = \text{const.}$$
$$\text{Var}(X_t) = \sigma_X^2 = \text{const.} \tag{2.44}$$

und die Kovarianz zwischen X_t und $X_{t+\tau}$ nur von τ, und nicht von der Zeit t abhängt:

$$\text{Cov}(X_t, X_{t+\tau}) = \text{Cov}(X_0, X_\tau). \tag{2.45}$$

Aus der Eigenschaft $E(X_t) = \text{const.}$ lässt sich folgern, dass ein stationärer Prozess keinen *Trend* besitzt. Als Trend bezeichnet man dabei eine langfristige Bewegung, um die der Prozess fluktuiert. Wie in Abbildung 2.18 dargestellt, kann dieser sowohl linearer (V_t) als auch nichtlinearer (W_t) Natur sein. Die Bedingung konstanter Varianz $V(X_t) = \text{const.}$ hingegen impliziert, dass die Signalamplitude eines stationären Prozesses nicht anwächst oder abklingt. Für eine sogenannte Mittelwert-Stationarität ist vergleichsweise nur $E(X_t) = \text{const.}$ gefordert.

Die Klasse der *stark stationären* Signale erfüllt eine grundlegendere Anforderung: Die Verteilungsfunktionen selbst dürfen nicht von der Verschiebung abhängig sein. Eine identische, d. h. stationäre Verteilung der Zufallsvariablen X_t bedeutet somit, dass bei einem stationären Prozess alle Realisierungen von X_t die gleiche Verteilung besitzen:

$$P(X_{t_1} \leq x_1, \ldots, X_{t_n} \leq x_n) = P(X_{t_1+\tau} \leq x_1, \ldots, X_{t_n+\tau} \leq x_n). \tag{2.46}$$

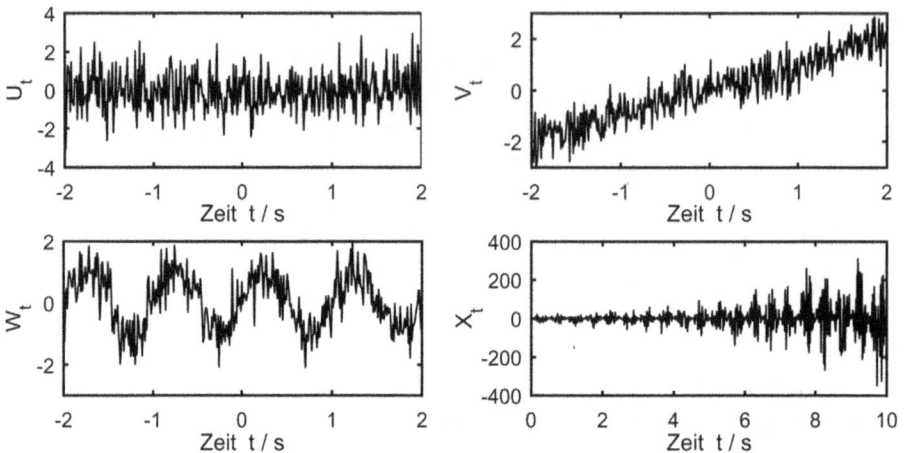

Abb. 2.18: Beispiele für ein stationäres Signale U_t (oben links) und instationäre Signale mit linearem Trend V_t (oben rechts), nichtlinearen Trend W_t (unten links) sowie wachsender Varianz X_t (unten rechts).

Mit dieser Definition ist die gemeinsame Verteilung der Zufallsvariablen $X_{t_1}, \ldots, X_{t_n}$ und $X_{t_1+\tau}, \ldots, X_{t_n+\tau}$ gleich. Die starke Stationarität ist allerdings analytisch schwieriger handhabbar als die schwache Stationarität.

2.3.7 Kontinuierliche und diskrete Signale

Aufgrund ihrer deterministischen Natur werden in den Grundlagen der theoretischen Signalverarbeitung rein analytische Signale zur Beweisführung verwendet. Diese Klasse der kontinuierlichen Signale bezeichnet man als *wert- und zeitkontinuierlich*, da sowohl ihre abhängigen als auch unabhängigen Größen alle Werte eines Kontinuums annehmen können. Das bedeutet, der Wertevorrat eines Zeit-/Werteintervalls ist wie bei den Vertretern der reellen Zahlen $\mathbb{R}$ prinzipiell unendlich groß. Aufgrund ihres analogen Charakters findet man diese kontinuierlichen Signale auch in der *analogen* Signalverarbeitung wieder.

Ein Digitalsignal ist dazu im Gegensatz immer *wert- und zeitdiskret*, und die darin enthaltene Information besteht aus einer begrenzten Menge an möglichen Symbolen, d. h. das Zeit-/Werteintervall dieser Signale ist auf abzählbar viele verschiedene Werte begrenzt. Die Anzahl der möglichen Werte M bezeichnet man dabei als die *Intervallanzahl*. Digitalsignale werden je nach Intervallanzahl mit entsprechenden Namen wie beispielsweise Binärsignal ($M = 2$) oder Ternärsignal ($M = 3$) usw. benannt. Allein der endliche Wertevorrat bzw. Informationsgehalt dieser Signale ermöglicht eine Speicherung auf Datenträgern zur Weiterverarbeitung. War bei den kontinuierlichen Signalen der Signalwert zu jedem beliebigen Zeitpunkt t definiert, ist dies bei zeit-

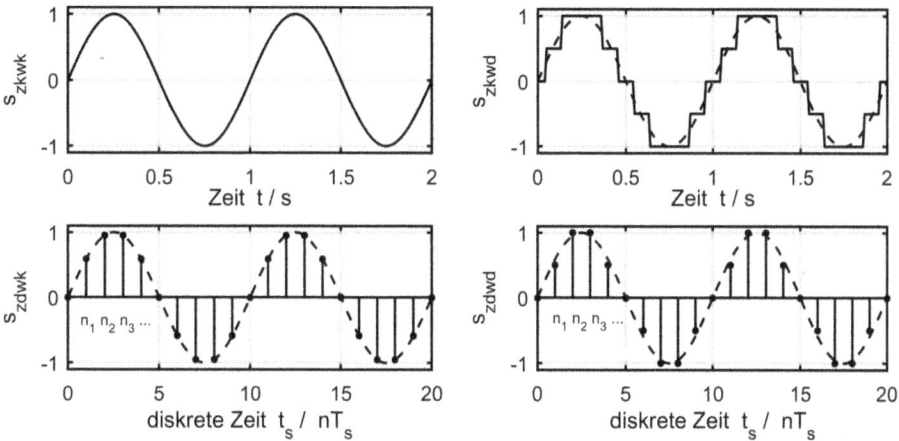

Abb. 2.19: Beispiele für ein zeit- und wertkontinuierliches Signal s_{zkwk} (oben links), für ein zeitkontinuierliches und wertdiskretes Signal s_{zkwd} (oben rechts), für ein zeitdiskretes und wertkontinuierliches Signal s_{zdwk} (unten links) und ein zeit- und wertdiskretes Signal s_{zdwd} (unten rechts).

diskreten Signalen nur noch zu diskreten Zeitpunkten $t(n) = t_n$ der Fall. Diese Zeitpunkte wählt man meist *äquidistant*, d. h. als ganzes Vielfaches $n \in \mathbb{N}$ eines diskreten Zeitintervalls $t_n = n T_{\text{s}}$. Diese diskreten Signale entstehen in der Praxis durch eine Abtastung (engl. sampling) des zeitkontinuierlichen Signals. Man bezeichnet n daher als den Sample-Index, T_{s} als das Abtast- oder Sample-Intervall und dessen Kehrwert $f_{\text{s}} = 1/T_{\text{s}}$ als *Abtast-* oder *Sample-Frequenz*. Ein zeitdiskretes Signal $x(t_{\text{s}})$ wird damit durch die zeitliche Folge seiner Abtastwerte vollständig bestimmt:

$$x_{\text{s}}(t_{\text{s}}) = \{x(n_1 T_{\text{s}}), x(n_2 T_{\text{s}}), x(n_3 T_{\text{s}}), \dots, x(n_N T_{\text{s}})\}, \quad n \in \mathbb{N}. \tag{2.47}$$

Diese diskreten Signalwerte können dabei sowohl wertkontinuierlich als auch wertdiskret sein. Bei der vollständigen Digitalisierung wird jedoch der augenblickliche kontinuierliche Signalwert $x(t)$ zum Zeitpunkt t_{s} auf einen diskreten Signalwert gerundet. Dieser wird dann für die Dauer eines Abtastintervalls als Signalwert im digitalen Signal festgehalten.

Die in Abbildung 2.19 gezeigten Signale wurden mit der Programmiersprache Matlab erzeugt, d. h. die Signale sind aufgrund der numerischen Berechnungsmethode prinzipbedingt alle diskreter Natur. Die Darstellungsform kann jedoch auch dort durch entsprechende Funktionsauswahl beeinflusst werden. Zur Darstellung kontinuierlicher Signale verwendet man dabei hohe Zeitauflösungen und den Befehl `plot()` (oben), zur Darstellung diskreter Signale hingegen niedrige Zeitauflösungen und den Befehl `stem()` (unten). In Abschnitt 5.1 wird die Digitalisierung kontinuierlicher Signale durch *Zeitdiskretisierung* und *Wertquantisierung* und die damit verbundenen Gesetzmäßigkeiten im Detail besprochen.

2.4 Transformationen der Signalverarbeitung

In den vorherigen Abschnitten wurde ein Signal durch die zeitabhängige Größe $s(t)$ und ein System durch die zeitabhängige Impulsantwort $h(t)$ beschrieben. In einigen Fällen ist es aber sinnvoll, Signal und System in einem anderen Funktionenraum, der Bildbereich genannt wird, darzustellen. Beispielsweise können durch die Überführung des Signals $s(t)$ in den Bildbereich Signalinformationen ersichtlich werden, die im ursprünglichen Funktionenraum verborgen sind. Die Transformation in den Bildbereich erfolgt mittels einer mathematischen Operation T, die $s(t)$ in eine neue Größe $S(\xi)$ mit der neuen Variablen des Bildbereichs ξ überführt. In der Signalverarbeitung kommt es aber auch vor, dass die Analyse von vornherein im Bildbereich durchgeführt wird. So wird die Wirkung von Filtern üblicherweise im Frequenzbereich betrachtet. Deshalb muss die mathematische Operation T so gestaltet werden, dass eine Rücktransformation T^{-1} existiert, welche die transformierte Größe $S(\xi)$ aus dem Bildbereich wieder eindeutig in $s(t)$ des originalen Funktionenraums zurückführt.

$$s(t) \circ\!\!\longrightarrow \boxed{T} \longrightarrow\!\!\circ S(\xi) \qquad S(\xi) \circ\!\!\longrightarrow \boxed{T^{-1}} \longrightarrow\!\!\circ s(t)$$

Abb. 2.20: Mittels der mathematischen Operation T wird die zeitabhängige Größe $s(t)$ in $S(\xi)$ (Bildbereich) transformiert. In der Signalverarbeitung besteht die Anforderung an T, dass eine eindeutige Rücktransformation T^{-1} von $S(\xi)$ zurück in $s(t)$ existiert.

Diese Anforderung wird durch die Fourier-Transformation und die Laplace-Transformation erfüllt. Beide gehören zur Klasse der Integraltransformationen[12]. Die Struktur der Transformationsoperation ist bei allen Integraltransformationen gleich. Die zu transformierende Größe $s(t)$ wird mit einer Funktion $K(\xi, t)$ (Integralkern) multipliziert und über den gesamten Bereich der Variablen t integriert. Das Ergebnis ist eine neue Funktion $S(\xi)$:

$$T\{s(t)\} = S(\xi) = \int s(t)K(\xi, t)\mathrm{d}t \,. \tag{2.48}$$

In diesem Abschnitt werden die Grundlagen von vier wichtigen Integraltransformationen, nämlich der Fourier- und Laplace-Transformation, der Wavelet-Transformation und der Faltung, vorgestellt. Eine ausführlichere Darstellung ist beispielsweise in [34, 87] und [49] zu finden.

---

[12] Weitere Beispiele für Integraltransformationen sind die Wavelet- und Radon-Transformation.

2.4.1 Kontinuierliche Fourier-Transformation

Die bekannteste Integraltransformation ist die Fourier-Transformation[13], mit der eine zeitabhängige Größe $s(t)$ in den Frequenzraum $S(\omega)$ transformiert wird. Der Integralkern $K(\xi, t)$ in Gleichung 2.48 ist im Fall der Fourier-Transformation die Eigenfunktion linearer Differentialgleichungen:

$$K(\xi, t) = K(\omega, t) = e^{-j\omega t} \,. \tag{2.49}$$

Gleichung 2.49 in Gleichung 2.48 eingesetzt liefert die mathematische Operation der Fourier-Transformation:

$$T\{s(t)\} = S(j\omega) = \int s(t)e^{-j\omega t}\mathrm{d}t \,. \tag{2.50}$$

Gemäß der Euler-Formel

$$e^{-j\omega t} = \cos(\omega t) - j\sin(\omega t) \tag{2.51}$$

handelt es sich bei Gleichung 2.49 um Kosinus- und Sinus-Funktionen mit der Kreisfrequenz ω als Variable im Bildbereich. Es wird also in Gleichung 2.50 zunächst das Produkt aus der zu transformierenden Größe $s(t)$ sowie Kosinus- und Sinus-Funktionen mit der Kreisfrequenz ω gebildet und dieses dann integriert. Das wird für alle möglichen Werte von ω durchgeführt. Das Ergebnis ist eine komplexe Funktion im Bildbereich, $S(j\omega)$. Die Fourier-Transformation liefert demnach bei solchen ω-Werten große Funktionswerte, bei denen das Produkt aus $s(t)$ und der entsprechenden Kosinus- bzw. Sinus-Funktion eine große Fläche besitzt. Dies ist der Fall, wenn $s(t)$ eine große Ähnlichkeit mit Gleichung 2.51 besitzt. Demnach kann die Fourier-Transformierte $S(j\omega)$ als Maß für die Ähnlichkeit der transformierten Größe $s(t)$ mit Kosinus- und Sinus-Funktionen der jeweiligen Kreisfrequenz ω interpretiert werden. Wie bereits in Unterabschnitt 2.3.3 erwähnt, wird der gerade Anteil immer durch den Kosinus und der ungerade Anteil durch den Sinus des Integralkernels beschrieben. Die größten Werte in $S(j\omega)$ werden erreicht, wenn $s(t)$ selbst eine periodische Funktion ist, die sich durch eine Fourier-Reihe nach Gleichung 2.16 darstellen lässt[14].

Eine besondere Bedeutung kommt der Fourier-Transformation im physikalisch-technischen Zusammenhang zu, wo der Betrag von $S(j\omega)$ als das Frequenzspektrum von $s(t)$ aufgefasst wird. Das Frequenzspektrum liefert eine Aussage darüber, welche Frequenzanteile im Signal $s(t)$ enthalten sind. Die Analyse im Frequenzbereich wird für zeitdiskrete Signale detailliert in Unterabschnitt 5.3.2 erläutert. Das Frequenzspektrum bildet weiterhin die Grundlage zum Verständnis des Übertragungsverhaltens von Filtern als Betrags- und Phasenfrequenzgang, deren Anwendung in Abschnitt 4.4 und Unterunterabschnitt 5.3.4.2 diskutiert wird.

---

13 Jean Baptiste Fourier (1768–1830), bedeutender französischer Mathematiker und Politiker.
14 Jede periodische Funktion $s_{\mathrm{per}}(t)$ mit der Periodendauer T_0 kann in Form einer Fourier-Reihe dargestellt werden.

In der Systemtheorie bietet die Transformation in den Frequenzbereich eine Alternative zur Betrachtung im Zeitbereich. Wie bereits in Abbildung 2.20 ausgeführt, erhält man im Zeitbereich das Ergebnis $y(t)$ der Übertragung eines Signals über ein lineares, zeitinvariantes System $h(t)$ aus der mathematischen Faltung der Eingangsgröße $s(t)$ mit der Impulsantwort des Systems: $y(t) = s(t) * h(t)$. Durch Transformation in den Frequenzbereich wird aus der Faltung eine algebraische Multiplikation (vgl. letzte Zeile in Tabelle 2.3).

Man erhält also das Spektrum der Systemausgangsgröße $Y(j\omega)$ aus der Multiplikation der Fourier-Transformierten von Eingangsgröße $S(j\omega)$ und Impulsantwort $H(j\omega)$:

$$Y(j\omega) = S(j\omega)\, H(j\omega)\,. \tag{2.52}$$

Dieser Zusammenhang wird durch Abbildung 2.21 verdeutlicht. Das Spektrum der Impulsantwort $H(j\omega)$ heißt Übertragungsfunktion des Systems. Grundsätzlich ist keine der beiden Betrachtungsweisen von linearen zeitinvarianten Systemen (kurz LTI-Systemen)[15] der anderen zu bevorzugen. In manchen Fällen der Signalverarbeitung ist die Betrachtung im Frequenzbereich wesentlich anschaulicher oder einfacher. Dies gilt insbesondere für Filter im Zusammenhang mit Signalen, die bereits in Form ihres Spektrums vorliegen.

Die eindeutige Rückführung einer Größe aus dem Frequenz- in den Zeitbereich erfolgt durch die inverse Fourier-Transformation:

$$T^{-1}\{S(j\omega)\} = s(t) = \frac{1}{2\pi} \int S(j\omega)e^{j\omega t}\mathrm{d}\omega\,. \tag{2.53}$$

In den bisherigen Betrachtungen wurde davon ausgegangen, dass die Fourier-Transformierte existiert. Eine notwendige Bedingung besteht dafür nicht. Eine hinreichende Bedingung bzgl. der Konvergenz der Fourier-Transformation ist die absolute Inte-

Tab. 2.3: Theoreme der Fourier-Transformation.

Theorem	Zeitbereich $s(t)$	Frequenzbereich $S(j\omega)$
Linearität	$a_1 s_1(t) + a_2 s_2(t)$	$a_1 S_1(j\omega) + a_2 S_2(j\omega)$
Ähnlichkeit	$s(bt)$	$\frac{1}{|b|}S(\frac{j\omega}{b})$
Zeitverschiebung	$s(t - t_0)$	$S(j\omega)e^{-j\omega t_0}$
Frequenzverschiebung	$s(t)e^{j\omega_0 t}$	$S(j(\omega - \omega_0))$
Differentiation	$\frac{\partial^n s(t)}{\partial t^n}$	$(j\omega)^n S(j\omega)$
Integration	$\int s(t)\mathrm{d}t$	$\frac{S(j\omega)}{j\omega} + \frac{1}{2}S(0)\delta(j\omega)$
Multiplikation	$s(t)\,h(t)$	$S(j\omega) * H(j\omega)$
Faltung	$s(t) * h(t)$	$S(j\omega)\,H(j\omega)$

---

15 Engl. linear time invariant system.

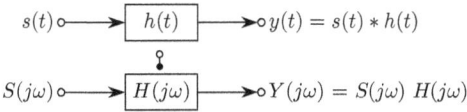

$$s(t) \circ\!\!\longrightarrow \boxed{h(t)} \longrightarrow\!\!\circ y(t) = s(t) * h(t)$$

$$S(j\omega) \circ\!\!\longrightarrow \boxed{H(j\omega)} \longrightarrow\!\!\circ Y(j\omega) = S(j\omega)\,H(j\omega)$$

Abb. 2.21: Der Zusammenhang zwischen Eingangs- und Ausgangsgröße eines LTI Systems wird durch seine Impulsantwort $h(t)$ bzw. seine Übertragungsfunktion $H(j\omega)$ beschrieben. Die Ausgangsgröße $y(t)$ berechnet sich durch die Faltung der Eingangsgröße $s(t)$ mit der Impulsantwort $h(t)$, bzw. im Frequenzbereich aus der Multiplikation der jeweiligen Spektren.

grierbarkeit von $s(t)$, welche auch als Dirichlet-Bedingung[16] bekannt ist:

$$\int |s(t)|\mathrm{d}t < \infty\,. \tag{2.54}$$

Diese Bedingung wird von Energiesignalen erfüllt. Die kontinuierliche Fourier-Transformierte gängiger Signale sind in Tabelle 2.4 aufgeführt. Für Signale, die Gleichung 2.54 nicht erfüllen, kann die Transformierbarkeit durch einen zusätzlichen Konvergenzterm erreicht werden. Das führt uns zur Laplace-Transformation.

2.4.2 Kontinuierliche Laplace-Transformation

Die Laplace[17]-Transformation gehört ebenfalls zur Klasse der Integraltransformationen und stellt eine Erweiterung der Fourier-Transformation dar. Der Integralkern ist ähnlich dem der Fourier-Transformation (vgl. Gleichung 2.49) aufgebaut:

$$K(\xi, t) = K(p, t) = e^{-pt} \tag{2.55}$$

Tab. 2.4: Fourier-Transformationen von wichtigen deterministischen Signalen.

Signal	Zeitbereich $s(t)$	Frequenzbereich $S(j\omega)$
Rechteckimpuls	$\mathrm{rect}(t)$	$\frac{\sin(\omega/2)}{\omega/2} = \mathrm{si}\!\left(\frac{\omega}{2}\right)$
si-Funktion	$\frac{1}{2\pi}\,\mathrm{si}\!\left(\frac{t}{2}\right)$	$\mathrm{rect}(j\omega)$
Dirac-Impuls	$\delta(t)$	1
Konstante	1	$2\pi\delta(j\omega)$
Dirac-Impulsfolge	$\sum \delta(t - kt_0); k = \ldots -1, 0, 1, \ldots$	$\omega_0 \sum \delta(\omega - k\omega_0); \omega_0 = \frac{2\pi}{t_0}$
Kosinusfunktion	$\cos(\omega_0 t)$	$\pi\left[\delta(j(\omega - \omega_0)) + \delta(j(\omega + \omega_0))\right]$
Sinusfunktion	$\sin(\omega_0 t)$	$j\pi\left[-\delta(j(\omega - \omega_0)) + \delta(j(\omega + \omega_0))\right]$
Sprungfunktion	$u(t)$	$\pi\delta(\omega) - j\frac{1}{\omega}\big|_{\omega \neq 0}$
Exponentialimpuls	$\frac{1}{t_0} u(t)e^{-\frac{t}{t_0}}$	$\frac{1}{1 + j\omega t_0}$

---

16 Dirichlet: dt. Mathematiker (1805–1859).

17 Pierre-Simon Laplace (1749–1827), französischer Mathematiker, Physiker und Astronom, franz. Innenminister unter Napoleon.

mit der komplexen Variablen p,

$$p = \sigma + j\omega .$$ (2.56)

Dabei ist σ eine reelle Zahl. Gleichung 2.55 in Gleichung 2.48 eingesetzt liefert die mathematische Operation der Laplace-Transformation:

$$S(p) = \int s(t)e^{-pt}\mathrm{d}t .$$ (2.57)

Trennt man in Gleichung 2.57 die Variable p nach Gleichung 2.56 in ihre Bestandteile auf, wird die Ähnlichkeit der Laplace-Transformation mit der Fourier-Transformation noch deutlicher:

$$S(\sigma, j\omega) = \int s(t)e^{-j\omega t}e^{-\sigma t}\mathrm{d}t .$$ (2.58)

Der Term

$$e^{-\sigma t}$$ (2.59)

entspricht einem zusätzlichen Dämpfungsterm, wodurch auch Signale transformierbar werden, die der Dirichlet-Bedingung nach Gleichung 2.54 nicht genügen. Somit lässt sich Gleichung 2.54 für die Laplace-Transforation erweitern zu

$$\int |s(t)e^{-\sigma t}|\mathrm{d}t < \infty .$$ (2.60)

Die dämpfende Wirkung von Gleichung 2.59 tritt nur dann ein, wenn das Argument der Exponentialfunktion insgesamt negativ ist. Da wir es in der Signalverarbeitung mit kausalen Signalen zu tun haben ($s(t) = 0, \forall t < 0$), der negative Zeitbereich also nicht betrachtet wird, muss $\sigma > 0$ sein. Dieser Bereich in der komplexen p-Ebene wird Konvergenzgebiet der Laplace-Transformation genannt. Dort sind Signale mit beliebiger Potenz von t transformierbar. Bei exponentiell anwachsenden Signalen vom Typ $s(t) = u(t)e^{at}$ mit $a > 0$ sind weitere Einschränkungen für das Konvergenzgebiet von σ zu beachten. Damit die dämpfende Wirkung von Gleichung 2.59 den exponentiellen Anstieg e^{at} überwiegt, muss $\sigma > a$ gelten. Die Laplace-Transformation ausgewählter kausaler Signale ist in Tabelle 2.5 aufgelistet.

Die Interpretation der Laplace-Transformierten ist weniger anschaulich als die der Fourier-Transformierten, da der Bildbereich wegen Gleichung 2.56 einen zweidimensionalen Variablenraum besitzt. Für $\sigma = \sigma_0 = $ const. innerhalb des Konvergenzgebiets entspricht die Laplace-Transformierte $S(\sigma_0, j\omega)$ der Fourier-Transformierten für ein mit $e^{-\sigma_0 t}$ gedämpftes Signal. Die Theoreme der Laplace-Transformation sind identisch zu denen der Fourier-Transformation gemäß Tabelle 2.3, wenn $j\omega$ durch p ersetzt wird.

Analog zur Fourier-Transformation lässt sich die inverse Laplace-Transformation wie folgt schreiben:

$$T^{-1}\{S(p)\} = s(t) = \frac{1}{2\pi j}\int S(p)e^{pt}\mathrm{d}p .$$ (2.61)

Tab. 2.5: Laplace-Transformationen von verschiedenen kausalen Signalen.

Signal	Zeitbereich $s(t)$ für $t \geq 0$	Bildbereich $S(p)$
Dirac-Impuls	$\delta(t)$	1
Konstante	1	$\frac{1}{p}$
Potenzfunktion	t^k	$\frac{k!}{p^{k+1}}$
Exponentialfunktion	e^{-at}	$\frac{1}{p+a}$
Exponentialfunktion	$1 - e^{-at}$	$\frac{a}{p(p+a)}$
Kosinusfunktion	$\cos(\omega_0 t)$	$\frac{p}{p^2 + \omega_0^2}$
Sinusfunktion	$\sin(\omega_0 t)$	$\frac{\omega_0}{p^2 + \omega_0^2}$

Die Integrationsgrenzen in Gleichung 2.61 laufen von $\sigma_0 - j\infty$ bis $\sigma_0 + j\infty$, wobei σ_0 wieder im Konvergenzgebiet liegen muss. Für die Rücktransformation wird aber meistens auf Korrespondenztabellen (Tabelle 2.5) zurückgegriffen. Dies soll anhand eines Beispiels vorgestellt werden. Gegeben sei ein Reihenschwingkreis mit den Komponenten R, L und C, der mit dem Signal s(t) angeregt wird. Die gesuchte Ausgangsgröße ist der Strom $i(t)$ des Reihenschwingkreises. Der Maschenumlauf durch den Reihenschwingkreis liefert

$$s(t) = Ri(t) + L\frac{\partial i}{\partial t} + \frac{1}{C}\int i(t)\mathrm{d}t \,. \tag{2.62}$$

Durch Laplace-Transformation der Differentialgleichung 2.62 unter Nutzung der Theoreme zur Differentiation und Integration erhält man:

$$S(p) = RI(p) + LpI(p) + \frac{1}{pC}I(p) \tag{2.63}$$

$$\Longleftrightarrow \ pS(p) = \left(pR + p^2L + \frac{1}{C}\right)I(p) \,. \tag{2.64}$$

Aus Gleichung 2.64 lässt sich die Übertragungsfunktion des Reihenschwingkreises $H(p)$ als Quotient von transformierter Ausgangsgröße $I(p)$ und Eingangsgröße $S(p)$ angeben:

$$H(p) = \frac{I(p)}{S(p)} = \frac{1}{L}\frac{p}{p^2 + \frac{R}{L}p + \frac{1}{LC}} \,. \tag{2.65}$$

Als Anregung des Systems wird die Sprungfunktion gewählt, es gilt also $s(t) = u(t)$. Die Laplace-Transformierte von $u(t)$ ist $T\{u(t)\} = S(p) = \frac{1}{p}$. Dies in Gleichung 2.65 eingesetzt ergibt für $I(p)$:

$$I(p) = \frac{1}{L}\frac{1}{p^2 + \frac{R}{L}p + \frac{1}{LC}} \,. \tag{2.66}$$

Die Umrechnung des Nennerpolynoms in Gleichung 2.66 in die Nullstellenform ergibt

$$I(p) = \frac{1}{L}\frac{1}{(p - p_1)(p - p_2)} \,, \tag{2.67}$$

mit

$$p_{1,2} = -\frac{R}{2L} \pm \sqrt{\frac{R^2}{4L^2} - \frac{1}{LC}} . \tag{2.68}$$

Mittels Partialbruchzerlegung lässt sich Gleichung 2.67 schreiben als

$$I(p) = \frac{1}{L} \left[\frac{A}{p - p_1} + \frac{B}{p - p_2} \right], \tag{2.69}$$

mit den noch zu bestimmenden Koeffizienten A und B. Der Koeffizientenvergleich von Gleichung 2.69 mit Gleichung 2.67 liefert für

$$A = \frac{1}{p_1 - p_2} \tag{2.70}$$

und für

$$B = \frac{1}{p_2 - p_1} . \tag{2.71}$$

Die Partialbruchform in Gleichung 2.69 lässt sich leicht mit Hilfe der Tabelle 2.5 und der Linearität der Laplace-Transformation zurücktransformieren in

$$i(t) = \frac{1}{L} [A e^{p_1 t} + B e^{p_2 t}] u(t) \tag{2.72}$$

mit den zuvor berechneten Werten für A, B, p_1 und p_2. Man beachte, dass die Anregung mit $s(t) = u(t)$ zu Oszillationen führen kann, wenn der Wurzelterm in Gleichung 2.68 negativ ist und das zu komplexen Nullstellen führt.

2.4.3 Kontinuierliche Kurzzeit-Fourier-Transformation und Wavelet-Transformation

Bei der Fourier-Transformation nach Gleichung 2.50 wird die Integration über alle Zeiten durchgeführt. Deshalb enthält das so gewonnene Spektrum keinerlei Zeitinformation, also keine Information darüber, welcher Teil des Spektrums von welchem Zeitabschnitt des Signals herrührt. Um das Spektrum eines Signals zumindest abschnittsweise zu bestimmen, steht die Kurzzeit-Fouriertransformation (KFT) zur Verfügung. Dazu wird das Signal mit einer Fensterfunktion $w(t)$ multipliziert, wodurch alle Signalanteile vor und hinter der Fensterfunktion auf Null gesetzt werden. Bei dem so „gefensterten" Signal liefert die Fourier-Transformation nur noch das Spektrum des Ausschnitts, der im Fenster liegt. Dann wird das Fenster verschoben und das Spektrum des nächsten Abschnitts berechnet. Die Fensterbreite ist frei wählbar und entspricht der Zeitauflösung Δt der KFT. Häufig verwendete Fensterfunktionen sind unter den Namen Hamming-, Hanning-, Blackman-Harris- oder Gauß-Fenster bekannt (s. Abbildung 2.22).

Eine wichtige Eigenschaft solcher Fenster ist, dass das Signal an den Fensterrändern sanft gegen Null geführt wird. Ansonsten könnten an den Rändern Sprünge entstehen, die ein unendlich ausgedehntes Spektrum zur Folge hätten. Deshalb scheidet

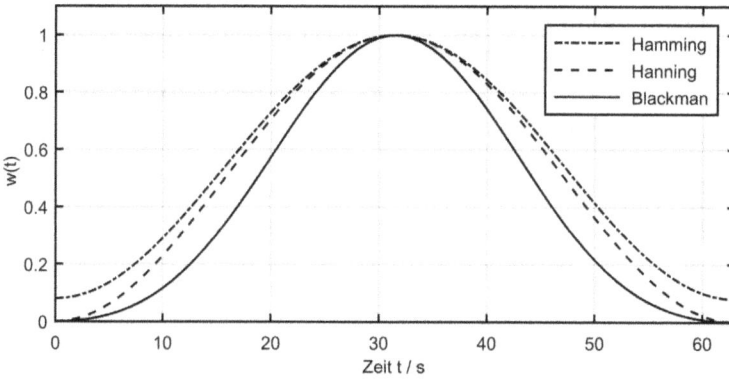

Abb. 2.22: Fensterfunktionen für die Kurzzeit-Fourier-Transformation (KFT): Die Fensterbreite entspricht der Zeitauflösung Δt der KFT, Δt kann über die Parametrisierung in der funktionalen Beschreibung der Fensterfunktion variiert werden.

die Rechteckfunktion als Fensterfunktion in der Regel aus. Durch die Beschränkung der Zeitauflösung auf Δt ergibt sich nach der Unschärferelation der Nachrichtentechnik[18] eine begrenzte Frequenzauflösung, da das Produkt aus Zeit- und Frequenzauflösung einen bestimmten Wert nicht unterschreiten kann. Eine häufig gewählte Festlegung von Bandbreite und Signaldauer führt zur Unschärfebedingung

$$\Delta t \, \Delta f = 1 \, . \tag{2.73}$$

Demnach können Frequenz und Zeit also nicht gleichermaßen beliebig scharf aufgelöst werden. Ist eine hohe Zeitauflösung gefordert, d. h. Δt ist klein, sinkt die Frequenzauflösung (Δf ist groß) und umgekehrt. Beispielsweise wäre bei einer Zeitauflösung von 1 ms die erzielbare Frequenzauflösung 1000 Hz.

Eine Alternative zur KFT stellt die Wavelet-Transformation dar. Das Wort *Wavelet* lässt sich am besten mit „kleine Welle" übersetzen und beschreibt die Form der Integralkernfunktion $\psi(t)$. Die Transformationsvorschrift für die Integraltransformation führt bei der Wavelet-Transformation zu

$$S(a, \tau) = \frac{1}{\sqrt{a}} \int s(t) \psi \left(\frac{t - \tau}{a} \right) \mathrm{d}t \, . \tag{2.74}$$

Der Parameter τ im Argument des Wavelets bewirkt eine Zeitverschiebung, der Parameter a eine Stauchung bzw. Streckung des Wavelets. Ähnlich wie bei der Fourier-Transformation kann die Wavelet-Transformation als Korrelation des Signals $s(t)$ mit dem Wavelet $\psi(t)$ interpretiert werden, wobei der Korrelationswert $S(a, \tau)$ von der Streckung a und der Zeitverschiebung τ abhängt. Der Faktor $1/\sqrt{a}$ vor dem Integral ist

---

18 Die Unschärferelation der Nachrichtentechnik wurde von Karl Küpfmüller (1897 - 1977) formuliert.

für die Normierung der Transformierten auf eine Wavelet-Breite notwendig. Die funktionale Beschreibung von $\psi(t)$ ist nicht fest vorgegeben. Vielmehr kann $\psi(t)$ weitgehend frei gestaltet und auf das Signal $s(t)$ hin angepasst werden, was einen Vorteil der Wavelet-Funktion gegenüber Transformationen mit vorgegebenem Integralkern bedeutet. Bei der Wavelet-Synthese müssen lediglich zwei Bedingungen erfüllt sein. Erstens müssen die Flächenanteile der Funktion oberhalb und unterhalb der Nulllinie gleich sein. Also gilt

$$\int \psi(t)\mathrm{d}t = 0 .\tag{2.75}$$

Gleichung 2.75 beschreibt damit den Wellencharakter des Wavelets. Die zweite Anforderung an $\psi(t)$ wird als Zulässigkeitsbedingung formuliert:

$$\int \frac{\Psi^2(\omega)}{\omega}\mathrm{d}\omega < \infty ,\tag{2.76}$$

mit $\Psi(\omega)$ als Fouriertransformierte von $\psi(t)$. Eine Konsequenz aus Gleichung 2.76 ist

$$\lim_{\omega \to 0} \Psi(\omega) = 0 .\tag{2.77}$$

In der Signalverarbeitung werden u.a. Wavelets auf Basis der Gauß-Funktion

$$e^{-\frac{t^2}{2}}\tag{2.78}$$

verwendet. Diese bildet bei Multiplikation mit einer zweiten Funktion die Einhüllende, was der Wirkung des Gauß-Fensters bei der KFT entspricht. Beispiele dafür sind das *Morlet*[19]-Wavelet und das *Mexican-Hat*-Wavelet. Das Morlet-Wavelet besitzt die allgemeine Struktur

$$\psi(t) = e^{-\frac{t^2}{2\sigma}}e^{-jct} .\tag{2.79}$$

Darin sind σ ein Skalierungsparameter, mit dem die Breite des Wavelets bestimmt wird, und c ein Modulationsparameter für die Festlegung der Frequenz der Schwingung, die durch die komplexe Exponentialfunktion beschrieben ist. Eine mögliche Realisierung eines Morlet-Wavelets ist z. B. die Funktion

$$\psi(t) = e^{-\frac{t^2}{2}}\cos(5t) .\tag{2.80}$$

In Abbildung 2.23 (linke Abbildung) wird die Zusammensetzung des Morlet-Wavelets gemäß Gleichung 2.80 aus harmonischer Schwingung multipliziert mit einer Gauß-Einhüllfunktion sichtbar. Das Mexican-Hat-Wavelet hat die mathematische Beschreibung

$$\psi(t) = e^{-\frac{t^2}{2\sigma}}\left(1 - t^2\right) .\tag{2.81}$$

---

[19] Jean Morlet (1931–2007): Französischer Geophysiker und einer der Begründer der Wavelet-Transformation.

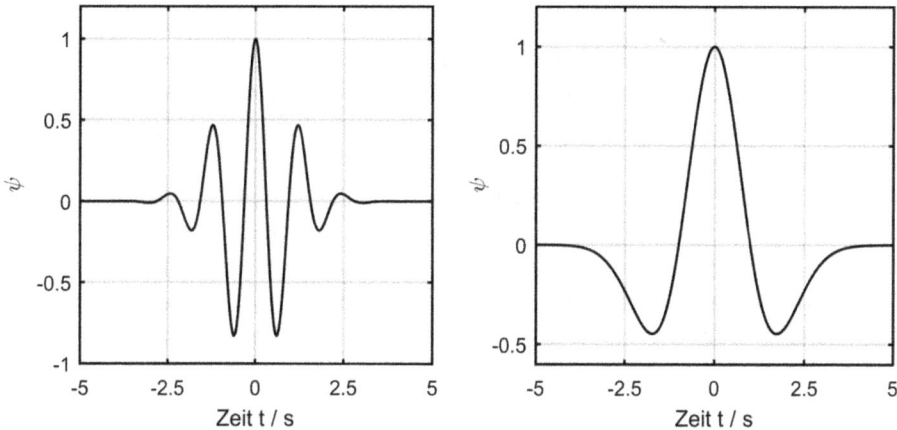

Abb. 2.23: Morlet-Wavelet (links) gemäß Gleichung 2.80 und Mexican-Hat-Wavelet (rechts) gemäß Gleichung 2.81.

Seine Darstellung ist im rechten Bild von Abbildung 2.23 zu sehen. Anders als das Morlet-Wavelet enthält das Mexican-Hat-Wavelet keine harmonische Funktion, was zu Unterschieden in der Interpretation der Transformation führt, wie an späterer Stelle noch weiter ausgeführt wird.

Die grafische Darstellung von $S(a, \tau)$ erfolgt entweder in einer dreidimensionalen Abbildung mit a und τ als x- bzw. y-Achse und S als z-Achse oder als zweidimensionale Abbildung, bei der a nach unten hin aufsteigend über τ aufgetragen wird. Das Transformationsergebnis wird dann als Farb- oder Helligkeitspunkt in der zweidimensionalen (a, τ)-Ebene wiedergegeben.

Der Nutzen der Wavelet-Transformation für die Signalanalyse liegt in der variablen Wavelet-Breite begründet. Wird beispielsweise eine hohe Zeitauflösung benötigt, weil im Signal sehr kurze Signalereignisse auftreten, die spektral analysiert werden sollen, so kann die Breite des Wavelets mit Hilfe des Skalierungswerts a so verkleinert werden, dass die erforderliche Zeitauflösung erreicht wird. Dieses schmale Wavelet durchläuft dann mittels des Verschiebungsparameters τ das gesamte Signal und liefert immer dann hohe S-Werte, wenn das Wavelet auf die kurzen Signalereignisse trifft. Sind im selben Signal aber auch periodische Vorgänge mit langer Periodendauer enthalten, wie sie bei Biosignalen z. B. durch die Atmung verursacht sein können, so werden diese in derselben Signalanalyse für große a-Werte erfasst. Dadurch eignet sich die Wavelet-Transformation besonders gut für die Analyse von Signalen, die sich aus Sequenzen mit unterschiedlicher Bandbreite zusammensetzen und mitunter nur von kurzer Dauer sind. So findet die Wavelet-Transformation eine breite Anwendung bei der Analyse von Elektroenzephalogrammen, um beispielsweise kurze epileptische Episoden in den niederfrequenten Grundwellen der elektrischen Neuronenaktivität aufzudecken.

Zum Schluss sei noch auf die Filtereigenschaft von Wavelets hingewiesen. Wegen Gleichung 2.77 kann $\psi(t)$ auch als Bandpassfilter aufgefasst werden. Die Bandbreite des Bandpasses hängt unmittelbar mit dem Skalierungswert a zusammen. Je kleiner a ist, umso größer ist die Bandbreite des Bandpassfilters. Das legt nahe eine Filterbank aus einem einzigen Wavelet aufzubauen, bei dem lediglich der Skalierungswert a verändert wird. Als Bandpassfilter eignet sich in besonderer Weise das Morlet-Wavelet, weil es auf einer harmonischen Funktion basiert (vgl. Gleichung 2.80). Durch Variation des Skalierungswerts a wird die Frequenz der harmonischen Funktion des Morlet-Wavelets moduliert. Das zu filternde Signal $s(t)$ wird bei der Transformation mit der harmonischen Funktion des Morlet-Wavelets korreliert, was eine spektrale Zerlegung von $s(t)$ nach den durch den Skalierungswert a festgelegten Frequenzen bedeutet.

2.4.4 Kontinuierliche lineare Faltung

Im Abschnitt zur Fourier-Transformation wurde bereits erwähnt, dass sich für ein lineares zeitinvariantes System im Zeitbereich das Ausgangssignal $y(t)$ aus der mathematischen Faltung des Eingangssignals $s(t)$ mit der Impulsantwort des Systems $h(t)$ berechnet (vgl. Abbildung 2.21). Gleichung 2.82 gibt die mathematische Operation dazu an:

$$y(t) = \int s(\tau)h(t-\tau)d\tau . \qquad (2.82)$$

Dabei wird zunächst die Variable t in τ umbenannt $s(t) \rightarrow s(\tau)$, $h(t) \rightarrow h(\tau)$. Die zweite Funktion (hier h) wird durch das negative Vorzeichen der Variablen τ an der Ordinate gespiegelt. Der Wert t im Argument der zweiten Funktion ist einerseits der Verschiebungsparameter der Funktion h und gleichzeitig die Variable der Ausgangsfunktion $y(t)$. Es wird also die Funktion h gespiegelt, um t verschoben, dann mit s multipliziert und das Ergebnis über das Zeitintervall τ integriert. Dieser Vorgang wird für alle Verschiebungswerte t wiederholt, woraus sich die neue Funktion $y(t)$ bildet.

Das Faltungsintegral, gegeben durch Gleichung 2.82, ist bis auf das negative Vorzeichen im Argument der zweiten Funktion identisch mit der Korrelationsfunktion, die damit auch zur Klasse der Integraltransformationen gehört. Die Korrelationsfunktion liefert ein Maß für die Ähnlichkeit zweier Signale bzw. Funktionen. In diesem Sinne wurde auch bei der Fourier-Transformation das Signal $s(t)$ mit der komplexen Exponentialfunktion korreliert, das Faltungsintegral hingegen liefert demnach mit $y(t)$ ein Maß für die Ähnlichkeit von $s(\tau)$ und $h(-\tau)$ bei den jeweiligen Verschiebungswerten t. Das Symbol für die Notation der Faltung ist ein Stern zwischen den zu faltenden Funktionen:

$$y(t) = s(t) * h(t) . \qquad (2.83)$$

Eine Übersicht der gebräuchlichen Faltungstheoreme findet sich in Tabelle 2.6. Anwendungen der Integraltransformationen werden im Zusammenhang mit den diskreten Transformationen in Abschnitt 5.2 und in den praktischen Anwendungen in Kapitel 6 gegeben.

Tab. 2.6: Faltungstheoreme

Theorem	
Kommutativgesetz	$a(t) * b(t) = b(t) * a(t)$
Assoziativgesetz	$a(t) * b(t) * c(t) = [a(t) * b(t)] * c(t) = a(t) * [b(t) * c(t)]$
Distributivgesetz	$a(t) * (b(t) + c(t)) = a(t) * b(t) + a(t) * c(t)$
Einselement	$a(t) * \delta(t) = a(t)$
Differentiation	$a(t) * \delta'(t) = a'(t)$
Integration	$a(t) * u(t) = \int a(\tau)d\tau$
Verschiebung	$a(t - t_0) = a(t) * \delta(t - t_0)$
Dehnung	$a(t) * \delta(bt) = \frac{1}{|b|} a(t)$

2.5 Gewinnung diagnostisch nutzbarer Informationen biologischer Systeme

Die Definition von wichtigen Eigenschaften und Transformationen der Signalverarbeitung in den bisherigen Abschnitten erlauben eine mathematische Beschreibung der Analyse von Biosignalen. Ein grundlegend wichtiger Gedanke bei der Auswertung von Biosignalen, wie bei Signalen im Allgemeinen, ist der bereits in Abschnitt 2.2 diskutierte direkte Zusammenhang zwischen dem Signalerzeuger, in unserem Fall ein physiologisches System, und dem Signal selbst. Dieser direkte Zusammenhang erlaubt es im Idealfall, den Systemzustand (Gesundheitszustand) in Form einer Systemdiagnose aus dem Signal zu bestimmen. Grundvoraussetzung dazu ist, dass die *Signalmessgröße* eine ausreichend hohe *Sensitivität* zur betrachteten physiologischen Größe besitzt und zudem nicht durch andere Artefakte wie Bewegungen oder Rauschen verdeckt wird. In den meisten Fällen ist es aus diesem Grunde die vornehmliche Aufgabe, die wichtigen von den unwichtigen Signalanteilen zu trennen und eine geeignete Mess- und Signalverarbeitungskette für das zu erfassende Signal zu generieren.

Die Signalverarbeitungskette ergibt sich aus der Messaufgabe und enthält wie in Abbildung 2.24 dargestellt immer einen physiologischen Prozess (und ein physiologisches Signal), der im Patienten abläuft und der mit Hilfe einer geeigneten Sensorik und Messanordnung gemessen (in Form der Signalmessgröße) und zur weiteren Verarbeitung im Computer oder Mikrocontroller digitalisiert, gespeichert und ausgewertet wird. Es ist anzumerken, dass das physiologische Signal in den meisten Fällen nicht exakt der Signalmessgröße entspricht, sei es aufgrund der angewandten Messmethode oder der Art der daran anschließenden Signalverarbeitung. Im weiteren Ver-

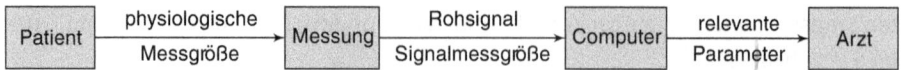

Abb. 2.24: Ein Beispiel für eine Signalverarbeitungskette der Biosignalverarbeitung.

lauf der Signalanalyse geht es oft um eine Reduzierung der Datenmenge auf wenige, aber aussagekräftige Parameter, die für die medizinische Entscheidungsfindung herangezogen werden können. Dazu wird das Rohsignal in der Regel zunächst durch Filterung von störenden Artefakten und Rauschen befreit und erst anschließend bezüglich diagnostisch relevanter Parameter wie beispielsweise der Herz- und Atemfrequenz ausgewertet. Eine meist grafische Darstellung der Auswertung wird dem behandelnden Arzt zur Entscheidung über den Fortgang der Behandlung des Patienten weitergeleitet. Die abschließende Bewertung findet in diesem Szenario durch einen erfahrenen Arzt statt, zur weiterführenden Bewertung können alternativ aber auch medizinische Expertensysteme wichtige Dienste leisten. Dabei wird auf Grundlage von statistisch aufbereitetem Expertenwissen mit Hilfe eines Algorithmus eine wahrscheinlichkeitsbasierte Entscheidungshilfe generiert, die den Arzt bei seiner Entscheidungsfindung unterstützen soll.

Bei der Erstellung der Signalverarbeitungskette sind die relevanten und unwichtigen Signalanteile wie auch die Methodik zu deren Trennung oft noch unklar. Die Vorgehensweise zu deren Findung gleicht vielmehr der Suche nach der Nadel in einem Heuhaufen. Werden die Signale beispielsweise durch eine Filterung stark verzerrt, kann es vorkommen, dass auch die relevanten Signalanteile für eine diagnostische Auswertung unbrauchbar geworden sind. Beispielsweise lässt sich aus einem EKG-Signal unter optimalen Bedingungen die Herz- und Atemfrequenz als Diagnoseparameter bestimmen. Hingegen wird die Atemfrequenz nach einer Korrektur der *Baseline* im EKG durch einen steilen Hochpassfilter über 0.5 Hz nicht mehr im gefilterten Signal vorhanden sein und eine Auswertung diesbezüglich auch keine verlässlichen Werte liefern. Die Durchführung einer eingehenden Spektralanalyse der Signale (vgl. Unterabschnitt 5.3.2) vor einer Filterung hingegen erlaubt es beispielsweise, die Frequenzinhalte des Rohsignals zu bestimmen, um eine mögliche ungewollte Beeinflussung des Nutzsignals zu identifizieren. Aus diesem und ähnlichen Gründen ist während der Messung und Bearbeitung der Signale stets auf optimale und *signalerhaltende Eigenschaften* der eingesetzten Methoden zu achten. Die Methoden der oben ausgeführten Verarbeitungsschritte in der Signalverarbeitungskette werden in Kapitel 4, in Kapitel 5 und in Kapitel 6 im Detail dargestellt und anhand der Auswahlkriterien und praktischen Einsatzmöglichkeiten diskutiert.

2.6 Nachlesungs- und Übungsaufgaben

Information und Informationsübertragung

1. Wodurch lässt sich Information charakterisieren? Was versteht man unter erweiterter Information und wozu wird sie benötigt?
2. Welche Bedingungen müssen bei der Informationsübertragung erfüllt sein? Erläutern Sie an einem einfachen Beispiel.
3. Wie wird Information technisch bzw. allgemein übertragen? Erläutern Sie an je einem Beispiel.
4. Wozu wird das Signal-Rausch-Verhältnis in der Technik angewandt, welche Formen der Darstellung kennen Sie? Welchem *SNR* entspricht 3 dB, −3 dB, 10 dB, 120 dB?
5. Erklären Sie die Begriffe Datenmenge, Symbol und Datenübertragungsrate. Wovon hängt die maximale Datenübertragungsrate bei einer Informationsübertragung ab? Welche Datenübertragungsraten erwarten Sie für übliche Biosignale? Berechnen Sie die maximale Datenübertragungsrate für eine Bandbreite von 5 kHz und einem Signal-Rausch-Verhältnis von 40 dB.
6. Was versteht man unter der Bandbreite, was unter einem bandbegrenzten Signal? Geben Sie die Bandbreite verschiedener Biosignale im Vergleich zu technischen Signalen an.
7. Geben Sie unter Einbeziehung des verallgemeinerten Informationsbegriffs eine Definition für Biosignale an. Unterscheiden Sie in Ihren Ausführungen in evozierte und autonome Biosignale und nennen Sie je ein Beispiel. Welche Schlussfolgerungen lassen sich aus der neu gewonnenen Definition ziehen?

Signale und Systeme

1. Wie ist nach DIN 44300 der Begriff Signal definiert?
2. Nennen Sie mindestens fünf Gründe, warum man Signalverarbeitung betreibt.
3. Worin besteht der Unterschied zwischen einem kontinuierlichen und einem zeitdiskreten Signal? Was versteht man unter einem Digitalsignal?
4. Erläutern Sie beispielhaft den Zusammenhang zwischen Signal und Information.
5. In welchem Zusammenhang stehen Signale und Systeme, einerseits bei signalverarbeitenden Systemen aus der Technik und andererseits bei signalerzeugenden Systemen aus der Biologie? Nennen Sie jeweils deren Bedeutung in der Analyse von Biosignalen.
6. Nennen Sie vier gängige Biosignale des Herzens. Welche Diagnosen bzw. Schlüsse lassen sich daraus ableiten?
7. Erklären sie den Unterschied zwischen univariaten und multivariaten Signalen, verwenden Sie die Begriffe un-/abhängige Größe, nennen Sie je ein Beispiel.

Definition und Klassifikation von Signalen

1. Erklären Sie die Bedeutung und den generellen Einsatz der Begriffe: Erwartungswert, Mittelwert, Varianz und Standardabweichung. Zeichnen Sie jeweils eine Verteilungsfunktion, die Sie bei der wiederholten Messung der Körpergröße für N Probandinnen und M Probanden erwarten würden. Vergleichen Sie dabei die Erwartungswerte und Standardabweichungen und begründen Sie die Unterschiede.

2. Klassifizieren Sie den Begriff Signal und geben Sie die entsprechenden Definitionen an (Eine Unterklasse sind z. B. deterministische Signale).

3. Was ist das Charakteristikum eines periodischen, bzw. eines transienten Signals?

4. Zeichnen Sie ein beliebig geformtes, kausales, aperiodisches Zeitsignal in ein beschriftetes kartesisches Koordinatensystem.

5. In welchem Verhältnis stehen die Periodendauer und die Frequenz eines sinusförmigen Signals zu einander?

6. Interpretieren Sie die Formel der Fourier-Reihe im Hinblick auf das weiter vorn genannte Postulat, dass jedes Signal aus einer Summe von harmonischen Signalen verschiedener Amplitude und Frequenz aufgebaut ist.

7. Erklären Sie den Begriff lineare Superposition anhand einer Sägezahnschwingung.

8. Nutzen Sie die Superposition zweier Sinusfunktionen, um ein Signal zu erzeugen, welches dem in Abbildung 2.11 (unten rechts) ähnelt. Nutzen Sie dazu alternativ die Fourier-Reihe. Welchen Einfluss haben eine Veränderung der Amplitude und Phase der einzelnen Harmonischen?

9. Welche besonderen Eigenschaften hat die Delta-Distribution, wie lassen diese sich mathematisch ausdrücken?

10. Wie lässt sich eine DC-Funktion im Zeitbereich 1(t) mathematisch auch noch beschreiben? Verwenden Sie dazu eine geeignete Grenzwertbetrachtung für die Periodendauer einer komplexen Exponentialfunktion.

11. Erklären Sie anschaulich, unter der Verwendung einer Grenzwertbetrachtung der Periodendauer, wieso die Abtastfunktion (Dirac-Impulsfolge) wieder eine Abtastfunktion als Fourier-Transformierte hat, obwohl die Fourier-Transformierte der Delta-Funktion doch eine DC-Funktion ist.

12. Erzeugen Sie analog zu Listing 2.3.2 ein Matlab-Skript zur grafischen Darstellung der beiden Funktionen aus Abbildung 2.13.
    (a) Verändern Sie das Vorzeichen im Exponent der Exponentialfunktion, um einen Einschwingvorgang zu erzeugen.
    (b) Verringern Sie schrittweise den Wert der Standardabweichung der Normalverteilung und führen Sie den Grenzwertübergang zur Dirac-Distribution ansatzweise durch. Nutzen Sie hierzu Gleichung 2.21 und vergleichen Sie die Ausgabe mit Abbildung 2.14.

13. Beschreiben Sie die Ausblendeigenschaft der Dirac-Distribution und wie diese auf ein Signal $f(t)$ wirkt. Was bewirkt eine Verschiebung der Dirac-Distribution und wie wird diese in positiver Zeitrichtung durchgeführt?

14. In welchem Zusammenhang stehen die Delta-Distribution und die Heaviside-Funktion? Wie erklären Sie sich den Zusammenhang und die Unstetigkeit mit Hilfe der Ableitung?

15. Nennen Sie die Eigenschaften für Energie- und Leistungssignale mit jeweils einem Beispiel. Überprüfen Sie rechnerisch, ob der Rechteckimpuls, der Dirac-Impuls, die Sinusfunktion, die Exponentialfunktion und das Gleichsignal Energie- bzw. Leistungssignale sind.

16. Erläutern Sie die unterschiedlichen Begriffe der Stationarität eines stochastischen Signals und nennen Sie Beispiele für die jeweilige Kategorie.

17. Erzeugen Sie analog zur Darstellung in Abbildung 2.17 (rechts) auf additivem Wege ein Mischsignal aus einer deterministischen Sinusfunktion und einem Rauschsignal. Berechnen Sie dazu mit Hilfe der Matlab-Funktionen `mean()`, `var()` und `std()` die jeweiligen Größen der ersten beiden Momente.

18. Erzeugen Sie analog zur vorherigen Aufgabe ein weiteres Signal durch Nutzung der Kosinusfunktion. Welche Kovarianz der beiden Signale erwarten Sie? Überprüfen Sie Ihre Vermutung mit Hilfe der Matlab-Funktion `cov()`. Ersetzen Sie nun die Kosinusfunktion durch eine Sinusfunktion und diskutieren Sie das Ergebnis.

19. Erläutern Sie mit Hilfe der Fachbegriffe den Unterschied zwischen analogen und digitalen Signalen. Worin sehen Sie den Hauptvorteil bei der Verarbeitung von Digitalsignalen? Plotten Sie mit Matlab in Anlehnung an Abbildung 2.19 unter Verwendung der dafür vorgesehenen Funktionen eine Sinusfunktion als kontinuierliches beziehungsweise als diskretes Signal.

Transformationen der Signalverarbeitung

1. Welche mathematische Form hat die Fourier-Reihe und wozu wird sie verwendet? Worin liegt der Unterschied zur Fourier-Transformation?

2. Was versteht man unter den Koeffizienten der Fourier-Reihe? Welche Bedeutung haben diese in der Frequenzanalyse?

3. Was versteht man unter dem gibbschen Phänomen, wann entsteht es bei der Darstellung von Signalen mit Hilfe der Fourier-Reihe? Lässt es sich vermeiden?

4. Beschreiben Sie die Konsequenzen der einzelnen Theoreme der Fourier-Transformation, wie wirken sich jeweils die Fourier-Paare von Linearität, Zeit-/Frequenzverschiebung, Multiplikation und Faltung im Zeit- bzw. Frequenzbereich aus? Interpretieren Sie.

5. Welches grundlegende Postulat liegt dem Verfahren der Spektralanalyse zugrunde? Ohne diese Annahme wäre die Spektralanalyse sinnlos.

6. Beschreiben Sie mit Hilfe der Fourier-Transformation das Verhalten eines linear zeitinvarianten Systems im Zeit- und Frequenzbereich. Welche Rechenvorteile in

den einzelnen Darstellungsformen ergeben sich unter Zuhilfenahme der Fourier-Theoreme?

7. Beschreiben Sie die Integraltransformationen im Allgemeinen, welche Bedeutung hat der Integralkern? Nennen Sie die wichtigsten Integraltransformationen der Signalverarbeitung und deren Integralkerne. Worin liegen die Unterschiede? Interpretieren Sie.

8. Welche Form hat eine Sinus- bzw. Kosinus-Transformation, welche Ergebnisse erwarten Sie im Vergleich zur Fourier-Transformation für ausschließlich un-/gerade Signale?

9. Unter welchen Bedingungen existiert eine Lösung der Fourier-Transformation, in welchen Fällen konvergiert diese nicht? Kennen Sie eine praktikable Lösung nichtkonvergierende Signale anderweitig zu transformieren?

10. Beschreiben Sie die Bedeutung der Faltung in Bezug auf lineare, zeitinvariante Systeme der Signalverarbeitung.

11. Erläutern Sie die mathematische Herangehensweise bei der Faltung, wie lässt sich deren Ergebnis interpretieren? Führen Sie die Faltung zweier Rechteckfunktionen beispielhaft durch, interpretieren Sie das Faltungsprodukt. Wie sieht die Faltung einer Funktion mit dem Dirac-Impuls aus?

12. Nennen Sie unter zur Hilfenahme der Tabelle gängiger Fourier-Transformationen charakteristische Merkmale des Spektrums eines kontinuierlichen periodischen Zeitsignals. Welche Eigenschaften hingegen weist ein impulsförmiges Signal auf? Interpretierten Sie die Ergebnisse.

3 Grundlagen der Entstehung von Biosignalen

In diesem Kapitel werden die Geschichte und das interessante Thema sowie die Konzepte der Entstehung von Biosignalen vorgestellt. Den historischen Ausführungen in [51, 75, 91] folgend, reicht die Entdeckung bioelektrischer Phänomene bis ins Jahr 2750 v. Chr. zurück, wo zunächst bioelektrische Aktivität beim zufälligen und schmerzhaften Kontakt mit elektrischen Fischen beobachtet wurde. Neben dem Wels, der Spannungen in der Größenordnung von 350 Volt erzeugt, ist der elektrische Rochen [1] ebenfalls für diese Eigenschaft bekannt. Letzterer wurde trotz erheblicher Potentiale zwischen 60 und 230 Volt bereits im 1. Jahrhundert nach Christus für medizinische Behandlungen eingesetzt.

Die Wirkungsweise konnte erst im 18. Jahrhundert aufbauend auf den Arbeiten des Physikers Georg Christof Lichtenberg [2], durch Untersuchungen des Briten John Walsh erreicht werden. Er konnte als erster die Entladung des Organs durch einen Lichtblitz sichtbar machen [85]. Etwa zur gleichen Zeit entdeckte der italienische Arzt und Anatom Luigi Galvani [3] durch Zufall die Kontraktion präparierter Froschschenkel, wenn diese mit einem bimetallischen Streifen aus Kupfer und Eisen in Berührung kamen [5]. Diese Erkenntnisse warfen die grundsätzliche Frage nach der Bedeutung der Elektrizität für lebende Organismen auf - sie wurde damals sogar als das zentrale Unterscheidungsmerkmal zwischen belebter und unbelebter Materie angesehen.

Nach den historischen Aufzeichnungen in [5, 12], waren es Luigi Galvani und der Physiker Alessandro Volta [4], die sich damals mit den Phänomenen der Elektrizität beschäftigten und diese auch als Grundlage für die Aktivität der Nerven- und Muskelzellen von Lebewesen ansahen. Galvani selbst nannte das Phänomen "tierische Elektrizität", basierend auf seinen Erkenntnissen über die elektrische Aktivität von Fischen, und behauptete, in seinem Experiment eine neue Form der Elektrizität entdeckt zu haben. Er nahm an, dass sich die im Gewebe vorhandene tierische elektrische Energie durch den Kontakt mit den Metallen entlädt und dadurch die Kontraktion des Muskels auslöst. Volta hingegen ging davon aus, dass es nur eine Form von elektrischer Energie gab, und behauptete, dass die durch den Kontakt mit den beiden Metallen ausgelösten Bewegungen auf eine elektrostatische Potenzialdifferenz zwischen den Metallen zurückzuführen waren, die auf den Muskel des Tieres übertragen wurde. Um gegen eine

---

1 Torpedinidae von lat. *torpere* = lähmen.

2 Georg Chr. Lichtenberg (1742–1799), deutscher Physiker und einer der Mitbegründer der Elektrizitätslehre; er wurde durch die nach ihm benannten Lichtenberg-Figuren bekannt.

3 Luigi Galvani (1737–1798), italienischer Arzt, Physiker, Biologe und Philosoph, der als Pionier der Bioelektromagnetik gilt.

4 Alessandro Volta (1745-1827), italienischer Physiker, Erfinder der Batterie und Mitbegründer der Elektrizitätslehre.

https://doi.org/10.1515/9783111003115-003

eigenständige tierische Elektrizität zu argumentieren, präsentierte er die Voltasäule [5] als Modell eines elektrischen Organs, womit er die Ähnlichkeit mit dem natürlichen elektrischen Organ des elektrischen Rochens demonstrierte [12]. Auch wenn Volta mit seinen Aussagen Recht hatte, wurden die heute noch gültigen Grundlagen der Elektrophysiologie erst viel später geschaffen.

Im Laufe der Zeit hat sich eine Reihe von Ansätzen etabliert, um die zugrundeliegenden Prozesse zu beschreiben, in [79] werden sie nach ihrer Größenskalierung gegliedert. Dabei unterscheiden sich die Sichtweisen im Detailreichtum der Modelle, den damit verbundenen zu beantwortenden Fragen sowie deren Gültigkeit.

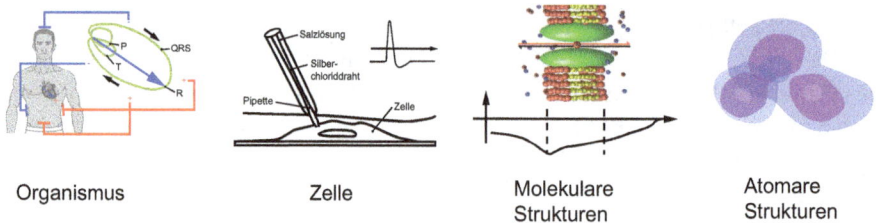

| Organismus | Zelle | Molekulare Strukturen | Atomare Strukturen |

Abb. 3.1: Biophysikalischer Ansatz und Modellbeschreibungen der elektrophysiologischen Mechanismen auf den verschiedenen Skalen nach [79].

Die Wirkungsweise der elektrischen Aktivität von Nerven- und Muskelzellen innerhalb des Körpers und außerhalb eines lebenden Organismus wird durch die Gesetze der Elektrophysiologie und Elektrostatik/Dynamik durch die Maxwell-Gleichung beschrieben. Letztere wird beispielsweise bei der Messung elektrischer Potentiale an der Körperoberfläche oder mit Nadel- oder Mikroelektroden auf der Skala des lebenden Organismus bis hin zu einzelnen Zellverbänden angewendet. Diffusionsprozesse und Bewegungen einzelner Ionen auf der Zellskala werden dagegen durch die Nernst-Planck-Gleichung[6] der phänomenologischen Thermodynamik behandelt. Hier werden die Vorgänge in der Zelle, zum Beispiel die elektrodiffusive Bewegung von Ionenströmen, bis hin zu einzelnen Ionen und ihren Auswirkungen auf der darüber liegenden Skala betrachtet. Die Anordnung supermolekularer Strukturen, wie sie beispielsweise bei der Entstehung einer Lipidmembran oder der Anordnung von Membranproteinen in einer Zellwand vorkommen, erfordert die Methoden der statistischen Thermodynamik, deren Gesetzmäßigkeiten durch die Poisson-Boltzmann-

---

5 Die Voltasäule bestand aus dünnen Zink- und Kupferscheiben, die durch in Kochsalzlösung getränkte Pappscheiben voneinander getrennt waren.

6 Grundgleichung der Bewegung von Ionen unter Berücksichtigung des elektrischen Feldes, benannt nach den Nobelpreisträgern Walter H. Nernst (1864–1941) und Max Planck (1858–1947).

Gleichung beschrieben werden.[7] Wechselwirkungen atomarer und molekularer Vorgänge werden letztendlich quantenmechanisch durch die Schrödinger-Gleichung[8] oder vereinfacht molekulardynamisch durch die Newtonschen Bewegungsgleichungen[9] berechnet. Auf dieser Größenebene lassen sich dann chemische Bindungen und die Interaktion einzelner Ionen mit beispielsweise funktionalen Proteinen wie Ionenkanälen erklären. Letztere Methoden bieten wohl die genaueste Modelierung der Vorgänge, sind aber aufgrund begrenzter Rechenleistung heutiger Großrechner nur in der Lage, kleine Systeme über sehr kurze Zeiträume (ps bis ns) zu beschreiben.

In der Biosignalverarbeitung geht es in erster Linie um die Quantifizierung von messbaren Phänomenen auf der zellulären Ebene sowie deren Auswirkungen auf die Größenebene des gesamten Organismus. Ausgehend von den zellulären elektrophysiologischen Vorgängen einzelner Ionen wird im Laufe des Kapitels die Fernfeldbetrachtung erarbeitet. Wegen der Analogie zur Wechselstromtechnik wird auf die grundlegenden Arbeiten von Harriehausen und Schwarzenau [30] verwiesen. Im weiteren Verlauf des Kapitels wird die Entstehung und Ausbreitung von Aktionspotentialen in Unterabschnitt 3.1.3 betrachtet, bevor deren Anwendung beispielhaft in Abschnitt 3.2 am Herzmuskel verdeutlicht wird. Das Kapitel erweitert diese Sichtweise auf Biosignale im Allgemeinen und schließt mit einer Taxonomie der Biosignale in Abschnitt 3.3 und mit einem Teil aus Beispiels- und Übungsaufgaben in Abschnitt 3.4 ab.

3.1 Physiologie und elektrische Aktivität von Muskel- und Nervenzellen

Die Elektrophysiologie beschäftigt sich mit der elektrochemischen Signalübertragung im Nervensystem, die sowohl im Bereich der klinischen Elektrophysiologie, wie der Kardiologie und Neurologie, als auch der experimentellen Elektrophysiologie, wie der Neurophysiologie und Muskelphysiologie, eine große Bedeutung spielt. Elektrophysiologische Messungen werden in diesen Disziplinen zum Beispiel zur Überprüfung der Nerven- und Muskelaktivität eingesetzt. Dabei werden die Ionenflüsse in oder an biologischem Gewebe gemessen und bewertet. Bekannte Verfahren sind die Elektroenzephalographie, die Elektroneurographie, die Elektromyographie und die Elektrokardiographie. Kardiologen beispielsweise untersuchen durch die Ableitung von Potentialen an der Körperoberfläche (nicht-invasiv) oder im Rahmen einer speziellen

---

7 Grundlegende Gleichung der elektrostatischen Wechselwirkungen zwischen Molekülen in Flüssigkeiten mit darin gelösten Ionen, benannt nach Simeon D. Poisson und Ludwig Boltzmann.

8 Grundlegende Gleichung der Quantenmechanik, benannt nach dem österreichischen Physiker und Nobelpreisträger Erwin R. J. A. Schrödinger (1887–1961).

9 Bewegungsgleichungen der klassischen Mechanik, benannt nach dem englischen Physiker und Mathematiker Isaac Newton (1642–1726).

Herzkatheteruntersuchung (invasiv) vor der Implantierung eines Herzschrittmachers die elektrischen Potentialverläufe am Herzmuskel. Neben der Messung von Signalen werden parallel Methoden zur Stimulation dieser elektrophysiologischen Systeme zu Therapie- und Diagnosezwecken entwickelt. Dazu zählen beispielsweise die Stimulation von Nervengewebe im Gehirn durch Provokation der Sinnesreize, die Anregung von Muskelkontraktionen bei Herz- oder Magenschrittmachern oder aber die Stimulation/Inhibition durch Pharmaka. In letzterem Fall liefern die elektrophysiologischen Messungen wichtige quantitative Aussagen zu deren Wirksamkeit und Anwendbarkeit.

Zur Analyse der elektrodynamischen Potentialveränderungen an der Oberfläche des Körpers ist ein Verständnis der elektrophysiologischen Zusammenhänge einzelner Nerven- oder Muskelzellen bzw. der Verbände solcher Zellen erforderlich. Diese werden im Rahmen der experimentellen Neuro- und Muskelphysiologie mit Methoden der Patch-Clamp-Technik oder mit Hilfe von Mikroelektroden untersucht. Obwohl die Ergebnisse aus dem Zusammenspiel von theoretischer und experimenteller Forschung entstanden sind, werden in diesem Abschnitt die physiologischen Abläufe anhand einer einfacher verständlichen elektrischen Analogie dargestellt. Experimentelle Methoden zur Messung werden in Abschnitt 3.2 vorgestellt.

3.1.1 Bildung und Funktion von Biomembranen

Die Zellmembran oder Biomembran besteht aus einer geschlossenen Doppelschicht von Phospholipiden (vgl. Abbildung 3.2), d. h. einer chemischen Struktur, die aus einer Phosphatgruppe und einer oder mehrerer Kohlenwasserstoffketten besteht. Aufgrund der *amphiphilen*[10] Eigenschaften der polaren, *hydrophilen* (Wasser anziehenden) Kopfgruppe und der *hydrophoben* (Fett anziehenden) Enden von Phospholipiden bilden sie in wässriger Lösung je nach Konzentration und Temperatur energetisch günstige Molekülaggregate (-assoziate), sogenannte Assoziationskolloide.

Die Phasentrennung wird durch die energetisch günstigen Anordnungen zwischen den negativ geladenen hydrophilen Kopfgruppen und dem polaren Wasser sowie durch die Kontaktvermeidung des Wassers mit den hydrophoben fettsäurehaltigen Enden durch abstoßende Wechselwirkung verursacht. Dieser Vorgang wird als Selbstorganisation bezeichnet.

Lipiddoppelschichten, d. h. eine parallele Anordnung der hydrophoben Enden und eine daraus resultierende membranförmige Anordnung der Kopfgruppen auf den beiden gegenüberliegenden Seiten, treten bei hohen Lipidkonzentrationen auf (vgl. Abbildung 3.3). Bei einer niedrigeren Massenkonzentration, der kritischen Mizelkon-

---

10 Von griechisch *amphis* = beide und *philia* = Liebe, Freundschaft; Kompositum mit polaren (Wasser liebenden) Kopfgruppen und lipophilen (Fett liebenden) Enden.

Phospholipid   Overlay   Chemische Strukturformel Phospholipid
                Phospholipid

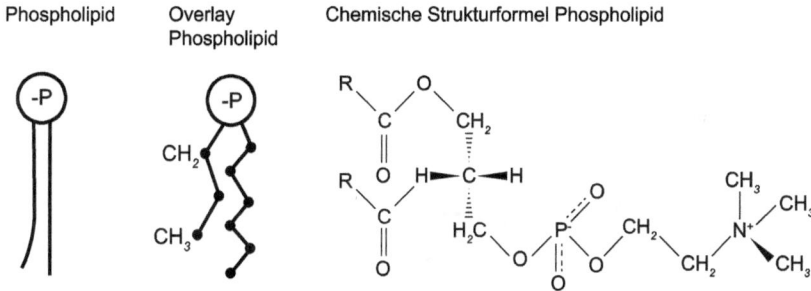

Abb. 3.2: Phospholipid in vereinfachter Darstellung (links), mit Überlagerung der chemischen Struktur (Mitte) und als chemische Strukturformel (rechts).

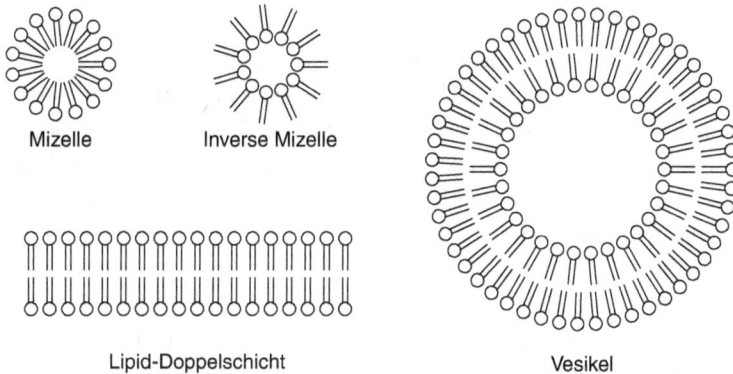

Mizelle   Inverse Mizelle

Lipid-Doppelschicht   Vesikel

Abb. 3.3: Verhalten der Selbstorganisation von Lipiden in wässriger Lösung: Je nach Konzentration und Temperatur des Lipid-Wasser-Gemischs bilden sich unterschiedliche flüssigkristalline Strukturen. Bei einer geringen Lipidkonzentration sind Mizellen (oben links) energetisch am günstigsten. Erhöht man die Konzentration, bilden sich Lipiddoppelschichten (unten links) und geschlossene Vesikel (rechts). Inverse Mizellen findet man üblicherweise nur in organischen Lösungsmitteln (oben Mitte).

zentration[11], entstehen dagegen sogenannte Mizellen[12]. Bei der Phasentrennung richten sich die hydrophilen Kopfgruppen an den benachbarten Wassermolekülen aus, während sich die hydrophoben Enden zu einer eigenen inneren Lipidphase zusammenlagern. Inverse Mizellen mit umgekehrter Anordnung bilden sich dagegen nur in organischen Lösungsmitteln, weil sich dort die Wechselwirkungen genau umgekehrt verhalten wie in Wasser. Wird die Lipidkonzentration weiter erhöht, bilden sich so genannte Vesikel[13]. Sie sind etwa einen Mikrometer groß und für den Transport vieler

---

11 Aus dem Englischen, *critical micellar concentration* (CMC).

12 Von lat. *mica* = Klümpchen, kleiner Brocken.

13 Von lat. *vesicula* = Bläschen; rundliche kleine intrazelluläre (in der Zelle befindliche) Bläschen, die von einer einfachen oder doppelten Membran umgeben sind.

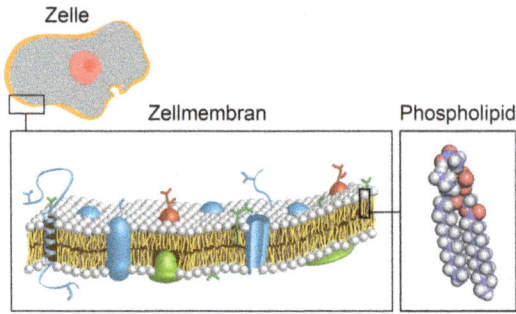

Abb. 3.4: Schematische Darstellung einer Zelle (oben), einer Zellmembran als Lipiddoppelschicht mit eingebetteten Membranproteinen (unten links) und eines Phospholipids (unten rechts).

Stoffe in und zwischen Zellen verantwortlich. In den Vesikeln gespeicherte Stoffe werden beispielsweise durch Verschmelzung der Vesikel mit der Zellmembran freigesetzt. Diese synaptischen Vesikel sind an der Übertragung und Verarbeitung von Nervenimpulsen durch die Freisetzung von Neurotransmittern im synaptischen Spalt beteiligt. Der liposomale Effekt wird auch zur zielgerichteten Wirkstofffreisetzung genutzt, entsprechende Wanderungsvorgänge werden durch so genannte Tracer [14] beobachtet.

Die oben genannten Eigenschaften weisen Phospholipiden eine zentrale Rolle in biologischen Systemen wie der Zelle und ihren Signalwechselwirkungen zu. In der Zellmembran bilden sie eine Lipid-Doppelschicht, in die zahlreiche funktionelle Moleküle wie Proteine oder Glykolipide[15] als phosphorfreie Membranlipide auf der Außenseite der Lipid-Doppelschicht eingebettet sind (vgl. Abbildung 3.4).

In elektrischer Analogie ist die Membranwand selbst eine gut isolierende Schicht mit einem elektrischen Widerstand $R_{LDS} \sim 10^9\,\Omega$, die aufgrund ihrer Undurchlässigkeit für Ionen wie ein Energiespeicher mit einer Kapazität C_{LDS} wirkt. Abbildung 3.5 zeigt eine Lipiddoppelschicht (links) mit entsprechender Na$^+$, K$^+$ und Cl$^-$ Ionenverteilung zwischen Intra- und Extrazellulärraum. Die entsprechenden Ionenkonzentrationen für eine Ionenspezies $A^\pm$, im Intrazellularraum $c^i_{A^\pm}$ und $c^e_{A^\pm}$ im Extrazellularraum, sind im Ersatzschaltbild rechts dargestellt (Konzentrationen in Abbildung 3.9).

Die funktionellen Eigenschaften der Biomembran ergeben sich jedoch aus dem Verhalten der eingebetteten Proteine, die beispielsweise als *Rezeptoren* für bestimmte Stoffe oder als *Transporterproteine* für den Transport bestimmter Ionenarten oder Stoffwechselprodukte über die Zellmembran fungieren. Man unterscheidet zwischen *diffusionsgetriebenen passiven Kanalproteinen* in Form einer einfachen Pore und sogenannten *aktiven Transportproteinen* in Form einer Molekularpumpe (vgl. Abbildung 3.6). Passiver Transport durch einen offenen Kanal (Pore) erfolgt durch Diffu-

---

14 Eine markierte Substanz (radioaktiv oder fluoreszierend) wird in den lebenden Körper eingebracht, um am Stoffwechsel teilzunehmen.
15 griech. *glykys* = süß, *lipos* = Fett.

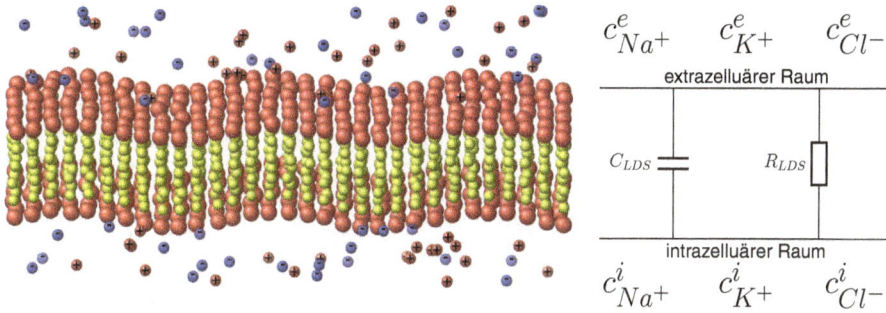

Abb. 3.5: Schematische Darstellung einer nahezu undurchlässigen Zellmembran als Lipiddoppel-schicht (Phosphat-Kopfgruppe – rot, Kohlenwasserstoff-Lipide – gelb): Im intra- und extrazellulären Raum befinden sich positive (rot) und negative (blau) Ionen. Rechts daneben ist das entsprechende Ersatzschaltbild einer elektrischen Kapazität C_{LDS} und dem Isolationswiderstand R_{LDS} der Membran-wand gezeigt.

sion entlang eines Gradienten des elektrischen Feldes oder der Stoffkonzentration bestimmter Ionen. Der aktive Stoffwechseltransport hingegen benötigt Energie in Form von Adenosintriphosphat (ATP) und ist damit in der Lage, Stoffe auch gegen die vorhandenen Gradienten zu transportieren. Beide Formen werden durch eine Konformationsänderung der Proteine hervorgerufen, die im Falle der Pore das Öffnen bzw. Schließen und im Falle der Transporter eine Umfaltung bewirkt. Die Konforma-tionsänderung der Proteine kann unterschiedliche Ursachen haben: So gibt es Kanal-proteine, die sich aufgrund der Veränderung von elektrischen Feldgradienten öffnen oder schließen; andere reagieren auf mechanische Reize oder Andockmechanismen von Botenstoffen. Die passiven Natrium- oder Kaliumkanäle der Nervenzelle zum Beispiel können elektrisch aktiviert werden, während die Kalium-Natrium-Pumpe konzentrationsgesteuert ist. Kanäle haben aufgrund ihrer hohen Transportraten in der Regel eine Signalfunktion, die viel geringeren Transportraten der Transporter werden dagegen zur Haushaltsfunktion der Zelle gezählt [51, 71].

Beide Typen erlauben jedoch den Durchgang von Ionen durch die Membranwand und induzieren einen Leitwert wie ein ohmscher Widerstand, der sich je nach Zu-stand (offen/geschlossen) mit der Zeit ändern kann. Der Stromfluss geladener Mo-leküle oder Ionen durch die Biomembran (elektrogener Transport) ist die Grundlage für die meisten zellulären Signale, wie z. B. die Entstehung und Ausbreitung des Ak-tionspotentials oder lokale Veränderungen von Feldgradienten usw.. Da die elektri-sche Leitfähigkeit der Zellmembran sehr gering ist, gilt nach dem Ohmschen Gesetz $U_{LDS} = R_{LDS}I_{LDS}$: deshalb führen selbst kleine Ionenströme zu recht hohen Potential-differenzen von $U_{LDS} \sim$ mV über die Zellmembran [51, 71]. Neben den *ionenselektiven* Leitfähigkeiten bzw. Permeabilitäten der Membranwand basiert die elektrische Aktivi-tät von Nerven- und Muskelzellen vornehmlich auf *asymmetrischen* Ionenverteilungen (für Na$^+$, K$^+$, Ca^{2+} und Cl$^-$) zwischen dem intra- und extrazellulären Raum. Unter der

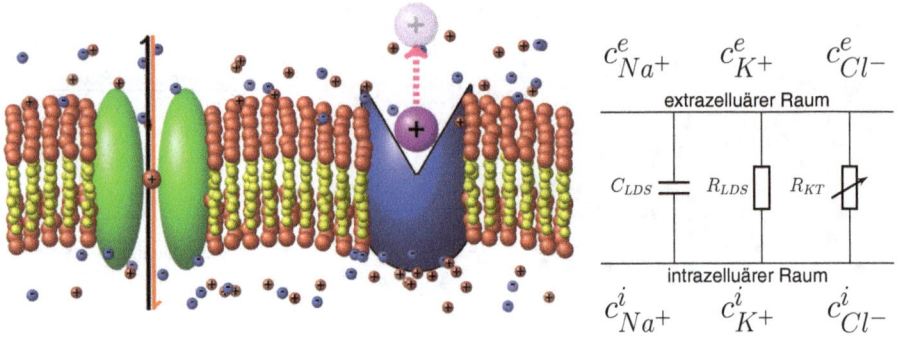

Abb. 3.6: Schematische Darstellung einer Zellmembran mit einem eingebetteten, geöffneten Kanal-protein (grün) und einem nach außen weisenden Transportprotein (blau): Im Vergleich zu geschlos-senen Kanälen ist der variable Summenwiderstand durch die eingebetteten Kanal- und Transport-proteine R_{KT} sehr viel geringer als der Membranwiderstand R_{LDS}.

Annahme, dass sich die Zelle im thermodynamischen Gleichgewicht befindet, können die Ionenkonzentrationen und Permeabilitäten als konstante Größen betrachtet wer-den und das Ruhepotential wird in diesem Fall durch die Goldmann-Hodgkin-Katz-Gleichung beschrieben (detaillierte Herleitung in [14, 51]).

$$U_{RP} = \frac{RT}{F} \ln \left(\frac{P_{Na^+} c_{Na^+}^e + P_{K^+} c_{K^+}^e + P_{Cl^-} c_{Cl^-}^i}{P_{Na^+} c_{Na^+}^i + P_{K^+} c_{K^+}^i + P_{Cl^-} c_{Cl^-}^e} \right). \tag{3.1}$$

R und T sind die ideale Gaskonstante bzw. die absolute Temperatur. Sind die Stoff-konzentrationen zwischen dem intrazellulären i und dem extrazellulären Raum e der einzelnen Ionensorten c_{Na^+}, c_{K^+} und c_{Cl^-} und die Permeabilitäten P_{Na^+}, P_{K^+} und P_{Cl^-} gegeben, kann das Ruhepotential berechnet werden. Konzentrationen für Säugetiere aus Abbildung 3.9 führen zu $U_{RP} \sim -70$ mV. Eine Erzeugung von Nervenimpulsen (Ak-tionspotentialen) wird durch zeitlich variierende Membranleitfähigkeiten ermöglicht (vgl. Abbildung 3.9).

3.1.2 Analogie zu elektrischen Schaltkreisen

Die Grundprinzipien der elektrischen Aktivität von Zellen im vorigen Abschnitt führ-ten zu einer Beschreibung über die elektrische Membrankapazität und den Membran-widerstand. Sie sind zwar nicht exakt identisch mit den analogen Komponenten der Elektrotechnik, liefern aber gute Vorhersagen über den zeitlichen Verlauf der Ströme und Potentiale in der Zelle. Aus diesem Grunde werden der Einfachheit halber elek-trische Ersatzschaltbilder als Modelle verwendet. Sie bestehen aus einfachen elektri-schen Bauteilen, wie Widerständen, Batterien und Kondensatoren und ermöglichen so eine Vorhersage der Messergebnisse eines elektrophysiologischen Experiments.

Nach dem Modell von Hodkin und Huxley[16], können die elektrischen Eigenschaften der Zellmembran durch das elektrische Ersatzschaltbild in Abbildung 3.7 dargestellt werden.

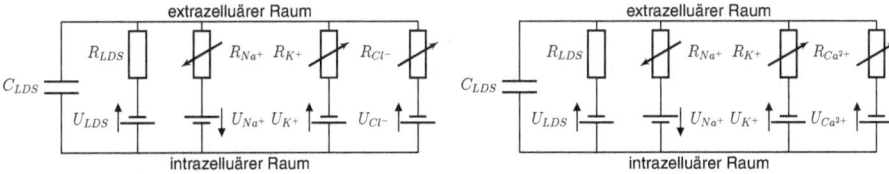

Abb. 3.7: Elektrisches Ersatzschaltbild nach dem Zellmembranmodell von Hodkin und Huxley [33] für die Nervenzelle (links) und die Herzmuskelzelle (rechts): Ionenkanäle werden durch die variablen Widerstände R_{Na^+}, R_{K^+} und R_{Cl^-} (Nervenzelle, links) und zusätzlich $R_{Ca^{2+}}$ (Herzmuskelzelle, rechts) dargestellt. Die Membranwand wird durch eine Kapazität C_{LDS} und den Leckstromwiderstand R_{LDS} repräsentiert. Der elektrochemische Gradient einer Ionensorte X (vgl. Abbildung 3.9) erzeugt einen entsprechenden Stromfluss I_X durch die jeweiligen Ionenkanäle.

Bereits in Abbildung 3.5 ff. wird die Zellmembran durch eine Kombination aus den einzelnen Leitungskanälen für Na^+, K^+, Cl^- (für die Nervenzelle) und zusätzlich Ca^{2+} (für die Herzmuskelzelle), der Membrankapazität C_{LDS} und den jeweiligen Anteilen der Membranspannung dargestellt. Das Modell von Hodkin und Huxley berücksichtigt nur die Ionenspezies Na^+ und K^+ und deren Leitung über die ohmschen Widerstände R_{Na^+} und R_{K^+}, sowie einen Leckstrom, der über den ohmschen Widerstand R_{LDS} fließen kann. Die jeweiligen Anteile der Membranspannungen $U_{A^\pm}$ ergeben sich aus den Ionenverteilungen zwischen Intra- und Extrazellulärraum (vgl. Abbildung 3.9); diese sind im Falle von Na^+ und K^+ gegenläufig, folglich sind auch die Spannungsquellen gegenläufig. In Unterabschnitt 3.1.3 wird die Entstehung und Ausbreitung von Aktionspotentialen der Nervenzelle näher beschrieben. Dort wird durch einen (von außen kommenden) Reiz unter bestimmten Bedingungen ein Aktionspotential ausgelöst, das sich entlang der Axone ausbreitet. Dabei ändern sich die Permeabilitäten bzw. die Leitwerte $g_{A^\pm} = R_{A^\pm}^{-1}$ für einzelne Ionensorten mit der Zeit. Im elektrischen Ersatzschaltbild wird dieses Verhalten durch variable Widerstände dargestellt. Der momentane Gesamtstrom I_m durch die Zellmembran ergibt sich analog zur Elektrotechnik:

$$I_m = I_{Na^+} + I_{K^+} + I_{Cl^-/Ca^{2+}} + I_{LDS} + C_{LDS}\frac{dU_{LDS}}{dt} \ . \tag{3.2}$$

---

16 Alan Lloyd Hodgkin (1914-1998) und Andrew Fielding Huxley (1917-2012), Nobelpreisträger für Physiologie für ihre Entdeckungen über den ionischen Mechanismus, der an der Erregung/Hemmung der Nervenzellmembran beteiligt ist.

Im weiteren Verlauf des Buches werden Ersatzschaltbilder, zum Beispiel für die Nervenleitung im Axon (vgl. Unterabschnitt 3.1.3), und Grundlagenmodelle der Herzerregung (vgl. Abschnitt 3.2) mit Scilab/COS detailliert modelliert. In Kapitel 4 wird ihre Bedeutung für die Messung von Potentialen an der Körperoberfläche deutlich.

3.1.3 Entstehung und Ausbreitung von Aktionspotentialen

Im Abschnitt 3.1 wurden unter der Annahme eines thermodynamischen Gleichgewichts die elektrophysiologischen Grundlagen des Ruhepotentials verdeutlicht und die zeitlichen Vorgänge bei der Entstehung von *Nervenimpulsen*, den sogenannten *Aktionspotentialen*, bewusst vernachlässigt. In diesem Abschnitt soll nun auf die Mechanismen der Entstehung und Ausbreitung von Nervenimpulsen im Körper eingegangen werden.

Physiologie des Nervensystems

Grundbaustein des zentralen Nervensystems (ZNS) beziehungsweise des peripheren Nervensystems (PNS) und der sensorischen und motorischen Systeme sind die *Neuronen* oder Nervenzellen. Ein Neuron besitzt mehrere Synapsen (Signaleingänge) und ein Axon (Signalausgang) und wird deshalb oftmals mit einem Multi-Input-Single-Output-System (MISO-System) der Signalverarbeitung verglichen (vgl. Abbildung 3.8). Die Signalverarbeitung in Neuronennetzwerken findet auf elektrochemischer Basis statt. So wird durch die Freisetzung chemischer Botenstoffe im synaptischen Spalt eines Neurons und interner Verarbeitung (Entscheidung) durch die Nervenzelle ein elektrisches Nervensignal generiert und durch das Axon an andere Nervenzellen weitergeleitet.

Entstehung des Aktionspotentials

Im Ruhezustand der Nervenzelle sind die Ionenkonzentrationen innerhalb und außerhalb der Zelle unterschiedlich. Dieser Zustand wird durch die Natrium-Kalium-Pumpe aufrechterhalten und führt zu einer Potentialdifferenz zwischen $-50\,\mathrm{mV}$ und $-100\,\mathrm{mV}$ (innen negativ, außen positiv). Bei der Entstehung des Aktionspotentials verändert sich diese Bedingung grundlegend durch ein zeitweiliges Öffnen/Schließen der Na^+- und K^+-Kanäle. Dabei ändern sich die Permeabilitäten für die einzelnen Ionensorten in einer ganz bestimmten zeitlichen Abfolge. Grund für eine solche Veränderung kann beispielsweise eine kurzzeitige Änderung des elektrischen Feldes (Potentials) in der Nähe eines Kanals sein, welcher dann ein Öffnen und damit eine weitere Änderung des Potentials bewirkt. Eine solche kurzzeitige Änderung kann über eine Reizung der Nervenzelle durch andere Nervenzellen (über die Ausschüttung von Botenstoffen im synaptischen Spalt), wie bei der peripheren somatischen Reizung, oder etwa durch einen optischen Reiz in den Sehzellen ausgelöst worden sein. Die

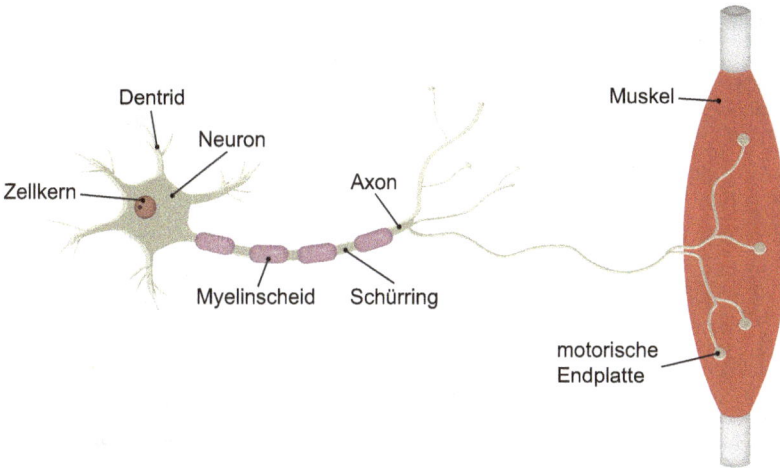

Abb. 3.8: Schematische Darstellung einer Nervenzelle (Neuron) mit ihren Dentriden und den dort ankommenden Synapsen (links), einem abgehenden Axon (Nervenleitung) mit Myelinscheid und Verzweigungen (Mitte) und dem Muskel als motorischem System mit seinen Endplatten (rechts).

Na^+- und K^+-Ionenflüsse sind aus elektrischer Sicht eine Ladungsverschiebung quer durch die Membranwand (vgl. Abbildung 3.9, links) und führen zu einer Veränderung des elektrischen Potentials. Der Ablauf dieser Spannungsumkehr ist für Nerven- und Muskelzellen unterschiedlich. Im Falle der Nervenzelle ist der prinzipielle Ablauf (vgl. Abbildung 3.9) dieser sogenannten *Depolarisation* wie folgt:

1. *Depolarisation*: Spannungsgesteuerte Na^+-Kanäle werden durch kurzzeitiges Überschreiten eines Schwellenpotentials (Membranschwelle) geöffnet, so dass Na^+-Ionen aufgrund des Konzentrationsgradienten in die Zelle strömen. Danach schließen sich die Kanäle wieder. Das Membranpotential verändert sich vom Ruhepotential bis zu einem positiven Maximalwert von etwa $+20\,mV$, dem Overshoot. Aufgrund der absoluten Refraktärzeit ist kurz nach dem Auslösen des Aktionspotentials keine erneute Auslösung möglich.
2. *Repolarisation*: Während dieser Zeit schließen sich die Na^+-Kanäle wieder, und die K^+-Kanäle werden verzögert geöffnet.
3. *Hyperpolarisation*: Aufgrund des Konzentrationsgradienten fliessen K^+-Ionen aus der Zelle, dies führt zu einer Reduktion des Membranpotentials. Die zeitliche Verzögerung zwischen K^+ und Na^+-Kanälen führt zu einem Überschwingen, das als Hyperpolarisation bezeichnet wird. Während dieser relativen Refraktärzeit ist die Membranschwelle zur erneuten Auslösung eines Aktionspotenzials erhöht. Danach stellt sich das Ruhepotential der Zelle wieder ein.

Im Falle einer Muskelzelle oder Herzmuskelzelle müssen zusätzlich noch die Ca^{2+}-Ionenströme berücksichtigt werden, welche im Gegensatz zur Nervenzelle ein aus-

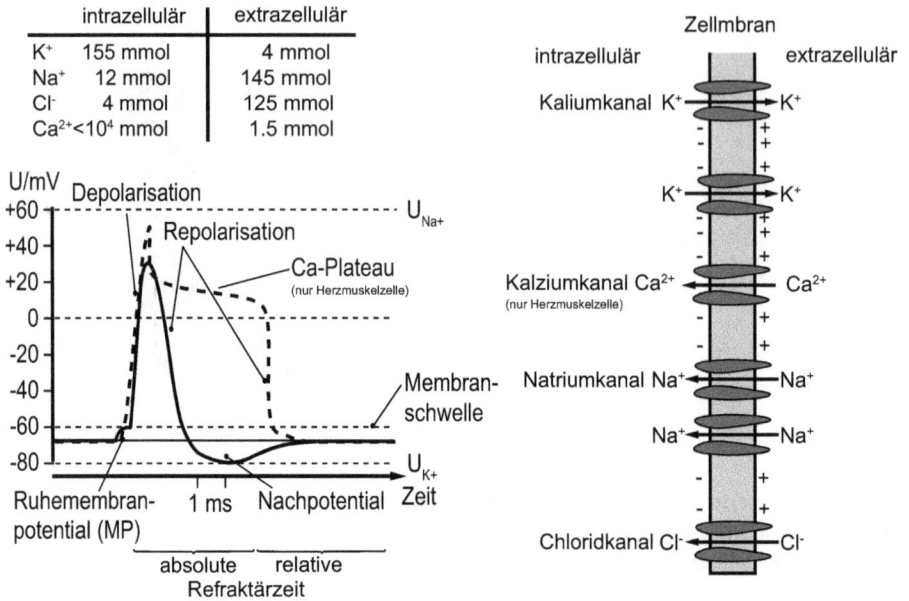

	intrazellulär	extrazellulär
K^+	155 mmol	4 mmol
Na^+	12 mmol	145 mmol
Cl^-	4 mmol	125 mmol
Ca^{2+}	$<10^4$ mmol	1.5 mmol

Abb. 3.9: Potentialverlauf eines Aktionspotentials und der Na^+, Cl^- - und K^+ Ionenströme durch die Membranwand einer Nervenzelle (intra-/extrazelluläre Konzentrationen von Säugetieren aus [71]) und die Summe der Ionenströme als Aktionspotential (unten links): aufgrund des negativen Postpotentials sind erneute Erregungen von Aktionspotentialen nur während der relativen Refraktärzeit möglich. Bei Herzmyozyten gibt es noch einen Ca^{2+}-Ionenstrom, der für das Ca-Plateau verantwortlich ist. Die Membranwand (rechts) zeigt einen temporären Zustand während der Nachpotentialphase mit den entsprechenden aktiven Kanälen.

geprägtes Plateau im Potentialverlauf des Aktionspotentials erzeugen (vgl. Abbildung 3.12).

Ausbreitung des Aktionspotentials

Die elektrische Kommunikation der Nervenzellen untereinander im Gehirn, mit Sinneszellen oder zur Anregung der Kontraktion entfernter Muskelzellen erfolgt über Aktionspotentiale. Dementsprechend gibt es im Körper Nervenbahnen, auf denen sich die Aktionspotentiale ausbreiten können, die sogenannten Axone. Grundsätzlich werden zwei Formen der Erregungsleitung unterschieden, die *kontinuierliche*, d.h. die Erregungsleitung von einem Punkt des Axons zum unmittelbar benachbarten, und die sogenannte *saltatorische* Erregungsleitung, bei der sich das Aktionspotential sprunghaft entlang des Axons ausbreitet.

Die saltatorische Erregungsleitung ist aufgrund der schnelleren Ausbreitung des Aktionspotenzials vor allem bei Wirbeltieren zu finden, da hier in der Regel größere Entfernungen überwunden werden müssen und Verzögerungen bei der Weiterleitung von Nervenreizen nicht tolerierbar wären. Ein Beispiel hierfür ist der Wal, bei dem ein Nervenreiz über 50 m zurücklegen muss, bevor er das Gehirn erreicht.

Die Grundstruktur der saltatorischen Nervenbahnen unterscheidet sich von der kontinuierlichen Form durch eine zusätzliche Isolierung des Axons in Form der sogenannten *Myelinscheide* (vgl. Abbildung 3.8). Die Einsparung der Myelinscheide bei der kontinuierlichen Nervenleitung ist auf Platzprobleme zurückzuführen, weshalb sie vor allem bei kleineren Lebewesen wie Insekten und auf den letzten Zentimetern einer Wirbeltiernervenleitung fehlt. Neben der geringeren Ausbreitungsgeschwindigkeit besteht ein weiterer Nachteil der kontinuierlichen Erregungsleitung darin, dass Aktionspotenziale stark abgeschwächt werden. Im Gegensatz zur saltatorischen Erregungsleitung wird das Aktionspotenzial an den etwa fünf Millimeter langen *Schnürringen* zwischen den Abschnitten der isolierenden Myelinscheide nicht neu gebildet. Da das Aktionspotenzial bei der saltatorischen Erregungsleitung ständig neu gebildet wird, ist die Dämpfung selbst bei langen Leitungswegen vernachlässigbar. Das bedeutet, dass es nicht nur schneller ankommt, sondern auch mit *konstanter* Amplitude übertragen wird. Die Amplitude eines Aktionspotenzials kann demnach nicht für seine Reizstärke von Bedeutung sein, hingegen erzeugen stärkere Reize eine erhöhte Frequenz der Aktionspotenziale. Allerdings gibt es auch hier eine Reizobergrenze, die sich mit Hilfe der zuvor diskutierten Refraktärzeit der Nervenzelle erklären lässt. Wird diese obere Reizgrenze überschritten, steigt die Frequenz der Aktionspotenziale nicht mehr an, obwohl der Reiz weiter zunimmt.

Kontinuierliche Erregungsleitung

Bei der kontinuierlichen Erregungsleitung erfolgt die Weiterleitung des Aktionspotentials durch Depolarisation direkt aneinandergrenzender Nervenzellen im Axon. Das bedeutet: Nach Reizung einer Nervenzelle, z. B. durch ankommende Signalreize im synaptischen Spalt zwischen den Dendriten und der Nervenzelle, breitet sich ein Aktionspotential entlang des Axons aus, indem es direkt angrenzende Nervenzellen im Axon aufgrund des Potentialanstiegs depolarisiert und diese wiederum die daran angrenzenden. Damit muss jede Nervenzelle nacheinander im Axon depolarisieren, bevor das Signal am anderen Nervenende ankommt. Die Ausbreitungsgeschwindigkeit bewegt sich im Bereich von 1 bis 5 m/s. Die Nervenleitgeschwindigkeit ist in der Tat eine diagnostische Größe, welche bei zahlreichen Nervenerkrankungen wie der Multiplen Sklerose oder der Amyloidose in der täglichen Praxis der Neurologen für die Diagnosestellung herangezogen wird.

Im Gegensatz zur invasiven Messung mit Hilfe von Mikroelektroden wie in Abbildung 3.10 dargestellt, misst der Arzt meist mit Oberflächenelektroden (vgl. Kapitel 4) und bestimmt aus der Laufzeit und der Distanz zwischen den Messpunkten die Ausbreitungsgeschwindigkeit. Ist diese erniedrigt, spricht das für eine pathologische Situation des gemessenen Nervs. Abbildung 3.10 zeigt weiterhin die mit der Weiterleitung verbundene Depolarisation und Ladungsverschiebung der Ionen. Analog zum

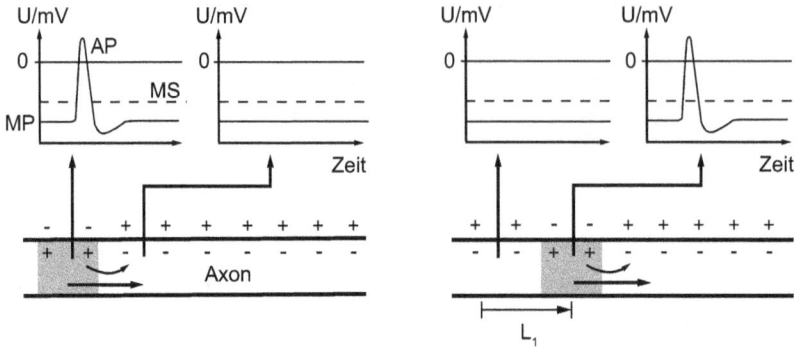

Abb. 3.10: Weiterleitung des Aktionspotentials bei der kontinuierlichen Erregungsleitung: Das Aktionspotential breitet sich als Welle entlang des Axons mit einer Nervenleitungsgeschwindigkeit von 1 bis 5 m/s aus; die Teilabbildungen links und rechts beziehen sich dabei auf unterschiedliche Zeiten.

elektrischen Widerstand eines Leiters, lassen sich auch im Falle des Axons ein Leitwert und eine Dämpfung beziehungsweise ein Abklingabstand des Aktionspotentials bestimmen. Der spezifische Widerstand g_a eines Axons bewegt sich um 30 Ωm, der damit verbundene Abklingabstand l, bei dem das Eingangspotential auf die Hälfte abgeklungen ist, liegt bei wenigen Millimetern.

Saltatorische Erregungsleitung

Die nur in Wirbeltieren vorkommende saltatorische Erregungsleitung wurde von der Evolution im Hinblick auf die damit zu überwindenden Wege und Antwortzeiten durch eine periodische Isolation aus Myelinscheide und Schnürring optimiert. Das Aktionspotential wird bei dieser Erregungsleitung nicht an die direkt aneinander angrenzenden Nervenzellen im Axon durch Depolarisation weitergeleitet, sondern es überspringt aufgrund der Feldausbreitung im Axon die Abschnitte der Myelinscheide und wird im nächsten Schnürring neu generiert. Diese Art der sprunghaften Ausbreitung ist nicht nur im Hinblick auf die Ausbreitungsgeschwindigkeit von Vorteil (ungefähr um einen Faktor 10 größer), sondern auch bei langen Nervenleitungen zur Erhaltung der Amplitude grundlegend. Allerdings beanspruchen die Nervenleitungen aufgrund der Isolation mehr Platz, weswegen sie nur in größeren Lebewesen vorkommen. Dies ist auch der Grund, weshalb eine kontinuierliche Nervenleitung auch bei Wirbeltieren in den letzten Millimetern vom Nervenende unumgänglich ist. Die damit verbundene Dämpfung ist jedoch für die Funktion nicht hinderlich. Nervenerkrankungen, wie die Multiple Sklerose resultieren aus der Auflösung der Schnürringe, also aus der Autoimmunreaktion des Körpers, eigene Zellen zu zerstören; hingegen lagern sich bei Erkrankungen wie der Amyloidose oder der Alzheimer-Krankheit missgefaltete Proteine in den Schnürringen an, welche die sprunghafte Weiterleitung schädigen.

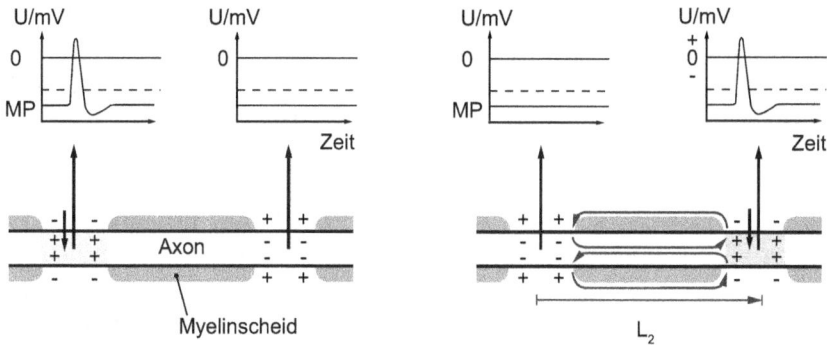

Abb. 3.11: Die Abbildung zeigt die Weiterleitung des Aktionspotentials in der saltatorischen Erregungsleitung. Das Aktionspotential breitet sich durch Neugenerierung an den Schnürringen sprunghaft mit einer Nervenleitungsgeschwindigkeit von 10, . . . , 50 m/s aus; die Teilabbildungen links und rechts beziehen sich auf unterschiedliche Zeiten.

Die Ausbreitung des Aktionspotentials entlang einer saltatorischen Erregungsleitung ist in Abbildung 3.11 dargestellt. Die Depolarisation findet hier sprunghaft von Schnürring zu Schnürring statt, was zu Ausbreitungsgeschwindigkeiten zwischen 10 und 50 m/s führt. Die Depolarisation geschieht durch die Ausbreitung des elektrischen Feldes über die Abschnitte der Myelinscheide praktisch instantan, d. h. das Potential im angrenzenden Schnürring steigt aufgrund der sehr viel geringeren elektrischen Kapazität dort schneller an als im Bereich der Myelinscheide und übersteigt damit sozusagen die Membranschwelle bevor das Aktionspotential den Schnürring erreicht.

3.2 Elektrophysiologie des Herzens

Die Übertragung elektrophysiologischer Vorgänge auf die Größenebene des Organismus wird in diesem Abschnitt beispielhaft am wohl wichtigsten Anwendungsgebiet der Biosignalverarbeitung erläutert. Die dabei erlangten Kenntnisse lassen sich jedoch, wie in Abschnitt 3.3 ausgeführt, problemlos auf die generelle Muskel- und Nervenaktivität in anderen Körperbereichen übertragen. Die jeweiligen Anwendungen werden in Kapitel 6 am Praxisbeispiel näher erläutert.

3.2.1 Allgemeine Erregung der Muskelzellen

Der Herzmuskel pumpt das Blut durch das Herz-Kreislauf-System, welches in Form von Pulswellen im Körper verteilt wird, um den Zellen die benötigten Näherstoffe und den Sauerstoff für den Stoffwechsel zu bringen. Ohne den Sauerstoff könnten die Zellen ihre Aufgaben im Körper nicht erfüllen. Da dieser Transport so wichtig ist, enthält das Herz autonome Schrittmacherzellen, welche die Erregung der Herzmuskeln von sich aus steuern, ohne dass eine Verbindung zum zentralen Nervensystem im Gehirn nötig ist. Würde das Herz beispielsweise aus dem Körper entfernt und in einer geeigneten Nährflüssigkeit aufbewahrt, so könnte es ohne Anregung von außen weiterschlagen.

Es werden zwei Arten von Herzzellen unterschieden:

1. Die *Herzmuskelzellen* können wie andere Muskelzellen ein Aktionspotential erzeugen, wenn sie ihrerseits durch ein von außen ankommendes Aktionspotential angeregt werden. Bei Erregung ziehen sie sich zudem zusammen und verkleinern die Vor- und Hauptkammer des Herzens. Die damit einhergehende Erhöhung des Innendrucks führt zur Öffnung der Herzklappen und zum Blutauswurf. Ein Beispiel für ein solches Aktionspotential zeigt Abbildung 3.12. Im Gegensatz zu anderen Muskelzellen wie der Skelettmuskulatur hängt die Kraft, mit der sich diese zusammenziehen, nicht von der Stärke der Erregung ab. Ein Herzmuskel zieht sich daher nicht kräftiger zusammen, wenn sich der elektrische Reiz erhöht. Hier gilt also das Alles-oder-nichts-Prinzip [53], im Gegensatz zum Armmuskel, dessen Kraft je nach körperlicher Anstrengung größer und kleiner werden kann.

2. Die *Schrittmacherzellen* können auch *ohne äußere Anregung* von sich aus Aktionspotentiale erzeugen, da sie kein konstantes Ruhepotential besitzen. Vielmehr wächst das Potential nach der Entspannungsphase selbstständig so lange an, bis die Erregungsschwelle erreicht ist und ein neues Aktionspotential ausgelöst wird. Diese Zellen sitzen sehr konzentriert:
   - im *Sinusknoten (SA-Knoten)* – im rechten oberen Vorhof,
   - im *Atrioventrikular-Knoten (AV-Knoten)* – kurz vor dem Übergang von der Vor- in die Hauptkammer,
   - im *His-Bündel* – im Kammerschenkel nach dem AV-Knoten zwischen den Hauptkammern und
   - in den *Purkinje*-Fasern – in der linken und rechten Wand der Hauptkammer nach dem Ende des Kammerschenkels.

Aufgrund ihrer spezifischen Aufgaben weisen die Aktionspotentiale der Herzzellen beachtliche Unterschiede zu den Aktionspotentialen der anderen Nervenzellen im Körper auf, deren Beschreibung durch die Hodgkin-Huxley-Gleichungen möglich ist.

In der Gruppe der Schrittmacherzellen erzeugen die Zellen im SA-Knoten die taktbestimmenden Aktionspotentiale für das gesamte Herz. Die anderen Schrittmacherzellen synchronisieren sich darauf. Deren Aktionspotential gelangt nach einer Verzögerung zu den Zellen im AV-Knoten und von dort aus zu den Zellen im His-Bündel und den Purkinje-Fasern (HP-Komplex). Dabei ist das aus dem Sinusknoten kommende Aktionspotential das zeitlich kürzeste (siehe Abbildung 3.12). Das Aktionspotential der Zellen in den Purkinje-Fasern sowie in den Muskelfasern dauert deutlich länger: 300–400 ms im Vergleich zu 3 ms bei der großen Nervenzelle eines Tintenfisches, die gemäß den Hodgkin-Huxley-Gleichungen beschrieben werden kann. Mit anderen

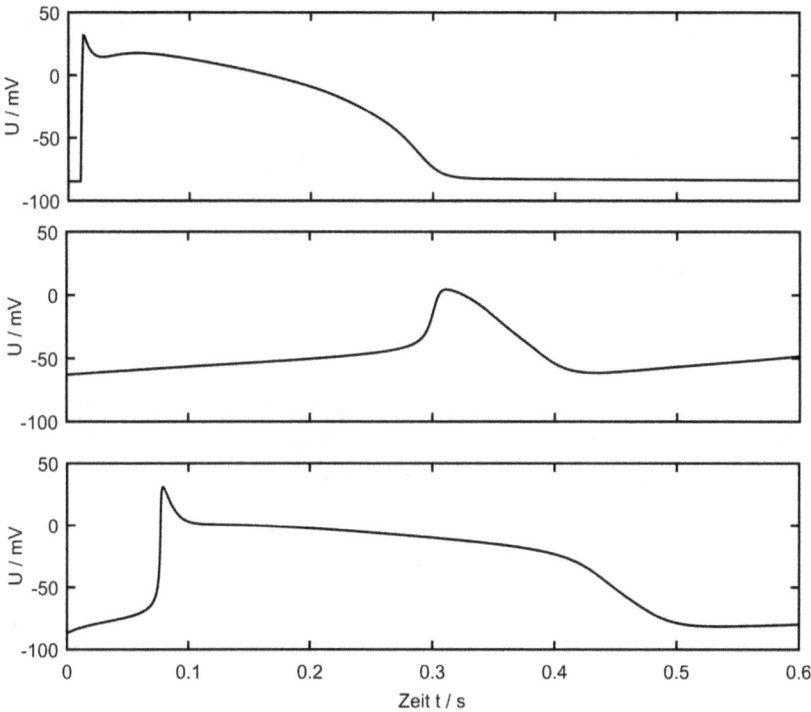

Abb. 3.12: Aktionspotential nach einer äusseren Anregung einer Muskelzelle in der Herzkammer nach dem Modell von Beeler und Reuter (oben) [2], Aktionspotential nach dem Modell von Yanagihara für den Sinusknoten (SA) (mittig) [92] und Aktionspotential nach dem Modell von Noble für die Purkinje-Fasern (unten) [58].

Worten: Die Zellen des Sinusknotens erzeugen eine Schwingung mit der höchsten Frequenz im Durchschnitt bei 60 bis 80 Schwingungsperioden pro Minute. Die Schwingung des AV-Knotens ist mit 40 bis 50 pro Minute etwas niedriger, und die Zellen im His-Bündel und in den Purkinje-Fasern weisen die niedrigste Frequenz von ca. 39 bis 40 Schwingungen pro Minute auf. Die zugehörigen Aktionspotentiale sind in Abbildung 3.12 dargestellt.

Da das Herz im nichtpathologischen Fall nicht mit einer Mischung dieser Schwingungsfrequenzen schlägt, synchronisiert der Sinusknoten den AV-Knoten und dieser die Erregung durch das His-Bündel und die Purkinje-Fasern. Darin liegt eine gewisse Redundanz. Sollte z. B. der Sinusknoten ausfallen, kann das Herz trotzdem weiterschlagen, jedoch mit der niedrigeren Frequenz des AV-Knotens. Sollte auch noch der AV-Knoten ausfallen, kann es immer noch mit der Erregung aus dem His-Bündel und den Purkinje-Fasern weiterarbeiten, wobei der Herzschlag dann noch niedriger ist. Die Interaktion der einzelnen Schrittmacherzentren (SA-Knoten, AV-Knoten, HP-Komplex) kann durch drei Oszillatoren beschrieben werden, wobei auf jeden Fall

Kopplungen vom SA- zum AV-Knoten und vom AV-Knoten zum HP-Komplex zu berücksichtigen sind (siehe Abbildung 3.13).

3.2.2 Messung elektrischer Potentiale an der Körperoberfläche

Die in einem Körper vorhandenen Ionenladungen erzeugen ein elektrisches Feld und bei Ionenbewegung auch ein magnetisches. Diese Felder können gewöhnlich nicht direkt am Entstehungsort, z. B. an der Membran einer Schrittmacherzelle des Herzens, wo die Wanderung von Natrium- und Kalium-Ionen passiert, gemessen werden. Es besteht aber die Möglichkeit einer nichtinvasiven Messung über Elektroden, die an der Körperoberfläche angebracht sind. Denn die am Entstehungsort erzeugten Felder breiten sich bis zur Körperoberfläche aus. Allerdings werden sie auf ihrem Weg dorthin gedämpft und überlagern sich ferner mit den Feldern der Ionen anderer Entstehungsorte.

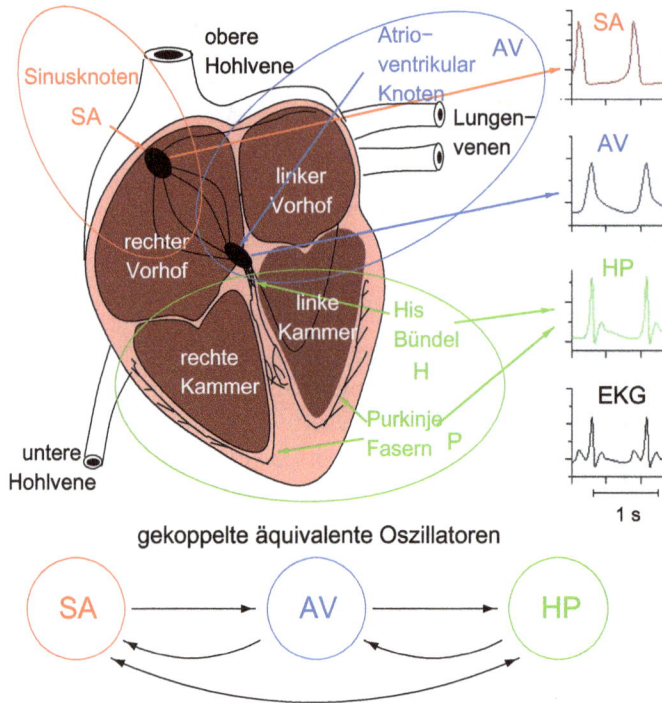

Abb. 3.13: Herz mit Erregungsleitsystem (links oben); Darstellung der äquivalenten Schrittmacher-Oszillatoren (SA-, AV- und HP-Oszillator) mit Kopplung (unten); zugehörige an der Körperoberfläche mittels Elektrokardiogramm (EKG) gemessene Aktionspotentiale (rechts oben).

Allgemein gelten auch hier die maxwellschen Gleichungen [20, 51, 65]:

$$\nabla \times H = \epsilon \frac{\partial E}{\partial t} + J \,, \tag{3.3}$$

$$\nabla \times E = -\mu \frac{\partial H}{\partial t} \,, \tag{3.4}$$

$$\nabla \cdot (\epsilon E) = \rho_{\mathrm{v}} \,, \tag{3.5}$$

$$\nabla \cdot J = -\frac{\partial \rho_{\mathrm{v}}}{\partial t} \,, \tag{3.6}$$

$$\nabla \cdot (\mu H) = 0 \,. \tag{3.7}$$

In Gleichung 3.3 bis Gleichung 3.7 sind E und H die elektrische und magnetische Feldstärke, J ist die Stromdichte, ϵ und μ die elektrische und magnetische Permeabilität, ρ_{v} die Raumladungsdichte und ∇ der Nabla-Operator ($\nabla := \frac{\partial}{\partial s} = e_x \frac{\partial}{\partial x} + e_y \frac{\partial}{\partial y} + e_z \frac{\partial}{\partial z}$ bei kartesischen Koordinaten).

Diese Gleichungen können für die Zwecke der medizinischen Betrachtung durch die folgenden Überlegungen vereinfacht und umformuliert werden:

- Die elektrische und die magnetische Permeabilität entsprechen der des Vakuums, d. h. $\epsilon = \epsilon_0 = 8,854 \cdot 10^{-12}\mathrm{F/m}$ und $\mu = \mu_0 = 4\pi \cdot 10^{-7}\mathrm{H/m}$.
- Da die statische Raumladungsdichte ρ_{v} in einem leitenden System, wie es ein Körper darstellt, vernachlässigbar ist, muss Gleichung 3.5 nicht berücksichtigt werden. Obwohl auf einer Zellmembran geladene Ionen vorhanden sind, gleichen sich diese auf den verschiedenen Seiten der Membran aus, wie z. B. bei einem Plattenkondensator.
- Die Stromdichte J kann in einen Strom aufgeteilt werden, der durch das elektrische Feld $J_{\mathrm{E}} := \kappa E$ (κ für elektrische Leitfähigkeit) erzeugt wird, und einen Ionenstrom, der zwischen den Zellmembranen fließt und durch eine interne Stromquelle J_{i} beschrieben werden kann, d. h. $J = J_{\mathrm{E}} + J_{\mathrm{i}} = \kappa E + J_{\mathrm{i}}$.

Eine weitere Vereinfachung ergibt sich, wenn die maxwellschen Gleichungen einer Fourier-Transformation unterzogen und im Bildbereich in komplexer Form verwendet werden. Mit

$$E(t) = \frac{1}{2\pi} \int\limits_{-\infty}^{\infty} \underline{E}(\omega)\, e^{j\omega t}\, \mathrm{d}\omega \,,$$

$$H(t) = \frac{1}{2\pi} \int\limits_{-\infty}^{\infty} \underline{H}(\omega)\, e^{j\omega t}\mathrm{d}\,\omega$$

ergibt sich wegen

$$\frac{\partial E(t)}{\partial t} \circ\!\!-\!\!\bullet\; j\omega\, \underline{E}(\omega) \quad \text{bzw.} \quad \frac{\partial H(t)}{\partial t} \circ\!\!-\!\!\bullet\; j\omega\, \underline{H}(\omega) \tag{3.8}$$

nach Einsetzen in Gleichung 3.3, Gleichung 3.4 und Gleichung 3.7 mit den oben genannten Vereinfachungen:

$$\nabla \times \underline{H} = (\kappa + j\omega\epsilon_0)\,\underline{E} + \underline{J}_i \,, \tag{3.9}$$

$$\nabla \times \underline{E} = -j\omega\mu_0\,\underline{H} \,, \tag{3.10}$$

$$\nabla \cdot \underline{H} = 0 \,. \tag{3.11}$$

Da gemäß Gleichung 3.11 die Divergenz von $\underline{H}$ verschwindet, kann $\underline{H}$ zur einfacheren Bestimmung der Lösung dieser maxwellschen Gleichungen durch die Rotation eines beliebigen skalaren Vektorfeldes $\underline{A}$ ausgedrückt werden, nachdem die Divergenz einer Rotation eines beliebigen Vektorfeldes immer verschwindet. Dabei wählt man z. B.

$$\mu_0\,\underline{H} := \nabla \times \underline{A} \,. \tag{3.12}$$

Nach Einsetzen in Gleichung 3.10 folgt dann:

$$\nabla \times (\underline{E} + j\omega\underline{A}) = 0 \,. \tag{3.13}$$

Da die Rotation von $\underline{E} + j\omega\underline{A}$ auch verschwindet, kann diese nun wie folgt durch eine beliebige skalare Funktion ϕ ausgedrückt werden:

$$\underline{E} + j\omega\underline{A} = -\nabla\phi \,. \tag{3.14}$$

Gemäß dem Theorem von Helmholtz ist ein Vektorfeld eindeutig durch Angabe seiner Rotation *und* Divergenz beschrieben [64]. Da für das Vektorfeld $\underline{A}$ nach Gleichung 3.12 bisher nur die Rotation definiert wurde, wäre noch zusätzlich die Divergenz festzulegen. Dafür kann z. B.

$$\nabla \cdot \underline{A} := -\kappa\mu_0\Phi \tag{3.15}$$

definiert werden. Mit Hilfe dieser Festlegung können nun die maxwellschen Gleichungen auf die Lösung einer Gleichung für das Vektorpotential $\underline{A}$ reduziert werden. Werden Gleichung 3.12, Gleichung 3.14 und Gleichung 3.15 in Gleichung 3.10 eingesetzt und berücksichtigt man dabei noch den graßmanschen Entwicklungssatz

$$\nabla \times \nabla \times \underline{A} = \nabla(\nabla \cdot \underline{A}) - \nabla^2\underline{A} \,, \tag{3.16}$$

so erhält man die vektorielle Helmholtz-Gleichung

$$\nabla^2\underline{A} - j\omega\mu_0\kappa\underline{A} = -\mu_0\underline{J}_i \,, \tag{3.17}$$

deren Lösung in der klassischen elektromagnetischen Theorie gut bekannt ist und durch

$$\underline{A} = \frac{\mu_0}{4\pi} \int \frac{\underline{J}_i e^{-kr}}{r} \, dv \tag{3.18}$$

mit

$$k^2 = j\omega\kappa(1 + j\omega\epsilon_0/\kappa) \qquad (k\colon \text{Wellenvektor})$$
$$r^2 = (x - x')^2 + (y - y')^2 + (z - z')^2 \quad (r\colon \text{Abstand Stromquelle zu Messort})$$

angegeben werden kann. Der Ort der Stromquelle wird durch die Koordinaten x, y, z beschrieben, der Ort der Messung außerhalb des Volumens, in dem sich die Stromquellen befinden, durch die Koordinaten x', y', z'.

Nach Gleichung 3.18 breitet sich das Vektorpotential $\underline{A}$ in einem Körper aufgrund der e-Funktion e^{-kr} wie eine harmonische Welle aus, deren Ausbreitungskonstante k den Betrag des Wellenvektors bzw. die örtliche Wellenlänge beschreibt. Um den maximalen Wert des Produktes kr_{max} im Exponenten der e-Funktion abzuschätzen, erhält man für einen maximalen Abstand zwischen dem Ort der Stromquelle und dem Messort von $r_{max} = 100$ cm, einer Frequenz von 1 kHz und einer mittleren Leitfähigkeit κ von 4 mS/cm das Ergebnis $kr_{max} = 0,04$ bzw. $e^{-kr_{max}} = e^{-0,04} = 0,96$. Da dieser Wert sehr nahe an 1 liegt, kann diese e-Funktion in Gleichung 3.18 für die Messung in einem Körper näherungsweise vernachlässigt werden und man erhält:

$$\underline{A} \approx \frac{\mu_0}{4\pi} \int \frac{\underline{J_i}}{r} \, dv \, . \tag{3.19}$$

Wird dieses Ergebnis in Gleichung 3.15 eingesetzt, so folgt für das Potential Φ:

$$\Phi = \frac{-1}{4\pi\kappa} \int \underline{J_i} \cdot \nabla' \left(\frac{1}{r} \right) dv \, . \tag{3.20}$$

Der Nabla-Operator mit dem Hochkomma ∇' soll andeuten, dass die örtlichen Ableitungen nach den Koordinaten x', y', z' des Messortes durchgeführt werden sollen, worauf sich Gleichung 3.15 bezieht, während in Gleichung 3.19 über die Koordinaten der Quellorte x, y, z integriert wird. Wegen $\nabla'(\frac{1}{r}) = -\nabla(\frac{1}{r})$ kann die Potentialgleichung aber auch mit einem Nabla-Operator beschrieben werden, der sich auf die Koordinaten des Messortes bezieht:

$$\Phi = \frac{1}{4\pi\kappa} \int \underline{J_i} \cdot \nabla \left(\frac{1}{r} \right) dv \, . \tag{3.21}$$

Das Ergebnis ist dasselbe, und man erhält es auch, indem man annimmt, dass ein Ladungsträgerfluss im Körper keine Selbstinduktion bewirkt und es sich um ein fast statisches Problem handelt, welches mittels der poissonschen Gleichung gelöst werden kann [20]. Es lässt außerdem noch die Interpretation zu, dass die Stromdichte multipliziert mit einem Volumenelement $\underline{J_i} \cdot dv$ ein *Stromdipol* ist und über alle inneren Stromdipole mit der Gewichtung $\nabla(\frac{1}{r})$ aufsummiert wird. Ein Stromdipol ist eine Stromquelle mit zugehöriger Stromsenke, die mit dem Abstand der zwischen Quelle und Senke liegenden Strecke multipliziert wird.

Die wohl stärksten Stromquellen im Körper werden durch die Aktionspotentiale der Schrittmacherzellen im Herzen erzeugt und können als Potential besonders gut am Thorax gemessen werden (siehe Abbildung 3.14).

Zur Vereinfachung der Messung der elektrischen Aktivität des Herzens können alle Stromdipole des Herzens in Gleichung 3.21 durch vektorielle Aufsummierung in einem einzigen Stromdipol zusammengefasst und dessen Auswirkungen auf den Körper untersucht werden. Wird z. B. am linken und rechten Arm und am Fuß gemessen,

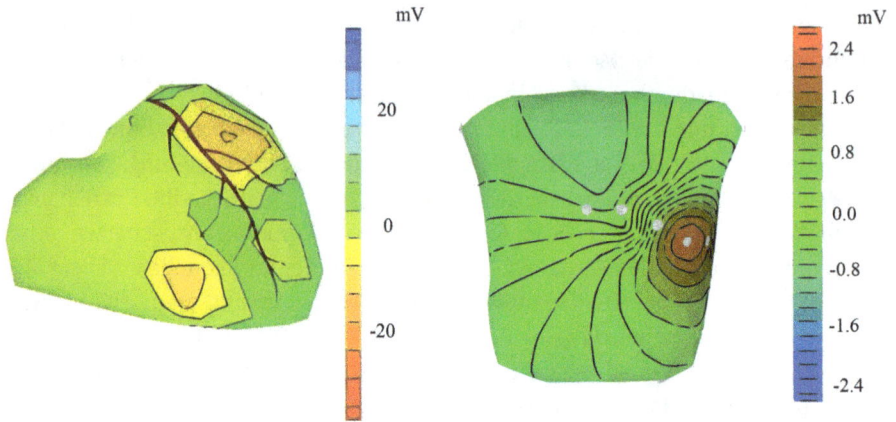

Abb. 3.14: Beispielpotentiale an Herz (links) und Thorax (rechts), wie sie das als Freeware verfügbare Programm ECGSIM [59] der Universität Nijmegen generiert; in der Thoraxdarstellung sind die Orte der Messelektroden nach Wilson durch graue Kreise gekennzeichnet.

so können die gemessenen Potentialdifferenzen als Projektionen des Herzvektors auf die jeweiligen einzelnen Abschnitte zwischen den Armen und einem Fuß interpretiert werden (siehe Abbildung 3.15).

Mittels der Potentiale am linken Arm (Φ_L), rechten Arm (Φ_R) und Fuß (Φ_F) können folgende für ein EKG wichtige Potentialdifferenzen bestimmt werden:

Einthoven-Ableitungen

Für diese Ableitungen nimmt man einen Fuß als Bezugspotential und gewinnt aus den Potentialdifferenzen die Spannungen U_I, U_{II}, U_{III}:

$$U_I = \Phi_L - \Phi_R$$
$$U_{II} = \Phi_F - \Phi_R$$
$$U_{III} = \Phi_F - \Phi_L$$

Goldberger-Ableitungen

Hierbei werden die Spannungen aV_L, aV_R, aV_F nicht auf das Potential am Fuß, sondern auf einen virtuellen Massepunkt bezogen, der sich als Mittelwert aus den nach Einthoven abgeleiteten Spannungen wie folgt ergibt:

$$aV_L = U_{II}/2 - U_{III}$$
$$aV_R = U_{III}/2 - U_{II}$$
$$aV_F = U_I/2 - U_{II}$$

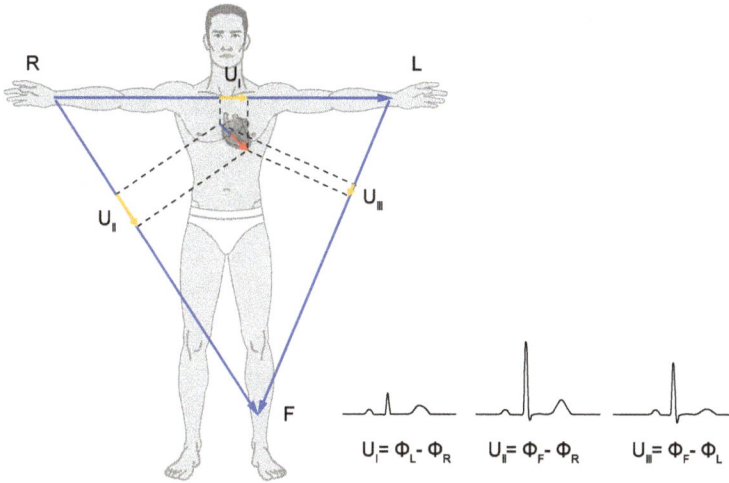

$$U_I = \Phi_L - \Phi_R \qquad U_{II} = \Phi_F - \Phi_R \qquad U_{III} = \Phi_F - \Phi_L$$

Abb. 3.15: Potentialdifferenzen zwischen dem linken (Punkt L) und rechten (Punkt R) Arm und einem Fuß (Punkt F) als Projektionen des Herzvektors zur Bildung der EKG-Ableitungen nach Einthoven; dabei werden die Signalverläufe U_I, U_{II} und U_{III} durch Differenzbildung aus den Potentialen Φ_L, Φ_R und Φ_F gewonnen.

Wilson-Ableitungen

Weitere Ableitungen erhält man, indem man in ringförmiger Anordnung entlang der Brustwand sechs (bis neun) weitere Messpunkte am Thorax in der Nähe des Herzens hinzunimmt und auf die indifferente Sammelelektrode bezieht, die sich durch den Zusammenschluss der Extremitätenableitungen nach Goldberger ergibt (siehe Abbildung 6.16).

Insgesamt lassen sich so aus allen drei Messanordnungen (nach Einthoven, Goldberger und Wilson) zwölf EKG-Potentialdifferenzen (siehe Abbildung 3.16) gewinnen, die zur standardmäßigen Beurteilung der elektrischen Herztätigkeit herangezogen werden können. Insbesondere kann das EKG auch Aufschluss darüber geben, ob z. B. ein Herzinfarkt oder eine andere Herzerkrankung vorliegt.

Alternativ zur Bestimmung eines einzelnen Herzvektors, dessen Projektion auf die Körperoberfläche die jeweiligen Potentialdifferenzen ergibt, können auch die Auswirkungen des über die geschlossene Oberfläche des Herzens verteilten elektrischen Potentials auf die Körperoberfläche untersucht werden. Das dafür verwendete *equivalent double layer model* (EDL, siehe [8, 61]) kann als Matrixgleichung formuliert werden:

$$\boldsymbol{\Phi} = \mathbf{A} \cdot \mathbf{S} . \qquad (3.22)$$

$\mathbf{S}$ ist hier eine $\mathbf{N} \times \mathbf{T}$-Potentialmatrix der Herzoberfläche und $\boldsymbol{\Phi}$ die zugehörige $\mathbf{L} \times \mathbf{T}$-Potentialmatrix der Körperoberfläche für $\mathbf{N}$ bzw. $\mathbf{L}$ Messorte und $\mathbf{T}$ Zeitpunkte. $\mathbf{A}$ ist die sogenannte $\mathbf{L} \times \mathbf{N}$-Übertragungsmatrix. Dabei kann gemäß Gleichung 3.22 bei gegebenem Potentialverlauf auf der Herzoberfläche durch Matrixmultiplikation das Potential

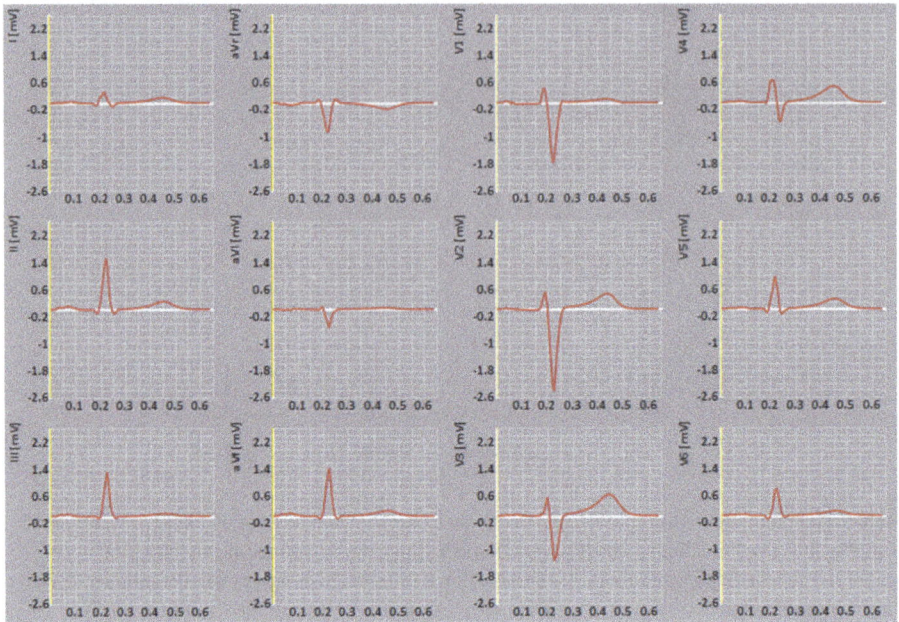

Abb. 3.16: Standard-EKG mit 12 Ableitungen für einen jungen Mann, das mit der Freeware ECG-SIM [59] der Universität Nijmegen generiert wurde (V_I, V_{II}, V_{III} nach Einthoven, aV_L, aV_R, aV_F nach Goldberger und V_1 bis V_6 nach Wilson).

auf der Körperoberfläche ermittelt werden. Dies wird als *Vorwärtsproblem* bezeichnet. Oft ist allerdings wegen der nichtinvasiven Messung auf der Körperoberfläche nur das dortige Potential bekannt. Will man daraus das Potential an der Herzoberfläche bestimmen, ist das sogenannte *inverse Problem* zu lösen, das eine Invertierbarkeit der Übertragungsmatrix **A** voraussetzt:

$$\mathbf{S} = \mathbf{A}^{-1} \cdot \mathbf{\Phi} .\tag{3.23}$$

3.2.3 Ablauf der Erregungsausbreitung bei einem Herzschlag

Wie bereits beschrieben erfolgt die Erregung der Herzmuskelzellen durch ein Reizleitungssystem, wobei die Schrittmacherzellen im Sinusknoten weitere Schrittmacherzellen im AV-Knoten und diese wiederum Schrittmacherzellen im His-Bündel und den Purkinje-Fasern anregen. Letztere bringen schließlich die Herzmuskelzellen dazu, sich periodisch zusammenzuziehen und wieder zu entspannen. Den sequentiellen Ablauf bei einem Herzschlag zeigt Abbildung 3.17 in acht Abschnitten A bis H. Der Verlauf dieser Erregung kann mit Hilfe von Elektroden an der Körperoberfläche gemessen werden und ist als Elektrokardiogramm bekannt. Bei den in Abbildung 3.17

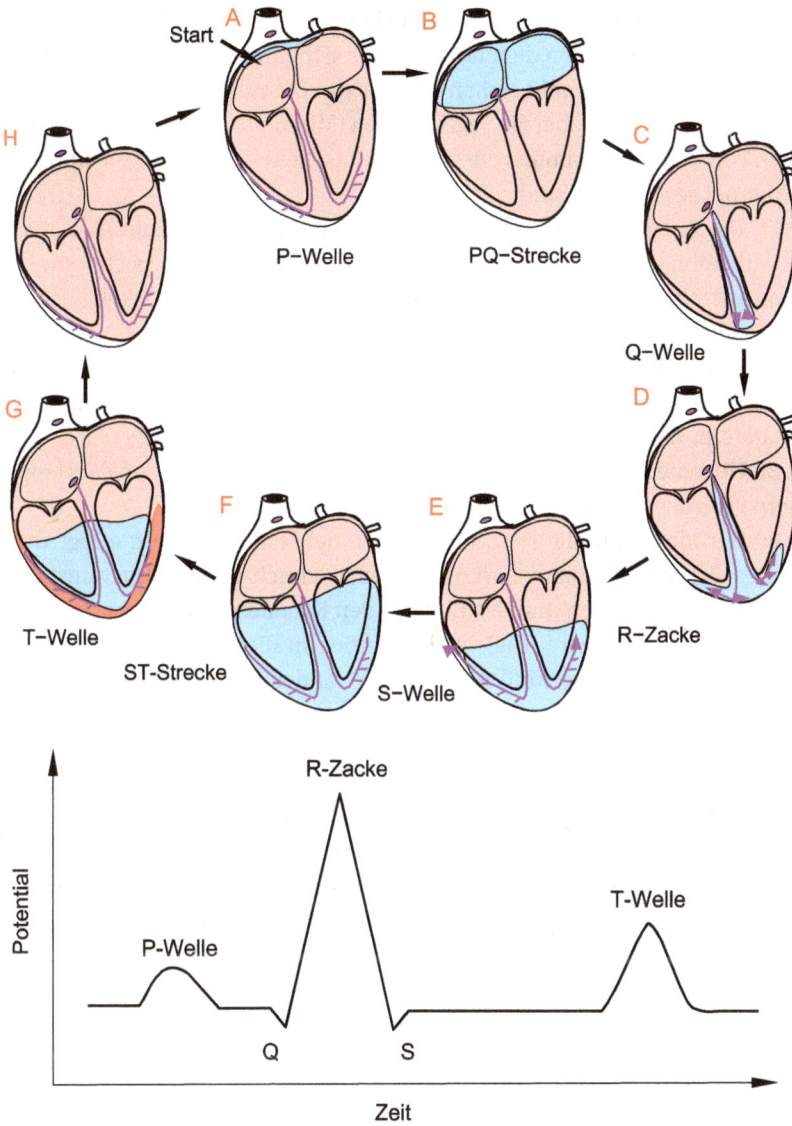

Abb. 3.17: Erregung der Herzmuskulatur über einen Herzschlag hinweg in acht Schritten (A bis H) mit Kennzeichnung der einzelnen Abschnitte (oben); zugehöriges EKG mit zugeordneten Wellen (unten).

gezeigten Abschnitten kann der einzelne Abschnitt (A bis H) einer Welle oder Strecke des EKGs (P, Q, R, S oder T) zugeordnet werden.

Abschnitt A: Der Zyklus der Herzerregung wird durch ein Aktionspotential der Schrittmacherzellen im Sinusknoten eingeleitet.

Abschnitt B: Die Erregung breitet sich über beide Vorhöfe aus und die Zellmembranen der Vorhofzellen werden depolarisiert, was sich im EKG als P-Welle bemerkbar macht. In diesem Abschnitt ziehen sich die Vorhöfe zusammen und füllen die Herzkammern mit Blut, wobei die Segelklappen (Mitral- und Trikuspidal-Klappe) zwischen Vor- und Hauptkammer offen und die Taschenklappen (Aorten- und Pulmonalklappe) geschlossen sind.

Abschnitt C: Die Erregung durch den Sinusknoten breitet sich bis zum AV-Knoten aus. Nur über ihn und das sich anschließende His-Bündel kann sie sich weiter in die Wand zwischen linker und rechter Hauptkammer (Tawara-Schenkel) ausbreiten. Man sieht diesen Abschnitt als Q-Zacke im EKG.

Abschnitt D: Am Ende der Wand zwischen linker und rechter Hauptkammer kann die Erregung über die Purkinje-Fasern weiter in die Außenwand der Hauptkammern wandern, was die zentrale R-Zacke im EKG generiert.

Abschnitt E: Über die Purkinje-Fasern werden nun die Herzmuskelzellen der Hauptkammern erregt, zu sehen als S-Zacke im EKG.

Abschnitt F: Nachdem nun alle Herzmuskelzellen der Hauptkammern erregt wurden, ziehen sich die Hauptkammern zusammen, wodurch dort der Druck ansteigt, die Taschenklappen öffnen und das Blut aus den Kammern in die Aorta bzw. die Lungenarterie gedrückt wird. Gleichzeitig werden in dieser Austreibungsphase auch die Vorhöfe mit Blut gefüllt. Als ST-Strecke findet sie sich im EKG zwischen der S-Zacke und der T-Welle.

Abschnitt G: Da inzwischen alle Herzzellen erregt wurden, die Reizleitung zwischen den Vorhöfen und den Hauptkammern im Normalfall nur über das His-Bündel und den AV-Knoten möglich ist und die Zellen auch eine gewisse Zeit (Refraktärzeit) benötigen, bis sie wieder durch ein Aktionspotential erregbar sind, kann sich die Erregung von den Hauptkammern nicht mehr zurück in die Vorhöfe ausbreiten. Es beginnt nun die Entspannungsphase oder Diastole, erkennbar als T-Welle im EKG.

Abschnitt H: Schließlich kehren alle Zellen der Hauptkammer wieder in ihren Ruhezustand zurück, indem sie repolarisieren. Nun kann durch Anregung eines Aktionspotentials vom Sinusknoten aus wieder ein neuer Herzzyklus beginnen.

3.2.4 Modellbildung des Erregungssystems

Wie schon in Unterabschnitt 3.2.1 ausgeführt, kann zur Modellierung der Herzerregung ein einfaches System aus drei gekoppelten Oszillatoren verwendet werden, welches den Rhythmus des Sinusknotens, des AV-Knotens und des His-Bündels mit den Purkinje-Fasern erzeugt. In diesem System besitzt der Sinusknoten-Oszillator die höchste Eigenfrequenz und steuert die anderen Oszillatoren (AV-Knoten und HP-Komplex) von außen her an (siehe Abbildung 3.13). Die Kopplung ist besonders stark vom Sinus- zum AV-Knoten und vom AV-Knoten zum His-Bündel mit den Purkinje-

Fasern. Andere Kopplungen sind zwar auch vorhanden, aber wesentlich schwächer, so dass sie bei der Modellbildung zunächst nicht berücksichtigt werden müssen.

Schwingungserzeugende Nervenzellen im Herz

Bei der Modellierung der Nervenzellen mit drei Oszillatoren für SA-Knoten, AV-Knoten und His-Bündel mit den Purkinje-Fasern kann man prinzipiell von der von Hodgkin und Huxley durchgeführten Untersuchung am Riesenaxon des Tintenfisches ausgehen [32]. Obwohl die von ihnen aufgestellten Gleichungen die erzeugten Potentiale zwar richtig beschreiben, sind sie doch sehr kompliziert. FitzHugh [17] gelang es, diese erheblich zu vereinfachen, ohne die Darstellung des korrekten Potentials wesentlich zu verfälschen. Unabhängig dazu gelang dies auch Nagumo [57], was schlussendlich zum gemeinsamen FitzHugh-Nagumo-Modell führte:

$$\dot{v} = v - \tfrac{1}{3}v^3 - w + I_{\text{ext}}$$
$$\tau \dot{w} = v - a - bw \, . \tag{3.24}$$

v ist dabei das Membranpotential, w und τ sind Hilfsvariablen, und I_{ext} ist ein externer Strom.

FitzHugh nennt dieses Modell auch Bonhoeffer-Van-der-Pol-Oszillator, da diese Gleichungen für $a = b = 0$ als Spezialfall den Van-der-Pol-Oszillator beschreibt. Ein solcher Oszillator kann ohne äußere Anregung eine Schwingung erzeugen, die das Potential einer schwingungserzeugenden Nervenzelle nachbildet. Im allgemeinen Fall kann aber an Stelle der Parameter a und b der ursprüngliche Van-der-Pol-Oszillator auf andere Weise erweitert werden, um wichtige Eigenschaften des Aktionspotentials zu beschreiben und auf einfachere Art die Frequenz- und Schwingungsstabilität zu beeinflussen, ohne das sich die Signalform wesentlich ändert [27]. Dies führte zu der modifizierten Gleichung:

$$\ddot{x} + \alpha(x - v_1)(x - v_2)\dot{x} + x(x + d)(x + e)/ed = 0 \, , \quad d, e, \alpha > 0 \, . \tag{3.25}$$

Das zugehörige Modell ist in Abbildung 3.18 dargestellt. Damit kann de facto nicht nur das Aktionspotential einer einzigen Nervenzelle, sondern auch einer ganzen Anhäufung gleichartiger Nervenzellen wie z. B. beim Sinusknoten beschrieben werden. Das zugehörige Aktionspotential zeigt Abbildung 3.19.

Der modifizierte Van-der-Pol-Oszillator ist jedoch nicht gegenüber äußeren Einflüssen stabil. Wird zusätzlich auf den Eingang ein Potential angelegt, so kann dieser je nach Zeitpunkt und Amplitude bewirken, dass die Schwingungen aussetzen oder sogar ganz aufhören [15]. Das zugehörige Modell ist in Abbildung 3.20 dargestellt. Ein Rechteckimpuls auf den Eingang bewirkt unmittelbar ein Aussetzen zweier Schwingungen. Das zugehörige Aktionspotential zeigt Abbildung 3.21. Wird die Impulshöhe verdoppelt, so setzt die Schwingung in der Folge ganz aus (siehe Aktionspotential $x(t)$ in Abbildung 3.22).

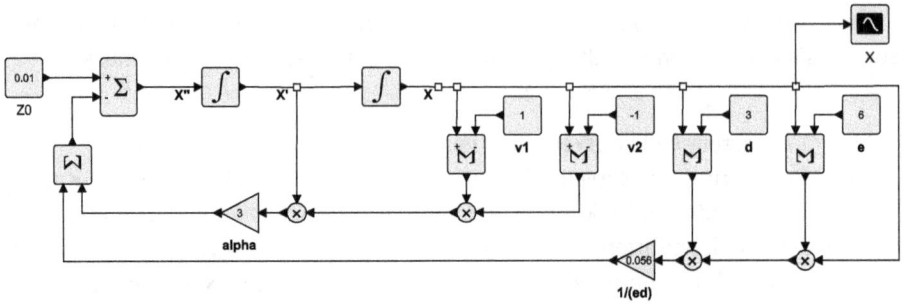

Abb. 3.18: Modifizierter Van-der-Pol-Oszillator nach Grudzinski und Zebrowski [27] gemäß Gleichung 3.25 zur Beschreibung des Aktionspotentials einer schwingungserzeugenden Nervenzelle oder eines ganzen Bündels gleichartiger Nervenzellen wie des SA- oder AV-Knotens.

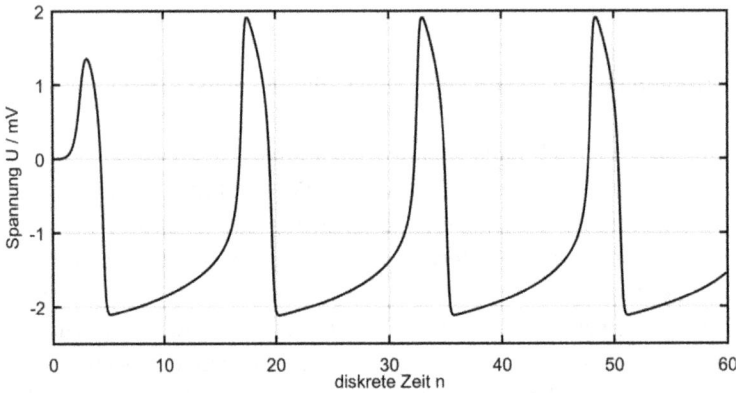

Abb. 3.19: Aktionspotential $x(t)$ zum modifizierten Van-der-Pol-Oszillator nach [27] in Abbildung 3.18 mit den Parametern $v_1 = 1$, $v_2 = -1$, $d = 3$, $e = 6$ und $\alpha = 3$.

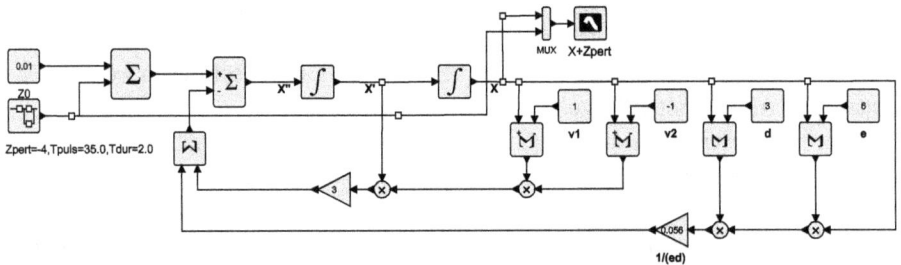

Abb. 3.20: Modifizierter Van-der-Pol-Oszillator gemäß Abbildung 3.18, der von einem von außen angelegten Rechteckimpuls bei Zeiteinheit 35 mit einer Amplitude von 4 und einer Breite von 2 Zeiteinheiten gestört wird.

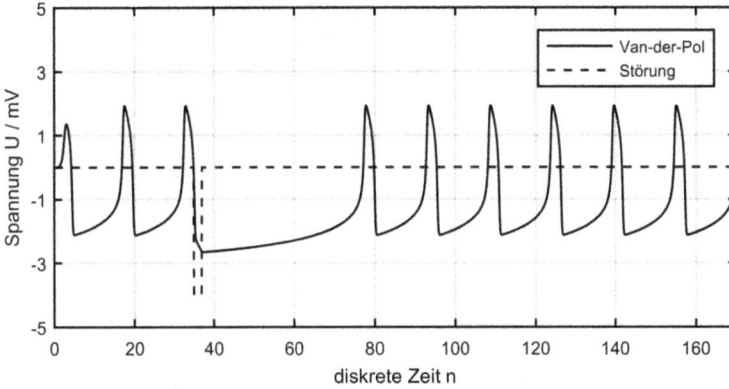

Abb. 3.21: Zum gestörten modifizierten Van-der-Pol-Oszillator Abbildung 3.20 gehöriges Aktionspotential $x(t)$ mit Aussetzen zweier normaler Schwingungen, wobei als Störung ein von außen angelegter Rechteckimpuls bei Zeiteinheit 35 mit einer Amplitude von 4 und einer Breite von 2 Zeiteinheiten modelliert ist.

Kopplung des SA-Knotens mit dem AV-Knoten

Der Sinusknoten des Herzens besteht aus mehreren gleichartigen Herzzellen, die selbständig eine Schwingung erzeugen können, welche der Schwingung einer einzigen Herzzelle entspricht. Damit ist das Modell von Grudzinski und Zebrowski [94] gemäß Abbildung 3.18 auch als Modell für den ganzen Sinusknoten geeignet. Der Sinusknoten beeinflusst den AV-Knoten, der ebenfalls aus gleichartigen schwingungserzeugenden Herzzellen besteht, welche aber eine geringere Eigenfrequenz besitzen. Aufgrund der Kopplung arbeitet der Sinusknoten als Schrittmacherknoten des AV-Knotens und bewirkt, dass auch die Herzzellen des AV-Knotens Aktionspotentiale mit der Frequenz des Sinusknotens erzeugen. Beide Schwingungen – die des Sinusknotens und die verzögerte des AV-Knotens – erzeugen durch gewichtete Überlagerung ein verändertes Signal, an dessen Form bei einem realen EKG-Signal auch pathologische Situationen erkennbar sind.

Zur mathematischen Beschreibung werden die Gleichungen (analog Gleichung 3.25) für *zwei* miteinander gekoppelte modifizierte Van-der-Pol-Oszillatoren verwendet. Dabei wird zunächst nur eine Kopplung berücksichtigt, nämlich die vom Sinusknoten zum AV-Knoten [94]:

$$
\begin{aligned}
x_{SA} = &-\alpha_{SA}(x_{SA} - v_{SA_1})(x_{SA} - v_{SA_2})x_{SA} \\
&- x_{SA}f_{SA}(x_{SA} + d_{SA})(x_{SA} - e_{SA}) \\
x_{AV} = &-\alpha_{AV}(x_{AV} - v_{AV_1})(x_{AV} - v_{AV_2})x_{AV} \\
&- x_{AV}f_{AV}(x_{AV} + d_{AV})(x_{AV} - e_{SA}) \\
&+ k_{SA-AV}x_{SA}^{\tau_{SA-AV}} - k_{AV-AV}x_{AV} \,.
\end{aligned}
\tag{3.26}
$$

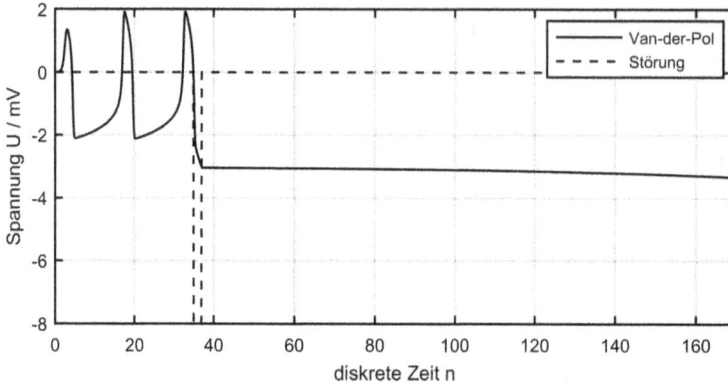

Abb. 3.22: Zum gestörten modifizierten Van-der-Pol-Oszillator in Abbildung 3.20 gehöriges Aktionspotential $x(t)$, das zum völligen Aussetzen der Schwingung führt; als Störung fungiert ein von außen angelegter Rechteckimpuls bei Zeiteinheit 35 mit einer Amplitude von 8 und einer Breite von 2 Zeiteinheiten.

Dabei kennzeichnet der untere Index SA die Signale und Parameter des Sinusknotens und der untere Index AV die Signale und Parameter des Atrioventrikularknotens. Was die Kopplung betrifft, so ist k_{SA-AV} der Dämpfungsfaktor vom Sinus- zum AV-Knoten und k_{AV-AV} der Rückkopplungsfaktor vom Ausgang zum Eingang des AV-Knotens. Weiterhin ist $x_{SA}^{\tau_{SA-AV}}$ das um die Laufzeit τ_{SA-AV} verzögerte Ausgangssignal des Sinusknotens am Eingang des AV-Knotens, da das Ausgangssignal des Sinusknotens nicht unmittelbar am AV-Knoten anliegt, sondern über andere Nervenzellen dorthin gelangen muss. Allgemein soll gelten: $x^{\tau}(t) = x(t - \tau)$. Das entsprechende Modell ist in Abbildung 3.23 und Abbildung 3.24 gezeigt.

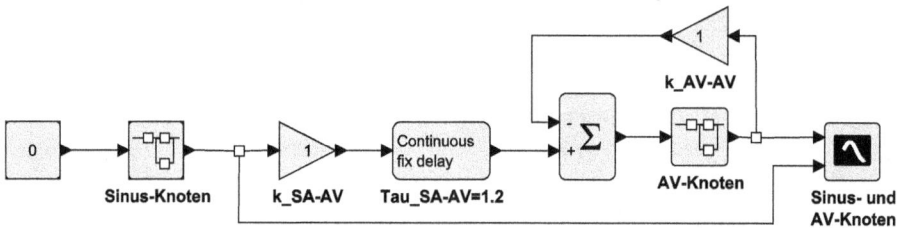

Abb. 3.23: Oszillatormodell mit SA- und AV-Knoten des Herzens gemäß Gleichung 3.26 analog [94]: Das Modell umfasst eine Verzögerung τ_{SA-AV} = 1,2 vom SA- zum AV-Knoten, die der Reizleitung gerecht wird. Die Faktoren k_{SA-AV} und k_{AV-AV} beschreiben die Dämpfung vom Sinus- zum AV-Knoten und die Rückkopplung vom Ausgang zum Eingang des AV-Knotens. Beide haben hier den Wert 1. Sowohl der Sinusknoten als auch der AV-Knoten sind im Modell als Blöcke dargestellt, die separate Netzwerke symbolisieren. Das Netzwerk für den AV-Knoten ist in Abbildung 3.24 gezeigt. Der Sinusknoten hat ein Netzwerk mit identischer Struktur, jedoch veränderten Parametern.

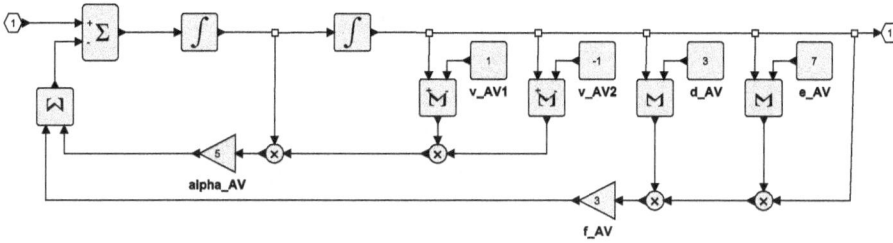

Abb. 3.24: Netzwerk für den AV-Knoten in Abbildung 3.23: Es entspricht in der Struktur dem des Sinusknotens, hat jedoch einen anderen Wert für den Parameter e. Gemäß den Angaben bei [94] wurden für den AV-Knoten die Parameter $v_{AV_1} = 1$, $v_{AV_2} = -1$, $d_{AV} = 3$, $e_{AV} = 7$, $f_{AV} = 3$, $\alpha_{AV} = 5$ und für den Sinusknoten die Parameter $v_{SA_1} = 1$, $v_{SA_2} = -1$, $d_{SA} = 3$, $e_{SA} = 12$, $f_{SA} = 3$, $\alpha_{SA} = 5$ gewählt.

Ist der Kopplungsfaktor k_{SA-AV} vom Sinusknoten zum AV-Knoten nicht zu groß im Vergleich zum Rückkopplungsfaktor k_{AV-AV} des AV-Oszillators, so können die beiden Oszillatoren mit ihren Eigenfrequenzen schwingen (siehe Abbildung 3.25). In diesem Falle kann jeder dieser beiden Oszillatoren wie ein einzelner Oszillator auf äußere Einflüsse reagieren, z. B. auch mit teilweisem oder ganzem Aussetzen der Schwingung (vgl. Abbildung 3.21 und Abbildung 3.22).

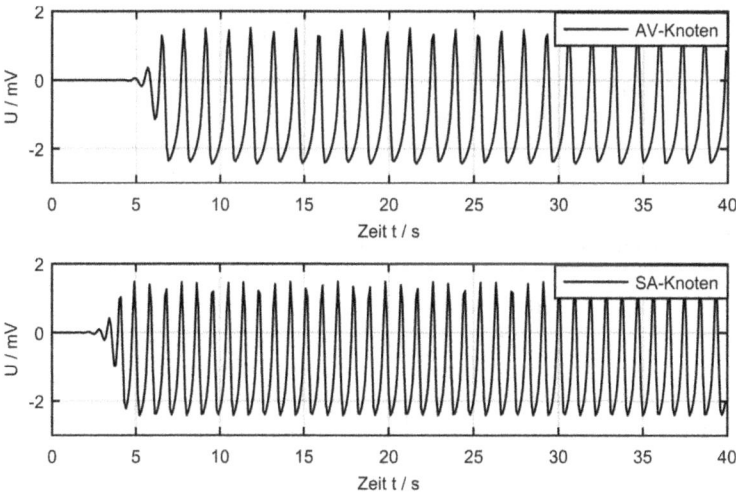

Abb. 3.25: Entkoppelte Schwingungen des Sinus- und AV-Knotens nach Abbildung 3.23 und Abbildung 3.24 mit $k_{SA-AV} = k_{AV-AV} = 1$, $e_{SA} = 12$ und $e_{AV} = 7$.

Überwiegt jedoch der Kopplungsfaktor k_{SA-AV} vom Sinus- zum AV-Knoten, so hat das Signal des Sinusknotens einen großen Einfluss auf den AV-Knoten:

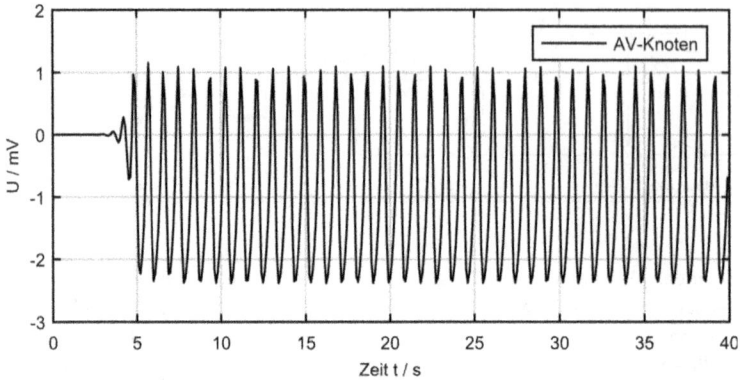

Abb. 3.26: Synchronisierte Schwingungen des Sinus- und AV-Knotens nach Abbildung 3.23 und Abbildung 3.24 bei stärkerer Kopplung des Sinusknotens an den AV-Knoten, wobei die Eigenfrequenzen nicht so sehr voneinander abweichen ($k_{SA-AV} = 12$, $k_{AV-AV} = 1$, $e_{SA} = 12$ und $e_{AV} = 9$).

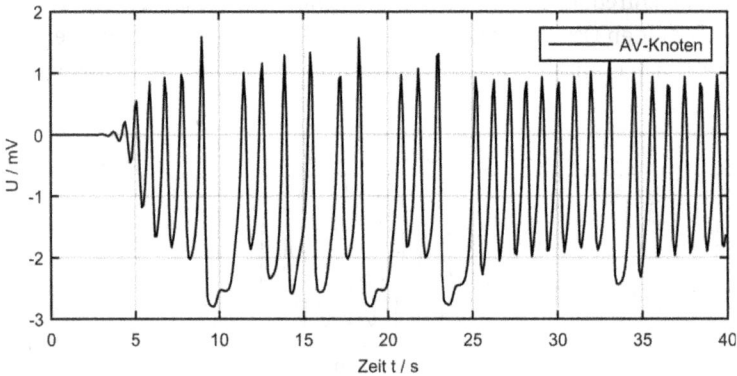

Abb. 3.27: Teilsynchronisierte Schwingungen des Sinus- und AV-Knotens nach Abbildung 3.23 und Abbildung 3.24 bei stärkerer Kopplung des Sinusknotens an den AV-Knoten, wobei der AV-Knoten dem Signal des Sinusknotens wegen zu niedriger Eigenfrequenz nicht mehr folgen kann ($k_{SA-AV} = 12$, $k_{AV-AV} = 1$, $e_{SA} = 12$ und $e_{AV} = 9$).

-   Ist die Eigenfrequenz des AV-Knotens nicht wesentlich geringer als die des Sinusknotens, kann das Signal des Sinusknotens den AV-Knoten „triggern", so dass beide Knoten mit der gleichen Frequenz schwingen (siehe Abbildung 3.26).
-   Ist die Eigenfrequenz des AV-Knotens zu gering, um dem Signal des Sinusknotens zu folgen, kommt es zu Aussetzern (siehe Abbildung 3.27).
-   Im schlimmsten Fall bei zu unterschiedlichen Eigenfrequenzen von SA- und AV-Knoten ist es besonders dramatisch. Dann setzt die Erregung nach ein paar unrhythmischen Schwingungen des AV-Knotens bald ganz aus; das *Herz hört also auf zu schlagen* (siehe Abbildung 3.28).

Kopplungen von SA-Knoten, AV-Knoten und HP-Komplex

Mit den im vorigen Abschnitt beschriebenen zwei Oszillatoren, die die Kopplung des Sinus- mit dem AV-Knoten beschreiben, lassen sich schon viele Eigenschaften der Schwingungserzeugung beim Herzen erklären. Die so gewonnenen Signale sind aber nicht mit denen ähnlich, die an der Körperoberfläche in Form eines EKG-Signals $x_{EKG}(t)$ gemessen werden. Dazu muss man beachten, dass auch das His-Bündel und die Purkinje-Fasern einen eigenen Oszillator repräsentieren, der seine Auswirkung auf das EKG-Signal hat (siehe Abbildung 3.13). Die Ausgangssignale des Sinusknotens (SA) $x_{SA}(t)$, des Atrioventrikularknotens (AV) $x_{AV}(t)$ und des His-Purkinje-Komplexes (HP) $x_{HP}(t)$ überlagern sich und wirken verschieden stark an der Körperoberfläche. Das EKG-Signal kann daher näherungsweise linear durch eine mit den Dämpfungsfaktoren a_{SA}, a_{AV} und a_{HP} gewichtete Addition dieser Signale beschrieben werden [24]:

$$x_{EKG}(t) = a_{SA}x_{SA}(t) + a_{AV}x_{AV}(t) + a_{HP}x_{HP}(t) . \tag{3.27}$$

Da die Herzerregung vom Sinusknoten über den Vorhof und dann über den AV-Knoten zur Hauptkammer gelangt, soll die Kopplung der drei Oszillatoren näherungsweise in einer Richtung, d. h. vom SA- zum AV- und dann zum HP-Oszillator erfolgen, so wie es im unteren Teil von Abbildung 3.13 dargestellt ist.

Eine mathematische Beschreibung der drei Oszillatoren erhält man, in dem man das Zwei-Oszillatoren-System gemäß Gleichung 3.26 um eine Gleichung für den drit-

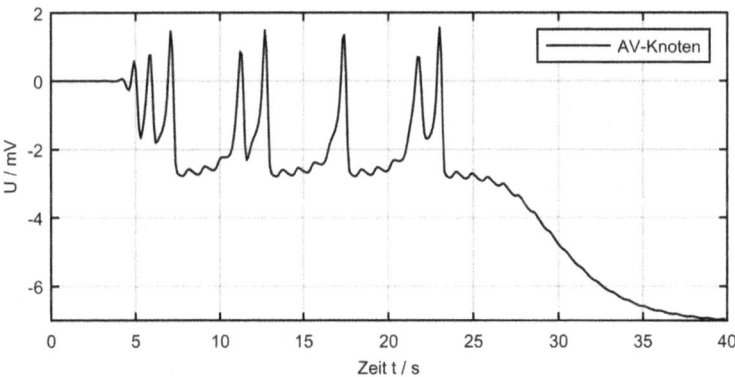

Abb. 3.28: Nicht synchronisierbare Schwingungen des AV-Knotens nach Abbildung 3.23 und Abbildung 3.24 bei zu starker Kopplung des Sinusknotens an den AV-Knoten, wobei die Schwingung des AV-Knotens nach unregelmäßigen Aussetzern ganz aufhört, d. h. den Singularitätspunkt erreicht ($k_{SA-AV} = 12$, $k_{AV-AV} = 1$, $e_{SA} = 12$ und $e_{AV} = 7$).

ten Oszillator erweitert und die entsprechenden Kopplungen ergänzt:

$$
\begin{aligned}
x_{SA} &= -\alpha_{SA}(x_{SA} - v_{SA_1})(x_{SA} - v_{SA_2})x_{SA} \\
&\quad - x_{SA}f_{SA}(x_{SA} + d_{SA})(x_{SA} - e_{SA}) \\
x_{AV} &= -\alpha_{AV}(x_{AV} - v_{AV_1})(x_{AV} - v_{AV_2})x_{AV} \\
&\quad - x_{AV}f_{AV}(x_{AV} + d_{AV})(x_{AV} - e_{SA}) \\
&\quad + k_{SA-AV}x_{SA}^{\tau_{SA-AV}} - k_{AV-AV}x_{AV} \\
x_{HP} &= -\alpha_{HP}(x_{HP} - v_{HP_1})(x_{HP} - v_{HP_2})x_{HP} \\
&\quad - x_{HP}f_{HP}(x_{HP} + d_{HP})(x_{HP} - e_{HP}) \\
&\quad + k_{AV-HP}x_{SA}^{\tau_{AV-HP}} - k_{HP-HP}x_{HP}.
\end{aligned}
\tag{3.28}
$$

Das zugehörige Modell zeigt Abbildung 3.29. Dabei wurden Störungen durch Schwankungen der EKG-Grundlinie z. B. bei verändertem Hautkontakt und eingestreutes Rauschen z. B. durch 50-Hz-Netzbrummen, Neonröhreneinflüsse oder Radiowellen berücksichtigt. Ein durch ein Rauschsignal und eine schwankende Grundlinie gestörtes EKG-Signal ist in Abbildung 3.31 dargestellt.

Abbildung 3.30 zeigt untereinander die von diesem System für den SA-Knoten, den AV-Knoten und den HP-Komplex erzeugten Signale sowie das daraus resultierende EKG-Signal (ohne Störungen). Man kann darin gut sehen, woher die einzelnen Anteile im EKG-Signal stammen. Die P-Welle kommt vom Signal des Sinusknotens und der QRS-Komplex aus dem Zusammenspiel von AV-Knoten und HP-Komplex. Die T-Welle wird hingegen überwiegend vom HP-Komplex erzeugt.

3.3 Taxonomie der Biosignale

Im vorhergehenden Abschnitt zur Herzerregung wurde die Entstehung und Modellierung der im Herz entstehenden elektrischen Biosignale ausführlich beschrieben. Abschließend zu diesem Kapitel soll diese Sichtweise nun wieder auf beliebige Biosignale erweitert und die unterschiedlichen Arten anhand ihrer Eigenschaften klassifiziert werden. Lebensformen – angefangen von der einzelnen Zelle bis hin zu komplexen Organismen wie den Säugetieren – erzeugen Biosignale mit unterschiedlichen Eigenschaften, unterschiedlicher Funktion und Bedeutung. Grundlegend lassen sich diese Signale unterscheiden in:

1. *autonome* Signale, d. h. von der Lebensform ohne äußere Einflüsse erzeugte Signale des Körpers, wie beispielsweise die elektrische Aktivität des Herzens und
2. *evozierte*[17] Signale, also durch äußere Reize angeregte Signale, wie beispielsweise der Berger-Effekt bei der visuellen Reizung des Gehirns.

---

17 von lat. *evocare*: herbeirufen, hervorrufen.

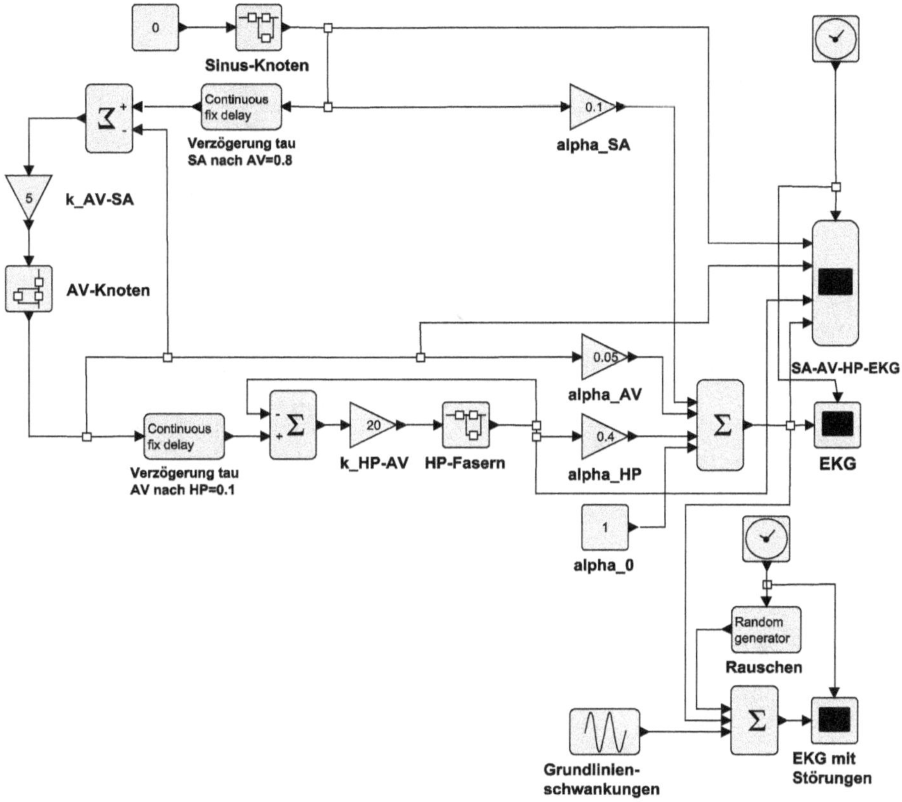

Abb. 3.29: Drei-Oszillator-Modell des Herzens mit SA-, AV- und HP-Knoten gemäß Abbildung 3.13 und Gleichung 3.28 nach [24]: Das Modell umfasst eine Verzögerung vom SA-Knoten zum AV-Knoten um $\tau_{SA-AV} = 0,8$ und vom AV-Knoten zum HP-Komplex um $\tau_{AV-HP} = 0,1$. Bevor die jeweiligen Signale an den Steuerungseingang des AV-Knotens bzw. HP-Knotens gelangen, werden diese durch die Kopplungsfaktoren $k_{SA-AV} = k_{AV-AV} := k_{SAAV-AV} = 5$ und $k_{AV-HP} = k_{HP-HP} := k_{AVHP-HP} = 20$ gewichtet. Die Oszillatorknoten weisen dieselbe Binnenstruktur wie bei dem nur den SA- und AV-Knoten umfassenden Zwei-Oszillator-Modell auf (siehe Abbildung 3.24). Die Parameter wurden wie bei [24] gewählt, für den SA-Knoten: $v_{SA_1} = 0,2$, $v_{SA_2} = -1,9$, $d_{SA} = 3$, $e_{SA} = 4,9$, $f_{SA} = 1$, $\alpha_{SA} = 3$, für den AV-Knoten: $v_{AV_1} = 0,1$, $v_{AV_2} = -0,1$, $d_{AV} = 3$, $e_{AV} = 3$, $f_{AV} = 1$, $\alpha_{AV} = 3$ und für den HP-Komplex: $v_{HP_1} = 1$, $v_{HP_2} = -1$, $d_{HP} = 3$, $e_{HP} = 7$, $f_{SA} = 1$, $\alpha_{HP} = 5$.

So beeinflusst beim Berger-Effekt der mentale und körperliche Zustand eines Probanden, ob sogenannte α-Wellen im Gehirn entstehen können, oder ob diese Frequenzanteile durch den Wachzustand unterdrückt werden. Ist der Proband in körperlicher und mentaler Ruhe und hat er die Augen geschlossen, können in den Gehirnströmen α-Wellen in einem Frequenzbereich von 7 bis 10 Hz nachgewiesen werden. Sobald der Proband die Augen öffnet, verschwinden diese als Auswirkung der *visuellen Provokation*. Das Verschwinden der Frequenzanteile kann also ursächlich mit dem äußeren

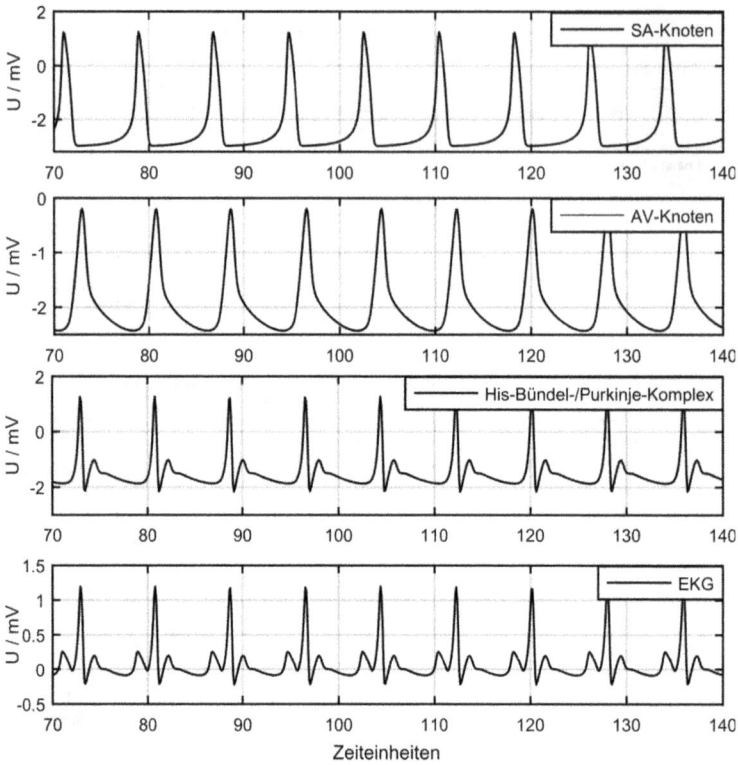

Abb. 3.30: Signale bei der EKG-Erzeugung des Drei-Oszillator-Modells in Abbildung 3.29.

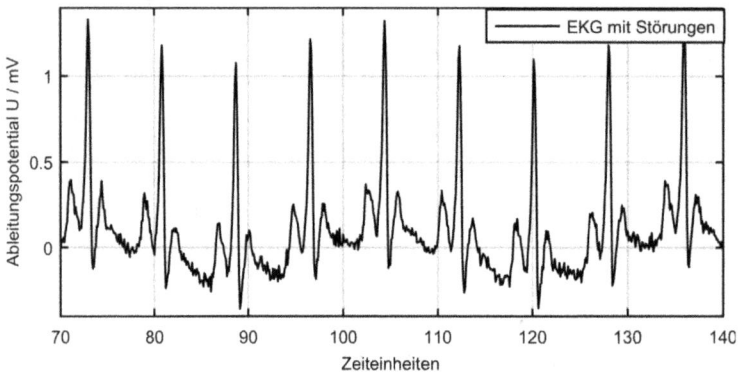

Abb. 3.31: Mit dem Drei-Oszillator-Modell aus Abbildung 3.29 erzeugtes EKG mit zusätzlichen Störungen durch eine sinusförmige Schwankung der Grundlinie mit einer Periodenlänge von 32 Zeiteinheiten und einer Amplitude von 0,12 sowie einem normal verteilten Rauschsignal (Mittelwert von 0, Streuung von 0,024).

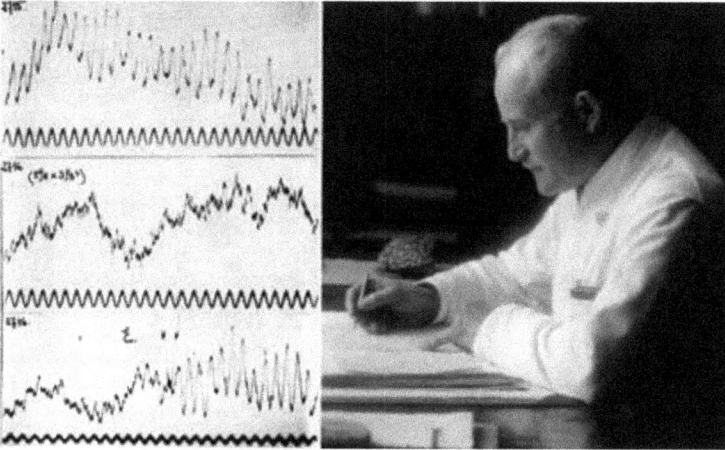

Abb. 3.32: Die Abbildung zeigt Hans Berger (1873–1941) im Jahre 1927 (rechts) und EEG-Signale von seiner Tochter Ilse (links). Von oben nach unten: Ilse in Ruhe (alpha-Wellen), Ilse berechnet eine Summe (beta-Wellen) und Ilse gibt das Ergebnis der Summe bekannt (gemischte-Wellen) [93].

Ereignis des „Augenöffnens" in Verbindung gebracht werden. Die dabei entstandenen Signale nennt man *visuell evozierte* Signale [13].

In den meisten Fällen ist solch ein Zusammenhang jedoch nicht so einfach zu erkennen und erfordert den Einsatz spezieller Methoden der Biosignalverarbeitung für die Quantifizierung. Eine solche Methode ist zum Beispiel die Hirnstammaudiometrie zur Durchführung von Hörtests an Neugeborenen. Da das Neugeborene selbst nicht dazu in der Lage ist, über die Wahrnehmung von akustischen Reizen Auskunft zu geben, wertet man bei der Hirnstammaudiometrie die elektrischen Signale des Gehirns unmittelbar nach einer akustischen Provokation aus, um Aufschluss über das Hörvermögen des Säuglings zu gewinnen. Solche Signale nennt man *akustisch evozierte* Signale. Evozierte Signale treten vor allem im Zusammenhang mit Sinnesreizen auf. Dabei lösen diese Reize in den sensorischen Arealen der Großhirnrinde elektrische Potenzialänderungen aus. Man unterscheidet je nach Reizung [13]:

1. Akustisch evozierte Potenziale (AEP): ermöglichen eine Beurteilung der Hörbahn, ausgehend von der Cochlea über den Hörnerv zum Hirnstamm (frühes AEP, FAEP), über das Mittelhirn (mittleres AEP, MAEP) zum auditorischen Kortex (spätes AEP, SAEP).
2. Visuell evozierte Potenziale (VEP): erlauben eine Beurteilung des Sehnervs und der Sehbahnen anhand in der Sehrinde (okzipitaler Kortex) durch visuelle Reizung ausgelöster elektrischer Potenziale.
3. Somatisch evozierte Potenziale (SEP): ermöglichen die Beurteilung der zentralen und peripheren somatosensiblen Nerven. Dazu werden beispielsweise periphere Nerven mit einer Stimulationselektrode elektrisch gereizt.

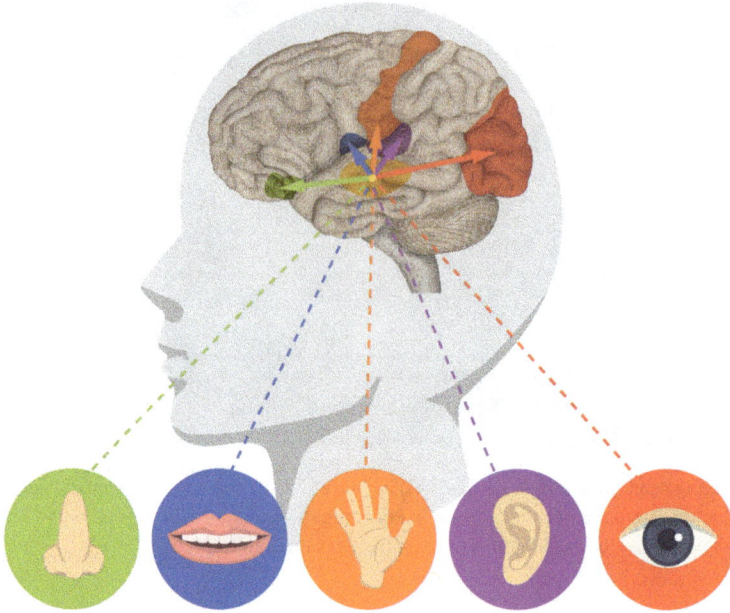

Abb. 3.33: Unterschiedliche Formen der Sinnesreizung und deren Zusammenhang zu bestimmten Gehirnregionen sowie die dazugehörigen evozierten Potentiale.

4. Motorisch evozierte Potentiale (MEP): werden in der Diagnostik beispielsweise zur Ermittlung des Funktionszustandes der Nervenbahnen, ausgehend vom motorischen Kortex, über die Neuronen des Rückenmarks und peripheren Nerven bis zum Muskel verwendet.

Eine weitere, für Biosignale oft übliche Kategorisierung, wie sie in Abbildung 3.34 dargestellt ist, lässt sich von der Herkunft, also dem Entstehungsort im Körper, sowie der physikalischen Natur der Signale ableiten. Ungeachtet der in Abbildung 3.34 angegebenen Signalart können solche Signale nach wie vor den oben aufgeführten Kategorien „autonom" bzw. „evoziert" zugeordnet werden, wie das beispielsweise bei der elektrischen Herzaktivität beziehungsweise der elektrischen Gehirnaktivität der Fall ist.

Über die physikalische Kategorisierung ergeben sich unmittelbar mögliche Messprinzipien zur Messung der einzelnen Signalarten. Eine Auswahl an Messmethoden für die Messung elektrischer und nichtelektrischer Biosignale wird in Abschnitt 4.3 am Beispiel der Pulsmessung auf elektrischem Wege über Ableitelektroden und auf optischem Wege mittels der Photoplethysmographie besprochen. Ziel der Umwandlung einer physikalischen Messgröße (z. B. Temperatur, Druck, etc.) in eine elektrische Ausgangsgröße ist oft die Messung der zeitlichen Änderung der ursprünglichen physiologischen Messgröße als Signalverlauf $s(t)$ sowie deren Darstellung und anschlie-

Biosignale

mechanische	akustische	elektro-magnetische	chemische	optische	thermische
Bewegung	Sprache	Auge - EOG	ph-Wert	Hautfärbung	Körper-temperatur
Mimik	Körper-geräusche	Gehirn - EEG, EMG, fMRT	Konzentration	Biophotonen	
Gestik	Herztöne - PKG	Muskel - EMG	Geschmack		
Blutdruck	Strömungs-geräusche	Herz - EKG, MKG	Geruch		
		Haut - EDA			

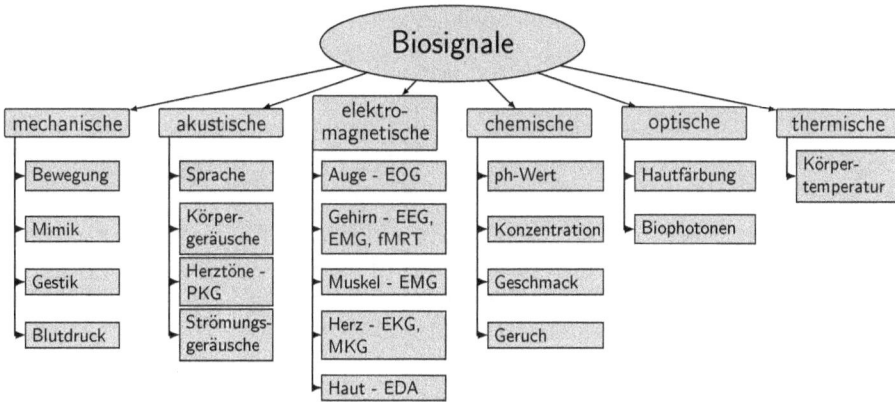

Abb. 3.34: Taxonomie der Biosignale.

ßende Auswertung. Dabei findet sich eine breit gefächerte Landschaft von Anwendungen in der Medizintechnik, die neben der Funktionsanalyse auch das Screening und die Therapie, die Echtzeitanalyse im klinischen Umfeld und die Grundlagenforschung umfassen.

Beim Screening versucht man durch die Anwendung von Methoden der Biosignalverarbeitung Krankheiten in großen Teilen der Bevölkerung frühzeitig durch eine Funktionsanalyse z. B. der Messung der elektrischen Aktivität des Herzens zu identifizieren, um frühzeitig therapeutische Maßnahmen ergreifen zu können. Bei der Echtzeitanalyse werden Datenströme, die beim klinischen Monitoring von Intensivpatienten anfallen, zur Krisenintervention online ausgewertet, um beispielsweise einen Alarm auszulösen. In der Grundlagenforschung befasst man sich mehr mit der Modellierung und Simulation von Messgrößen wie beispielsweise des Blutdrucks oder der Entstehung und Ausbreitung von Aktionspotentialen in den Zellen und Nervenleitungen. Die zur Auswertung erforderlichen Methoden werden in Kapitel 5 vorgestellt und in ausgewählten Anwendungen in Kapitel 6 vertieft. Die Anwendung von mathematischen Modellen physiologischer Vorgänge bei der Entwicklung neuartiger Auswertealgorithmen nimmt stetig an Bedeutung zu. Eine Einführung in Simulationsmethoden wurde anhand der Entstehung von Aktionspotentialen und der autonomen Herztätigkeit in Abschnitt 3.2 bereits gegeben.

3.4 Nachlesungs- und Übungsaufgaben

Elektrophysiologie der Nerven- und Muskelzelle
1. Beschreiben Sie die ersten Erkenntnisse zu elektrischen Phänomenen in Lebewesen. Welche Hypothesen wurden von Volta und Galvani aufgestellt? Welche These erwies sich als richtig?

2. Beschreiben Sie die vier unterschiedlichen Sichtweisen bei der Entstehung von Biosignalen. Welche spielen bei der Messung an der Körperoberfläche die wichtigste Rolle?

3. Beschreiben Sie mögliche Diagnoseszenarien an einem Beispiel aus der Neurologie. Welche Rückschlüsse kann der Neurologe beispielsweise über die Reizweiterleitung ziehen?

4. Welche besonderen Eigenschaften besitzen Phospholipide? Wie äußern diese sich in wässriger Lösung? Beschreiben Sie die Bildung einer Zellmembran und erläutern Sie dabei den Begriff „Selbstorganisation".

5. Welche elektrischen Eigenschaften besitzen Biomembranen? Geben Sie Größenordnungen an und zeichnen Sie das Ersatzschaltbild.

6. Erklären Sie den Begriff elektrogene Transporter. Welche Formen kennen Sie, worin unterscheiden sie sich und welche Aufgaben kommen diesen in der Zelle zu?

7. In welcher Form erhalten Biomembranen ihre Funktionalität? Beschreiben Sie diese in Bezug auf elektrogene Transporter.

8. Nennen Sie die möglichen Konformationsänderungen von Kanal- und Transportproteinen. Welche Funktion kommt diesen jeweils zu?

9. Welche Formen der Anregung von Kanalproteinen kennen Sie? Erläutern Sie die Anregung anhand des Na^+-Kanals.

10. Erklären Sie die Begriffe Spannungs- und Stromklemme. Welche Rückschlüsse lassen sich durch deren Anwendung ziehen?

11. Was versteht man unter elektrochemischer Aktivität? Wie äußert sich diese im System der Zelle? In welcher Form lässt sich diese von außen her beeinflussen?

12. Gibt es Erklärungen für die ungleichmäßige Ionenverteilung zwischen intra- und extrazellulärem Raum? Nennen Sie die Verteilungen für das Säugetier.

13. Was versteht man unter einem Ruhemembranpotential und wie lässt sich dieses erklären?

14. Beschreiben Sie die beiden Ansätze, das Ruhemembranpotential anhand der elektrochemischen Vorgänge in der Nervenzelle zu erklären. Welche waren die Hauptannahmen von Donnan und Nernst, welche Schlussfolgerungen wurden aus den Ergebnissen gezogen?

15. Was versteht man unter Permeabilitäten der Membranwand, bzw. Permeabilität in Bezug auf eine bestimmte Ionensorte? Wie verhalten sich die Permeabilitäten beim Öffnen und Schließen der Ionenkanäle und in Bezug auf die Leitfähigkeit der Membran?

16. Was beschreibt die Goldmann-Hodkin-Katz-Gleichung? Welche Annahmen wurden zu deren Aufstellung gemacht? Verwenden Sie die Ionenkonzentrationen des Säugetiers und die im Text gegebenen Verhältnisse zu den Permeabilitäten und berechnen Sie das Ruhepotential. Vergleichen Sie das Ergebnis mit den gegebenen Messwerten.

17. Erklären Sie das Ersatzschaltbild nach Hodkin und Huxley. Worin liegen die Unterschiede zwischen Nerven- und Herzmuskelzelle?

Entstehung und Ausbreitung von Aktionspotentialen

1. Wie entsteht ein Aktionspotential? Beschreiben Sie den genauen Ablauf und die damit verbundenen elektrochemischen Vorgänge in der Zelle.
2. Beschreiben Sie die Erregung einer Nervenzelle über den synaptischen Spalt. Welche Rolle spielt dabei die Membranschwelle?
3. Was versteht man unter der relativen und der absoluten Refraktärzeit?
4. In welcher Form wirkt sich eine Erhöhung eines Reizes auf ein Aktionspotential aus? Innerhalb welcher Grenzen ist diese möglich?
5. Beschreiben Sie die beiden Formen der Nervenweiterleitung im Körper. Worin liegen die Unterschiede und in welchen Tierarten kommen die verschiedenen Formen vornehmlich vor?
6. Wie erklären Sie sich die Notwendigkeit einer aktiven Weiterleitung des Aktionspotentials?
7. Welche Methoden kennen Sie, um ein Aktionspotential zu messen? Welche Rückschlüsse lassen sich aus solchen Messungen ziehen? Nennen Sie deren Anwendungen in Wissenschaft und Technik.
8. Beschreiben Sie das zentrale und periphere Nervensystem. In welcher Form findet beispielsweise eine Muskelanregung statt?

Elektrophysiologie des Herzens

1. Beschreiben Sie die Funktion einer Schrittmacherzelle.
2. Welche Schrittmacherzellen sind im Herzen vorhanden und welche Aufgabe haben diese?
3. Kann ein Schrittmacherkomplex bestehend aus einer Anhäufung dieser Zellen ausfallen? Falls ja, was passiert dann?
4. Wie unterscheiden sich die Aktionspotentiale einer Muskel- und einer Schrittmacherzelle des Herzens? Wie erklären Sie sich diese Unterschiede?
5. Wie entsteht das elektrische Feld bei der Herzerregung, wie die elektrischen Potentiale an der Körperoberfläche? Was versteht man unter einem Stromdipol, was unter einer Projektion? Wie verhält der Stromdipol sich während des Herzschlages?
6. Geben Sie den zeitlichen Verlauf des Potentials auf der Körperoberfläche bei einem Herzschlag an. In welche Abschnitte lässt sich das EKG-Signal unterteilen, welche Bedeutung und Zuordnung zur Herzfunktion lassen sich herstellen?
7. Welche Erkrankungen lassen sich am EKG eines Patienten ablesen? Wieso funktioniert dieser Rückschluss vom Signal auf die Erkrankung des Herzens?
8. Wieso benötigen Sie beim Ableiten von Potentialen immer eine Referenzmasse? Was versteht man unter einem virtuellen Referenzpotential?

9. Beschreiben Sie die Unterschiede bei der Messung von Potentialen an der Körperoberfläche nach Einthoven, Goldberger und Wilson.
10. Beschreiben Sie den mechanischen Ablauf im Herzen während eines Herzschlags. Wann öffnen oder schließen die Herzklappen und wie fließt das Blut jeweils in der linken und rechten Herzkammer?
11. Geben Sie ein Modell zur Simulation des zeitlichen Verlaufs eines EKGs an. Welche Unterschiede in der Parametrisierung kennen Sie, welche Folgen haben diese?
12. Welche Gefahr besteht bei Einwirkung eines kurzen Potentialsprungs am Herzen?

Taxonomie der Biosignale
1. Welche Formen von Biosignalen kennen Sie, wie lassen diese sich klassifizieren? Nennen Sie Beispiele.
2. Beschreiben Sie die Bildung elektrischer Potentiale an der Körperoberfläche für ein EMG- bzw. ein EEG-Signal. Gibt es Ähnlichkeiten in Bezug auf die Entstehung des EKGs?
3. Was versteht man unter einem evozierten Potential? Erklären Sie es anhand der somatisch evozierten Potentiale. Kennen Sie weitere evozierte Potentiale und mögliche Anwendungsfelder?
4. Erklären Sie die Funktion des autonomen Nervensystems anhand der Reizleitung im Herzen. Welchen grundlegenden Vorteil sehen Sie in der autonomen Form?
5. Beschreiben Sie das Experiment von Berger. In welche weiteren Frequenzbänder lässt sich das EEG aufteilen, welche Bedeutung haben diese?

4 Messung von Biosignalen und analoge Signalverarbeitung

Nachdem im Kapitel 3 die elektrophysiologischen Vorgänge an Zellen als Ursprung für Biosignale behandelt wurden, befasst sich dieses Kapitel mit der Ableitung von Biosignalen und deren Aufbereitung mittels analoger Messtechnik. Die Signalaufbereitung oder auch Signalkonditionierung ist ein wesentlicher Schritt vor der digitalen Signalverarbeitung (Kapitel 5), denn Biosignale, die an der Körperoberfläche abgegriffen werden, sind einerseits für eine direkte Analog-Digital-Wandlung zu schwach und andererseits in der Regel von Störungen wie dem 50-Hz-Netzbrummen überlagert. Zunächst wird ausführlich auf die Messung elektrischer Biosignale (z. B. Elektrokardiogramm, -enzephalogramm, -myogramm) eingegangen, bevor dann im hinteren Teil dieses Kapitels die messtechnische Erfassung nichtelektrischer Biosignale behandelt wird.

4.1 Messung von elektrischen Biosignalen

Elektrische Biosignale treten als Potentialdifferenz (elektrische Spannung) zwischen zwei Stellen der Körperoberfläche auf und können dort mit Elektroden abgeleitet werden. Es ist aber auch eine Ableitung innerhalb des Körpers möglich. Beispielsweise werden beim Elektrokortikogramm Elektroden am offenen Schädel direkt auf das Hirngewebe platziert, um die Dynamik der bioelektrischen Vorgänge bei bestimmten Erkrankungen wie Epilepsie mit vergleichsweise großem Signal-Rausch-Abstand und hoher räumlicher Auflösung untersuchen zu können. Dazu werden Elektroden aus Platin-Iridium in einer Matrix-Anordnung auf Silikon- oder Latexträgern verwendet. Diese Art der invasiven Messung geht aber mit einer hohen Belastung für die Patienten und einem enormen medizinischen und messtechnischen Aufwand einher, weshalb sie nur in Ausnahmefällen eingesetzt wird. Zur Vertiefung dieses Themas sei auf die einschlägige Literatur [31] verwiesen. In den weitaus meisten Fällen werden Biosignale als Potentialdifferenz an der Körperoberfläche über Hautelektroden abgegriffen. Ausgangspunkt für die Potentialdifferenz ist ein elektrisch erregtes Zellgebiet innerhalb des Körpers. Wie in Kapitel 3 erläutert, ist im erregten Zellgebiet die Ionenkonzentration im Zytoplasma (intrazellulärer Raum) und im umliegenden Interstitium (extrazellulärer Raum) anders als in Zellgebieten mit Ruhepotential. Dadurch bildet sich innerhalb des Körpers eine Potentialdifferenz aus, die als interne elektrische Spannungsquelle aufgefasst werden kann. Da diese Spannungsquelle von mehr oder weniger leitfähigem Gewebe umgeben ist (vgl. Tabelle 4.1), treten *ionische Ausgleichströme* innerhalb des Körpers auf. Die Strompfade durchdringen weite Bereiche des Körpers und reichen bis an die Hautoberfläche heran. Jedem Punkt auf den Strompfaden kann ein elektrisches Potential zugeschrieben werden. Der Verlauf der Äquipoten-

https://doi.org/10.1515/9783111003115-004

Tab. 4.1: Elektrische Leitfähigkeit von ausgewählten Gewebearten und physiologischer Kochsalzlösung.

Gewebe/Stoff	Leitfähigkeit in S/m
Physiologische Kochsalzlösung	2
Körperflüssigkeit	1,5
Blut	0,67
Herzmuskel	0,1–0,2
Gehirn	0,17
Niere	0,16
Skelettmuskel	0,08–0,25
Lunge	0,07–0,1
Fett	0,02–0,1
Knochen	0,006–0,02

alflächen ist aufgrund der unterschiedlichen Leitfähigkeit der verschiedenen Gewebetypen innerhalb des Körpers komplex. Abbildung 4.1 zeigt ein Simulationsergebnis zur Potentialverteilung an der Körperoberfläche ausgehend von der elektrischen Herzaktivität. Zwei zufällig ausgewählte Punkte besitzen also in der Regel ein unterschiedliches Potential. Die Potentialdifferenz dieser beiden Punkte steht im zeitlichen, räumlichen und funktionalen Zusammenhang mit der Biosignalquelle. In der Praxis wählt man die Ableitpunkte möglichst nach einer standardisierten Anordnung auf der Körperoberfläche aus.

Für die Biosignalmessung ist ein elektrischer Kontakt zur Haut nötig. Die Haut ist – von außen nach innen – aus den drei Schichten Oberhaut (Epidermis), Lederhaut (Dermis oder Korium) und Unterhaut (Subcutis) aufgebaut (vgl. Abbildung 4.2). Die Gesamtdicke beträgt zwischen 1,5 und 4 mm. Die Haut dient dem Körper unter anderem als Flüssigkeitsbarriere. Entscheidenden Anteil daran hat die Hornschicht, die äußerste Lage der Epidermis. Die Hornschicht besteht aus abgestorbenen Epithelzellen, die zu festen und kompakten Lagen mit relativ hoher mechanischer und chemischer Widerstandsfähigkeit verbunden sind. Die Funktion als Flüssigkeitsbarriere sorgt auch für eine elektrisch isolierende Wirkung, da die Elektrolyte die Epidermis kaum durchdringen können. Trotzdem kann durch die Haut ein elektrischer Strom fließen. Dies liegt in erster Linie an Schweißporen und Haarkanälen, die im unteren Teil der Lederhaut am Übergang zur Subcutis beginnen und die Epidermis durchstoßen. Entlang der Poren und Kanäle ist ein Ionenfluss möglich.

Für die elektrische Modellierung kann die Haut als Parallelschaltung von Kondensator und Widerstand aufgefasst werden, wobei die weitgehend isolierende Epidermis den Großteil des kapazitiven und die Schweißporen und Haarkanäle den resistiven Anteil ausmachen. Die Gesamtimpedanz der Haut Z_H liegt für niederfrequente Ströme bis 100 Hz in der Größenordnung einiger kΩ, wobei aus dem zuvor Gesagten klar wird, dass dieser Wert stark von der Schweißdrüsenaktivität oder dem Grad

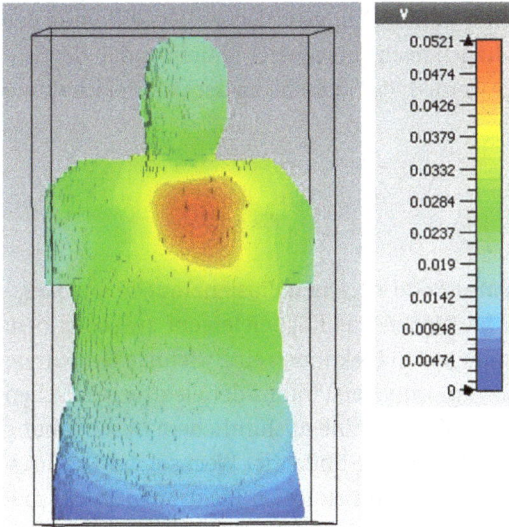

Abb. 4.1: Simulationsergebnis zur Potentialverteilung an der Körperoberfläche beim EKG; die Färbung gibt die Potentialstärke an: Die Simulation wurde mittels der Software CST Studio Suite durchgeführt. Der Herzvektor wurde durch zwei Punktladungen innerhalb des Herzens mit einer statischen Potentialdifferenz von 100 mV nachgebildet. Das numerische Körpermodell enthält alle realen Gewebebestandteile mit einer räumlichen Auflösung von ungefähr 1 mm^3.

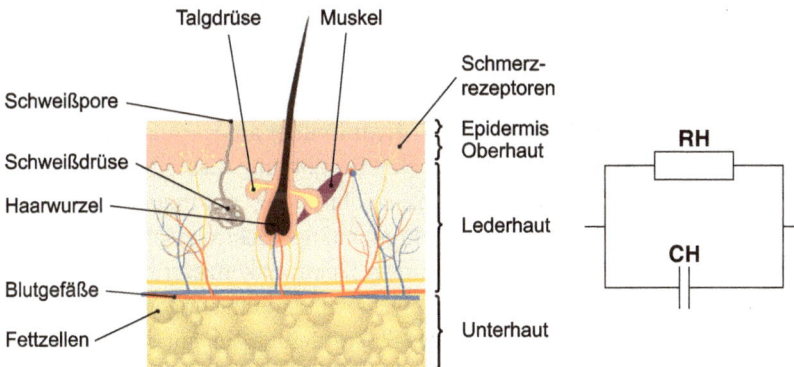

Abb. 4.2: Aufbau der Haut (links): Der Gleichstromanteil des Messstroms fließt entlang der Haarkanäle und Schweißdrüsen, die innerhalb der unteren Hautschichten angelegt sind und die oberste Hautschicht durchstoßen. Elektrisches Ersatzschaltbild der Haut (rechts). Für Simulationszwecke kann C_H = 200 nF und einem Widerstandswert R_H = 2 kΩ angenommen werden. Tatsächlich hängen die Werte von mehreren Faktoren ab und können deshalb stark variieren.

der Behaarung abhängt. Ferner variiert er lokal und ist wegen der kapazitiven Eigenschaft frequenzabhängig. Für Simulationszwecke kann im Ersatzschaltbild nach Abbildung 4.2 (links) beispielsweise mit einem Kapazitätswert C_H von 200 nF und einem

Widerstandswert R_H von 2 kΩ gearbeitet werden. Zur elektrischen Modellierung des unteren Hautbereichs muss dann zusätzlich noch ein weiterer Widerstand in der Größenordnung von 100 Ω berücksichtigt werden, der in Reihe zu der Parallelschaltung aus Abbildung 4.2 einzufügen ist.

4.1.1 Ableitelektroden

Das nächste Glied in der elektrischen Messkette zwischen Biosignalquelle und Messverstärker sind die Ableitelektroden. Sie stellen das Koppelelement zwischen dem Körper und der Messelektronik dar. Somit haben Elektroden eine wichtige Bedeutung in der elektrischen Messkette, weshalb ein Grundverständnis der elektrochemischen Vorgänge an der Übergangsstelle erforderlich ist. Eine ausführlichere Beschreibung kann bei [4] nachgelesen werden. An der Elektrode findet der Wechsel der Ladungsträgerart statt; von gelösten Ionen (Elektrolyt) hin zu freien Elektronen in der metallischen Kontaktfläche der Elektrode. Zunächst sei die Situation im thermodynamischen Gleichgewicht betrachtet, also ohne Messstrom. Der Übergang zwischen Elektrolyt und Metall stellt eine *elektrochemische Phasengrenze* dar. Beide Phasen verfügen in der Regel über ein unterschiedliches chemisches Potential, das bei Kontakt durch Ladungsaustausch an der *Phasengrenze* ausgeglichen wird. Bei einem Metall-Elektrolyt-Übergang geben die Atome der Metalloberfläche Elektronen an das Elektrolyt ab. Auf der metallischen Seite der Grenzfläche bleiben dann positiv geladene Atome zurück. Dadurch lagern sich auf der Elektrolytseite gerichtete Wassermoleküle an, die aufgrund ihrer räumlichen Ladungsverteilung ein elektrisches Dipolmoment besitzen und deshalb polar sind. Die Ausrichtung der Wassermoleküle bewirkt wiederum, dass sich daran gelöste Ionen mit Hydrathülle[1] anlagern können. Diese Anordnung wird *Helmholtz-Schicht* genannt, eine Erweiterung dieses Modells Gouy-Chapman-Schicht. Die Ausdehnung der Grenzschicht beträgt auf metallischer Seite nur eine atomare Monolage, also ungefähr 0.1 nm, auf der Elektrolytseite wenige nm bis hin zu mehreren Hundert nm bei sehr niedriger Elektrolytkonzentration.

Die Messung elektrischer Biosignale erfordert einen Ladungsträgeraustausch an der Phasengrenze. Eine direkte Berührung des Elektrodenmetalls mit der Haut kann aber aus mehreren Gründen zu Problemen mit dem elektrischen Kontakt führen. Beispielsweise ist die Benetzung der Metallfläche mit der oberflächlichen Körperflüssigkeit oft ungleichmäßig und stark von der Bewegung des Patienten abhängig, oder Körperhaare verhindern einen direkten Kontakt zwischen Metall und Haut. Deshalb wird als Kontaktmittel zusätzlich ein elektrolytisches *Elektrodengel* oder -spray verwendet. Bei Einwegklebeelektroden befindet sich das Gel in einem Napf zwischen dem innenliegenden Elektrodenmetall und der Hautkontaktfläche in der Mitte des Kleberings

---

1 Unter Hydrathülle versteht man die Anlagerung von Wassermolekülen um ein Ion herum. Aufgrund der Polarität der Wassermoleküle ordnen diese sich gerichtet um das Ion in Form einer Hülle an.

(vgl. Abbildung 4.3, links). Bei wiederverwendbaren Elektroden wie Saugelektroden (vgl. Abbildung 4.3, rechts) wird vor der Anwendung zunächst entweder Gel auf die Metallfläche oder Spray auf die Haut aufgetragen. Als Elektrodenmetall wird sehr häufig Silber verwendet. Mit äußerer Spannung setzen chemische Reaktionen ein, die den Stromfluss über diese Phasengrenze ermöglichen. In der einen Stromrichtung gelangen Elektronen aus dem Silber in die Silberchloridphase und dissoziieren AgCl zu Ag^+ und Cl^- (kathodische Reaktion), in der anderen Stromrichtung werden Ag^+ und Cl^--Ionen zu AgCl assoziiert (anodische Reaktion). Der Messstrom wird somit im Elektrolyten durch Cl^--Ionen getragen. Das Elektrodengel bzw. -spray verfügt über eine entsprechend hohe Cl^--Konzentration.

Die Elektroden haben noch eine weitere messtechnische Bedeutung. Der Ladungsaustausch an der Phasengrenze zur Herstellung des thermodynamischen Gleichgewichts verursacht eine Aufladung der Elektrode. Das Elektrodenpotential hängt von der Elektronenaffinität des Metalls und vom chemischen Potential des Elektrolyten ab. Prinzipiell sind beide Messelektroden gleich aufgebaut und sollten deshalb auch über die gleichen Elektrodenpotentiale verfügen, die sich in der Messsituation dann gegenseitig kompensieren. In der Praxis bleibt aber oft eine Differenzspannung von einigen mV übrig, die das Messsignal als Offset überlagert. Ursache kann eine unterschiedliche Ionenkonzentration an der Phasengrenze der beiden Elektroden sein. Dieser Offset kann, wie noch gezeigt wird, durch einen Hochpass in der Messelektronik beseitigt werden.

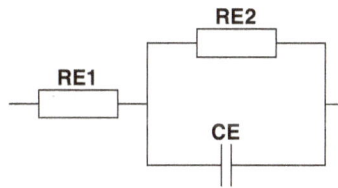

Abb. 4.3: Einwegklebeelektrode und Saugelektrode (links). Elektrisches Ersatzschaltbild der Elektrode (rechts): R_{E1} repräsentiert den Zuleitungswiderstand im Kontaktdraht und Elektrolyten. R_{E2} und C_E beschreiben das elektrische Verhalten der Phasengrenze zwischen Metall und Elektrolyten (Helmholtz-Schicht).

Elektrisch lässt sich die Elektrode durch eine Reihenschaltung darstellen (vgl. Abbildung 4.3, rechts), wobei R_{E1} dabei den Zuleitungswiderstand des Kontaktdrahts und des Elektrodengels repräsentiert. Die Parallelschaltung aus R_{E2} und C_E beschreibt die Phasengrenze zwischen Elektrolyt und Metall. Das kapazitive Verhalten erklärt sich aus der Schichtfolge Metall, Helmholtz-Schicht, Elektrolyt, die einer Kondensatoran-

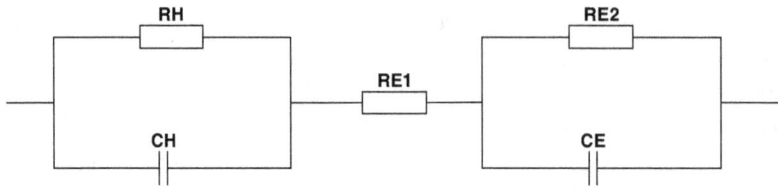

Abb. 4.4: Elektrisches Ersatzschaltbild von Haut und Elektrode, zusammengesetzt aus Abbildung 4.2 (rechts) und Abbildung 4.3 (rechts).

ordnung (Leiter-Isolator-Leiter) entspricht. Der Widerstand R_{E2} steht für die Ad- und Desorptionsprozesse, die zwischen Ag und AgCl stattfinden. Wie auch schon bei der elektrischen Beschreibung der Haut sind die Größen der einzelnen Ersatzschaltbildkomponenten von verschiedenen Faktoren abhängig. Für Simulationszwecke kann R_{E1} = 30 Ω, R_{E1} = 100 Ω und C_E = 30 µF angenommen werden. Insgesamt ergibt sich für Haut und Elektrode das Ersatzschaltbild in Abbildung 4.4.

Bei niedrigen Frequenzen unterhalb von 100 Hz ist die Impedanz der Kapazitäten C_H und C_E um einiges größer als die parallel liegenden Widerstände R_H und R_{E2}. In dem Fall können die beiden Kondensatoren im Ersatzschaltbild vernachlässigt werden. Es verbleiben die drei Widerstände, die nun in Reihe liegen und zu einem Widerstand zusammengefasst werden können. Da R_{E1} und R_{E2} um mehr als eine Größenordnung kleiner sind als R_H, ist die Gesamtimpedanz von Haut und Elektrode in dieser Näherung resistiv und vom Hautwiderstand R_H bestimmt. Dieser Widerstand wird im Weiteren *Übergangswiderstand* genannt.

In der Elektromyographie (EMG) werden neben flächigen Ableitelektroden auch *Nadelelektroden* eingesetzt. Diese ermöglichen die Kontaktierung einzelner motorischer Einheiten des Muskels bis hin zur Detektion des Aktionspotentials einzelner Muskelfasern, was mit Oberflächenelektroden aufgrund der deutlich geringeren räumlichen Auflösung schwierig ist. Oberflächenelektroden in Form von Elektrodenarrays sind dagegen besser geeignet für Untersuchungen zur räumlichen und zeitlichen Ausbreitung des Aktionspotentials entlang der einzelnen motorischen Einheiten. Bei In-vivo-Messungen wird mit der Nadelelektrode üblicherweise das extrazelluläre Gebiet kontaktiert und dort das äußere Aktionspotential gemessen. Die kontrollierte Punktion des innerzellulären Bereichs einer Muskelfaser und damit die Messungen des inneren Aktionspotentials sind in der Regel nur in-vitro möglich. Je feiner die Nadelspitze ist, desto höher ist die Ortsauflösung und selektiver die Messung bzgl. des Aktionspotentials einzelner Muskelfasern. Mit steigendem Abstand der Elektrode zur Muskelfaser nimmt dagegen die EMG-Amplitude ab.

In der Praxis werden sowohl monopolare als auch bipolare Nadeln eingesetzt (vgl. Abbildung 4.5). Die monopolare Ausführung besteht aus einer beschichteten Edelstahlnadel mit einem Durchmesser von 300 bis 500 µm. Die Beschichtung isoliert den Nadelkörper elektrisch gegenüber dem durchstochenen Gewebe. Nur die Spitze,

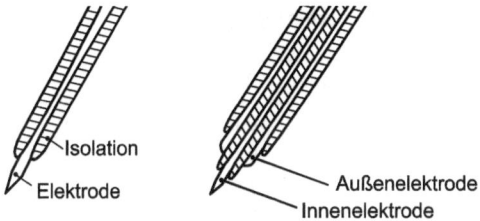

Abb. 4.5: Schematische Darstellung von monopolarer (links) und bipolarer (rechts) Elektrodennadel.

die das Untersuchungsgebiet kontaktiert, liegt frei. Als Beschichtungsmaterial wird Teflon oder medizinisches Silikon verwendet. Die Gegenelektrode kann mittels einer Oberflächenelektrode in der Nähe der Einstichstelle, aber noch außerhalb des Gebiets der zu untersuchenden motorischen Einheit, realisiert werden. Bipolarelektroden bestehen aus einer Edelstahlkanüle (Gegenelektrode) und einem Metallkern (Elektrode), der mit einer Isolationsschicht umgeben ist. Der Außendurchmesser liegt im Bereich von 300 bis 700 µm, der Durchmesser des Kerns beträgt etwa 100 µm. Das Material des Kerns ist meistens Silber oder Platin. Bei der Monopolarelektrode ist die aktive Fläche der Nadelspitze größer als bei der Bipolarelektrode, wodurch ein größerer Bereich der motorischen Einheit von der Elektrode erfasst wird, was ein stärkeres EMG-Signal erzeugt. Mit der Bipolarelektrode ist dagegen eine höhere Ortsauflösung erreichbar. Zudem fällt bei diesem Typ das überlagerte Gleichtaktsignal[2] weitaus schwächer aus, da Elektrode und Gegenelektrode sehr nah beieinander liegen, wodurch das Gleichtaktsignal mit nahezu gleicher Amplitude und Phase am Eingang des Messverstärkers anliegt und durch die hohe Gleichtaktunterdrückung weitgehend beseitigt wird.

4.1.2 Messverstärker

Je nach Biosignal und Elektrodenposition beträgt an der Körperoberfläche die Differenzspannung zwischen den Messelektroden wenige Mikrovolt beim EEG bis hin zu mehreren Millivolt für die R-Zacke im EKG. Die Bandbreite der elektrischen Biosignale reicht von 0 Hz bis maximal 10 kHz. In Tabelle 4.2 sind Werte für die Signalamplitude und Bandbreite einiger wichtiger Biosignale aufgelistet.

Der Messverstärker hat die Aufgabe, das Biosignal mit einer über die gesamte Bandbreite konstanten Verstärkung auf ein Spannungsniveau im Volt-Bereich zu heben. In der Regel ist das Biosignal (Nutzsignal) von Störsignalen wie dem Gleichtaktsignal oder Rauschen überlagert. Eine Gleichtaktstörung wird z. B. durch Stromnetzleitungen verursacht, welche sich in der Umgebung des Messaufbaus befinden. Die Entstehung solcher Netzstörungen wird in Abschnitt 4.2 behandelt. An dieser Stelle soll zunächst genügen, dass das Gleichtaktsignal eine harmonische Wechselspan-

---

2 Der Begriff Gleichtaktsignal wird in den nachfolgenden Abschnitten im Zusammenhang mit der Messelektronik und der Störung von Biosignalen ausführlich behandelt.

Tab. 4.2: Signalamplitude und Bandbreite ausgewählter elektrischer Biosignale.

Biosignal	Elektrodentyp	Signalamplitude	Bandbreite in Hz
Elektrokardiogramm (EKG)	Hautelektrode	0,1–4 mV	0,01–250
Elektroenzephalogramm (EEG)	Hautelektrode	1–100 µV	0,01–100
Elektromyogramm (EMG)	Nadelelektrode	0,1–5 µV	1–5.000
Elektrookulogramm (EOG)	Hautelektrode	0,05–4 mV	0,01–100
Elektroneurogramm (ENG)	Nadelelektrode	0,01–3 mV	0–10.000

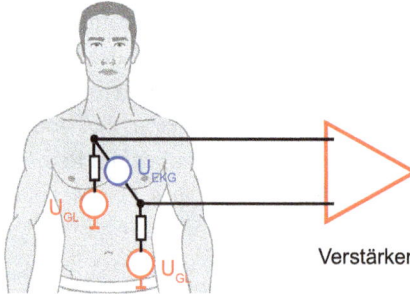

Verstärker

Abb. 4.6: Messsituation mit Berücksichtigung des Gleichtaktsignals U_{GL}: U_{EKG} repräsentiert das zwischen den Elektroden anliegende Biosignal.

nung ist, dessen Amplitude einige Volt betragen kann und im Fall der Netzstörung die Netzfrequenz (50 Hz bzw. 60 Hz) besitzt. Das Gleichtaktsignal geht ebenfalls in die Messelektronik ein. Abbildung 4.6 verdeutlicht die Messsituation. Die Amplitude des Gleichtaktsignals (Störsignal) überragt die des Nutzsignals oft um mehrere Größenordnungen. Daraus leitet sich unmittelbar als wichtige Anforderung an den Messverstärker die Notwendigkeit einer sehr hohen Gleichtaktunterdrückung (*Common Mode Rejection*, kurz: CMR) ab. Die Eliminierung des Gleichtaktsignals mit analogen Filtern kommt für die meisten Anwendungen nicht in Betracht, weil die Filterimpedanz klein ist und das Sperrfrequenzband des Filters das Frequenzband des Biosignals überlappt und zu einer Verzerrung des Biosignals führen würde. Dieser Aspekt wird ausführlich in Abschnitt 4.4 behandelt.

Eine weitere Anforderung an den Messverstärker ist eine hohe Eingangsimpedanz. In den nachfolgenden Ersatzschaltbildern wird die Biosignalquelle durch einen Innenwiderstand von $R_I = 2\,k\Omega$ in Reihe zur als ideal angenommenen Signalquelle angenommen. Eine strommäßige Belastung dieser Quelle würde zum Zusammenbruch der Quellspannung führen. Dies kann durch eine hohe Eingangsimpedanz, die mehrere Größenordnungen oberhalb des Innenwiderstands der Signalquelle liegt, vermieden werden. In der Praxis sollte deshalb die Eingangsimpedanz des Messverstärkers mindestens $Z_E = 1\,M\Omega$ betragen.

Die nächste Betrachtung richtet sich auf das thermische Rauschen der Verstärkerschaltung, ausgedrückt durch die effektive Rauschspannung U_{eff}. Die Ursache des thermischen Rauschens sind Fluktuationen in der räumlichen Verteilung der freien Ladungsträger innerhalb eines Leiters oder Halbleiters aufgrund der thermischen Bewegung. Gemäß Gleichung 4.1 hängt U_{eff} vom ohmschen Widerstand R, der absoluten Temperatur T und der Bandbreite f_B ab. k_B ist die Boltzmann-Konstante.

$$U_{eff} = \sqrt{4k_B T R f_B} \ . \tag{4.1}$$

Die Stärke des Rauschens in Relation zur Stärke des Nutzsignals wird häufig durch den *Signal-Rausch-Abstand* (*SNR*: signal-noise-ratio) in dB ausgedrückt. Bezogen auf das thermische Rauschen gilt

$$SNR = 20 \log_{10} \frac{U_{Nutz}}{U_{eff}} \, dB \ . \tag{4.2}$$

Darin sind U_{Nutz} die Effektivspannung des Nutzsignals und U_{eff} wieder die effektive Rauschspannung. Dazu nun ein Rechenbeispiel: Beträgt der ohmsche Eingangswiderstand des Verstärkers 10 kΩ und ist die Bandbreite auf 800 Hz beschränkt, ergibt sich daraus bei Raumtemperatur eine effektive Rauschspannung am Eingang des Messverstärkers von 0,36 µV. Nehmen wir eine Nutzsignalstärke von 36 µV an, ergibt sich daraus ein *SNR* von 40 dB.

Eine weitere Konsequenz aus der Betrachtung des thermischen Rauschens in Gleichung 4.1 ist, den Messverstärker wegen der Abhängigkeit der effektiven Rauschspannung von der Bandbreite durch ein Tiefpassfilter zu hohen Frequenzen hin zu begrenzen. Dabei ist die Grenzfrequenz des Tiefpassfilters nach der Bandbreite des zu messenden Biosignals auszulegen, um sowohl eine verzerrungsfreie Übertragung des Biosignals als auch einen möglichst kleinen Wert für f_B zu erhalten.

Eine weitere Rauschquelle, das sogenannte 1/f-Rauschen, macht die Begrenzung des Übertragungsbandes zu tiefen Frequenzen hin wichtig. Das 1/f-Rauschen tritt besonders stark in Halbleiter-Bauelementen auf und ist dort auf die zeitliche Fluktuation der Ladungsträgerkonzentration durch Generations- und Rekombinationsprozesse zurückzuführen. Wie der Name schon andeutet, ist die spektrale Rauschleistungsdichte[3] nicht gleichverteilt, sondern nimmt zu tiefen Frequenzen hin zu. Deshalb werden zur Unterdrückung Hochpassfilter eingesetzt. Die Grenzfrequenz des Hochpassfilters ist wieder an die Bandbreite des Biosignals anzupassen, um Signalverzerrung zu vermeiden. Deshalb muss die Grenzfrequenz weit unterhalb von 1 Hz liegen. Ein zweiter positiver Effekt des Hochpassfilters ist die Eliminierung eines möglichen Gleichanteils im Nutzsignal. Der Gleichanteil[4] kann z. B. durch ungleiche elektrische Aufladung an den Phasengrenzen der Elektroden entstehen (vgl. Unterabschnitt 4.1.1).

Zusammenfassend muss der Messverstärker für elektrische Biosignale ein Differenzsignal mit einer Bandbreite bis 800 Hz gleichmäßig verstärken können sowie über

---

3 Die spektrale Rauschleistungsdichte beschreibt, wie viel Rauschleistung pro Frequenzintervall enthalten ist. Die Berechnung der spektralen Leistungsdichte wird in Gleichung 6.1 vorgestellt.
4 Der Gleichanteil ist eine Gleichspannung, die das Nutzsignal überlagert. Der Gleichanteil ist nicht mit dem Gleichtaktsignal zu verwechseln.

eine hohe Eingangsimpedanz und eine hohe Gleichtaktunterdrückung verfügen. Diese Anforderungen können am besten mit einer Schaltung auf Basis eines Instrumentenverstärkers erfüllt werden. *Instrumentenverstärker* sind als integrierte Bauelemente verfügbar oder können mit einzelnen *Operationsverstärkern* (OPV) aufgebaut werden. Der Vorteil der integrierten Schaltungen liegt in der sehr geringen Bauteiltoleranz, die für eine hohe Gleichtaktunterdrückung sorgt. In diesem Buch soll aber der Schaltungsaufbau mit einzelnen OPV ausführlich behandelt werden, um ein vertieftes Verständnis von den Funktionen einzelner Schaltungselemente zu gewinnen. Die nachfolgenden Ersatzschaltbilder wurden mit der frei zugänglichen Software LTspice erstellt und simuliert. Die Übungsaufgaben zu diesem Kapitel setzen Anwendungskenntnisse in LTspice voraus.

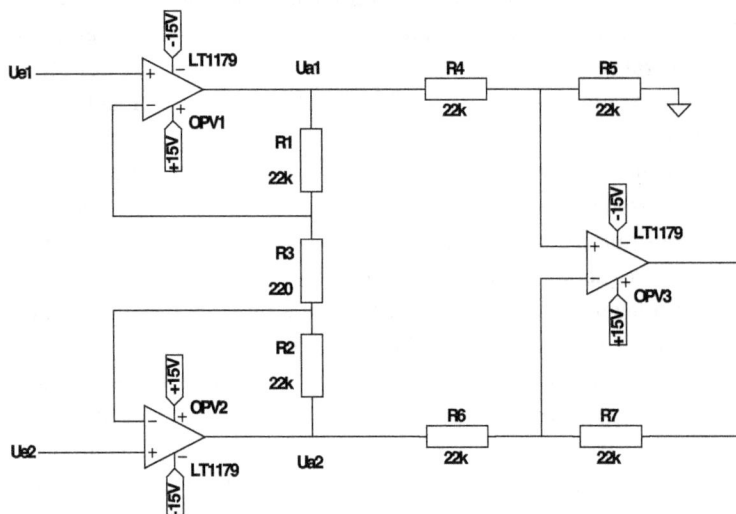

Abb. 4.7: Zweistufiger Instrumentenverstärker mit der Verstärkung 201.

In Abbildung 4.7 ist ein zweistufiger Instrumentenverstärker bestehend aus drei Operationsverstärkern dargestellt. $OPV_{1,2}$ bilden zusammen mit den Widerständen $R_{1,2,3}$ die erste Stufe. Das Biosignal wird als Differenzspannung über die Anschlüsse U_{E1} und U_{E2} zugeführt. Die geforderte hohe Eingangsimpedanz wird durch den hohen Eingangswiderstand der beiden OPV realisiert. Zur Berechnung der Verstärkung dieser Stufe sei daran erinnert, dass bei gegengekoppelten OPV die Potentialdifferenz zwischen den beiden Eingängen eines OPV exakt 0 V beträgt. Demnach ist der Spannungsabfall über R_3

$$U_{R3} = U_{e1} - U_{e2} \, . \tag{4.3}$$

Weiterhin sei $U_{a1,2}$ die Ausgangsspannung von OPV$_1$ bzw. OPV$_2$, jeweils bezogen auf Masse. Dann gilt nach der Spannungsteilerregel:

$$U_{R3} = \frac{R_3}{R_1 + R_2 + R_3}(U_{a1} - U_{a2}) \, . \tag{4.4}$$

Ersetzt man in Gleichung 4.4 U_{R3} durch Gleichung 4.3 und berücksichtigt ferner, dass R_1 und R_2 aus Symmetriegründen gleich sind, dann gilt für die Differenz der beiden Ausgangsspannungen:

$$U_{a1} - U_{a2} = \left(1 + \frac{2R_1}{R_3}\right)(U_{e1} - U_{e2}) \, . \tag{4.5}$$

Mit Gleichung 4.5 und den Werten R_1 = 22 kΩ und R_3 = 220 Ω ergibt sich eine Verstärkung für die erste Stufe von V = 201. Die beiden Ausgänge von OPV$_1$ und OPV$_2$ werden über $R_{4,6}$ symmetrisch zu den beiden Eingängen von OPV$_3$ geführt. OPV$_3$ sorgt für die Differenzbildung, sodass an dessen Ausgang die um den Faktor 201 verstärkte Potentialdifferenz $U_{e1} - U_{e2}$ in Bezug auf Masse anliegt. Über die Erhöhung von $R_{5,7}$ gegenüber $R_{4,6}$ ließe sich noch eine zusätzliche Verstärkung der zweiten Stufe erzielen, worauf hier aber verzichtet wurde.

Betrachten wir nun die Gleichtaktunterdrückung. Dazu werden in der Schaltung nach Abbildung 4.7 das Nutzsignal U_{EKG} und das Gleichtaktsignal U_{GL} am Schaltungseingang hinzugefügt. $R_{u1,2}$ in Abbildung 4.8 repräsentieren die Übergangswiderstände an den Elektroden, die hier als gleichwertig angenommen werden.

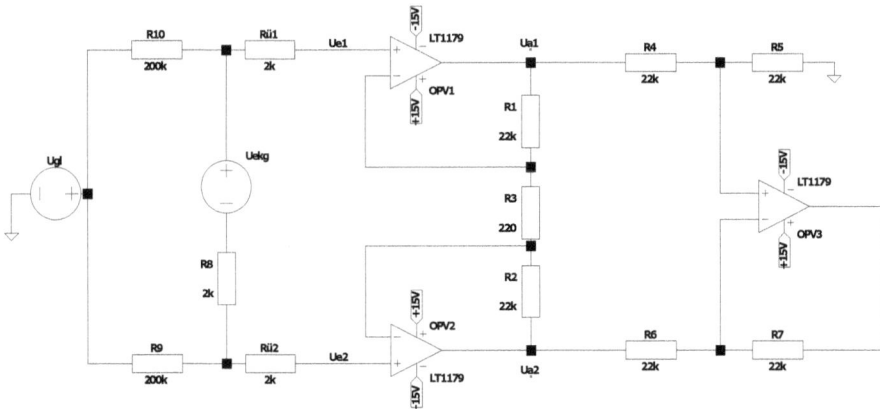

Abb. 4.8: Zweistufiger Instrumentenverstärker mit Berücksichtigung des Nutzsignals U_{EKG}, des Gleichtaktsignals U_{GL} und der Übergangswiderstände $R_{u1,2}$.

Nach dem Überlagerungsprinzip kann das Gleichtaktsignal unabhängig von der Differenzspannung betrachtet werden. Aufgrund der Schaltungssymmetrie liegt es jeweils mit gleicher Amplitude und Phase am Eingang der Operationsverstärker OPV$_1$

und OPV_2 an – und folglich ebenfalls ober- und unterhalb von R_3. Es fließt also kein Strom durch R_3, weshalb dieser Widerstand für die Gleichtaktbetrachtung auch weggelassen werden kann. Wenn R_3 durch offene Klemmen ersetzt wird, bilden OPV_1 und OPV_2 in Verbindung mit R_1 bzw. R_2 einen Impedanzwandler. U_{GL} passiert also unverstärkt (Verstärkung ist 1) die erste Stufe des Instrumentenverstärkers und liegt an den beiden Eingängen von OPV_3 an. Die Gleichtaktunterdrückung wird ganz von diesem Operationsverstärker bestimmt. Diese Betrachtung setzt voraus, dass die Widerstände $R_{4,5,6,7}$ exakt den angegebenen Wert haben. Eine solche Bedingung wird bei integrierten Schaltungen meist gut erfüllt. Sind allerdings Widerstandstoleranzen zu berücksichtigen, wie es bei Einzelwiderständen der Fall ist, kann die Gleichtaktunterdrückung durch Abweichung vom $R_{4,5,6,7}$-Nennwert massiv verschlechtert werden. Die Widerstandsverhältnisse $\frac{R_5}{R_4}$ und $\frac{R_7}{R_6}$ in der Schaltung nach Abbildung 4.8 bestimmen, mit welcher Verstärkung das Gleichtaktsignal an den Eingängen des Subtrahierers anliegt. Für $\frac{R_5}{R_4} \neq \frac{R_7}{R_6}$ sind die Signalamplituden an den beiden Eingängen unterschiedlich, wodurch am Subtrahiererausgang vom Gleichtaktsignal ein Restsignal übrig bleibt, dessen Amplitude der Differenz am Subtrahierereingang entspricht. Um der Forderung $\frac{R_5}{R_4} = \frac{R_7}{R_6}$ möglichst nahe zu kommen, sind für $R_{4,5,6,7}$ Präzisionswiderstände auszuwählen. Die dann noch verbliebene Differenz im Widerstandsverhältnis kann durch einen nachträglichen Schaltungsabgleich beseitigt werden. Dazu ist der Widerstand R_5 in Abbildung 4.8 durch die Potentiometerschaltung nach Abbildung 4.9 zu ersetzen.

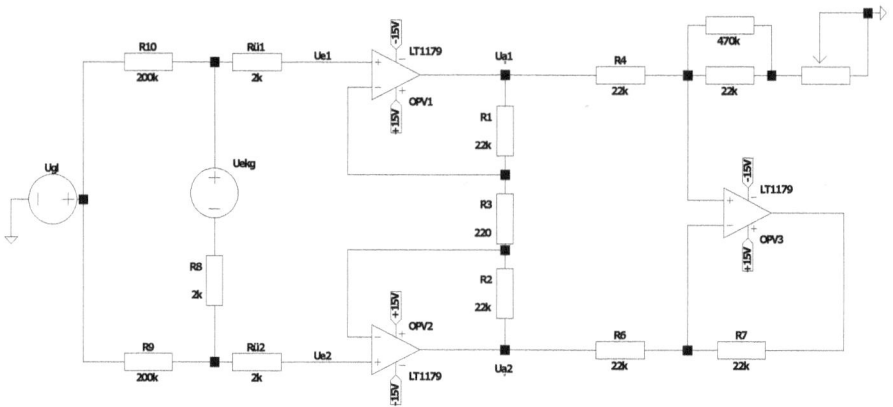

Abb. 4.9: Potentiometerschaltung zum Abgleich von $R_5/R_4 = R_7/R_6$ beim Instrumentenverstärker nach Abbildung 4.8: Die Potentiometerschaltung ersetzt in Abbildung 4.8 den Widerstand R_5.

Ein Maß für die Fähigkeit der Gleichtaktunterdrückung ist der *CMRR*-Wert in dB (*CMRR*: Common Mode Rejection Ratio). *CMRR* setzt die Differenzverstärkung V_{diff}

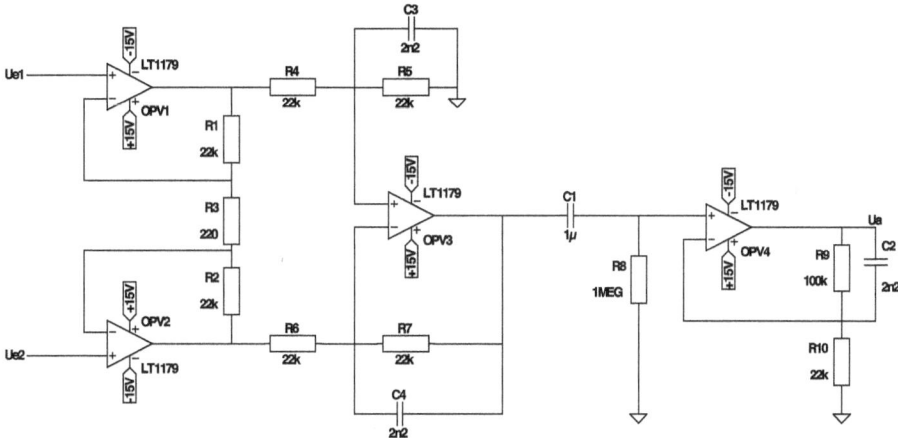

Abb. 4.10: Erweiterung des Instrumentenverstärkers aus Abbildung 4.7 um eine weitere Verstärker-stufe sowie ein Hochpass- und zwei Tiefpassfilter.

mit der Gleichtaktverstärkung V_gleich ins Verhältnis:

$$CMRR = 20 \log_{10} \left(\frac{V_\text{diff}}{V_\text{gleich}} \right) \text{dB} . \tag{4.6}$$

Handelsübliche Operationsverstärker haben ein $CMRR$ von über 90 dB. Beträgt bei-spielsweise die Amplitude des Gleichtaktsignals 5 V, bleiben davon bei $CMRR$ = 100 dB noch 50 µV am Ausgang von OPV_3 übrig, da für die zweite Stufe des Instru-mentenverstärkers nach Abbildung 4.8 V_diff = 1 beträgt. Das Nutzsignal hingegen wird durch die erste Stufe um das 201-Fache verstärkt. Ein EKG mit einer Amplitude von 1 mV am Eingang des Instrumentenverstärkers ist am Ausgang also etwa 200 mV groß und damit um das 4000-Fache größer als das Gleichtaktsignal mit einer Ein-gangsamplitude von 5 V, was für die meisten Anwendungen völlig ausreichend ist.

Die Schaltung aus Abbildung 4.7 wird nun bzgl. der zuvor beschriebenen Anfor-derungen ergänzt. Es wird ein weiterer Verstärker sowie ein Hochpass- und zwei Tief-passfilter nachgeschaltet. Abbildung 4.10 zeigt die so erweiterte Schaltung.
OPV_4 bildet zusammen mit $R_{9,10}$ einen nichtinvertierenden Verstärker mit der Verstär-kung 5,5. Damit ergibt sich für beide Verstärkerstufen eine Gesamtverstärkung von 1100. C_1 und R_8 bilden ein Hochpassfilter mit der Grenzfrequenz 0.16 Hz. Das erste Tiefpassfilter wird durch die Kondensatoren $C_{3,4}$ realisiert. Bei hoher Signalfrequenz werden die parallel liegenden Widerstände $R_{5,7}$ durch $C_{3,4}$ nahezu kurzgeschlossen, wodurch die Verstärkung des Subtrahierers weit unter Eins fällt. Die Grenzfrequenz beträgt ungefähr 3.3 kHz. Das zweite Tiefpassfilter erzeugt der Kondensator C_2 par-allel zu R_9, der wiederum bei hoher Frequenz den Widerstand R_9 kurzschließt und dadurch die Verstärkung des nichtinvertierenden Verstärkers bis auf Eins herabsetzt. Die Grenzfrequenz des zweiten Tiefpassfilters liegt bei 720 Hz. Dieser Messverstärker

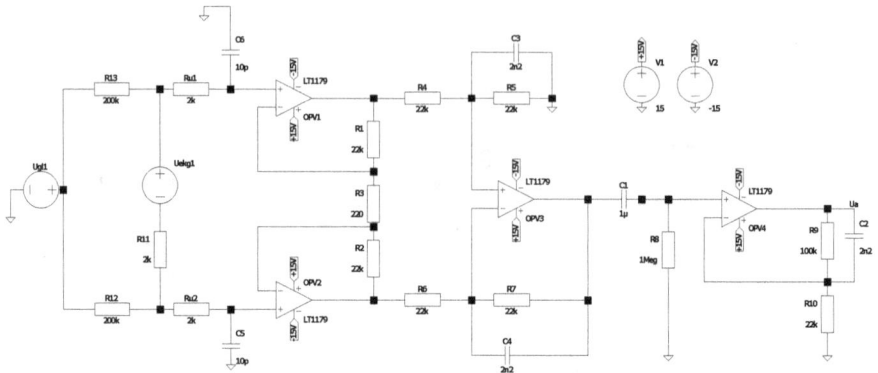

Abb. 4.11: Messverstärker mit Berücksichtigung des Nutzsignals U_{ekg1}, des Gleichtaktsignals U_{GL} und der Übergangswiderstände $R_{u1,2}$: Die Kondensatoren $C_{5,6}$ repräsentieren die Streukapazität der Messkabel zur Masse.

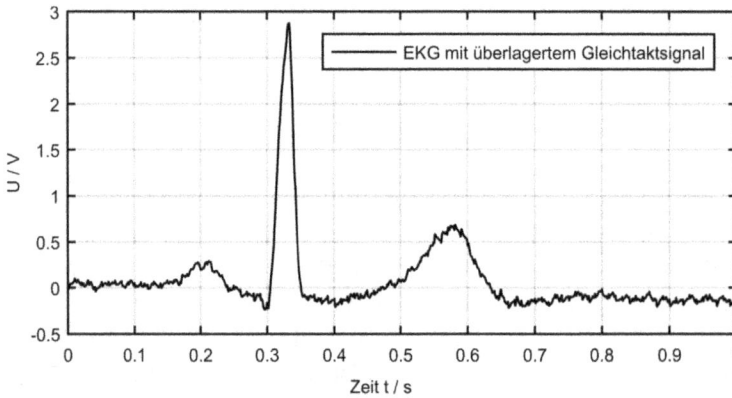

Abb. 4.12: Ausgangssignal bei Simulation des Messverstärkers nach Abbildung 4.11 mit einem EKG und überlagertem Gleichtaktsignal (50Hz-Brummen mit 5 V) Amplitudenspannung am Schaltungseingang. Die Gleichtaktstörung ist im Ausgangssignal wegen der hohen Gleichtaktunterdrückung der Schaltung kaum noch sichtbar.

eignet sich sehr gut zur Aufzeichnung von EKG, EOG oder dem niederfrequenten Anteil eines EMG.

Die Abbildung 4.12 zeigt das Ausgangssignal der Schaltungssimulation aus Abbildung 4.11, bei der am Schaltungseingang ein EKG der Amplitude 2.5 mV mit überlagertem Gleichtaktsignal angelegt wurde. Das Ausgangssignal weist aufgrund der hohen Gleichtaktunterdrückung kaum noch ein Gleichtaktsignal (50-Hz-Netzbrummen) auf.

Für eine EEG-Ableitung ist eine größere Verstärkung nötig, die z. B. durch die Erhöhung von R_9 erzielt werden kann. Dabei ist zu beachten, dass dann die Grenzfrequenz des zweiten Tiefpassfilters entsprechend verringert wird.

4.2 Signalstörungen

Biosignale sind im Allgemeinen von Störsignalen überlagert. Im ungünstigen Fall ist eine diagnostische Auswertung des Biosignals unmöglich. Hinzu kommt, dass das Störsignal oftmals teilweise oder ganz im Spektralbereich des Biosignals liegt und deshalb nicht ohne Weiteres mit Filtern beseitigt werden kann, ohne gleichzeitig das Biosignal zu verändern. Deshalb ist die genaue Kenntnis der Ursachen von Störsignalen unabdingbar, um von vornherein Gegenmaßnahmen ergreifen zu können.

4.2.1 Netzstörungen

In der normalen Messsituation ist die Messelektronik wie auch der Proband selbst von elektrischen Netzleitungen umgeben. Auch wenn diese nicht in direktem Kontakt zueinander stehen, können ausgehend von den Netzleitungen Störsignale in das Messsignal einkoppeln, die mitunter auch Netzbrummen genannt werden. Das Netzbrummen ist wie das ursächliche Stromnetz eine harmonische Wechselspannung mit eben dieser Frequenz, also 50 Hz in Europa bzw. 60 Hz in Nordamerika. Zusätzlich zur im vorangegangenen Kapitel vorgestellten Differenzverstärkung läßt es sich sehr effektiv in der nachgelagerten Signalverarbeitung durch ein schmalbandiges digitales Bandsperrefilter (Notch-Filter) beseitigen. Da aber das Netzbrummen innerhalb der Bandbreite von Biosignalen liegt, geht damit eine Signalverzerrung einher, die in vielen Anwendungsfällen aber tolerierbar ist.

Kapazitive Einkopplung

Elektrisch betrachtet kann der menschliche Körper als inhomogener leitfähiger Elektrolytbehälter aufgefasst werden. Zwischen dem L1-Leiter des Stromnetzes und dem Körper bilden sich Streukapazitäten aus, ebenso zwischen Körper und dem Neutralleiter N. Abbildung 4.13 stellt die Situation schematisch dar.

Der Kapazitätswert der Streukapazitäten hängt stark vom Abstand zwischen Körper und L1 bzw. N ab. In Anlehnung an die Plattenkondensatorformel steigt die Kapazität mit sinkendem Abstand. Für die weitere Betrachtung können Werte zwischen 1 pF und 100 pF angenommen werden. Darüber hinaus treten auch zwischen den Messkabeln und den Netzleitungen Streukapazitäten auf. Solange die Netzstörung über die beiden Elektroden mit jeweils gleicher Amplitude und Phase in die Messelektronik einkoppelt, also als Gleichtaktsignal, und die beiden Messzweige bis zum Subtrahierer völlig symmetrisch zueinander verlaufen, stellt diese Situation kein Problem dar. Wie bereits im vorherigen Abschnitt ausgeführt, wird durch den Instrumentenverstärker nur das Differenzsignal zwischen dessen beiden Eingängen verstärkt. Das Gleichtaktsignal wird durch einen ausreichend hohen *CMRR*-Wert so weit unterdrückt, dass es für das Ausgangssignal praktisch keine Bedeutung hat. Diese Situation

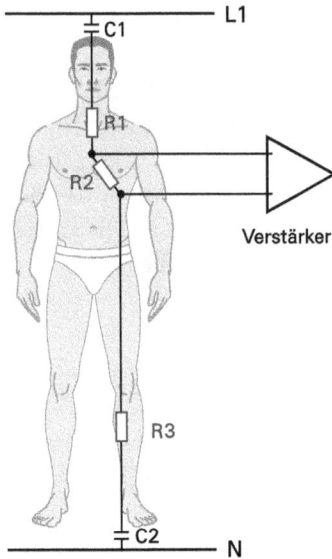

Abb. 4.13: Schematische Darstellung der kapazitiven Einkopplung von Netzstörungen in den Körper durch Streukapazitäten.

wurde in Abbildung 4.8 verdeutlicht. Tatsächlich sind die Verhältnisse komplexer. In der Realität sind die beiden Elektrodenübergangswiderstände $R_{u1,2}$ nie exakt gleich. Wird in der Schaltung nach Abbildung 4.11 beispielsweise R_{u1} von 2 kΩ auf 4 kΩ erhöht, zeigt sich das im in Abbildung 4.14 dargestellten Simulationsergebnis. Darin ist das EKG deutlich von der Netzstörung überlagert.

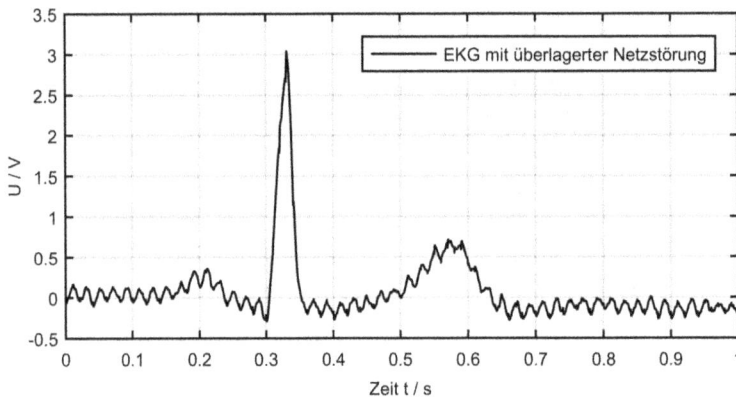

Abb. 4.14: EKG mit überlagerter Netzstörung, Simulation des Ausgangssignals der Schaltung nach Abbildung 4.11 mit R_{u1} = 4 kΩ und R_{u2} = 2 kΩ.

In der Regel ist auch die Amplitude der Netzstörung an den beiden Elektroden nicht identisch. Das kann prinzipiell mit Hilfe von Abbildung 4.13 erklärt werden. Zwischen dem Potential von L1 und N bilden die obere Streukapazität C_1, der Körper und die untere Streukapazität C_2 einen Spannungsteiler. Innerhalb des Körpers kann das elektrische Verhalten durch ohmsche Widerstände beschrieben werden: als R_1 zwischen der fiktiven Einkoppelstelle am Kopf und der ersten Elektrode, als R_2 zwischen den beiden Elektroden sowie als R_3 zwischen der zweiten Elektrode und dem Übergang zur unteren Streukapazität. Nun soll die Differenzspannung zwischen den beiden Elektroden abgeschätzt werden. Dazu wird vereinfachend angenommen, dass die beiden Streukapazitäten denselben Wert $C_1 = C_2 = 10\,\text{pF}$ haben und die Widerstände R_1 und R_3 vernachlässigt werden können. Die Impedanz von $C_{1,2}$ beträgt bei 50 Hz jeweils rund 320 MΩ. Für R_2 wird wie zuvor 2 kΩ angenommen, zwischen L1 und N liegen 230 V Wechselspannung an. Nach Spannungsteilerregel ergibt das eine Differenzspannung zwischen den beiden Elektroden von etwa 0.7 mV. Ein EKG-Signal besitzt an dieser Stelle eine Amplitude von etwa 1 mV. Demnach haben Nutzsignal und überlagerte Netzstörung die gleiche Größenordnung. Beide werden gleich verstärkt auf den Ausgang der Verstärkerschaltung übertragen, was eine medizinische Auswertung des Nutzsignals unmöglich macht.

Ein Möglichkeit zur Reduktion der Netzstörung ist das Prinzip der Bezugspotentialsteuerung, auch *driven right leg* genannt. Dabei wird das Gleichtaktsignal hinter der ersten Stufe des Instrumentenverstärkers abgegriffen und invertiert (Phasendrehung um 180°) über eine dritte Elektrode auf den Körper zurückgegeben. Durch die Überlagerung des Gleichtaktsignals mit dem gegenphasigen Gleichtaktsignal heben sich idealerweise beide gegenseitig auf. In der Praxis sind jedoch die beiden Amplituden von Gleichtaktsignal und gegenphasigem Gleichtaktsignal unterschiedlich, wodurch das Gleichtaktsignal nicht vollständig, gleichwohl aber immer noch erheblich reduziert werden kann. Abbildung 4.15 zeigt die Erweiterung der Schaltung nach Abbildung 4.10 um die Bezugspotentialsteuerung.

Das Gleichtaktsignal wird zwischen den beiden Widerständen $R_{11,12}$ abgegriffen und dem Impedanzwandler OPV_5 zugeführt. Dahinter folgt ein invertierender Verstärker, gebildet aus OPV_6 und $R_{13,14}$. Dort wird das Gleichtaktsignal um 180° phasenverschoben und um den Faktor 22 verstärkt. Mit der Verstärkung soll der Spannungsabfall von der Einleitstelle bis zu den Elektroden kompensiert werden.

Induktive Einkopplung

Nach dem Biot-Savart-Gesetz erzeugt der Strom durch eine Netzleitung ein Magnetfeld, das den Leiter kreisförmig umschließt. Für einen geraden, von Luft umgebenen Leiter berechnet sich die magnetische Flussdichte B zu

$$B(t) = \frac{\mu_0}{2\pi r} I(t) e_\varphi \tag{4.7}$$

mit der Vakuumpermeabilität μ_0, dem senkrechten Abstand zum Leiter r und dem Strom durch den Leiter $I(t)$. Da I ein Wechselstrom ist, muss B auch eine Wechselgröße sein. Nach dem Induktionsgesetz induziert ein magnetisches Wechselfeld eine

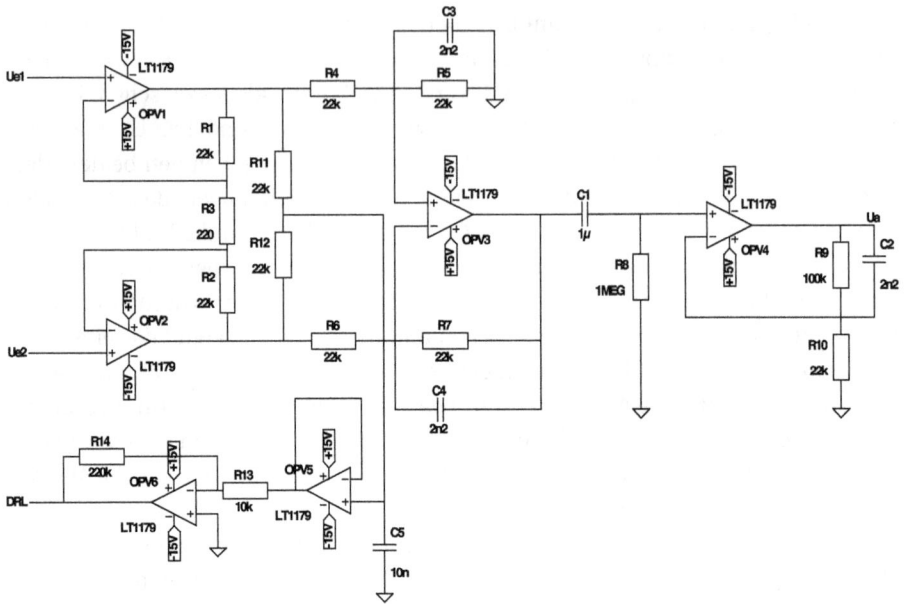

Abb. 4.15: Verstärkerschaltung für Biosignale mit Bezugspotentialsteuerung.

Spannung in einer Leiterschleife nach

$$U_{\mathrm{ind}} = -\frac{\partial \Phi}{\partial t}, \tag{4.8}$$

wobei der magnetische Fluss wie folgt definiert ist:

$$\Phi = \iint B dA. \tag{4.9}$$

A ist hier die von einer Leiterschleife eingeschlossene Fläche. Die beiden Messkabel, der Körper und der Messverstärker bilden eine Leiterschleife (vgl. Abbildung 4.16). Wenn diese Leiterschleife senkrecht, d. h. parallel zum Normalenvektor der Fläche A, von einem magnetischen Wechselfeld durchströmt wird, entsteht am Eingang der Messverstärkers eine induzierte Wechselspannung, die wiederum das Biosignal überlagert. Insgesamt wird die Stärke der induktiven Einkopplung von vier Größen bestimmt, nämlich der Stromstärke I, der Frequenz (wegen der Ableitung in Gleichung 4.8), dem Abstand r zwischen Leiterschleife und dem stromführenden Kabel und der Fläche A der Leiterschleife. Während man in der Regel die Stromstärke I im Netzkabel nicht beeinflussen kann und die Frequenz mit 50 Hz (60 Hz in Nordamerika) festgelegt ist, bleiben als Möglichkeiten zur Verminderung des Effekts: i) einen großen Abstand r zum stromführenden Netzkabel zu lassen und ii) die Fläche A der Leiterschleife so klein wie möglich zu halten. Letzteres gelingt, wenn die Messkabel gegeneinander verdrillt werden (*twisted pair*) oder zumindest eng nebeneinander ver-

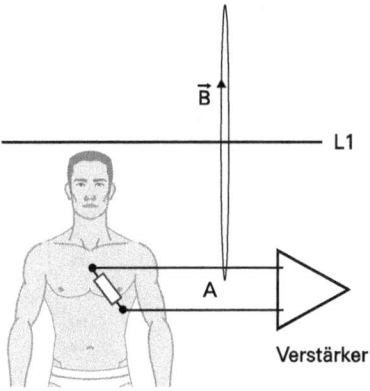

Abb. 4.16: Schematische Darstellung der induktiven Netzeinkopplung: Ausgehend vom Strom im Netzkabel L1 entsteht ein Magnetfeld, das die Leiterschleife aus den beiden Messkabeln, dem Körper und dem Messverstärker durchdringt und am Eingang des Messverstärkers eine Wechselspannung induziert.

laufen. Mit diesen beiden Maßnahmen lässt sich die induktive Einkopplung wirksam vermeiden.

Galvanische Einkopplung

Die galvanische Einkopplung einer Netzstörung erfordert einen Gleichstromwiderstand zwischen der Messelektronik und dem Netz. Dies scheint auf den ersten Blick keine realistische Situation zu sein, da beide – auch aus Gründen der elektrischen Sicherheit – hinreichend voneinander isoliert sein müssen. Aber auch über einen großen Isolationswiderstand kann eine signifikante Netzstörung entstehen, wie das Simulationsergebnis in Abbildung 4.18 zeigt. Der Isolationswiderstand kann durch Kriechstromstrecken herabgesetzt werden. Dazu wurden in der Messelektronik-Schaltung der Isolationswiderstand R_{is} und eine Netzspannung eingefügt (Abbildung 4.17). Eine wirksame Gegenmaßnahme ist das Vergießen der Komponenten im Bereich der Messelektronik, die den Netzstrom führen (z. B. Transformator).

4.2.2 Transiente Störungen

In der zuvor behandelten Schaltung nach Abbildung 4.10 wurde ein RC-Hochpass (C_1, R_8) mit einer Grenzfrequenz von 0.16 Hz eingebaut, um evtl. vorhandene Gleichanteile im Biosignal zu unterdrücken und das Übertragungsband zu kleinen Frequenzen hin zu begrenzen. Mit dieser sehr tiefen Grenzfrequenz geht aber auch eine entsprechend große Zeitkonstante ($\tau = 1$ s) einher, die bei sprunghafter Änderung des Eingangssignals sehr langsame Ausgleichsvorgänge verursacht. Ein sprunghaft auftretender Gleichanteil kann z. B. entstehen, wenn während der Messung gegen eine der Elektroden gedrückt wird, um den Kontakt zu verbessern. Dadurch kann sich die Aufladung der Elektrode an der Phasengrenze ändern (vgl. Unterabschnitt 4.1.1). Die resultierende Gleichspannung überlagert das Biosignal und klingt exponentiell mit der Zeitkonstante des RC-Hochpassfilters ab. Gegenmaßnahmen in Form von Filtern

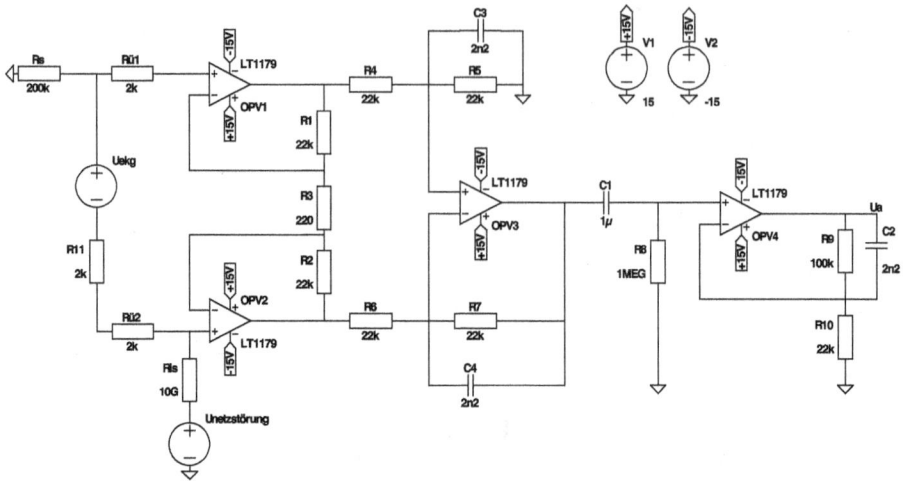

Abb. 4.17: LTspice-Simulation der galvanischen Netzstörung mit Netzeinkopplung über den Isolationswiderstand $R_{is} = 10\,G\Omega$; der Widerstand R_s wird zu Simulationszwecken benötigt, um der Quelle U_{EKG} ein Bezugspotential zu geben.

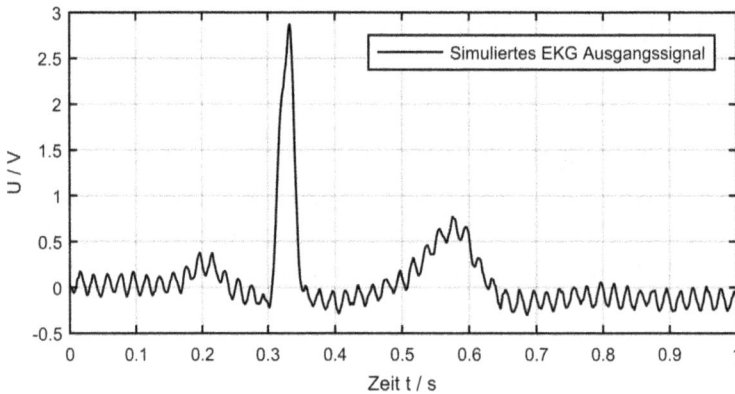

Abb. 4.18: Ergebnis der Simulation der Schaltung aus Abbildung 4.17.

gibt es nicht, weil in dem Fall ein Filter der Messelektronik selbst Ursache der Störung ist. Mit der Auswertung des Biosignals muss in der Regel gewartet werden, bis die transiente Störung abgeklungen ist.

4.2.3 Hochfrequente Störungen durch elektromagnetische Strahlung

In vielen Messsituationen ist die Messelektronik hochfrequenter elektromagnetischer Strahlung ausgesetzt. Strahlungsquellen sind z. B. Mobilfunknetze, schnurlose Telefone oder WLAN. Zur Einkopplung bedarf es einer Antenne. Ein ungeschirmtes Messkabel wirkt als Antenne. Die Antenne wirkt besonders effektiv, wenn die Kabellänge der halben Wellenlänge der Strahlung oder einem Vielfachen davon entspricht. Bei einem 1.2 m langen Messkabel entspräche das im Freiraum einer Sendefrequenz von 125 MHz. Diese Frequenz liegt weit oberhalb der Bandbreite von Biosignalen.

Auch kann durch Amplitudenmodulation der hochfrequenten Strahlung eine Störung einkoppeln. Die Amplitudenmodulation ist ein altes Verfahren der Nachrichtentechnik, das allerdings nur noch bei wenigen Übertragungstechniken angewendet wird. Eine Amplitudenmodulation kann aber auch zufällig entstehen. Nehmen wir dazu weiterhin das Messkabel als Antenne an. Wird das Messkabel in seiner Lage zum Sender verändert, weil sich beispielsweise der Patient bewegt, kann sich auch die Amplitude der von der Antenne eingefangenen Strahlung verändern, was einer Amplitudenmodulation entspricht. Die Messelektronik verfügt oftmals über alle elektronischen Komponenten, die für einen Demodulator benötigt werden. Beispielsweise besteht ein einfacher Hüllkurvendemodulator nur aus einer Diode, einem Kondensator und einem Widerstand. Dabei kann der pn-Übergang eines Bipolartransistors oder der Metall-Halbleiter-Übergang eines Feldeffekttransistors als Diode wirken. Es ist also möglich, dass die amplitudenmodulierte Hochfrequenzstrahlung in die Messelektronik einkoppelt und von dieser demoduliert wird. Die Folge ist die Überlagerung des Modulationssignals mit dem Nutzsignal. Deshalb ist auf einen möglichst großen Abstand zu Sendeanlagen zu achten.

4.3 Messaufnehmer für nichtelektrische Biosignale

In Abschnitt 4.1 wurde ausführlich auf die Messung elektrischer Biosignale eingegangen, bei denen das Nutzsignal bereits als elektrische Spannung vorliegt und direkt über Elektroden der Messelektronik zugeführt werden kann. Daneben gibt es eine Reihe nichtelektrischer Biosignale, wie der Übersicht in Abbildung 3.34 entnommen werden kann. Deren elektronische Erfassung erfordert zunächst die Wandlung der physikalischen Größe, in der das Biosignal auftritt oder mit deren Hilfe es gemessen wird, in eine Spannung oder einen Strom, um es weiterverarbeiten zu können. In diesem Abschnitt werden ausgewählte Messaufnehmer zur Wandlung nichtelektrischer Biosignale vorgestellt.

4.3.1 Schallaufnehmer

Das Abhören des Körpers, *Auskultation* genannt, gehört zu den ältesten diagnostischen Verfahren in der Medizin. Besonders die Geräusche von Herz und Lunge geben Aufschluss über deren Funktion und eventuell vorliegende Erkrankungen. Das Standardinstrument zum Abhören ist das Stethoskop. Es besteht aus einem Schallkopf mit Membran zur Wandlung des Körperschalls[5] in Luftschall und einem verzweigten Schallschlauch, an dessen Enden sich zwei Ohroliven befinden, die für den hermetischen Abschluss mit den Ohrmuscheln des Untersuchers sorgen. Die Schallaufzeichnung fand ab den 50er-Jahren des 20. Jahrhunderts in Form der Phonokardiographie, also der Registrierung der Herzgeräusche, Einzug in die klinische Praxis. Damals bestanden die Geräte aus einem Körperschallmesskopf, einer analogen Messelektronik und einem Papierschreiber zur Aufzeichnung. Da das Phonokardiogramm sowohl in seinem zeitlichen Verlauf als auch in seiner spektralen Zusammensetzung ausgewertet wird, wurde das Signal fünf verschiedenen, parallel zueinander liegenden analogen Bandpassfiltern zugeführt und, so gefiltert, auf den Papierschreiber als Einzelkurven ausgegeben. Parallel dazu wurde das EKG als unabhängiger Marker für die Herzphase registriert. Mit dem Aufkommen der bildgebenden Verfahren, insbesondere der Echokardiographie mittels Ultraschall, wurde die Phonokardiographie als kardiologische Standarddiagnostik zunehmend verdrängt. Heute sind elektronische Stethoskope kommerziell verfügbar. Ein im Schallschlauch integriertes Mikrofon wandelt den Schall, der dann drahtlos per Funk an einen PC übertragen wird.

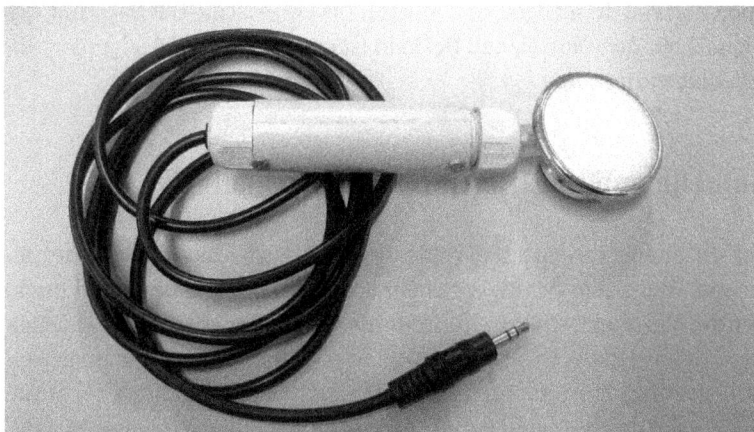

Abb. 4.19: Selbstbau eines elektronischen Stethoskops zum Anschluss an die PC-Soundkarte.

In Abbildung 4.19 ist ein einfacher Selbstbau für den drahtgebundenen Anschluss an eine PC-Soundkarte zu sehen. Der Schallschlauch des Stethoskops wurde aufgeschnitten und darin ein Elektretmikrofon versenkt. Elektretmikrofone haben eine sehr kleine Baugröße und besitzen eine gleichmäßige Empfindlichkeit über einen

---

[5] Körperschall ist ein Begriff aus der Akustik und bezeichnet nicht den Schall des menschlichen Körpers. Vielmehr wird mit dem Begriff die Schallausbreitung in Festkörpern und teilweise Flüssigkeiten beschrieben, die sich von der Ausbreitung in Gasen (z. B. Luftschall) unterscheidet.

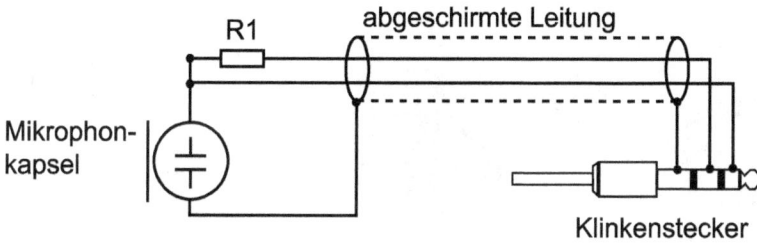

Abb. 4.20: Anschlussplan für eine Elektretmikrofonkapsel.

großen Frequenzbereich, der die Bandbreite der Herzgeräusche von max. 1 kHz deutlich überragt. Die Mikrofonkapsel verfügt über einen integrierten Impedanzwandler. Dieser wird über einen vorgeschalteten Arbeitswiderstand von 2.2 kΩ versorgt. Die Versorgungsspannung liefert die PC-Soundkarte über den Mikrofoneingang (Phantomspannung). Ferner wird eine dreipolige Leitung mit Klinkenstecker benötigt. Abbildung 4.20 zeigt den Anschlussplan.

Eine andere Form der phonokardiographischen Selbstkontrolle durch den Patienten zeigt Abbildung 4.21. Hierbei handelt es sich um die Funktionsüberwachung einer implantierten mechanischen Herzklappenprothese. Solche Implantate weisen ein erhöhtes Risiko für thrombotische Anlagerungen auf, die wiederum Ursache für die Einschränkung der regelrechten Kunstklappenfunktion oder für ein thrombembolisches Ereignis[6] sein können. Die engmaschige Überwachung durch den Patienten eröffnet die Möglichkeit, solche Anlagerungsprozesse frühzeitig zu erkennen und medikamentös zu behandeln.

Das Verfahren basiert wiederum auf der Schallaufzeichnung und -analyse. Mechanische Herzklappenprothesen produzieren beim Öffnen und Schließen der Klappensegel charakteristische Geräusche im Frequenzbereich bis 20 kHz. Im Fall der Anlagerung eines Thrombus ändert sich insbesondere der hochfrequente Anteil der Klappengeräusche. Stethoskope kommen bei den hohen Frequenzen als Schallaufnehmer nicht in Betracht[7]. Bei dem in Abbildung 4.21 gezeigten Gerät wird ein Elektretmikrofon verwendet, das den aus dem Körper austretenden Luftschall registriert. Die Messposition liegt in der Brustbeinachse und nicht über dem Herzen, da dort die hochfrequenten Schallanteile weitgehend durch die Lunge absorbiert werden. Die Klappengeräusche werden verstärkt, gefiltert und zur Analyse einem digitalen Signalprozessor zugeführt. Das Analyseergebnis wird über einen kleinen Bildschirm ausgegeben. Im Unterabschnitt 6.3.2 werden die dazu notwendigen Analysemethoden mit Hilfe der Programmiersprache Matlab vorgestellt.

---

6 Thrombembolie: Verschluss eines Gefäßes durch einen Thrombus (Blutgerinnsel).
7 Gute Stethoskope besitzen eine Bandbreite bis ca. 600 Hz. Die Bandbreite ist insbesondere durch die Trägheit der Membran begrenzt.

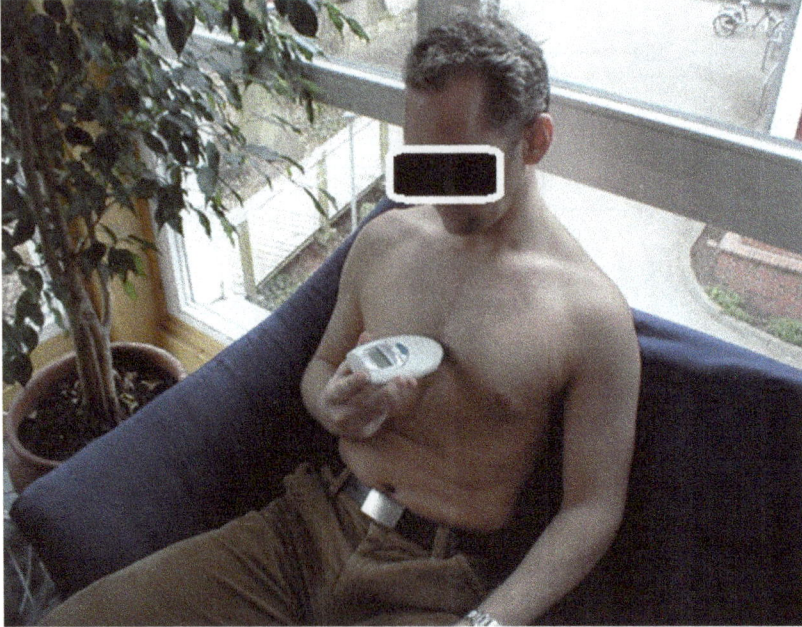

Abb. 4.21: Patient mit Handgerät zur Selbstkontrolle einer implantierten mechanischen Herzklappenprothese.

4.3.2 Optische Sensoren für Plethysmographie und Bestimmung der Sauerstoffsättigung

Unter Plethysmographie (gr. *plethys* = Fülle) wird allgemein die Erfassung von Volumenschwankungen innerhalb des Körpers verstanden. Im Kontext dieses Buches beschränken wir uns auf die Volumenänderung in Gefäßen aufgrund des pulsierenden Blutflusses. Das Ertasten des Pulses gehört zu den ältesten diagnostischen Verfahren und spielt insbesondere bei der traditionellen chinesischen Medizin eine große Rolle. An oberflächennahen (subkutanen) Gefäßen lässt sich die Volumenänderung auch optisch messen. In dem Fall spricht man von Photoplethysmographie. Das Messprinzip besteht darin, dass Licht in den Körper eingestrahlt und die transmittierte oder reflektierte Strahlung mit einem Lichtsensor gemessen wird. Das Sensorsignal ist infolge des Blutflusses zeitlich variabel. Wenn die Pulswelle den durchstrahlten Gefäßabschnitt durchläuft, befindet sich dort ein größeres Blutvolumen und das Gefäß dehnt sich. Das größere Blutvolumen sorgt dann für eine stärkere Lichtabsorption gegenüber der Phase, wenn sich nur wenig Blutvolumen in dem Gefäßabschnitt befindet. Der Lichtsensor detektiert dadurch weniger Licht. Auf diese Weise lassen sich kontinuierliche Pulskurven aufzeichnen. Der Pulskurvenverlauf enthält Informationen über den Zustand von Gefäßen und Herz-Kreislauf-System. Für eine differenzierte Auswertung sind in der Regel Pulskurven an mehreren Stellen zu messen. Besonders leicht lässt sich mit der Photoplethysmographie die Herzfrequenz bestimmen. Dazu wird die Dauer zwischen den Maxima der Pulskurve bestimmt. Der Kehrwert davon multipliziert mit 60 ergibt die Herzfrequenz in der üblichen Einheit Schläge pro Minute.

Eine Erweiterung der Photoplethysmographie stellt die SpO_2-Messung[8] dar. Sie ermöglicht die Bestimmung der Sauerstoffsättigung des Blutes. Dafür wird die unterschiedliche Absorption von Hämoglobin (Hb) und mit Sauerstoff gesättigtem Hämoglobin (Oxyhämoglobin HbO_2) bei verschiedenen Wellenlängen ausgenutzt. Für die Bestimmung der Sauerstoffsättigung sind Messungen bei mindestens zwei verschiedenen Wellenlängen nötig, es sind also mindestens zwei monochromatische Lichtquellen erforderlich. Das Messergebnis wird in Prozent angegeben und entspricht dem Verhältnis von HbO_2 zum Gesamthämoglobin (HbO_2 + Hb). Das Verfahren wird in Unterabschnitt 6.3.2 genauer vorgestellt.

Als Lichtquelle werden überwiegend Halbleiterleuchtdioden (LEDs) eingesetzt. Diese besitzen eine hohe Intensität bei vergleichsweise geringer Leistungsaufnahme, haben eine kleine Bauform und sind sehr kostengünstig. Bei der SpO_2-Messung mit zwei LEDs ist darauf zu achten, dass die Emissionsspektren weit genug voneinander entfernt liegen und nicht überlappen. Es sind LEDs im Farbspektrum von Blau bis Infrarot verfügbar. Die Farbauswahl findet anhand der Absorptionsspektren von Hb und HbO_2 statt. Um die transmittierte bzw. reflektierte Strahlung der jeweiligen LED am Detektor voneinander unterscheiden zu können, müssen die beiden LEDs im Impulsmodus und Zeitmultiplexverfahren betrieben werden. Die Genauigkeit der SpO_2-Bestimmung hängt, wie in Unterabschnitt 6.3.2 ausgeführt, entscheidend von der Einhaltung der Emissionswellenlänge ab. Aus Tabelle 4.3 geht hervor, dass sich die Lage der maximalen Emission λ_{peak} mit der Temperatur ändert. Unter diesem Gesichtspunkt sind kurze Impulszeiten zu bevorzugen, da dann bei selber Leistung die aufgenommene elektrische Energie gering bleibt und sich die LED nicht stark erwärmt. Ein positiver Nebeneffekt kurzer Impulszeiten ist der geringere Stromverbrauch, der bei batteriebetriebenen Sensoren wichtig ist. Auf der anderen Seite sinkt mit kürzeren Impulszeiten das Signal-Rausch-Verhältnis, das wiederum durch eine höhere Leistung ausgeglichen werden kann. Im Ansteuerungsschema sind stets beide Aspekte gegeneinander abzuwägen. Die LED-Ansteuerung erfolgt in der Regel über einen Mikrocontroller. Ein typischer Wert für die Impulsweite ist 250 µs und für die Wiederholungsrate 500 Hz. Zwischen den LED-Impulsen wird meistens noch eine Phase ohne Beleuchtung eingefügt, um den Offset durch Umgebungslicht bestimmen zu können. Alternativen zu Halbleiter-LEDs sind organische LEDs (OLED) [46] oder Halbleiterlaserdioden. OLEDs basieren auf flexiblen Polymerfolien, die sich an die Körperoberfläche anpassen können. Halbleiterlaserdioden sind nochmals schmalbandiger als LEDs.

Als Detektoren werden Photodioden verwendet. Diese wandeln das einfallende Licht in einen Photostrom um, der proportional zur Lichtintensität ist. Photodioden

---

8 S bezeichnet Sättigung, p Puls, O_2 Sauerstoff.

Tab. 4.3: Kennwerte handelsüblicher LEDs für die Photoplethysmographie und SpO_2-Messung; λ_{peak} ist die Wellenlänge der maximalen Emission, TK der Temperaturkoeffizient bei λ_{peak}.

LED-Typ	λ_{peak} in nm	Bandbreite in nm	TK in nm/K
infrarot	950	42	0,25
rot	660	17	0,13
grün	525	34	0,03

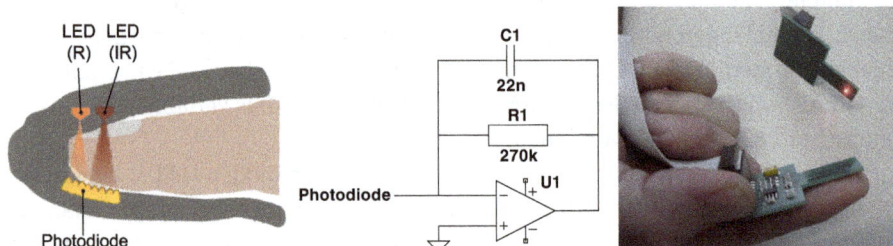

Abb. 4.22: Prinzip der SpO_2-Messung in Transmission (links), beispielhaftes Ersatzschaltbild eines Transimpedanzverstärkers mit Tiefpassfilter (Mitte) und der Pulskurvenmessung mit einem Reflexionssensor (rechts): Die Ansteuerung und das Auslesen erfolgt über eine PC-Messkarte.

auf Basis von Silizium besitzen eine spektrale Empfindlichkeit von etwa 400 nm bis 1100 nm mit einem Maximum bei etwa 920 nm. Die Strahlung der in Tabelle 4.3 gelisteten LED kann also von einer Si-Photodiode detektiert werden, allerdings mit jeweils ganz unterschiedlicher Empfindlichkeit. Für die SpO_2-Bestimmung bereitet dieser Umstand aber keine Probleme, da die spektrale Empfindlichkeit nicht in die Berechnung der Sauerstoffsättigung eingeht, wie in Unterabschnitt 6.3.2 noch gezeigt wird. Nach der Photodiode wird ein Transimpedanzwandler geschaltet, der den Photostrom in eine Spannung wandelt (vgl. Abbildung 4.22, Mitte). Der Widerstand R_1 sorgt zudem für eine Verstärkung, der Kondensator C_1 für eine Bandbegrenzung und Kompensation der Sperrschichtkapazität der Photodiode. Bei der Auslegung des von R_1 und C_1 gebildeten Tiefpasses ist zu beachten, dass die kurzen Lichtpulse der LED verzerrungsfrei übertragen werden.

SpO_2-Geräte verwenden am häufigsten Fingerclipsensoren, die mit Transmission arbeiten. Lichtquellen und Detektor liegen auf den gegenüberliegenden Seiten des Fingers (vgl. Abbildung 4.22, links). Der Fingerclip ist mit einem kleinen Steuergerät und integrierter Displayanzeige verbunden, es sind aber auch Fingerclips mit integrierter Elektronik und Anzeige erhältlich. Bei der Dauerüberwachung von Neugeborenen findet man anstelle von Fingerclips oft Sensorbänder, die um den Fuß gebunden werden. Bei Reflexionssensoren liegen LED und Photodiode auf einer Seite (vgl. Abbildung 4.22, rechts). Das bietet den Vorteil, dass auch Körperbereiche wie das Handgelenk oder die Schläfe einer SpO_2-Messung zugänglich werden, die für eine Transmissionsmessung ausgeschlossen sind. In Hinblick auf mobile Anwendungen in Form von

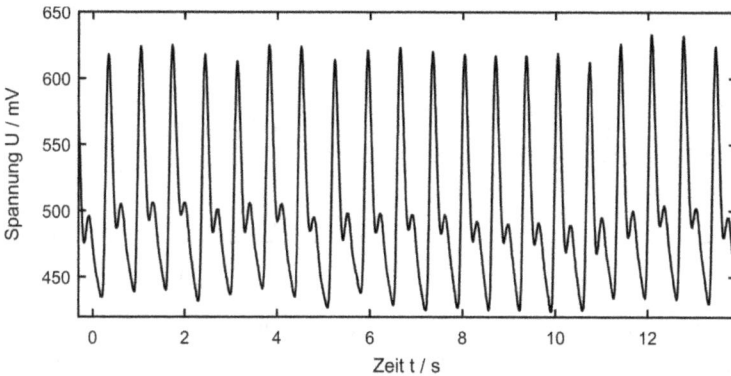

Abb. 4.23: Photoplethysmogramm (PPG) aus der Messung mit dem Reflexionssensor aus Abbildung 4.22.

tragbaren Funktionstextilien gewinnt dieser Aspekt zunehmend an Bedeutung. Abbildung 4.23 zeigt eine Pulskurvenaufzeichnung mit einem Reflexionssensor.

4.4 Entstörung und analoge Filterung

Die Messung von Biosignalen ist in der Regel von Störungen überlagert. In Abschnitt 4.2 wurden verschiedene Ursachen vorgestellt. In diesem Abschnitt werden Möglichkeiten der Entstörung mittels analoger Filter behandelt. Die wesentliche Funktion von Filtern besteht in der Unterdrückung definierter Frequenzanteile. Beim Einsatz von Filtern ist zu beachten, dass das Biosignal verzerrt wird, wenn sich der Sperrbereich des Filters mit dem Biosignalspektrum überlappt und dadurch neben dem Störsignal auch die entsprechenden Frequenzanteile des Biosignals unterdrückt werden. In dem Fall ist zu prüfen, ob die resultierende Signalverzerrung in Hinblick auf die medizinisch-diagnostische Aussage tolerierbar ist, insbesondere dann, wenn die Verlässlichkeit der Diagnose von einer originalgetreuen Darstellung des Biosignals abhängt. Man möge sich die fatalen Auswirkungen vorstellen, wenn infolge von Signalfilterung eine für einen Herzinfarkt typische EKG-Veränderung nicht ersichtlich wäre, obwohl diese im Rohsignal sichtbar ist. Im weiteren sollen zunächst die verschiedenen Störungsarten und deren Frequenzcharakteristik grundsätzlich betrachtet werden. Eine vereinfachte Darstellung der Spektren der jeweiligen Störung findet sich in Abbildung 4.24.

1. *Periodische Störungen*: Zu den wichtigsten periodischen Störungen gehören 50-Hz-Netzbrummen und Einkopplungen von hochfrequenten Sendeanlagen. Handelt es sich um ein rein harmonisches (sinusförmiges) Störsignal, so ist das entsprechende Spektrum impulsförmig bei der jeweiligen Frequenz. Das 50-Hz-Netzbrummen liegt innerhalb des Spektrums der meisten Biosignale. Trä-

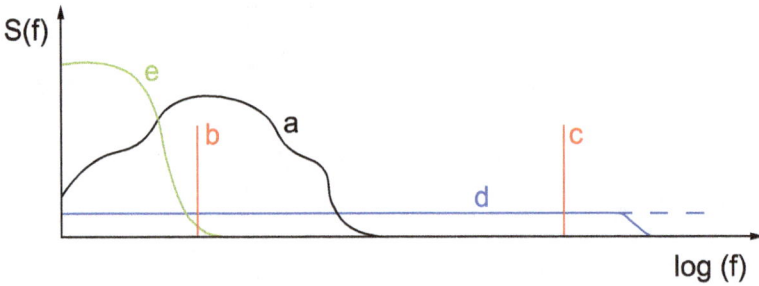

Abb. 4.24: Vereinfachte Übersichtsdarstellung der Spektren: (a) willkürliches Biosignal,
(b) Netzbrummen, (c) hochfrequente harmonische Störung (ohne Seitenbänder der Frequenzmodulation), (d) Rauschen bzw. impulsartige Störung und (e) transiente Störung. Das Abklingen der Kurve (d) wäre im Fall von $1/f$- bzw. $1/f^2$-Rauschen oder einem realen Impuls mit zeitlicher Ausdehnung anzunehmen. Etwaige Oberwellen sind der besseren Übersichtlichkeit halber nicht dargestellt.

gersignale von Übertragungskanälen (z.B. WLAN, Mobilfunk) liegen in ihrer Frequenz weit oberhalb des Spektrums von Biosignalen. Frequenzmodulierte Übertragungskanäle erzeugen im Spektrum Seitenbänder in der Nähe der Sendefrequenz. Bei amplitudenmodulierten Signalen liegt die Sendefrequenz ebenfalls oberhalb des Biosignalspektrums. Allerdings sorgt die Amplitudenmodulation für niederfrequente Spektralanteile, die das Biosignal überlagern können.

2. *Rauschen*: Dem Rauschen liegen stochastische Prozesse zugrunde. Demnach hat das Rauschen einen willkürlichen Zeitverlauf mit sehr breitem Spektrum. Bei thermischem Rauschen (vgl. Unterabschnitt 4.1.2) und Schrotrauschen[9] ist das Leistungsdichtespektrum konstant und über den gesamten Frequenzbereich ausgedehnt. Hier spricht man von weißem Rauschen. Beim $1/f$- bzw. $1/f^2$-Rauschen[10] nimmt die spektrale Leistungsdichte mit steigender Frequenz ab. In jedem Fall liegt aber das Biosignalspektrum innerhalb des Rauschspektrums. Mittels eines Bandpassfilters, dessen Durchlassbereich das Biosignalspektrum einschließt, kann die Rauschleistung linear zur Bandbreite des gefilterten Anteils reduziert werden.

3. *Transiente Störungen*: Wie bereits in Unterabschnitt 4.2.2 beschrieben, können transiente Störungen bei Einschaltvorgängen durch die Aufladung der Kapazität des Hochpassfilters im Messverstärker entstehen. Die Ladekurve verläuft proportional zu $-e^{t/\tau}$, wobei τ die Zeitkonstante des Hochpasses ist. Mit $R = 1\,\text{M}\Omega$ und $C = 1\,\mu\text{F}$ ergibt sich als Zeitkonstante $\tau = 1\,\text{s}$. Das Spektrum der Ladefunktion ist proportional zu $\sqrt{1/(1 + \omega^2\tau^2)}$. Mit der errechneten Zeitkonstante überlappt das

---

9 Das Schrotrauschen entsteht durch die zufällige Schwankung der Ladungsträgeranzahl, die eine Potentialbarriere (z. B. pn-Übergang) passieren.
10 Das $1/f^2$-Rauschen entsteht z. B. durch die Umladung von Ober- und Grenzflächenzuständen.

Spektrum der transienten Störungen den unteren Frequenzbereich der meisten Biosignale.

4. *Impulsartige Störungen*: Ursachen können Artefakte oder auch impulsartige Vorgänge in technischen Anlagen sein, die in das Messsignal einkoppeln. Das Spektrum eines idealen, zeitlich infinitesimal schmalen Impulses ist unendlich ausgedehnt. Bei einem realen Impuls mit zeitlicher Ausdehnung fällt das Spektrum zu hohen Frequenzen hin ab.

Die einfachste Möglichkeit zur elektronischen Realisierung von Filtern besteht in der Anwendung von Tief- und Hochpassschaltungen aus RC-Gliedern. Bandpass- und Bandsperrefilter können durch die Reihen- bzw. Parallelschaltung von Tiefpass und Hochpass erzeugt werden. Die Grenzfrequenz kann über die Wahl von Widerstands- und Kapazitätswert festgelegt werden. Die Grenzfrequenz gibt den Frequenzwert an, bei dem die Übertragungsfunktion um 3 dB (entsprechend dem Faktor $1/\sqrt{2}$) gegenüber dem Durchlassbereich abgesunken ist. Für ein einfaches RC-Filter (Filter erster Ordnung) gilt für die Grenzfrequenz:

$$f_g = \frac{1}{2\pi RC} \cdot \qquad (4.10)$$

Die Flankensteilheit beträgt 20 dB/Frequenzdekade. Sind steilere Flanken nötig, kann dies durch die mehrfache Reihenschaltung desselben Filters erreicht werden. Dann beträgt die Flankensteilheit n20 dB/Frequenzdekade, wobei n die Anzahl der in Reihe geschalteten Filter ist (Filterordnung). Allerdings ist bei der Reihenschaltung zu beachten, dass sich dadurch die Grenzfrequenz verschiebt. Werden beispielsweise zwei gleiche Filter in Reihe geschaltet, ist die Grenzfrequenz um einen Faktor 0,37 kleiner gegenüber der Grenzfrequenz eines einstufigen Filters, wenn weiter das −3 dB-Kriterium für die Grenzfrequenz gilt.

Die Berechnung der Grenzfrequenz in Gleichung 4.10 setzt voraus, dass der Innenwiderstand der Signalquelle am Filtereingang sehr klein und die Last am Filterausgang sehr groß ist, jeweils bezogen auf die Impedanz der RC-Schaltung. Wenn das nicht der Fall ist, sind Innenwiderstand und Last bei der Berechnung der Übertragungsfunktion des Filters und der daraus resultierenden Grenzfrequenz zu berücksichtigen. Wenn dann noch die Impedanzwerte des Innenwiderstands und der Last nicht oder nur ungenau bekannt sind, ist die Filtercharakteristik, insbesondere mit Blick auf die Grenzfrequenz, nicht mehr kontrollierbar.

Einen Ausweg bietet der Einsatz von Operationsverstärkern. Diese verfügen über einen sehr hohen Eingangs- und einen sehr kleinen Ausgangswiderstand. Dadurch wird der Filterausgang mit der Last vom eigentlichen RC-Filterelement elektrisch entkoppelt. Abbildung 4.25 zeigt das Ersatzschaltbild eines RC-Tiefpassfilters mit Operationsverstärker. Der erste Operationsverstärker wirkt als Impedanzwandler (auch Spannungsfolger genannt) auf die Signalquelle. Der zweite sorgt durch die Verschaltung als nicht-invertiereder Verstärker neben der Impedanzwandlung zusätzlich noch für eine zweifache Verstärkung[11]. Betrags- und Phasenfrequenzgang der Schaltung aus Abbildung 4.25 sind in Abbildung 4.26 dargestellt. Filterschaltungen mit aktiven Bauelementen wie Operationsverstärkern oder Transistoren werden aktive Filter genannt. Bei der Verwendung in Filterschaltungen muss die relativ geringe Bandbreite von Operationsverstärkern berücksichtigt werden[12]. Bzgl. hochfrequenter Störungen oberhalb der Bandbreite der eingesetzten Operationsverstärker verlieren akitve Filter ihre Filterwirkung. Weiterhin sollte bei Anwendungen mit sehr kleiner Nutzsignalamplitude bedacht werden, dass Halbleiterbauelemente stärker rauschen (Schrotrauschen, $1/f$-Rauschen) als passive Bauelemente.

Mit der Schaltung aus Abbildung 4.25 lassen sich durch Reihenschaltung Filter höherer Ordnung realisieren. Allerdings nimmt dann auch der schaltungstechnische Aufwand schnell zu. Eine effizientere Möglichkeit ergibt sich durch die Einführung eines Mitkopplungszweigs. In Abbildung 4.27 ist ein Tiefpassfilter 2. Ordnung mit nur einem Operationsverstärker dargestellt.[13] Die Ausgangsspannung wird über den Kondensator C_2 auf den positiven Eingang zurückgeführt.

In der Praxis werden oft die Widerstände $R_1 = R_2 = R$ und die Kondensatoren $C_1 = C_2 = C$ gleich gewählt. Für diesen Fall soll nun das Übertragungsverhalten, also das Verhältnis von Ausgangs- (U_a) zu Eingangsspannung (U_e) als Funktion der Frequenz berechnet werden. Dazu bedienen wir uns der Hilfsspannungen U_1 (Spannung zwischen den Widerständen R_1 und R_2) und U_2 (Spannung am Pluseingang des OPV), beide jeweils auf Masse bezogen. Zwischen U_a und U_2 liegt ein nichtinvertie-

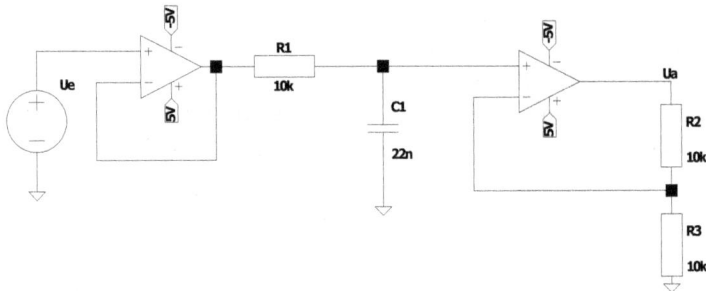

Abb. 4.25: Aktives Tiefpassfilter 1. Ordnung mit der Grenzfrequenz 723 Hz und einer Verstärkung um den Faktor 2.

---

11 Der Operationsverstärker bildet mit den Widerständen R2 und R3 einen nichtinvertierenden Verstärker. Die Verstärkung beträgt $1 + R2/R3$.
12 Die Bandbreite vieler Operationsverstärker ist auf einen Bereich von 10 kHz bis 100 kHz beschränkt. Oberhalb der Bandbreite verlieren Operationsverstärker ihre verstärkenden Wirkung.
13 Filter dieser Art werden auch Sallen-Key-Filter genannt.

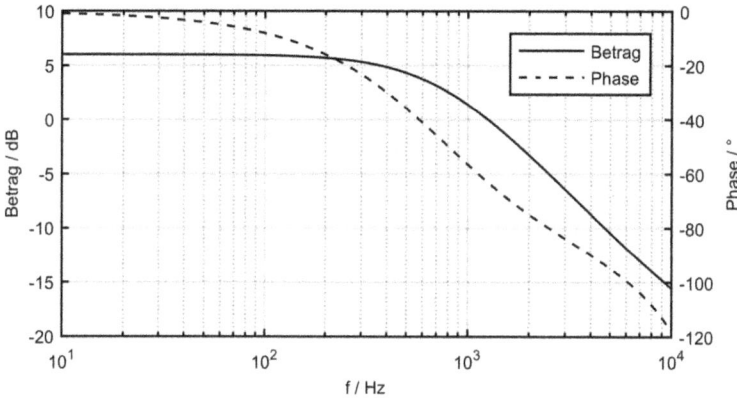

Abb. 4.26: Betrags- und Phasenfrequenzgang des Tiefpassfilters zur Schaltung aus Abbildung 4.25: Der Durchlassbereich liegt wegen der Verstärkung um den Faktor 2 bei 6 dB. Der Punkt für die Grenzfrequenz schneidet die 3-dB-Linie im Segment zwischen 700 und 800 Hz. Rechnerisch beträgt die Grenzfrequenz 723 Hz.

render Verstärker. Für das Spannungsverhältnis gilt:

$$\frac{U_a}{U_2} = 1 + a. \tag{4.11}$$

Zwischen U_2 und U_1 liegt ein Tiefpass mit der Übertragungsfunktion

$$\frac{U_2}{U_1} = \frac{1}{1 + j\omega RC}. \tag{4.12}$$

Eine weitere Gleichung wird durch Anwendung der Knotenregel für den Knoten mit dem Potential U_1 gewonnen. Die Summe der drei auf diesen Knoten zulaufenden Ströme muss Null ergeben:

$$\frac{U_1 - U_e}{R} + \frac{U_1 - U_a}{\frac{1}{j\omega C}} + \frac{U_1 - U_2}{R} = 0. \tag{4.13}$$

Gleichung 4.11 bis Gleichung 4.13 bilden ein Gleichungssystem, das sich nach dem gesuchten Übertragungsverhältnis auflösen lässt. Nach Rechnung erhält man

$$\frac{U_a}{U_e} = \frac{a + 1}{1 + j3\omega RC - \omega^2 R^2 C^2 - j(a + 1)\omega RC}. \tag{4.14}$$

Der Wert a entspricht der inneren Verstärkung des Filters. Damit lassen sich verschiedene Filtertypen, also Filter mit unterschiedlichen Flankensteilheiten realisieren (vgl. Tabelle 4.4). In Abbildung 4.28 sind für die drei a-Werte aus Tabelle 4.4 der Betrags- und Phasenfrequenzgang für ein Filter 4. Ordnung dargestellt, das aus der Reihenschaltung zweier gleicher Filter nach Abbildung 4.27 gebildet wurde ($R_1 = R_2 = 10\,k\Omega$, $C_1 = C_2 = 22\,nF$). Das Tschebyscheff-Filter weist die steilste Flanke auf, es zeigt

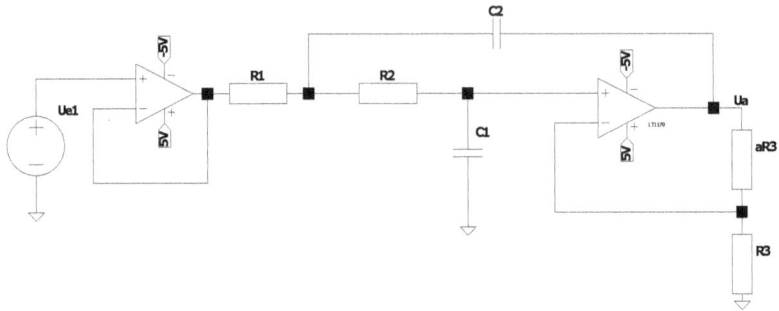

Abb. 4.27: Tiefpassfilter 2. Ordnung; der Filtertyp wird über den Wert a eingestellt (vgl. Tabelle 4.4).

Tab. 4.4: Zuordnung des Wertes a (vgl. Abbildung 4.27) zu Filtertypen.

Filtertyp	Bessel	Butterworth	Tschebyscheff
a	0,268	0,586	1,234

aber auch eine charakteristische Welligkeit im Durchlassbereich. Das Besselfilter verfügt über die geringste Flankensteilheit, hat aber im Durchlassbereich einen konstanten Verlauf. Alle bisherigen Betrachtungen bezogen sich auf Tiefpassfilter. Hochpassfilter lassen sich einfach dadurch erzeugen, dass in der Schaltung nach Abbildung 4.25 R_1 mit C_1 vertauscht wird, bzw. in der Schaltung nach Abbildung 4.27 analog $R_{1,2}$ mit $C_{1,2}$.

Am Beginn dieses Abschnitts wurde bereits diskutiert, dass durch Filter auch Teile des Biosignals unterdrückt werden können und im ungünstigen Fall die daraus resultierende Signalverlaufänderung Fehlinterpretationen nach sich ziehen kann. In manchen Anwendungsbereichen ist aber eine Signalverzerrung unproblematisch. Beispielsweise genügt es bei Fitnessgeräten zur Pulsbestimmung mittels EKG-Ableitung, wenn der Zeitabstand zwischen aufeinanderfolgenden R-Zacken zuverlässig bestimmt werden kann. Bei solchen Anwendungen ist es durchaus sinnvoll, das 50-Hz-Netzbrummen mit sehr schmalbandigen Bandsperre-Filtern, sogenannten Kerbfiltern (engl. *notch filter*) zu unterdrücken. Eine Bandsperre kann aus der Parallelschaltung von Tief- und Hochpass realisiert werden.

Abbildung 4.29 zeigt einen möglichen Schaltungsaufbau, Abbildung 4.30 den entsprechenden Betrags- und Phasenfrequenzgang. Die Kerbfrequenz wird hier um 45 dB gedämpft.

In Abbildung 4.31 ist die Wirkung auf ein schwach mit 50-Hz-Netzbrummen überlagertes EKG zu sehen. Das 50-Hz-Netzbrummen ist durch die Filterung vollends ver-

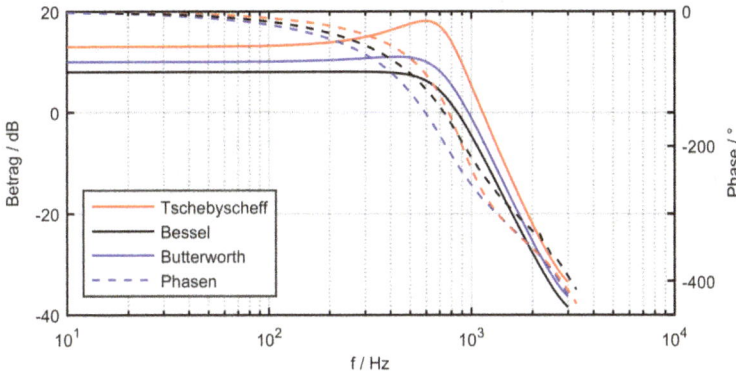

Abb. 4.28: Betrags- und Phasenfrequenzgang von Bessel-, Butterworth- und Tschebyscheff-Tiefpassfiltern 4. Ordnung: Dazu wurde die Schaltung in Abbildung 4.27 dupliziert und in Reihe geschaltet. Der Filtertyp wurde durch die Wahl von a nach Tabelle 4.4 festgelegt.

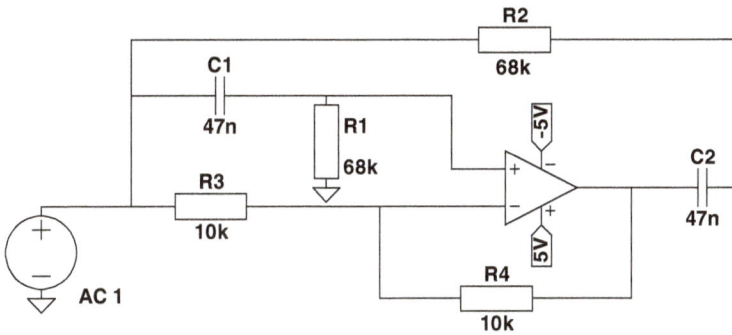

Abb. 4.29: Notch-Filter zweiter Ordnung für die Unterdrückung von 50 Hz.

schwunden. Allerdings hat sich auch der EKG-Verlauf etwas verändert: Insbesondere die R-Zacke ist leicht verschoben.

Die bisherigen Betrachtungen konzentrierten sich auf das frequenzselektive Verhalten von analogen Filtern, das durch den Betrag der Übertragungsfunktion beschrieben wird. Allerdings ist auch der Filterphasengang wichtig. Jedes Filter verursacht eine Phasenverschiebung zwischen Ein- und Ausgangssignal. Dies wäre unproblematisch, wenn alle Frequenzbestandteile des Nutzsignals einen linearen Phasenfrequenzgang unterliegen. Wie die Phasengänge der verschiedenen Filtertypen in Abbildung 4.28 zeigen, ist dies aber im Allgemeinen nicht der Fall. Dort beträgt die Phasenlage bei 200 Hz, also weit im Durchlassbereich $-40°$, während sie bei 10 Hz noch 0° hat. Anders ausgedrückt bedeutet dies, dass hochfrequente Signalbestandteile durch die Filterung eine andere Phasendrehung erhalten als niedrigfrequente Signalbestandteile. Die damit verbundene Auswirkung auf das Signal wird noch deut-

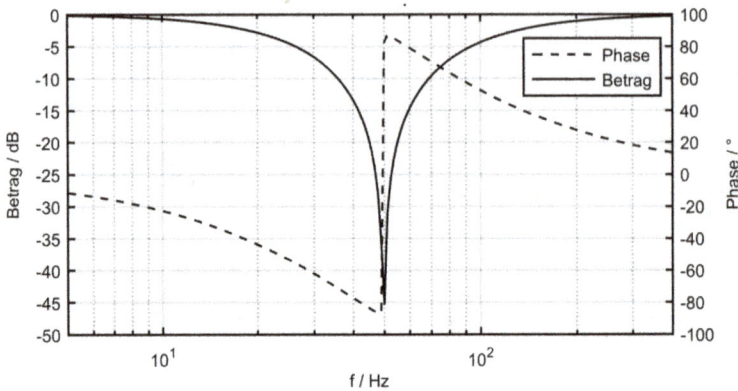

Abb. 4.30: Betrags- und Phasenfrequenzgang des Notch-Filters nach Schaltung aus Abbildung 4.29: Die Kerbfrequenz liegt exakt bei 50 Hz und weist dort eine Dämpfung um 45 dB auf.

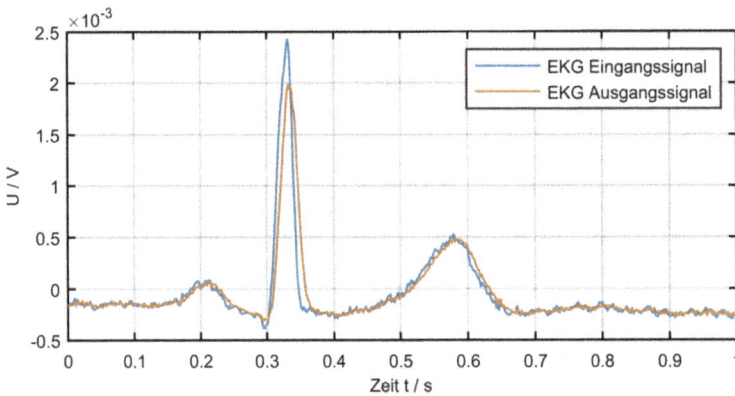

Abb. 4.31: EKG vor (blau) und nach (rot) Anwendung des Notch-Filters aus Abbildung 4.29: Das schwache 50-Hz-Netzbrummen, das im Originalsignal noch enthalten ist, wurde durch das Notch-Filter vollständig beseitigt. Allerdings ist der Kurvenverlauf des gefilterten Signals im Bereich der R-Zacke gegenüber dem Originalverlauf verändert.

licher durch die Einführung des Begriffs der Gruppenlaufzeit. Diese ist definiert als

$$T_\mathrm{g}(\omega) = -\frac{\partial \varphi}{\partial \omega} \,, \tag{4.15}$$

also der negativen Ableitung der Phase φ nach der Frequenz ω. Die Gruppenlaufzeit kann als Laufzeit für infinitesimal schmalbandige Signalbestandteile aufgefasst werden. In Abbildung 4.32 sind die Gruppenlaufzeiten für ein Besselfilter 2., 8. und 12. Ordnung dargestellt.

In dem Beispiel sind die Gruppenlaufzeiten oberhalb ca. 100 Hz nicht mehr konstant. Signalanteile in diesem Frequenzbereich unterliegen bei der Übertragung mit dem Filter einer anderen Verzögerung als Signalanteile bis 100 Hz. Eine steile Flanke

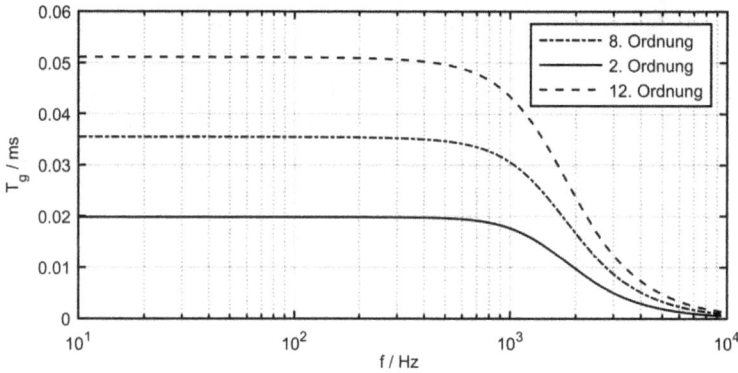

Abb. 4.32: Frequenzgang der Gruppenlaufzeiten für Bessel-Filter 2., 8. und 12. Ordnung.

im Signalverlauf wird also anders übertragen als Signalanteile mit geringem Gradienten. Folglich wird das Signal dort verzerrt, sofern die Bandbreite sich bis dahin erstreckt. Allgemein ändert sich die Gruppenlaufzeit umso stärker mit der Frequenz, je höher die Filterordnung und je größer die Flankensteilheit ist. In der medizinischen Messtechnik werden vorzugsweise Bessel-Filter eingesetzt, weil deren Gruppenlaufzeiten über der Frequenz verglichen mit anderen Filtertypen wie Butterworth-, Tschebyscheff- oder Cauer-Filter am wenigsten variieren.

4.5 Entwurf analoger Filter

Bei der Signalverarbeitung biologischer Messgrößen werden oft elektrische Filter eingesetzt, um:
- Störsignale wie z. B. Netzbrummen, Rauschen, Messfehler oder Fehler durch Messaufnehmer bei Bewegung des Patienten zu unterdrücken,
- gewünschte Nutzsignale zu selektieren, z. B. beim EKG,
- die Erkennbarkeit zu verbessern, wie z. B. durch Anwendung des Raised-Cosinus-Filter bei der Übertragung digitaler Signale,
- die höchste Frequenz des Signalspektrums zu begrenzen, damit bei einer späteren Umwandlung in ein digitales Signal die Bedingungen zur Abtastung (Abtasttheorem nach Shannon) eingehalten werden und um
- das Verhältnis zwischen Nutz- und Störsignalleistung für eine spätere Verarbeitung zu verbessern (Störabstandsvergrößerung z. B. durch Matched- oder Kalman-Filter).

Dabei können analoge Filter entweder durch rein passive Bauelemente wie z. B. Widerstände, Spulen und Kondensatoren realisiert werden oder auch im Verbund mit aktiven, die Signalenergie vergrößernden Bauelementen, wie z. B. Transistoren oder Operationsverstärker.

Für die Anwendung im biologischen Bereich sollen nachfolgend zwei wichtige Entwurfsziele näher dargestellt werden: i) der Entwurf selektiver Analogfilter zur Optimierung des Betragsfrequenzgangs und ii) der Entwurf analoger Filter mit linearem Phasengang, um einen konstanten Verlauf der Gruppenlaufzeit zu erreichen, was z. B. für die Analyse eines EKGs besonders wichtig ist.

4.5.1 Selektive Filter bei Optimierung des Betragsfrequenzgangs

Unter selektiven Filtern versteht man Filter, die aus einem Signalspektrum einen Teil herausfiltern. Dadurch kann beispielsweise das Spektrum des Nutzsignals begrenzt werden, um es anschließend zu digitalisieren (Antialiasing-Filter), oder es können bestimmte Spektrallinien wie das 50-Hz-Netzbrummen unterdrückt werden. Je nach Selektivitätsanforderung werden Standardfilter wie Tief-, Hoch- und Bandpässe sowie Bandsperren eingesetzt (vgl. Abbildung 4.33).

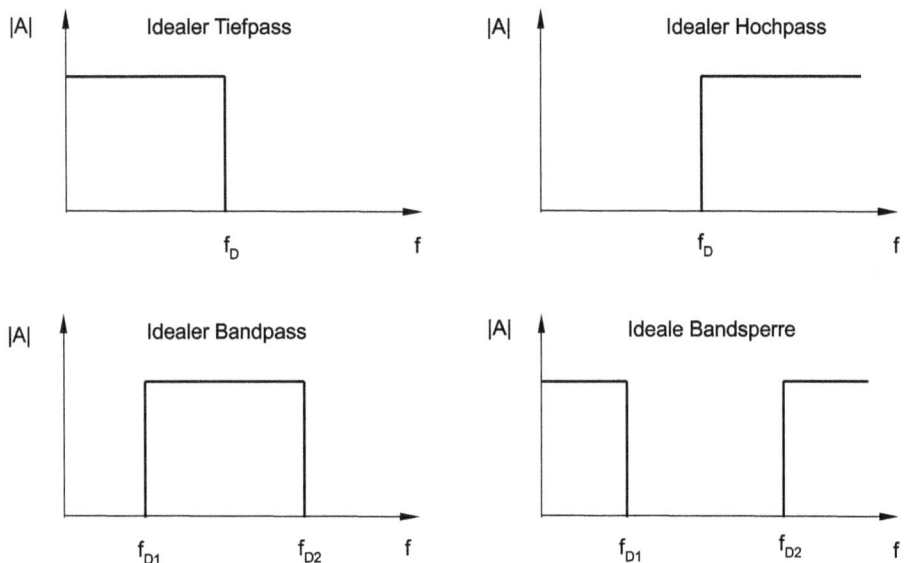

Abb. 4.33: Ideale selektive Standardfilter: Es bezeichnet $|A|$ den Betrag der Übertragungsfunktion, f_D die Durchlassfrequenz eines Tief- oder Hochpasses, f_{D1}, f_{D2} die linke und rechte Durchlassfrequenz eines Bandpasses oder einer Bandsperre.

Natürlich können die Eigenschaften idealer Filter nicht mit realen Filtern realisiert werden, jedoch kann der Toleranzbereich angegeben werden, in denen der Betragsfrequenzgang liegen muss. Dies wird in Abbildung 4.34 beispielsweise für einen Tief-

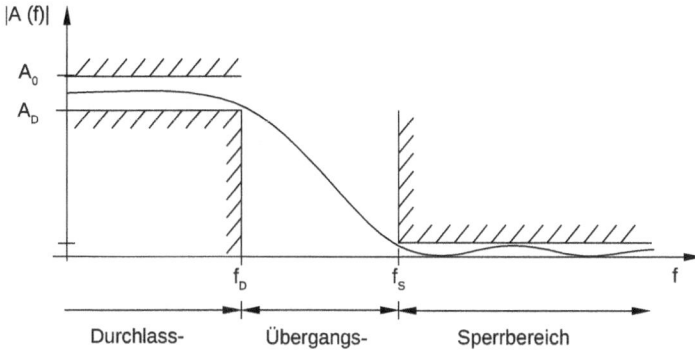

Abb. 4.34: Toleranzbereiche eines Tiefpasses, mit A_0, A_D als oberer und unterer Wert der Verstärkung im Durchlassbereich und f_D, f_S als Durchlass- und Sperrfrequenz.

pass dargestellt. Innerhalb des nicht schraffierten Bereichs muss der Betrag der Übertragungsfunktion $|A|$ des entworfenen Filters liegen.

Weiterhin kann bei den Standardfiltern vorgegeben werden, ob der Verlauf des Betragsfrequenzgangs im Toleranzbereich flach oder wellig verlaufen soll. Je nach Vorgabe unterscheidet man:

- einen flachen Verlauf im Durchlass- und Sperrbereich (Potenz- oder Butterworth-Filter),
- nur einen welligen Verlauf im Durchlassbereich (Tschebyscheff-Filter),
- nur einen welligen Verlauf im Sperrbereich (inverses Tschebyscheff-Filter) oder
- sowohl im Durchlass- als auch im Sperrbereich einen welligen Verlauf (elliptische oder Cauer-Filter).

Abbildung 4.35 zeigt ein Beispiel für einen Tiefpass mit einer Grenzfrequenz von 200 Hz, der durch die genannten Filtertypen in 4. Ordnung approximiert wird, Listing 4.5.1 zeigt das dazugehörige Matlab-Skript.

Listing 4.5.1: Matlab-Beispiel zur Berechnung des Frequenzgangs verschiedener Tiefpass-Filterarten.

```
n = 4;            % Filterordung
fg = 200;         % Filter Eckfrequenz

% Butterworth Filter
[zb,pb,kb] = butter(n,fg,'s');  % Filterkoeffizienten
[bb,ab] = zp2tf(zb,pb,kb);      % Transferfunktion
[hb,wb] = freqs(bb,ab,4096);    % Frequenzgang

% Tschebyscheff Filter
```

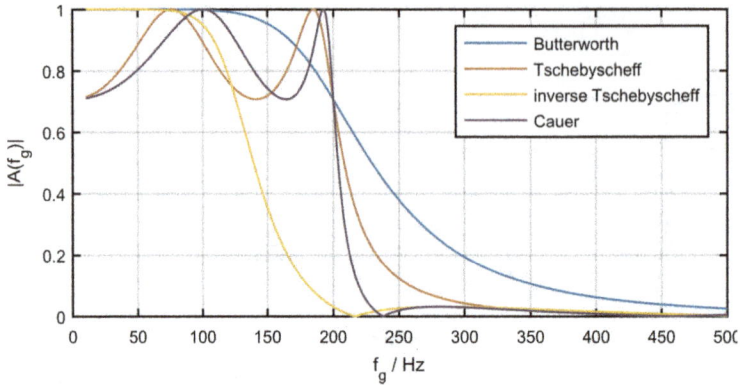

Abb. 4.35: Approximationen des idealen Betragsfrequenzganges für einen Tiefpass 4. Ordnung mit einer Grenzfrequenz von 200 Hz durch Butterworth-, Tschebyscheff- und Cauer-Filter: Die Verstärkung im Durchlassbereich A_D beträgt 1. Für die Toleranz im Durchlass- und Sperrbereich gilt jeweils der Wert 0,3 (entsprechend einer Durchlasstoleranz von 3 dB), die Durchlassfrequenz f_D liegt bei 200 Hz und die Sperrfrequenz f_S bei ca. 210 Hz.

```
[z1,p1,k1] = cheby1(n,3,fg,'s');
[b1,a1] = zp2tf(z1,p1,k1);
[h1,w1] = freqs(b1,a1,4096);


% inverser Tschebyscheff Filter
[z2,p2,k2] = cheby2(n,30,fg,'s');
[b2,a2] = zp2tf(z2,p2,k2);
[h2,w2] = freqs(b2,a2,4096);


% Cauer Filter
[ze,pe,ke] = ellip(n,3,30,fg,'s');
[be,ae] = zp2tf(ze,pe,ke);
[he,we] = freqs(be,ae,4096);


% Grafische Darstellung
plot(wb,abs(hb))
hold on
plot(w1,abs(h1))
plot(w2,abs(h2))
plot(we,abs(he))
grid on
xlabel('f_g / Hz')
ylabel('|A(f_g)|')
legend('Butterworth','Tschebyscheff','inverse Tschebyscheff','Cauer')
```

4.5.1.1 Allgemeine Vorgehensweise beim Filterentwurf

Beim Entwurf von selektiven Filtern für den Betragsfrequenzgang werden nur Vorgaben an den Betragsfrequenzgang $|A(f)|$ gestellt. Anforderungen an den Verlauf des Phasenfrequenzgangs und der Gruppenlaufzeit werden nicht definiert. In der Biosignalverarbeitung soll jedoch die Gruppenlaufzeit im Durchlassbereich einen möglichst flachen Verlauf aufweisen, um Signalverzerrungen zu vermeiden.

Zur Vereinfachung der Filtersynthese werden zunächst nur normierte Tiefpässe entworfen, die eine auf eine Bezugsfrequenz f_B normierte dimensionslose Frequenz besitzen $F := \frac{f}{f_B}$. Danach kann durch Frequenztransformation ein Filter erzeugt werden, welches bezüglich Durchlass- und Sperrbereich den gewünschten Anforderungen entspricht. Die Werte des Toleranzbereichs der Betragsübertragungsfunktion bleiben dabei erhalten. Es werden nur die Grenzfrequenzen verändert. Die Frequenztransformation kann durch die Entnormierung erfolgen. Dabei kann nicht nur die Rückwandlung von einem normierten Tiefpass in einen nicht normierten Tiefpass durchgeführt werden, es kann auch eine Umwandlung in einen Hochpass, Bandpass oder eine Bandsperre erfolgen (vgl. Abbildung 4.36). Die Umwandlung muss dabei in einer Weise erfolgen, dass danach wieder eine mit analogen Bauelementen realisierbare Übertragungsfunktion $A(p)$ entsteht, die in gebrochenrationaler Form mit $p := \sigma + j\omega$ und $\omega := 2\pi f$ wie

$$A(p) = A_0 \frac{1 + b_1 p + b_2 p^2 + \cdots + b_m p^m}{1 + c_1 p + c_2 p^2 + \cdots + c_n p^n} \tag{4.16}$$

dargestellt werden kann. Wird z. B. die Impedanz einer Spule mit $j\Omega L$ mit $\Omega := 2\pi F$ durch die Impedanz $\omega_B/j\omega C$ ersetzt, so bleibt die Übertragungsfunktion $A(j\omega)$ nach Gleichung 4.16 gebrochenrational in p. Diese Umwandlung kann dadurch erreicht werden, dass Ω durch ω_B/ω und die Induktivität L mit der Kapazität $C = -1/L$ ersetzt wird. Es besteht jedoch der Unterschied, dass jetzt wegen der Funktion $1/\omega$ die Frequenzachse anders unterteilt wird, d. h. dass eine tiefe auf eine hohe Frequenz und eine hohe auf eine tiefe Frequenz abgebildet wird. Aus einem Tiefpass entsteht also ein Hochpass.

Eine Zusammenfassung der Frequenztransformationen von einem normierten Tiefpass in einen nicht normierten Tiefpass (nTP $\Rightarrow$ TP), einem normierten Tiefpass in einen Hochpass (nTP $\Rightarrow$ HP), einem normierten Tiefpass in einen Bandpass (nTP $\Rightarrow$ BP) und einem normierten Tiefpass in einer Bandsperre (nTP $\Rightarrow$ BS) zeigt Tabelle 4.5. Erläuternde Beispiele dazu werden in den folgenden Abschnitten über Potenz- und Tschebyscheff-Filter behandelt.

Der Entwurf eines selektiven Filters kann also auf den Entwurf eines normierten Tiefpasses beschränkt werden. Hierzu stehen aber nur die Bedingungen zum Betragsfrequenzgang des normierten Tiefpasses mit

$$|A_{nTP}(j\Omega)|^2 = A_{nTP}(j\Omega) \cdot A_{nTP}^*(j\Omega) = A_{nTP}(j\Omega) \cdot A_{nTP}(-j\Omega) \tag{4.17}$$

und $\Omega := 2\pi F$ zur Verfügung. Um daraus eine realisierbare stabile Übertragungsfunktion $A_{nTP}(P)$ analog Gleichung 4.16 zu erhalten, wird zunächst diese Gleichung

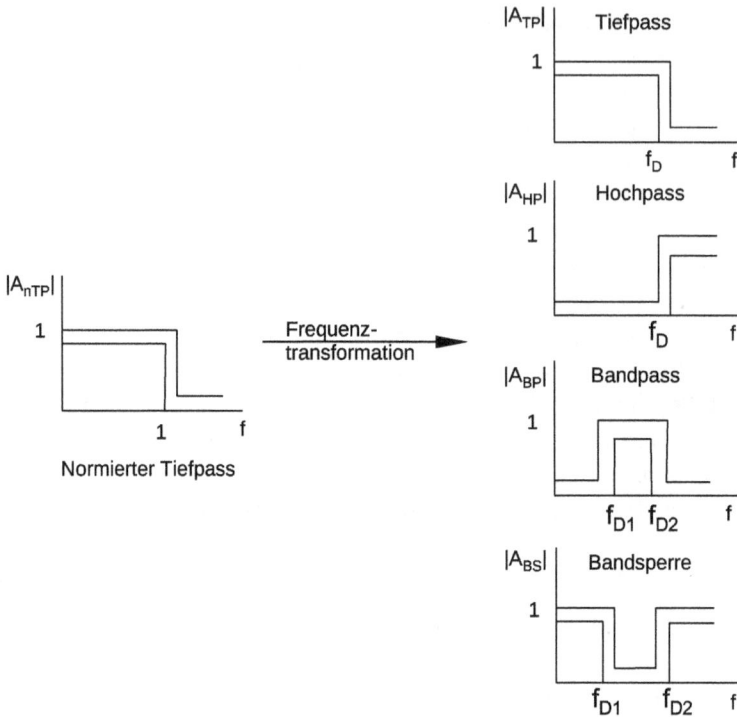

Abb. 4.36: Umwandlung eines normierten Tiefpasses in anderen Standardfilter (nicht normierter Tief-, Hoch-, Bandpass und Bandsperre).

Tab. 4.5: Übersicht über die Standard-Frequenztransformationen: Es bezeichnen f_B die Bezugsfrequenz, $f_0 := \sqrt{f_{D1}f_{D2}}$ die Mittenfrequenz, F_D, F_{D1} und F_{D2} die Durchlassgrenzfrequenzen und F_S, F_{S1} und F_{S2} die Sperrgrenzfrequenzen.

Transformation	Transformationsgleichung	Grenzfrequenzen
nTP $\Rightarrow$ TP	$F = \frac{f}{f_D}$	$f_D = f_B$
nTP $\Rightarrow$ HP	$F = -\frac{f_D}{f}$	$f_D = f_B$
nTP $\Rightarrow$ BP	$F = \frac{f - f_0^2/f}{f_B - f_0^2/f_B}$	$f_{D1} = \frac{f_0^2}{f_B}$
	$f_0^2 = f_{D1}f_{D2}$	$f_{D2} = f_B$
nTP $\Rightarrow$ BS	$F = -\frac{f_B - f_0^2/f_B}{f - f_0^2/f}$	$f_{D1} = f_B$
	$f_0^2 = f_{D1}f_{D2}$	$f_{D2} = \frac{f_0^2}{f_B}$

erweitert und man ersetzt dabei die normierte Kreisfrequenz Ω durch die normierte komplexe Kreisfrequenz $P := \Sigma + j\Omega$. Dabei ist der Realteil Σ ein Dämpfungsanteil. Wählt man nun für die Übertragungsfunktion $A_{nTP}(P)$ nicht die Polynomform nach Gleichung 4.16, sondern die Darstellung mit Hilfe der Pole und Nullstellen (die Poly-

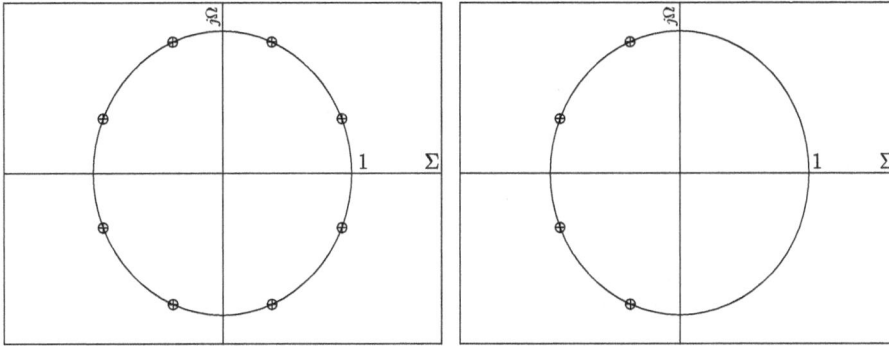

Abb. 4.37: Beispiel für die Auswahl der Polstellen bei Vorgabe des Betragsfrequenzganges eines selektiven Filters 4. Grades: Die Polstellen der erweiterten Betragsfrequenzgangfunktion $A_{nTP}(P) \cdot A_{nTP}^*(-P)$ (links) und die Polstellen der Übertragungsfunktion $A_{nTP}(P)$ (rechts).

nome des Zählers und Nenners in Gleichung 4.16 können ja jeweils durch ein Produkt ihrer Nullstellen beschrieben werden), so erhält man weiter:

$$A_{nTP}(P) \cdot A_{nTP}(-P) = A_0 \frac{(P - P_{n1}) \cdot (P - P_{n2}) \cdot \ldots \cdot (P - P_{nm})}{(P - P_{p1}) \cdot (P - P_{p2}) \cdot \ldots \cdot (P - P_{pn})}$$
$$\cdot A_0 \frac{(-P - P_{n1}) \cdot (-P - P_{n2}) \cdot \ldots \cdot (-P - P_{nm})}{(-P - P_{p1}) \cdot (-P - P_{p2}) \cdot \ldots \cdot (-P - P_{pn})} . \quad (4.18)$$

Das Produkt $G_{nTP}(P) := A_{nTP}(P) \cdot A_{nTP}^*(-P)$ enthält doppelt so viele Pole und Nullstellen wie die komplexe normierte Übertragungsfunktion $A_{nTP}(P)$, die symmetrisch zur imaginären Achse $j\Omega$ liegt. Diese Erweiterung des Betragsquadrats muss deshalb bei Vorgabe des Betrags des normierten Tiefpasses so in ein symmetrisches Produkt mit jeweils gleicher Anzahl von Polen und Nullstellen unterteilt werden, dass daraus eine realisierbare Übertragungsfunktion $A(P)$ ermittelt werden kann, die ein *stabiles* Filter beschreibt. Ein Filter ist dann stabil, wenn seine Impulsantwort mit der Zeit immer kleiner wird und gegen Null strebt. Um dies zu erreichen, müssen alle Pole in der linken P-Halbebene liegen. Die Nullstellen von $A(P)$ brauchen hingegen nicht alle in der linken P-Halbebene zu liegen. Deshalb gibt es diesbezüglich auch verschiedene Unterteilungsmöglichkeiten. Bei einem Minimalphasensystem, welches die minimale Phasenänderung als Funktion der Frequenz beschreibt, ist dies jedoch der Fall – d. h. alle Nullstellen liegen auch hier in der linken P-Halbebene. Ein Beispiel für die Aufteilung der Polstellen bei einem Filter 4. Grades zeigt Abbildung 4.37.

Bei der weiteren Synthese normierter Tiefpässe ist es außer der Normierung einfacher, den Betrag der Übertragungsfunktion $|A(j\Omega)|$ durch die charakteristische Funktion $K(\Omega)$ auszudrücken, die durch folgenden Zusammenhang definiert wird:

$$|A(j\Omega)|^2 = \frac{1}{1 + K(\Omega)^2} . \quad (4.19)$$

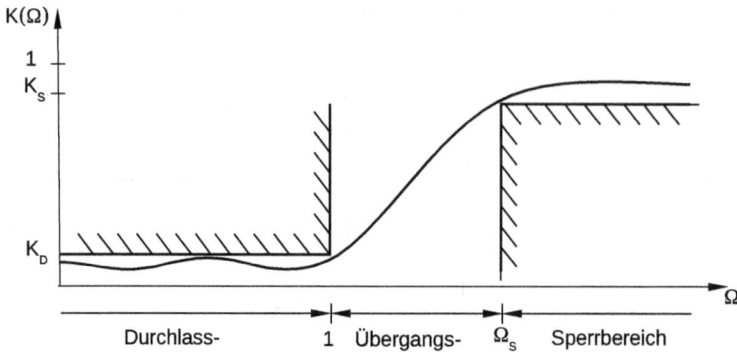

Abb. 4.38: Toleranzschema der charakteristischen Funktion $K(\Omega)$ eines normierten Tiefpasses.

Dadurch können die Standardfilter leichter beschrieben werden, da sich für diese die charakteristische Funktion durch einfache Polynome beschreiben und das zugehörige Toleranzschema vereinfachen lässt (vgl. Abbildung 4.38).

4.5.1.2 Butterworth- bzw. Potenzfilter

Bei einem Butterworth- oder Potenzfilter wird für die charakteristische Funktion $K(\Omega)$ nur eine mit einem Faktor ϵ gewichtete Potenz der normierten Frequenz Ω gewählt, d. h.

$$K(j\Omega) = \epsilon \cdot \Omega^n \,, \quad n\text{: Filtergrad}\,, \quad \epsilon\text{: Dämpfungskonstante} \qquad (4.20)$$

und nach Gleichung 4.19 ergibt sich:

$$|A(j\Omega)|^2 = \frac{1}{1 + \epsilon^2 \cdot \Omega^{2n}} \,. \qquad (4.21)$$

Bei der normierten Durchlassgrenzfrequenz $\Omega = 1$ hat die charakteristische Funktion $K(\Omega)$ den Wert ϵ und ist sonst im Durchlassbereich immer kleiner. Das Toleranzschema muss also diesen maximalen Wert aufweisen. Bei $\epsilon = 1$ ist der Betrag der Übertragungsfunktion $|A_{\mathrm{nTP}}(\Omega = 1)| = 1/\sqrt{2} \approx 0{,}707$. Dies entspricht einer Dämpfung $a = -20 \cdot \log(|A_{\mathrm{nTP}}|)$ von 3 dB (vgl. Abbildung 4.39).

Erweitert man jetzt gemäß Gleichung 4.18 die normierte Frequenz Ω auf die komplexe Frequenz $P := \Sigma + j\Omega$, so erhält man ausgehend von $\Sigma = 0$ für das Produkt $G_{\mathrm{nTP}}(P) := A_{\mathrm{nTP}}(P) \cdot A_{\mathrm{nTP}}(-P)$:

$$G_{\mathrm{nTP}}(P) = \frac{1}{1 + K(P/j)^2} = \frac{1}{1 + \epsilon^2 \left(\frac{P}{j}\right)^{2n}} = \frac{1}{1 + \epsilon^2 \left(e^{-j\pi/2}P\right)^{2n}} \,. \qquad (4.22)$$

Nullstellen von $G_{\mathrm{nTP}}(P)$ sind keine vorhanden. Die Polstellen P_k von $G_{\mathrm{nTP}}(P)$ liegen bei den Nullstellen des Nenners, d. h.

$$1 + K(P_{\pm k}/j)^2 = 0 \qquad (4.23)$$

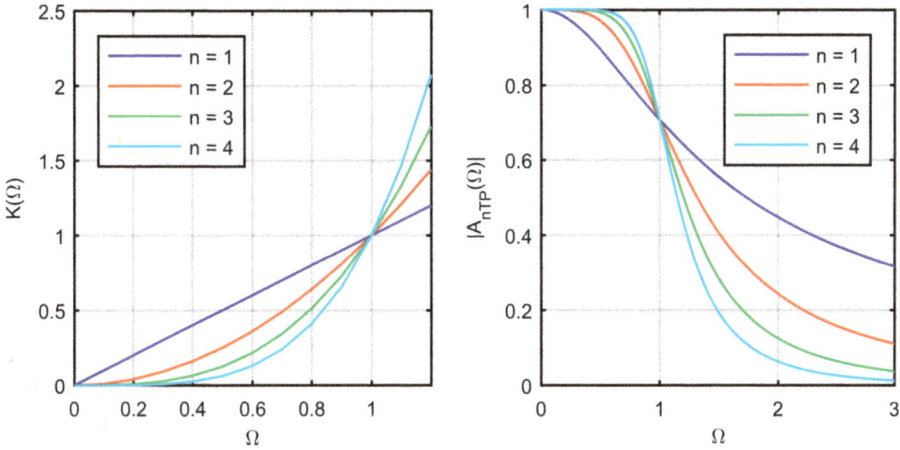

Abb. 4.39: Charakteristische Funktionen $K(\Omega) = \epsilon\Omega^n$ (links) und Beträge der Übertragungsfunktionen der zugehörigen normierten Tiefpässe bis 4. Grades für $\epsilon = 1$ (rechts).

bzw.

$$K(P_{\pm k}/j) = \pm j \qquad (4.24)$$

und besitzen die Werte (vgl. auch [72]):

$$P_{\pm k} = e^{j\pi/2}\left(\frac{-1}{\epsilon^2}\right)^{1/2n} = \frac{e^{j(\pi/2\pm(\pi+k\cdot2\pi)/2n)}}{\sqrt[n]{\epsilon}}, \qquad k = 0, \ldots, n-1. \qquad (4.25)$$

Da die Beträge dieser Polstellen immer den gleichen Wert von $1/\sqrt[n]{\epsilon}$ besitzen, liegen die Polstellen alle auf einem Kreis (vgl. Abbildung 4.37, für $\epsilon = 1$).

Da nun die Pole und Nullstellen von $G_{\mathrm{nTP}}(P)$ bekannt sind, müssen sie noch in der Weise für $A_{\mathrm{nTP}}(P)$ nach Gleichung 4.18 ausgewählt werden, dass sie alle in der linken P-Halbebene liegen. Weiterhin muss noch der konstante Faktor A_0 bestimmt werden, dass bei der Durchlassgrenzfrequenz $\Omega_D = 1$ das Betragsquadrat der Übertragungsfunktion $|A_{\mathrm{nTP}}(\Omega = 1)|^2$ auf den Wert

$$G_{\mathrm{nTP}}(j\Omega = 1) = |A_{\mathrm{nTP}}(j\Omega = 1)|^2 = \frac{1}{1 + \epsilon^2(\Omega = 1)^{2n}} = \frac{1}{1 + \epsilon^2} \qquad (4.26)$$

abfällt. Berücksichtigt man nun die Pol- und Nullstellendarstellung der normierten Übertragungsfunktion $A_{\mathrm{nTP}}(j\Omega)$ analog der Darstellung in Gleichung 4.18, wobei hier keine Nullstellen vorhanden sind und die Pole nach Auswahl alle in der linken P-Halbebene liegen,

$$|A_{\mathrm{nTP}}(j\Omega)| = \left|A_0\frac{1}{(j\Omega - P_{p1})\cdot(j\Omega - P_{p2})\cdots(j\Omega - P_{pn})}\right|, \qquad (4.27)$$

so folgt auf Gleichung 4.26

$$|A_0| = \left|A_{\mathrm{nTP}}(j\Omega = 1)\cdot\prod_{l=0}^{n-1}(j - P_{pl})\right| = \frac{1}{\sqrt{1 + \epsilon^2}}\left|\prod_{l=0}^{n-1}(j - P_{pl})\right|. \qquad (4.28)$$

Einsetzen der Polstellen nach Gleichung 4.25 in Gleichung 4.28 ergibt:

$$A_0 = \frac{1}{\epsilon} \, . \tag{4.29}$$

Erläuternde Beispiele
Tiefpass 1. Grades
Zur Filterung eines EKGs soll ein passives Butterworth-Filter 1. Grades mit Hilfe eines RC-Gliedes entworfen werden, welches eine Durchlassgrenzfrequenz von 200 Hz und bei dieser eine Dämpfung von 3 dB besitzt.

Dazu wird zunächst der zugehörige normierte Tiefpass bestimmt. Da bei einer Dämpfung von 3 dB das Betragsquadrat des Frequenzgangs den Wert von 0,5 aufweist, folgt aus Gleichung 4.26 dass $\epsilon = 1$ sein muss. Aus Gleichung 4.25 folgt für die Polstellen

$$P_{\pm p0} = \frac{e^{j(\pi/2 \pm (\pi + 0 \cdot 2\pi)/2 \cdot 1)}}{\sqrt[n]{1}} = \pm 1 \tag{4.30}$$

und für $|A_0|$, wenn alle Pole in der linken P-Halbebene liegen, aus Gleichung 4.29:

$$A_0 = \frac{1}{\epsilon} = 1 \, . \tag{4.31}$$

Die Pole sind also rein reell und liegen bei ± 1. Der Pol in der linken P-Halbebene ist daher $P_0 = -1$ und wird ausgewählt. Die Übertragungsfunktion des normierten Tiefpasses kann nun angegeben werden:

$$A_{\mathrm{nTP}}(P) = A_0 \frac{1}{P - P_{p0}} = \frac{1}{P + 1} \, . \tag{4.32}$$

Um aus dem normierten Tiefpass den gewünschten Tiefpass mit einer Durchlassgrenzfrequenz f_{D} von 200 Hz zu realisieren, muss nach Tabelle 4.5 die normierte Kreisfrequenz $\Omega = 2\pi F$ durch eine geeignete Frequenztransformation ersetzt werden. In diesem Fall wäre dies $F = \frac{f}{f_{\mathrm{D}}}$ bzw.

$$\Omega = \frac{\omega}{\omega_{\mathrm{D}}} \, , \quad \text{mit } \omega_{\mathrm{D}} = 2\pi \cdot 200 \, \text{Hz} \, . \tag{4.33}$$

Für den gewünschten Tiefpass erhält man dann die komplexe Übertragungsfunktion

$$A_{\mathrm{TP}}(j\omega) = A_{\mathrm{nTP}}\left(P = j\Omega = j\frac{\omega}{\omega_{\mathrm{D}}}\right) = \frac{1}{\frac{j\omega}{2\pi \cdot 200\,\text{Hz}} + 1} \, . \tag{4.34}$$

Ein RC-Tiefpass 1. Ordnung kann durch einen einfachen Spannungsteiler realisiert werden. Die Übertragungsfunktionen des berechneten Potenztiefpasses und des RC-Gliedes müssen identisch sein, d. h.

$$A_{\mathrm{TP}}(j\omega) = \frac{1}{\frac{j\omega}{2\pi \cdot 200\,\text{Hz}} + 1} = A_{\mathrm{RC}}(j\omega) = \frac{1}{1 + j\omega RC} \, . \tag{4.35}$$

Daraus folgt die Bedingung

$$RC = \frac{1}{\omega_\mathrm{D}} = \frac{1}{2\pi \cdot 200\,\mathrm{Hz}} = 795.8\,\mu\mathrm{S}\,. \tag{4.36}$$

Wählt man z. B. für $C = 1\,\mathrm{nF}$, so erhält man für $R = 800\,\mathrm{k\Omega}$. Das RC-Schaltbild mit dem mit LTspice berechneten und zugehörigen Frequenzgang zeigt Abbildung 4.40.

Bandsperre 2. Grades

Zur Unterdrückung eines Netzbrummstörsignals bei der Messung eines EKGs soll eine passive Butterworth-Bandsperre 2. Grades mit einer Mittenfrequenz f_0 von 50 Hz bei einer Bandbreite $\Delta f = f_{\mathrm{D2}} - f_{\mathrm{D1}}$ von 20 Hz mit Hilfe eines RLC-Gliedes entworfen werden. Dazu lässt sich der zugehörige normierte Tiefpass aus dem vorherigen Beispiel verwenden (vgl. Gleichung 4.32) und anschließend die Tiefpass-Bandsperre-Transformation nach Tabelle 4.5 durchführen. Das ergibt:

$$A_{\mathrm{nTP}}(P) = \frac{1}{P+1} \quad \text{bzw.} \quad A_{\mathrm{nTP}}(j\Omega) = \frac{1}{j\Omega + 1}\,. \tag{4.37}$$

Werden die Frequenzen in Kreisfrequenzen ausgedrückt, ergibt die zugehörige Frequenztransformation bei der Entnormierung:

$$\Omega = -\frac{\omega_\mathrm{B} - \omega_0^2/\omega_\mathrm{B}}{\omega - \omega_0^2/\omega}\,, \quad \text{mit} \ \omega_\mathrm{B} = \omega_{\mathrm{D1}} \ \text{und} \ \frac{\omega_0^2}{\omega_\mathrm{B}} = \omega_{\mathrm{D2}}\,. \tag{4.38}$$

Durch Einsetzen der Gleichung 4.38 in Gleichung 4.37 folgt für die Übertragungsfunktion der Bandsperre:

$$A_{\mathrm{BS}}(j\omega) = \frac{\omega^2 - \omega_0^2}{\omega^2 - \omega_0^2 - j\omega \underbrace{(\omega_\mathrm{B} - \omega_0^2/\omega_\mathrm{B})}_{\Delta\omega}}\,. \tag{4.39}$$

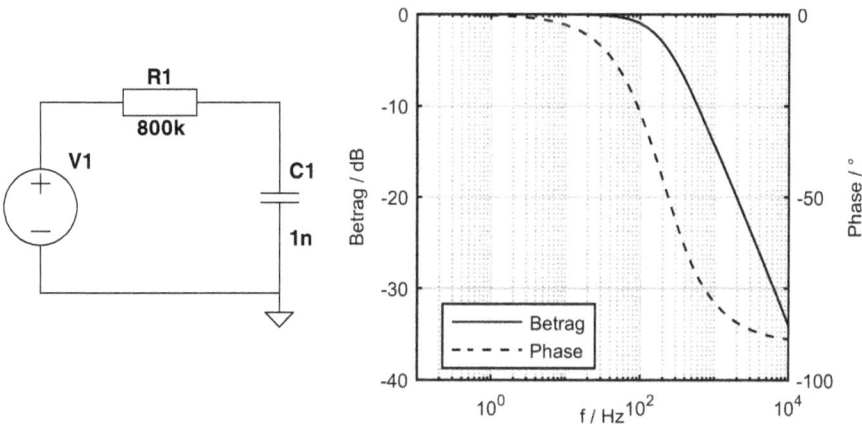

Abb. 4.40: Schaltung für einen RC-Potenzfilter 1. Grades (links) und zugehöriger Frequenzgang nach Betrag und Phase (rechts).

Diese Übertragungsfunktion muss mit der eines RLC-Gliedes identisch sein, die man durch Anwendung der Gleichung für einen Spannungsteiler enthält (vgl. dazu Abbildung 4.41, links):

$$A_{\text{RLC}}(j\omega) = \frac{U_2}{U_1} = \frac{\omega^2 - 1/LC}{\omega^2 - 1/LC - j\omega R/L} \,. \tag{4.40}$$

Da beide Übertragungsfunktionen identisch sein müssen, folgt durch Vergleich:

$$A_{\text{BS}}(j\omega) = \frac{\omega^2 - \omega_0^2}{\omega^2 - \omega_0^2 - j\omega \underbrace{(\omega_{\text{B}} - \omega_0^2/\omega_{\text{B}})}_{\Delta\omega}} = A_{\text{RLC}}(j\omega) = \frac{\omega^2 - 1/LC}{\omega^2 - 1/LC - j\omega R/L} \tag{4.41}$$

und damit:

$$\omega_0^2 = \frac{1}{LC} \quad \text{und} \quad \Delta\omega = \frac{R}{L} \,. \tag{4.42}$$

Wegen $\omega_0^2 = \omega_{\text{D1}}\omega_{\text{D2}} = (2\pi \cdot 50\,\text{Hz})^2$ und $\omega_{\text{B}} - \omega_0^2/\omega_{\text{B}} = \omega_{\text{D1}} - \omega_{\text{D2}} = \Delta\omega = 2\pi \cdot 20\,\text{Hz}$ erhält man z. B. bei Kapazitätswahl des Kondensators C von 100 µF:

$$L = \omega_0^2 \cdot C = 101.23\,\text{mH}$$
$$R = \Delta\omega \cdot L = 12.73\,\Omega \,. \tag{4.43}$$

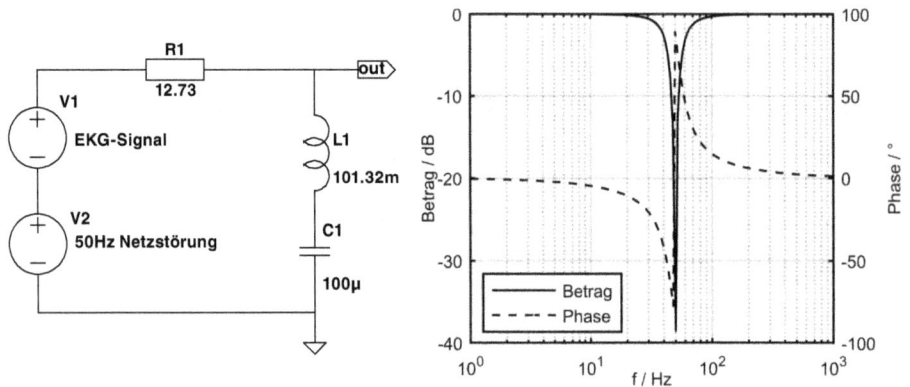

Abb. 4.41: RLC-Potenzfilter-Bandsperre 2. Grades (links) und zugehöriger Frequenzgang (Berechnung mit LTspice, rechts).

Den zugehörigen mit LTspice berechneten Frequenzgang nach Betrag und Phase zeigt Abbildung 4.41 (rechts). Die LTspice-Simulation eines gefilterten EKG-Signals, welches durch ein 50-Hz-Netzbrummsignal stark gestört wurde, zeigt Abbildung 4.42.

4.5.1.3 Tschebyscheff-Filter

Bei einem Tschebyscheff-Filter wird für die charakteristische Funktion $K(\Omega)$ ein mit einem Faktor ϵ gewichtetes Tschebyscheff-Polynom $T_n(\Omega)$

$$K(\Omega) = \epsilon \cdot T_n(\Omega) \tag{4.44}$$

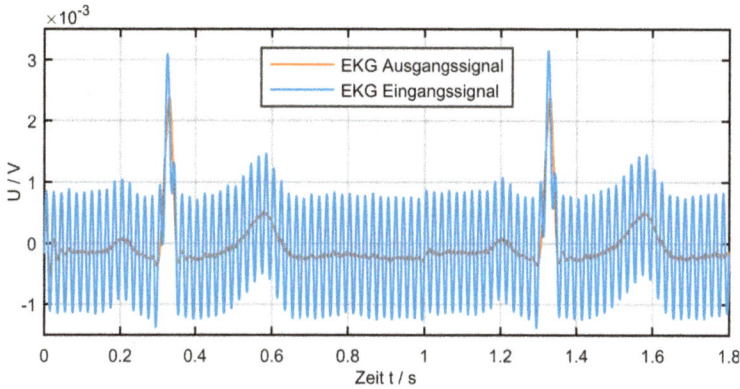

Abb. 4.42: EKG mit 50-Hz-Netzbrummen vor und nach der Filterung mit einer Potenz-Bandsperre 2. Grades.

gewählt, mit

$$T_n(\Omega) = \cos(n \cdot \arccos(\Omega)) \qquad \text{für } |\Omega| < 1$$
$$T_n(\Omega) = \cosh(n \cdot \text{arccosh}(\Omega)) \quad \text{für } |\Omega| > 1 \,.$$

(4.45)

Der Wert n bestimmt wiederum den Filtergrad. Beispiele für $T_n(\Omega)$ sind:

$$T_1(\Omega) = \Omega \text{ (wie Potenzfilter)} \,,$$
$$T_2(\Omega) = -1 + 2\,\Omega^2 \,, \qquad\qquad T_3(\Omega) = -3\,\Omega + 4\,\Omega^3 \,,$$
$$T_4(\Omega) = 1 - 8\,\Omega^2 + 8\,\Omega^4 \,, \qquad T_5(\Omega) = 5\,\Omega - 20\,\Omega^3 + 16\,\Omega^5 \,.$$

(4.46)

Der Vorteil für diese Wahl der Approximation des idealen normierten Tiefpasses ist, dass der Übergang zwischen Durchlass- und Sperrbereich steiler wird als bei einem Potenzfilter, wodurch bei vorgeschriebener Sperrgrenzfrequenz wie bei einem Antialiasing-Filter zur Einhaltung des Abtasttheorems eine größere Bandbreite für das Nutzsignal möglich wird (vgl. Abbildung 4.43).

Erweitert man jetzt wieder nach Gleichung 4.18 die normierte Frequenz Ω auf die komplexe Frequenz $P := \Sigma + j\Omega$, so erhält man ausgehend von $\Sigma = 0$ für das Produkt

$$G_{\text{nTP}}(P) := A_{\text{nTP}}(P) \cdot A_{\text{nTP}}(-P) :$$
$$G_{\text{nTP}}(P) = \frac{1}{1 + K(P/j)^2} = \frac{1}{1 + \epsilon^2\,T_n^2(P/j)} \,.$$

(4.47)

Nullstellen von $G_{\text{nTP}}(P)$ sind wieder keine vorhanden. Die Polstellen P_k von $G_{\text{nTP}}(P)$ liegen bei den Nullstellen des Nenners und lassen sich nach Gleichung 4.24 bestimmen:

$$K(P_{\pm k}/j) = \epsilon \cdot T_n(P_{\pm k}/j) = \pm j \,.$$

(4.48)

Für die Herleitung der Gleichung für die Polstellen soll zunächst angenommen werden, dass die Beträge der Polstellen kleiner als 1 sind (was hinterher überprüft werden

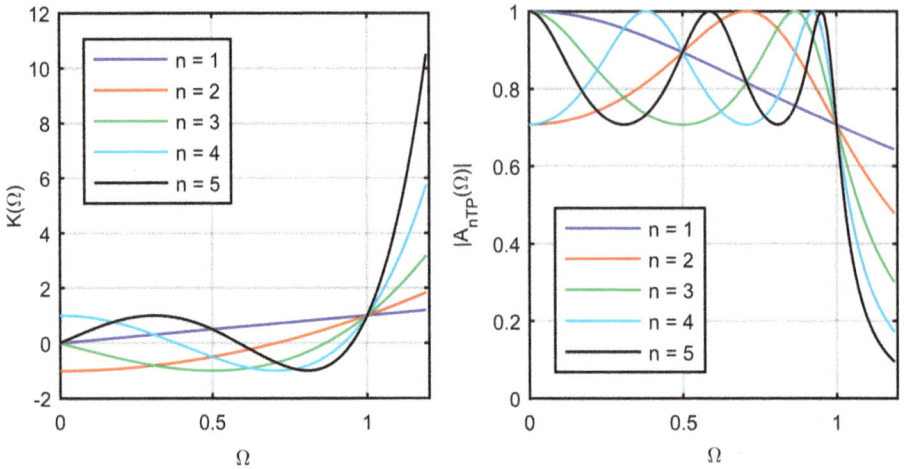

Abb. 4.43: Charakteristische Funktionen $K(j\Omega) = \cos(n \cdot \arccos(\Omega))$ eines Tschebyscheff-Filters (links) und Beträge der Übertragungsfunktionen der zugehörigen normierten Tiefpässe bis 5. Grades für $\epsilon = 1$ (rechts).

muss). In diesem Falle kann auch $|\Omega| < 1$ angenommen werden, und man erhält aus Gleichung 4.48 und Gleichung 4.45:

$$T_n(P_{\pm k}/j) = \cos(n \cdot \arccos(P_{\pm k}/j)) = \pm j/\epsilon . \tag{4.49}$$

Weiterhin wird zur Verbesserung der Übersichtlichkeit die Parameterdarstellung der Tschebyscheff-Polynome mit

$$t_{\pm k} = \arccos(P_{\pm k}/j) \text{ bzw.} P_{\pm k} = j \cdot \cos t_{\pm k} \tag{4.50}$$

gewählt. Da im Allgemeinen die Polstellen $P_{\pm k}$ komplex sind, wird auch $t_{\pm k}$ komplex angenommen, d. h. $t_{\pm k} = t_{R_{\pm k}} + jt_{I_{\pm k}}$. Eingesetzt in Gleichung 4.50 folgt:

$$\begin{aligned} P_{\pm k} = \Sigma_{\pm k} + j\Omega_{\pm k} &= j \cdot \cos(t_{R_{\pm k}} + jt_{I_{\pm k}}) \\ &= j \cdot \cos t_{R_{\pm 1}} \cos(jt_{I_{\pm k}}) - j \cdot \sin t_{R_{\pm 1}} \sin(jt_{I_{\pm k}}) \\ &= \sin t_{R_{\pm 1}} \sinh t_{I_{\pm k}} + j \cdot \cos t_{R_{\pm 1}} \cosh(jt_{I_{\pm k}}) . \end{aligned} \tag{4.51}$$

Die Polstellen $P_{\pm k}$ können also aus $t_{\pm k}$ und Gleichung 4.51 berechnet werden. Wird der Parameter $t_{\pm k}$ in Gleichung 4.49 eingesetzt, so folgt:

$$\begin{aligned} T_n(P_{\pm k}/j) &= \cos(n \cdot (t_{R_{\pm k}} + jt_{I_{\pm k}})) \\ &= \cos(nt_{R_{\pm k}}) \cdot \cosh(nt_{I_{\pm k}}) - j \cdot \sin(nt_{R_{\pm k}}) \cdot \sinh(nt_{I_{\pm k}}) \\ &= \pm j/\epsilon . \end{aligned} \tag{4.52}$$

Daraus ergeben sich zwei Bedingungen:

$$\begin{aligned} &1. \ \cos(nt_{R_{\pm k}}) \cdot \cosh(nt_{I_{\pm k}}) = 0 , \\ &2. \ \sin(nt_{R_{\pm k}}) \cdot \sinh(nt_{I_{\pm k}}) = \mp 1/\epsilon . \end{aligned} \tag{4.53}$$

Aus diesen Bedingungen folgt:

$$n \cdot t_{R_{\pm k}} = (2k + 1) \cdot \pi/2 \quad \text{und damit} \quad \sin(n t_{R_{\pm k}}) = 1 \quad \text{und}$$

$$t_{I_{\pm k}} = -\frac{1}{n} \operatorname{arcsinh}(1/\epsilon) \,. \tag{4.54}$$

Damit lassen sich nun die Polstellen aus Gleichung 4.51 und Gleichung 4.54 berechnen:

$$P_{\pm k} = \Sigma_{\pm k} + j\Omega_{\pm k} \qquad \text{mit}$$
$$\Sigma_{\pm k} = \pm \sin(\pi(2k+1)/2n) \cdot \sinh(t_{I_{\pm k}})$$
$$\Omega_{\pm k} = \cos(\pi(2k+1)/2n) \cdot \cosh(t_{I_{\pm k}}) \tag{4.55}$$
$$t_{I_{\pm k}} = -\frac{1}{n} \operatorname{arcsinh}(1/\epsilon) \,.$$

Wird der Realteil durch $\sinh(t_{I_{\pm k}})$ und der Imaginärteil der Polstelle durch $\cosh(t_{I_{\pm k}})$ dividiert und werden jeweils die Quadrate addiert, so folgt:

$$\left(\frac{\Sigma_{\pm k}}{\cosh(t_{I_{\pm k}})}\right)^2 + \left(\frac{\Omega_{\pm k}}{\sinh(t_{I_{\pm k}})}\right)^2 = 1 \,. \tag{4.56}$$

Dies ist die Gleichung einer Ellipse, d. h. die Polstellen eines Tschebyscheff-Filters liegen alle auf einer Ellipse, da deren Halbachsen $\sinh(t_{I_{\pm k}})$ und $\cosh(t_{I_{\pm k}})$ unabhängig von k sind und nur vom Filtergrad n und dem Dämpfungsparameter ϵ abhängen. Sie sind außerdem alle betragsmäßig kleiner als Eins, so dass unsere obige Annahme zur Verwendung der Tschebyscheff-Polynome für Gleichung 4.49 richtig war.

Durch Einsetzen der Polstellen nach Gleichung 4.55 in Gleichung 4.28 folgt für den konstanten Faktor A_0:

$$A_0 = \frac{1}{\epsilon \cdot 2^{n-1}} \,. \tag{4.57}$$

Erläuterndes Beispiel

Zur EKG-Filterung soll ein passives Tschebyscheff-Filter 2. Grades mit Hilfe eines RLC-Gliedes entworfen werden, welches eine Durchlassgrenzfrequenz von 200 Hz und bei dieser eine Dämpfung von 3 dB besitzt.

Dazu wird zunächst wieder der zugehörige normierte Tiefpass bestimmt. Da bei einer Dämpfung von 3 dB das Betragsquadrat des Frequenzgangs den Wert von 0,5 aufweist, folgt aus Gleichung 4.26, dass hierbei $\epsilon = 1$ sein muss. Aus Gleichung 4.55 folgt für die Polstellen:

$$P_{\pm 0} = \pm \sin(\pi/4) \cdot \sinh(t_{I_{\pm 0}}) + j \cos(\pi/4) \cdot \cosh(t_{I_{\pm 0}})$$
$$P_{\pm 1} = \pm \sin(3\pi/4) \cdot \sinh(t_{I_{\pm 1}}) + j \cos(3\pi/4) \cdot \cosh(t_{I_{\pm 1}}) \tag{4.58}$$
$$t_{I_{\pm 0}} = t_{I_{\pm 1}} = -0,5 \operatorname{arcsinh}(1) = -0,449687$$

bzw.

$$P_{\pm 0} = \mp 0,321787 + j0,776887$$
$$P_{\pm 1} = \mp 0,321787 - j0,776887 \tag{4.59}$$

und für $|A_0|$, wenn alle Pole in der linken P-Halbebene liegen, aus Gleichung 4.57:

$$A_0 = \frac{1}{\epsilon \cdot 2^{n-1}} = \frac{1}{1 \cdot 2^{2-1}} = \frac{1}{2} . \tag{4.60}$$

Die Pole sind also konjugiert komplex. Es werden diejenigen ausgewählt, die in der linken P-Halbebene liegen, d. h. $P_{+0} = -0{,}3217871 + j0{,}776887$ und $P_{+1} = -0{,}3217871 - j0{,}776887$. Die Übertragungsfunktion des normierten Tiefpasses kann nun angegeben werden:

$$A_{\mathrm{nTP}}(P) = A_0 \frac{1}{(P - P_{+0})(P - P_{+1})} . \tag{4.61}$$

Um nun aus dem normierten Tiefpass den gewünschten Tiefpass mit einer Durchlass-grenzfrequenz f_D von 200 Hz zu realisieren, muss nach Tabelle 4.5 die normierte Kreis-frequenz $\Omega = 2\pi F$ wieder durch eine geeignete Frequenztransformation ersetzt werden. In diesem Fall wäre dies $F = f/f_D$ bzw.

$$\Omega = \frac{\omega}{\omega_D} , \quad \text{mit } \omega_D = 2\pi \cdot 200\,\mathrm{Hz} . \tag{4.62}$$

Für den gewünschten Tiefpass erhält man die komplexe Übertragungsfunktion

$$A_{\mathrm{nTP}}\left(P = j\Omega = j\frac{\omega}{\omega_D}\right) = \frac{1/\sqrt{2}}{1 + 0{,}9101795\frac{j\omega}{\omega_D} + 1{,}4142137(\frac{j\omega}{\omega_D})^2} . \tag{4.63}$$

Ein RLC-Tiefpass 2. Ordnung kann durch einen einfachen Spannungsteiler realisiert werden. Die Übertragungsfunktionen des berechneten Tschebyscheff-Tiefpasses und des RLC-Gliedes müssen dafür identisch sein. Dies ist leicht möglich, wenn z. B. der Dämpfungsfaktor $1/\sqrt{2}$ nicht berücksichtigt wird, d. h.

$$A'_{\mathrm{TP}}(j\omega) := A_{\mathrm{TP}}(j\omega) * \sqrt{2} = \frac{1}{1 + 0{,}9101795\frac{j\omega}{\omega_D} + 1{,}4142137(\frac{j\omega}{\omega_D})^2}$$

$$= A_{\mathrm{RLC}}(j\omega) = \frac{1}{1 + j\omega RC + (j\omega)^2 LC} . \tag{4.64}$$

Daraus folgen die Bedingungen:

$$RC = 0{,}9101795/\omega_D ,$$
$$LC = 1{,}4142137/\omega_D^2 . \tag{4.65}$$

Wählt man für $R = 100\,\Omega$, so erhält man mit $\omega_D = 2\pi \cdot 200\,\mathrm{Hz}$ für die Induktivität $L = 123.6454\,\mathrm{mH}$ und für die Kapazität $C = 7.2\,\mu\mathrm{F}$. Das RLC-Schaltbild mit dem mit LTspice berechneten und zugehörigen Frequenzgang zeigt Abbildung 4.44.

Natürlich kann dieses Filter auch aktiv mit Hilfe eines Operationsverstärkers realisiert werden, wodurch der konstante Faktor A_0 exakt realisierbar ist. Außerdem kann diese Filtersynthese auch ohne Spulen erfolgen, was die Herstellung günstiger macht.

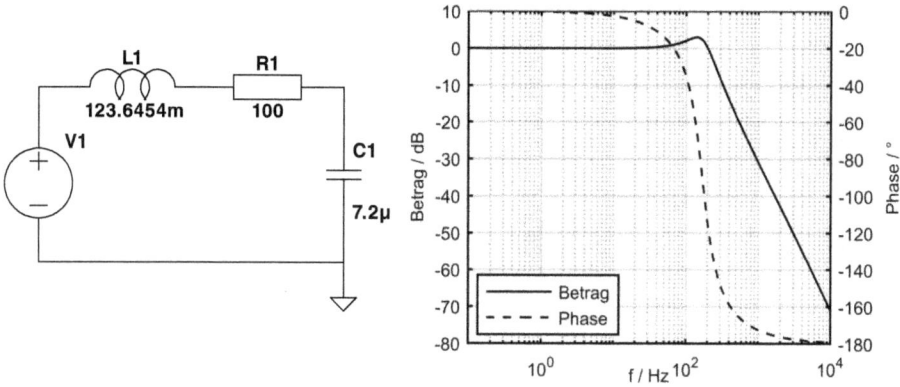

Abb. 4.44: Schaltung eines RLC-Tschebyscheff-Filters 2. Grades mit einer Grenzfrequenz von 200 Hz (links) und zugehöriger Frequenzgang nach Betrag und Phase (rechts).

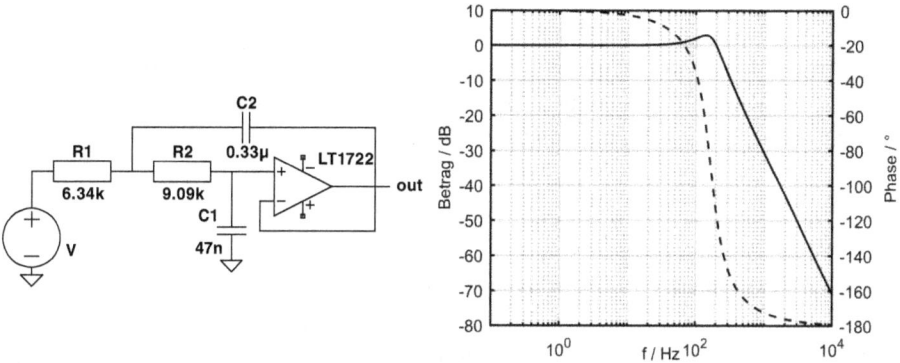

Abb. 4.45: Schaltung eines aktiven RC-Tschebyscheff-Filters 2. Grades mit einer Struktur nach „Sallen Key"(links) und zugehöriger Frequenzgang nach Betrag und Phase (rechts).

Wählt man ein aktives Filter nach der „Sallen Key"-Struktur [81], so folgt für seine Übertragungsfunktion $\widetilde{A}_{TP}(j\omega)$:

$$\widetilde{A}_{TP}(j\omega) = \frac{1}{1 + j\omega(R_1 + R_2)C_1 + (j\omega)^2 R_1 R_2 C_1 C_2} \, . \tag{4.66}$$

Ein Vergleich mit Gleichung 4.64 ergibt:

$$(R_1 + R_2) \cdot C_1 = 0{,}9101795/\omega_D \quad \text{und} \quad R_1 R_2 C_1 C_2 = 1{,}4142137/\omega_D^2 \, .$$

Wählt man z. B. $C_1 = 47\,\mu\text{F}$ und $C_2 = 0.33\,\mu\text{F}$, so ergibt sich mit $\omega_D = 2\pi \cdot 200\,\text{Hz}$

$$R_1 = 6.34\,\text{k}\Omega \quad \text{und} \quad R_2 = 9.09\,\text{k}\Omega \, . \tag{4.67}$$

Die Schaltung mit zugehöriger Übertragungsfunktion zeigt Abbildung 4.45.

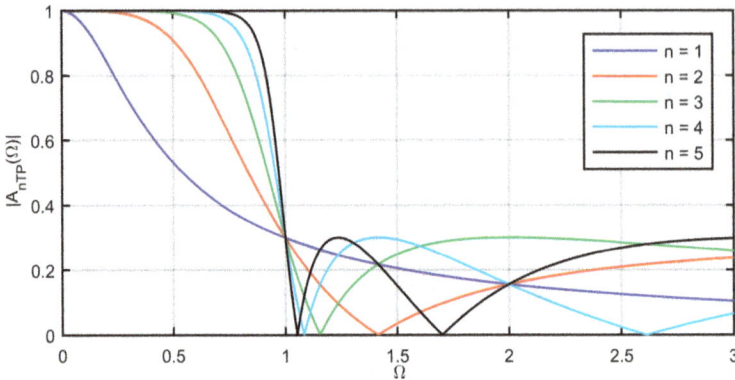

Abb. 4.46: Betragsfrequenzgang inverser Tschebyscheff-Filter mit einer normierten Sperrfrequenz von $\Omega_S = 2$ und $\epsilon = 3{,}18$.

4.5.1.4 Inverse Tschebyscheff-Filter

Beim inversen Tschebyscheff-Filter wird nicht der Toleranzbereich im Durchlass-, sondern im Sperrbereich approximiert. Dazu wird für die charakteristische Funktion wiederum ein Tschebyscheff-Polynom genommen, diesmal aber mit anderem Argument:

$$K(\Omega) = \epsilon \cdot \frac{1}{T_n\left(\frac{\Omega_S}{\Omega}\right)}, \quad \text{mit} \quad \Omega_S : \text{Sperrgrenzfrequenz} . \tag{4.68}$$

Das Betragsquadrat der normierten Übertragungsfunktion $|A_{nTP}(j\Omega)|^2 = 1/(1+K(\Omega)^2)$ besitzt jedoch nach Gleichung 4.68 bei der normierten Durchlassfrequenz $\Omega = 1$ nicht wie bisher den Wert $1/(1 + \epsilon)$. Dieser Wert wird erst bei der normierten Sperrfrequenz Ω_S erreicht. Bei der normierten Sperrfrequenz soll aber normalerweise ein wesentlich kleinerer Wert des Betrages der Übertragungsfunktion erreicht werden. Deshalb muss ϵ entsprechend größer gewählt werden. Soll z. B. der Betrag der Übertragungsfunktion bei der normierten Sperrfrequenz Ω_S den Betrag von 0,3 aufweisen, so muss $\epsilon = 3.18$ sein (vgl. Abbildung 4.46).

Die Polstellen P_k von $G_{nTP}(P)$ liegen bei den Nullstellen des Nenners und lassen sich mit Gleichung 4.24 bestimmen:

$$K(P_{\pm k}/j) = \epsilon \cdot \frac{1}{T_n\left(\frac{\Omega_S}{\Omega}\right)} = \pm j . \tag{4.69}$$

Diese sollen diesmal nicht hergeleitet, sondern wie in [74] nur angegeben werden:

$$P_{\pm k} = \Sigma_{\pm k} + j\Omega_{\pm k} \qquad\qquad \text{mit}$$

$$\Sigma_{\pm k} = \pm \frac{\Omega_S}{Ne} \sin(\pi(2k+1)/2n) \cdot \sinh(\tilde{t}_{I_{\pm k}}) \, ,$$

$$\Omega_{\pm k} = \frac{\Omega_S}{Ne} \cos(\pi(2k+1)/2n) \cdot \cosh(\tilde{t}_{I_{\pm k}}) \, , \qquad (4.70)$$

$$\tilde{t}_{I_{\pm k}} = \frac{1}{n} \operatorname{arcsinh}(\epsilon) \, ,$$

$$Ne = \left| \cos(\pi(2k+1)/2n) + j\tilde{t}_{I_{\pm k}} \right|^2 \, .$$

Auch diese Polstellen liegen auf einer Ellipse. Nullstellen sind im Gegensatz zum Potenz- und Tschebyscheff-Filter diesmal vorhanden und sind imaginär. Sie liegen nach [74] bei

$$P_{0l} = j \frac{\Omega_S}{\cos\left(\frac{2l-1}{2n}\right)} \, . \qquad (4.71)$$

Zur Berechnung des konstanten Faktors A_0 der Übertragungsfunktion $A_{nTP}(j\Omega)$ nach Gleichung 4.28 müssen allerdings jetzt noch die Nullstellen berücksichtigt werden und man erhält

$$|A_0| = \frac{1}{\sqrt{1+\epsilon^2}} \cdot \left| \frac{\prod_{l=0}^{n-1}(j - P_{pl})}{\prod_{l=0}^{m-1}(j - P_{nl})} \right| \, . \qquad (4.72)$$

Werden diese nun in diese Gleichung für die Pole und Nullstellen (vgl. Gleichung 4.70 und Gleichung 4.71) eingesetzt, so folgt:
bei *geradzahligem* Filtergrad n:

$$A_0 = \frac{1}{\sqrt{1+\epsilon^2}} \, , \qquad (4.73)$$

bei *ungeradzahligem* Filtergrad n:

$$A_0 = (-1)^{(n-1)/2} \cdot \frac{n \cdot \Omega_S}{\epsilon} \, . \qquad (4.74)$$

Der weitere Filterentwurf erfolgt wie beim Tschebyscheff-Filter. Das bedeutet die Anwendung geeigneter Frequenztransformationen, Schaltungsauswahl (passive oder aktive Realisierung), Festlegung der Bauelemente und eine abschließende Analyse durch Simulation.

4.5.1.5 Cauer-Filter

Beim Cauer-Filter wird sowohl der Durchlass- als auch der Sperrbereich optimal approximiert. Der Übergang zwischen Durchlass- und Sperrbereich ist hier am steilsten und damit der Abstand zwischen Durchlass- und Sperrgrenzfrequenz am geringsten. Diese Approximation kommt dem idealen Tiefpass bezüglich seiner Selektivität am nächsten. Solche Filter sind aber auf Parameterschwankungen der Bauelemente am empfindlichsten, so dass kleine Änderungen schon ein ganz anderes Filterverhalten oder Instabilität bewirken können.

Für die charakteristische Funktion $K(j\Omega)$ wird eine mit einem Faktor ϵ gewichtete rational elliptische Funktion $R_n(\kappa, \Omega)$ der Ordnung n gewählt [74]:

$$K(\Omega) = \epsilon \cdot R_n(\kappa, \Omega) \,, \quad \kappa: \text{ Modul (Empfindlichkeitsmaß)} \,. \tag{4.75}$$

Die rational elliptische Funktion $R_n(\kappa, \omega)$ hat die Eigenschaft, dass beim Kehrwert der Kreisfrequenz Ω die Funktion ebenfalls in ihren Kehrwert umgewandelt wird, d. h. $R_n(\kappa, 1/\Omega) = 1/R_n(\kappa, \Omega)$. Dadurch erreicht man bei der normierten Durchlassfrequenz $\Omega_D = 1$ sowohl eine optimale Approximation des idealen Tiefpasses im Durchlassbereich als auch im Sperrbereich. Bei *geradzahligem* Filtergrad n ist

$$R_n(\kappa, \Omega) = \kappa^{n/2} \cdot \prod_{k=1}^{n/2} \frac{\Omega^2 - \Omega_{0k}}{\Omega^2 \kappa^2 \Omega_{0k}^2 - 1} \,, \tag{4.76}$$

und bei *ungeradzahligem* Filtergrad n ist

$$R_n(\kappa, \Omega) = (\sqrt{\kappa})^n \cdot \prod_{k=1}^{(n-1)/2} \frac{\Omega^2 - \Omega_{0k}}{\Omega^2 \kappa^2 \Omega_{0k}^2 - 1} \,. \tag{4.77}$$

Dabei ist

$$\Omega_{0k} = \text{sn}\left(\frac{n - 2k + 1}{n} K_0\right) \,, \quad k = 1 \ldots \left[\frac{n}{2}\right] \,, \tag{4.78}$$

wobei $\left[\frac{n}{2}\right]$ die kleinste ganze Zahl sein soll, die kleiner als $\frac{n}{2}$ ist. sn ist die Jacobische elliptische Funktion mit dem Modul $\kappa < 1$ und K_0 das vollständige elliptische Integral erster Art ebenfalls mit dem Modul κ, der ein Maß für die Sperrgrenzfrequenz ist:

$$K_0 := \int \frac{dx}{\sqrt{(1 - x^2) \cdot (1 - \kappa^2 x^2)}} \,,$$

$$\Omega_S = \frac{1}{\kappa} \,.$$

Ein Beispiel für den Betragsfrequenzgang eines Cauer-Filters für die Filtergrade 1 bis 5 zeigt Abbildung 4.47. Dabei ist sowohl im Durchlass- als auch im Sperrbereich eine Welligkeit von 0,3 vorhanden.

Die Polstellen der Übertragungsfunktion A(P) ergeben sich zu (vgl. [78]):

$$P_k = \frac{\sigma_0 F_{0k} \pm j\Omega_{0k} F_0}{1 + \kappa^2 \sigma_0 \Omega_{0k}^2} \,, \quad k = 1 \ldots \left[\frac{n + 1}{2}\right] \,, \tag{4.79}$$

mit

$$\sigma_0 = \frac{\text{sn}(u_0, \kappa')}{\text{cn}(u_0, \kappa')} \,, \quad F_0 = \frac{\text{dn}(u_0, \kappa')}{\text{cn}^2(u_0, \kappa')} \,, \tag{4.80}$$

$$F_{0k} = \text{cn}(u_{0k}, \kappa) \cdot \text{dn}(u_{0k}, \kappa) \,.$$

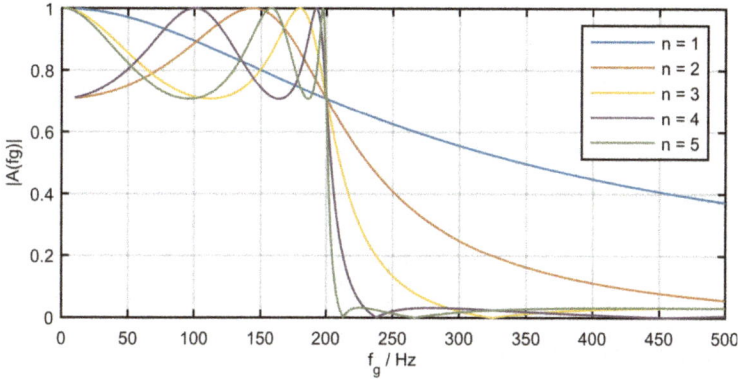

Abb. 4.47: Betragsfrequenzgang eines Cauer-Filters für die Filtergrade 1 bis 5 mit einer normierten Sperrfrequenz $\Omega_D = 1$ und einer Welligkeit von 0,3.

Die noch unbekannten Größen κ', cn, dn, u_0 und u_{0k} in Gleichung 4.80 haben folgende Bedeutung:

$$\kappa' = \sqrt{1 - \kappa^2}, \qquad\qquad \mathrm{cn} = \sqrt{1 - \mathrm{sn}^2},$$

$$\mathrm{dn} = \sqrt{1 - \kappa^2 \mathrm{sn}^2}, \qquad\qquad u_{0k} = \frac{n - 2k + 1}{n} K_0,$$

$$u_0 = \frac{K_0}{n \cdot K_\Delta} \mathrm{sn}^{-1}\left(\frac{1}{\sqrt{1 + \epsilon^2 \Delta^2}}, k_\Delta\right), \quad k_\Delta = \sqrt{1 - \Delta}. \tag{4.81}$$

K_Δ ist das vollständige elliptische Integral mit dem Modul Δ. Die maximale Änderung der charakteristischen Funktion $K(j\Omega)$ beschreibt $\epsilon \cdot \Delta$. Δ lässt sich nun weiter durch folgende Beziehungen ermitteln: Bei *geradzahligem* Filtergrad n ist

$$\Delta = \kappa^{n/2} \prod_{j=1}^{n/2} \Omega_{0j}^2 \tag{4.82}$$

und bei *ungeradzahligem* Filtergrad n ist

$$\Delta = \left| \left(\sqrt{\kappa}\right)^n \prod_{j=1}^{(n-1)/2} \frac{1 - \Omega_{0j}^2}{\kappa^2 \Omega_{0j}^2 - 1} \right|. \tag{4.83}$$

Auch bei den Cauer-Filtern sind in der Übertragungsfunktion $A_{nTP}(P)$ Nullstellen vorhanden. Sie liegen ebenfalls wie bei den inversen Tschebyscheff-Filtern alle auf der imaginären Achse bei

$$P_{0k} = \pm j \frac{1}{\kappa \Omega_{0k}}, \quad k = 1, 2, \ldots, \left[\frac{n}{2}\right]. \tag{4.84}$$

Zur Berechnung des konstanten Faktors A_0 der Übertragungsfunktion $A_{nTP}(j\Omega)$ nach Gleichung 4.28 müssen jetzt wieder die Nullstellen berücksichtigt werden. Dabei folgt (ohne Herleitung):

bei *geradzahligem* Filtergrad n

$$A_0 = \cfrac{1}{\sqrt{1 + \cfrac{\epsilon^2}{\kappa^{n/2} \prod_{j=1}^{n/2} \Omega_{0j}^2}}} \, , \tag{4.85}$$

bei *ungeradzahligem* Filtergrad n

$$A_0 = \frac{1}{\epsilon} (\sqrt{\kappa})^{n-2} \prod_{j=1}^{(n-1)/2} \Omega_{0j}^2 \, . \tag{4.86}$$

Der weitere Filterentwurf erfolgt auch hier wie beim Tschebyscheff-Filter, d. h. Anwendung geeigneter Frequenztransformation, Schaltungsauswahl, Festlegung der Bauelemente und abschließende Analyse durch Simulation.

4.5.2 Selektive Filter bei Optimierung der Gruppenlaufzeit

Im vorigen Abschnitt wurden die Filter nach Vorgaben zum Betragsfrequenzgang optimiert. Für manche Anwendungen, z. B. der EKG-Messung ist es aber auch wichtig, dass die Kurvenform des Messsignals erhalten bleibt. Um dies zu erreichen, müssen möglichst alle Frequenzanteile des Nutzsignals mit gleicher Geschwindigkeit vom Eingang- zum Ausgang weitergeleitet werden. In diesem Falle muss die Gruppenlaufzeit des Filters im Durchlassbereich einen möglichst konstanten Wert aufweisen. Dies ist sowohl durch nicht rekursive digitale Filterung möglich, was in einem späteren Abschnitt besprochen wird, als auch durch ein analoges Filter vor dem Analog-Digital-Wandler. Dabei soll als Beispiel das Bessel-Filter vorgestellt werden.

4.5.2.1 Besselfilter

Beim Besselfilter wird zunächst ein ideales Verzögerungsglied mit der normierten Verzögerungszeit T und der Übertragungsfunktion des normierten Tiefpasses nach $A_{\mathrm{nTP}}(\Omega) = e^{-PT} = 1/e^{PT}$ approximiert und dann die Grenzfrequenz nach den Dämpfungsvorgaben angepasst. Da diese ideale Übertragungsfunktion aber nicht gebrochenrational in P ist, kann sie so nicht direkt durch analoge Bauelemente realisiert werden. Aus diesem Grunde wird die e-Funktion in eine Reihe mit gebrochenrationalen Gliedern in P approximiert, z. B. durch eine Taylor-Reihe n-ten Grades:

$$e^{PT} \approx 1 + \frac{P}{1!} + \frac{P^2}{2!} + \cdots + \frac{P^n}{n!} \, . \tag{4.87}$$

Der Nachteil ist, dass das daraus entstehende Polynom nicht immer Nullstellen in der linken P-Halbebene besitzt. Das System kann also instabil werden.

Abhilfe schafft ein Hurwitz-Polynom. Dessen Nullstellen liegen *immer* in der linken P-Halbebene [55].

Dieses Hurwitz-Polynom muss eine Besselfunktion $B_n(P)$ sein (daher sein Name), d. h.

$$A_{\mathrm{nTP}}(P) \approx \frac{B_n(0)}{B_n(PT)} \,, \quad n: \text{Polynomgrad} \tag{4.88}$$

mit

$$B_n(P) := \sum_{i=0}^{n} \frac{(2n-i)!P^i}{2^{n-i}i!(n-i)!} \,, \quad i = 0, 1, \ldots, n \,. \tag{4.89}$$

Beispiele dafür sind:

$$B_1(P) = 1 + P$$
$$B_2(P) = 3 + 3P + P^2$$
$$B_3(P) = 15 + 15P + 6P^2 + P^3$$
$$B_4(P) = 105 + 105P + 45P^2 + 10P^3 + P^4$$
$$B_5(P) = 945 + 945P + 420P^2 + 105P^3 + 15P^4 + P^5 \,.$$

Erläuterndes Beispiel

Zur EKG-Filterung soll ein passives Besselfilter 2. Grades mit Hilfe eines RLC-Gliedes entworfen werden, welches eine Durchlassgrenzfrequenz von 200 Hz und bei dieser eine Dämpfung von 3 dB besitzt. In diesem Fall ist das Besselpolynom 2. Grades $B_2(P) = 3 + 3P + P^2$. Die Verzögerungszeit T wird so gewählt, dass bei der normierten Durchlassgrenzfrequenz $\Omega_D = 1$ die Dämpfung von 3 dB eingehalten werden kann, d. h.

$$|A_{\mathrm{nTP}}(P = j\Omega_D)| = |A_{\mathrm{nTP}}(P = j)| = \frac{3}{|3 + j3T + (jT)^2|} = \frac{1}{\sqrt{2}} \,. \tag{4.90}$$

Man erhält dabei $T = 1.3823$ s.

Wird nun entnormiert, so dass die Durchlassgrenzfrequenz bei $f_D = 200$ Hz liegt, und vergleicht man diese mit der Übertragungsfunktion $A_{\mathrm{RLC}}(j\omega)$ eines RLC-Gliedes (vgl. Abbildung 4.44 und Gleichung 4.64), so erhält man wegen

$$A(j\omega)_{\mathrm{Bessel}} = A_{\mathrm{nTP}}\left(P = j\frac{\omega}{\omega_D}\right) = \frac{3}{3 + 3j\frac{\omega}{\omega_D}T + \left(j\frac{\omega}{\omega_D}T\right)^2}$$

$$= A_{\mathrm{RLC}}(j\omega) = \frac{1}{1 + j\omega RC + (j\omega)^2 LC} \tag{4.91}$$

den Zusammenhang:

$$RC = T/\omega_D \quad \text{und} \quad LC = \frac{1}{3}(T/\omega_D)^2 \,. \tag{4.92}$$

Wählt man $R = 100\,\Omega$, so folgt mit der Durchlassfrequenz $f_D = 200$ Hz und $T = 1.3823$ s für die Induktivität $L = 36.7$ mH und für die Kapazität $C = 11\,\mu$F. Der Phasengang im Durchlassbereich ist weitgehend linear (vgl. Abbildung 4.48).

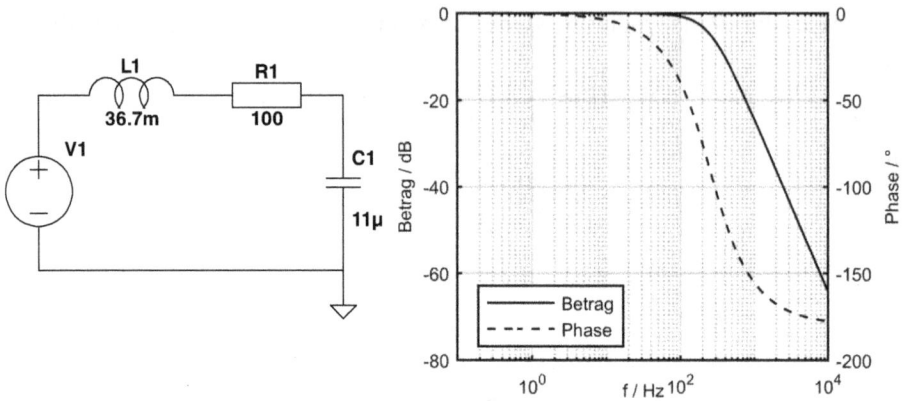

Abb. 4.48: Schaltung eines RLC-Bessel-Filters 2. Grades (links) und zugehöriger Frequenzgang nach Betrag und Phase (rechts).

4.6 Nachlesungs- und Übungsaufgaben

Messung von elektrischen Biosignalen

1. Warum wird im digitalen Zeitalter eine analoge Signalverarbeitung benötigt?
2. Wie groß wäre die Hautimpedanz bei einem Messstrom mit unendlich hoher Frequenz?
3. Was ist eine Helmholtz-Schicht?
4. Wieso ist ein Elektrodengel beim Übergang zwischen Haut und Elektrode erforderlich?
5. Aus welchem Grund benötigt ein Messverstärker für Biosignale eine hohe Eingangsimpedanz?
6. Was ist ein Gleichtaktsignal und was bedeutet Gleichtaktunterdrückung (Common Mode Rejection)?
7. Was beschreibt das Signal-Rausch-Verhältnis, wozu wird es verwendet?
8. Was ist der Betrags- und Phasenfrequenzgang eines Messverstärkers?
9. In welcher Größenordnung liegen die Innenwiderstände des Körpers und die der Elektroden?
10. Welche Eigenschaften qualifizieren einen Instrumentenverstärker besonders zur Verstärkung von Biosignalen?
11. Geben Sie den in Unterabschnitt 4.1.2 vorgestellten Messverstärker in LTspice ein.
12. Überprüfen Sie den Frequenzgang des Messverstärkers nach dem Subtrahierer, nach dem Hochpass und am Schaltungsausgang im Frequenzbereich 0.1 Hz bis 10 kHz. Legen Sie dazu zwischen den beiden Eingängen eine Wechselspannung der Amplitude 1 mV an, und simulieren Sie den Frequenzbereich.

13. Welche Bauteile des Messverstärkers müssten wie verändert werden, damit der Hochpass eine Grenzfrequenz von 1.6 Hz und der zweite Tiefpass eine Grenzfrequenz von 360 Hz besitzen?
14. Überprüfen Sie die berechnete Verstärkung des Messverstärkers nach dem Instrumentenverstärker und am Schaltungsausgang.
15. Ergänzen Sie im LTspice-Modell eine Gleichtaktsignalquelle.
16. Berechnen Sie am Schaltungsausgang des Messverstärkers das Verhältnis von Nutzsignal zu Gleichtaktsignal, wenn am Schaltungseingang die Amplitude des Nutzsignals 100 µV und des Gleichtaktsignals 1 V betragen. Dazu ist zu berücksichtigen, dass die Operationsverstärker eine Gleichtaktunterdrückung von 100 dB besitzen.

Signalstörungen
1. Welche Formen der Störungseinkopplung von Netzbrummen gibt es, woher kommen diese Effekte und wie lassen sich diese minimieren?
2. Welche Art von Schirmung wäre nötig, um die kapazitive bzw. induktive Einkopplung von Netzbrummen zu verhindern?
3. Erklären Sie, warum der Begriff 50-Hz-Rauschen unsinnig ist.
4. Welche physikalischen Größen bestimmen die Stärke des thermischen Rauschens?
5. Was versteht man unter weißem Rauschen?
6. Zeichnen Sie in einem Graphen den Verlauf einer transienten Störungen.
7. Welchen Einfluss hat der RC-Hochpass im Messverstärker auf eine transiente Störung?
8. Worin unterscheiden sich die Spektren von transienten Störungen und Rauschen?
9. Was versteht man unter Amplitudenmodulation und wie ist ein Demodulator für amplitudenmodulierte Signale aufgebaut?

Messwertaufnehmer für nichtelektrische Biosignale
1. Wie ist ein Elektretmikrofon bzw. ein Körperschallmikrofon aufgebaut?
2. Wie funktioniert eine Halbleiter-LED? Warum gibt es Halbleiter-LEDs in verschiedenen Farben? Wie sieht ein typisches Emissionsspektrum einer LED aus?
3. Worin unterscheidet sich das Emissionsspektrum einer LED von dem eines Lasers?
4. Mit welchem Sensor kann Licht detektiert werden? Wie funktioniert eine Photodiode?
5. Mit welcher Art von Sensorik können Magnetfelder detektiert werden?

Entstörung und analoge Filterung
1. Welche Vorteile besitzen aktive gegenüber passiven Filtern und welchen Nachteil?

2. Geben Sie ein aktives Butterworth-Hochpassfilter 4. Ordnung mit der Grenzfrequenz 160 Hz in LTspice ein. Erweitern Sie den Hochpass zu einem Bandpass mit der oberen Grenzfrequenz 1.6 kHz. Überprüfen Sie den Betrags- und Phasenfrequenzgang.

3. Was versteht man unter der Gruppenlaufzeit?

4. Wie wirkt sich eine Frequenzabhängigkeit der Gruppenlaufzeit auf die Übertragung von Signalen aus?

5. Was ist der prinzipielle Unterschied zwischen einem selektiven Filter, wie z. B. einem Potenzfilter, und einem Bessel-Filter?

6. Wozu dient eine Frequenztransformation?

7. Mit welcher Frequenztransformation kann aus einem Tiefpass ein 50-Hz-Netzbrummfilter realisiert werden?

8. Warum wird bei der Messung eines EKGs oft ein Bessel-Filter eingesetzt?

9. Bestimmen Sie bitte die Pole- und Nullstellen und die Übertragungsfunktion eines normierten Butterworth-Tiefpasses 2. Grades und ermitteln Sie bitte daraus durch eine geeignete Frequenztransformation die Übertragungsfunktion eines Butterworth-Hochpasses 2. Grades, der eine Grenzfrequenz von 0.2 Hz bei einer Dämpfung von 3 dB besitzt.

10. Bestimmen Sie die Bauelemente eines passiven Hochpasses mit der im vorherigen Punkt ermittelten Übertragungsfunktion.

11. Welche Vor- und Nachteile besitzt ein Cauer-Filter?

12. Welche Eigenschaften besitzen die Tschebyscheff-Funktionen?

13. Welche Eigenschaft weisen elliptische Funktionen auf?

14. Welche wichtige Eigenschaft besitzt ein Polynom aus einer Besselfunktion bei der Filtersynthese?

5 Methoden zur diskreten Verarbeitung und Analyse von Biosignalen

5.1 Diskretisierung von zeit- und wertkontinuierlichen Signalen

Nach der analogen Messung des Biosignals, Verstärkung und ggf. Filterung wird dieses zu diskreten Zeitpunkten mit Impulsen abgetastet (Impulsmodulation), und nur diese Messwerte werden zur weiteren Verarbeitung verwendet. Soll nach der zeitdiskreten Verarbeitung wieder ein zeitkontinuierliches Signal erzeugt werden, muss zwischen den zeitdiskreten Werten interpoliert werden. Auf welche Weise diese Interpolation erfolgt, kann am besten im Spektralbereich untersucht werden. Dazu werden die Spektren vor und nach der Abtastung sowie nach dem Interpolationssystem betrachtet. Die Interpolation erfolgt durch Tiefpassfilterung.

Nach der Interpolation muss wieder das ursprüngliche zeitkontinuierliche Signal entstehen (siehe Abbildung 5.1). Dazu wird ein gleichwertiges System betrachtet, bei dem der Schalter zur Abtastung durch einen Multiplikator ersetzt wird, der das Eingangssignal mit einer Rechteckimpulsfolge multipliziert (vgl. Abbildung 5.2).

Die Multiplikation mit einer Rechteckimpulsfolge kann auch durch eine Multiplikation mit einer Dirac-Impulsfolge ersetzt werden, wobei nach der Multiplikation die nun entstehende gewichtete Dirac-Impulsfolge $f_{T_a}(t)$ noch durch einen *Impulsformer* wieder in eine Rechteckimpulsfolge geändert wird (siehe Abbildung 5.3). Denn es ist gleichgültig, ob nun das Eingangssignal vor der Multiplikation mit einer Rechteckimpulsfolge oder einer Dirac-Impulsfolge multipliziert wird, wobei die Rechteckbildung nach der Multiplikation erfolgt.

Das Ausgangssignal $f_{\Delta T}$ nach Abtastung und Impulsformung erhält man durch Faltung des mit Dirac-Impulsen abgetasteten Signals

$$f_{T_a}(t) = \sum_{k=-\infty}^{\infty} f(kT_a) \cdot \delta(t - kT_a) \tag{5.1}$$

mit der Impulsantwort

$$g_F(t) = A \cdot \mathrm{rect}\left(\frac{t}{\Delta T}\right) \tag{5.2}$$

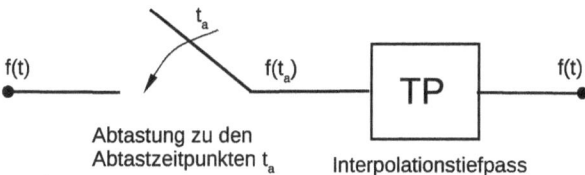

Abb. 5.1: Gleichmäßige Abtastung eines Signals mit $t_a = nT_a, n = 1, 2, \ldots$ mit Abtastintervall T_a und anschließender Interpolation mittels Tiefpassfilterung.

https://doi.org/10.1515/9783111003115-005

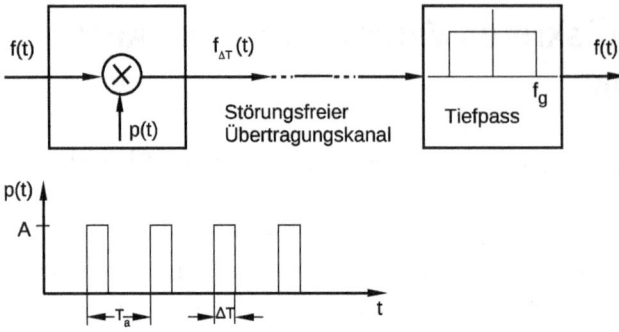

Abb. 5.2: Zu Abbildung 5.1 äquivalente gleichmäßige Abtastung eines Signals zu den Zeitpunkten $t_a = n \cdot T_a$ mit Hilfe von Rechteckimpulsen.

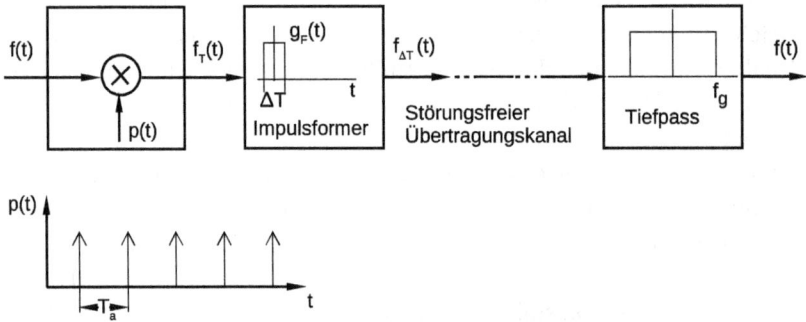

Abb. 5.3: Modifiziertes äquivalentes Abtastmodell mit Rechteckimpulsen.

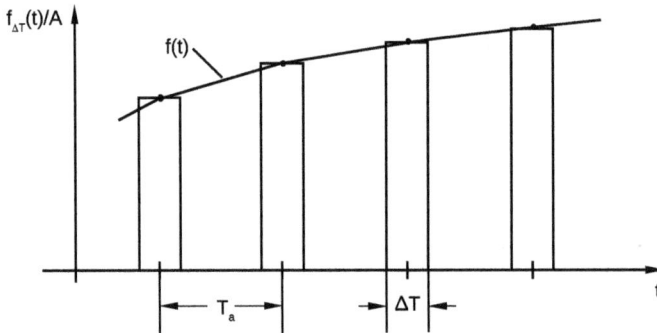

Abb. 5.4: Zu Gleichung 5.3 äquivalente gleichmäßige Abtastung eines Signals mit Hilfe von Rechteckimpulsen.

des Impulsformers, der aus einem Dirac-Impuls einen Rechteckimpuls rect$(t)^1$ erzeugt (siehe Abbildung 5.4):

$$f_{\Delta T}(t) = f_{T_a}(t) * g_F(t) = \int\limits_{\tau=-\infty}^{\infty} \sum_{k=-\infty}^{\infty} f(kT_a) \cdot \delta(\tau - kT_a) \cdot A \cdot \text{rect}\left(\frac{t-\tau}{\Delta T}\right) d\tau$$

$$= A \sum_{k=-\infty}^{\infty} f(kT_a) \int\limits_{\tau=-\infty}^{\infty} \delta(\tau - kT_a) \cdot \text{rect}\left(\frac{t-\tau}{\Delta T}\right) d\tau$$

$$= A \sum_{k=-\infty}^{\infty} f(kT_a) \cdot \text{rect}\left(\frac{t - kT_a}{\Delta T}\right) . \tag{5.3}$$

Da eine Multiplikation im Zeitbereich einer Faltung im Frequenzbereich und umgekehrt eine Faltung im Zeitbereich einer Multiplikation im Frequenzbereich entspricht, kann das zugehörige Spektrum durch eine Faltung des Eingangssignalspektrums $F(f)$ mit dem Spektrum einer Dirac-Impulsfolge und anschließend einer Multiplikation dieses Spektrums mit dem Spektrum eines Rechteckimpulses ermittelt werden:

$$f_{T_a}(t) = \sum_{k=-\infty}^{\infty} f(kT_a) \cdot \delta(t - kT_a) ,$$

$$F_{T_a}(f) = F(f) * \underbrace{\mathcal{F}\left\{\sum_{\nu=-\infty}^{+\infty} \delta(t - \nu T_a)\right\}}_{\sum_{\nu=-\infty}^{\infty} \frac{1}{T_a}\delta\left(f - \frac{\nu}{T_a}\right)}$$

$$= \int\limits_{\psi=-\infty}^{+\infty} F(f-\psi) \cdot \left(\frac{1}{T_a} \sum_{\nu=-\infty}^{+\infty} \delta\left(\psi - \frac{\nu}{T_a}\right)\right) \cdot d\psi$$

$$= \frac{1}{T_a} \sum_{\nu=-\infty}^{+\infty} F\left(f - \frac{\nu}{T_a}\right)$$

und weiter mit Hilfe der Beziehung für die Rechteckfunktion rect(t) und deren Fourier-Transformierten $F_{\text{rec}}(f)$:

$$F_{\text{rec}}(f) = \mathcal{F}\{\text{rect}(t)\} = \text{si}(\pi f) \tag{5.4}$$

sowie dem Ähnlichkeitssatz

$$\mathcal{F}\{f(at)\} = \frac{1}{|a|} F\left(\frac{j2\pi f}{a}\right) \quad \text{mit} \quad a \neq 0 , \quad a = \text{const.} \tag{5.5}$$

---

1 rect$(t) := 1$ für $-0{,}5 \leq t \leq 0{,}5$; sonst rect$(t) := 0$.

ergibt sich für das resultierende Spektrum $F_{\Delta T}(t)$ der Rechteckfolge $f_{\Delta T}(t)$ nach der Abtastung:[2]

$$
\begin{aligned}
F_{\Delta T}(f) &= F_{T_a}(f) \cdot \mathcal{F}\left\{ A \cdot \mathrm{rect}\left(\frac{t}{\Delta T}\right)\right\} \\
&= \left[\frac{A}{T_a} \sum_{\nu=-\infty}^{\infty} F\left(f - \frac{t}{T_a}\right)\right] \cdot \Delta T \, \mathrm{si}(\pi f \Delta T) \\
&= \frac{A \cdot \Delta T}{T_a} \, \mathrm{si}(\pi f \Delta T) \cdot \sum_{\nu=-\infty}^{\infty} F\left(f - \frac{t}{T_a}\right) .
\end{aligned}
\tag{5.6}
$$

Das Ergebnis für das Spektrum des mit einer Dirac-Impulsfolge abgetasteten Signals $F_{T_a}(f)$ ist eine *periodische Wiederholung* des Quellsignalspektrums $F(f)$ mit der Abtastfrequenz $f_a = 1/T_a$ (vgl. Abbildung 5.5).

Dies geht jedoch nur dann, wenn sich die periodischen Spektrumswiederholungen *nicht überlappen*, wie in Abbildung 5.5 gezeigt. Bei sich überlappenden Spektren ist eine Wiederherstellung des ursprünglichen analogen Signals durch eine einfache Tiefpassfilterung nicht mehr möglich (vgl. z. B. Abbildung 5.6). Für eine Wiederherstellung ist es nämlich erforderlich, dass die obere Grenzfrequenz des Analogsignals kleiner als die halbe Abtastfrequenz ist:

$$
f_g < \frac{f_a}{2} , \qquad \text{shannonsches Abtasttheorem.}
\tag{5.7}
$$

Das Spektrum des analogen Signals, und damit das Signal selbst, kann aus dem Spektrum des abgetasteten Signals mit Hilfe eines Tiefpasses rekonstruiert werden, der nur den Spektrumsanteil um den Frequenznullpunkt herausfiltert. Die zugehörige Interpolationsfunktion zwischen den Abtastwerten wird damit durch die Impulsantwort des Tiefpasses erzeugt (siehe Abbildung 5.7).

Diese Art kann auch als ideale Abtastung mit Dirac-Impulsen interpretiert werden. Das nicht ideal, sondern mit Rechteckfunktionen abgetastete Signal hat allerdings gemäß Gleichung 5.6 eine Dämpfung durch die si-Funktion. Dies bedeutet, dass sich bei der Abtastung mit Rechteckimpulsen das Spektrum des abgetasteten Signals nicht einfach mit der Abtastfrequenz wiederholt, sondern seine Werte bei der Wiederholung auch verringert werden. Weiterhin können auch bei der Rekonstruktion Verzerrungen auftreten, da die si-Funktion sich auch auf die Spektralwerte des Signals im Durchlassbereich des Rekonstruktionstiefpasses am Ausgang auswirkt.

Diese Verzerrungen sind umso kleiner, je schmaler die Impulsbreite ΔT der Rechteckimpulse ist. Allerdings werden dann die Spektralanteile immer kleiner (vgl. Gleichung 5.6). Dies könnte dadurch kompensiert werden, dass die Impulsamplitude A größer wird und insgesamt gemäß Gleichung 5.6 das Produkt $A \cdot \Delta T$ eine Konstante ist. Dies ist in *idealer Weise* beim Dirac-Impuls der Fall. Seine Breite geht gegen Null, seine Höhe gegen Unendlich, aber seine Fläche (Produkt aus Breite mal Höhe) ist Eins. Die Abtastung mit einem Dirac-Impuls erzeugt also keine Verzerrungen des Spektrums.

---

2 $\mathrm{si}(x) := \frac{\sin(x)}{x}$

Spektrum des analogen Signals

Spektrum des abgetasteten Signals

Interpolations–tiefpass

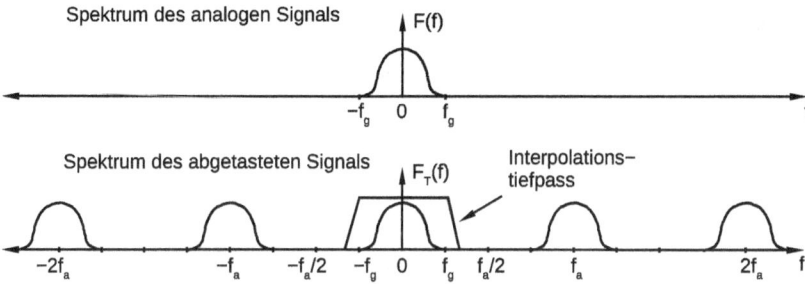

Abb. 5.5: Spektrum des mit Dirac-Impulsen abgetasteten Signals $F_{T_a}(f)$, das sich durch periodische Wiederholung des Spektrums des Originalsignals $F(f)$ ergibt.

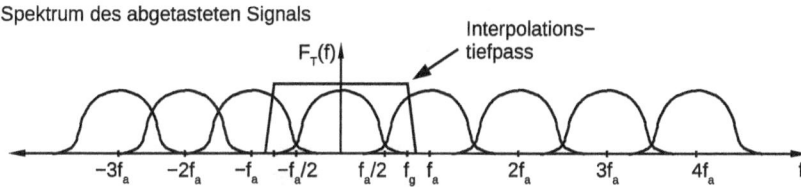

Spektrum des abgetasteten Signals

Interpolations–tiefpass

Abb. 5.6: Spektrum des mit Dirac-Impulsen abgetasteten Signals mit sich überlappendem, periodischem Spektrum des Originalsignals.

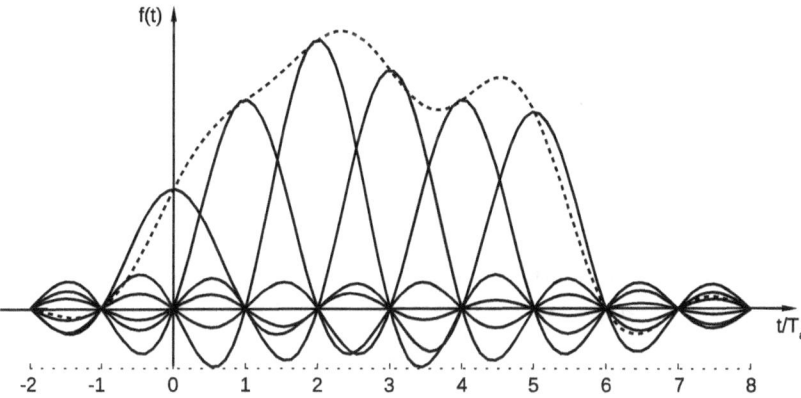

Abb. 5.7: Interpolation zwischen den Abtastwerten mit Hilfe der Impulsantwort eines idealen Tiefpasses.

5.2 Diskrete Transformationen der Signalverarbeitung

5.2.1 Die zeitdiskrete Fourier-Transformation

Eine diskrete Folge könnte z. B. bei der Abtastung eines Signals mit Rechteckimpulsen gemäß Gleichung 5.3 entstehen, wenn die Rechteckbreite $\Delta T \to 0$ geht. Wenn wir das Spektrum dieser Rechteckfolge nun nicht nach Gleichung 5.6 berechnen, sondern die Spektren dieser mit den Abtastwerten gewichteten und mit kT_a verzögerten Rechteckimpulse aufsummieren, erhält man aus Gleichung 5.3 mit Hilfe des Ähnlichkeitssatzes Gleichung 5.5:

$$F_{\Delta T}(f) = \mathcal{F}\left(f_{\Delta T}(t)\right) = A \sum_{k=-\infty}^{\infty} f(kT_a) \cdot \mathcal{F}\left(\text{rect}\left(\frac{t - kT_a}{\Delta T}\right)\right)$$

$$= A \sum_{k=-\infty}^{\infty} f(kT_a) \cdot e^{-j2\pi fkT_a}\mathcal{F}\left(\text{rect}\left(\frac{t}{\Delta T}\right)\right)$$

$$= A \cdot \Delta T \,\text{si}(\pi f \Delta T) \cdot \sum_{k=-\infty}^{\infty} f(kT_a) \cdot e^{-j2\pi fkT_a} \,.$$

Der Faktor $e^{-j\omega kT_a}$ ergibt sich aus der Verzögerung der Rechteckimpulse um kT_a, was als Durchgang durch ein Verzögerungsglied, das diese Übertragungsfunktion besitzt, interpretiert werden kann. Die Summe

$$F_D(f) := \sum_{k=-\infty}^{\infty} f(kT_a) \cdot e^{-j2\pi fkT_a} \tag{5.8}$$

ist die *zeitdiskrete Fourier-Transformation* der Abtastwerte $f(kT_a)$, wobei man normalerweise den Faktor T_a in der Funktion $f(kT_a)$ weglässt (vgl. z. B. [56]). Man erhält nun insgesamt für die Hin- und Rücktransformation:

$$f(k) = T_a \int_{-T_a/2}^{T_a/2} F_D(f)e^{j2\pi fkT_a}\mathrm{d}f, \; F_D(f) = \sum_{k=-\infty}^{\infty} f(k)e^{-j2\pi fkT_a} \,, \tag{5.9}$$

mit der Beziehung

$$F_{\Delta T}(f) = A \cdot \Delta T \,\text{si}(\pi f \Delta T) \cdot F_D(f) \,. \tag{5.10}$$

Geht der Rechteckimpuls $g_F(t) = A \cdot \text{rect}(t/\Delta T)$ bei der Abtastung gemäß Abbildung 5.4 bei einer unendlichen Höhe der Amplitude, d. h. $A \to \infty$ und verschwindender Breite, d. h. $\Delta T \to 0$, aber mit $A \cdot \Delta T = 1$ in einen Diracimpuls $\delta(t)$ über, so folgt aus Gleichung 5.10 mit $\lim_{\Delta T \to 0} \text{si}(\pi f \Delta T) = 1$:

$$F_{\Delta T}(f) = F_D(f) \,, \quad \text{bei Abtastung mit } \delta(t)\text{-Impulsen.} \tag{5.11}$$

Die zeitdiskrete Fourier-Transformation beschreibt daher im Frequenzbereich das Spektrum eines mit Dirac-Impulsen abgetasteten Signals.

5.2.2 Die diskrete Fourier-Transformation (DFT)

Ist das abzutastende Signal $f(t)$ (und damit auch dessen Abtastwerte $f(k)$) zeitlich bis zu einer maximalen Zeitdauer t_g begrenzt, so lässt sich die zeitdiskrete Fourier-Transformation gemäß Gleichung 5.9 vereinfachen. Dabei wird das abzutastende Signal $f(t)$ periodisch fortgesetzt, wobei die Periodendauer T_p größer als die maximale Zeitdauer t_g des ursprünglichen Signals $f(t)$ ist ($t_g < T_p$). Das periodische Signal $f_p(t)$ hat aber ein diskretes Spektrum, welches nur für Vielfache der Grundperiode $f_p = 1/T_p$ einen Wert besitzt. Andererseits wird das Signal $f(t)$ abgetastet, d. h. es besitzt auch ein mit der Abtastfrequenz $f_a = 1/T_a$ periodisches Spektrum. Es werden also für eine Periode f_a im Frequenzbereich nur $N = f_a/f_p = T_p/T_a$ Werte des Spektrums benötigt, um das periodisch fortgesetzte Abtastsignal $f_p(t)$ zu beschreiben. Im Zeitbereich kann dann durch zeitliches Abschneiden des periodisch fortgesetzten Signals $f_p(t)$ nach einer Periode und anschließender Tiefpassinterpolation gemäß Abbildung 5.7 bei Erfüllung des Abtasttheorems (Gleichung 5.7) das ursprüngliche kontinuierliche Signal $f(t)$ wiederhergestellt werden.

Dass sich ein periodisch fortgesetztes Signal $f_p(t)$ durch die Werte des kontinuierlichen Spektrums $F(f)$ des ursprünglichen nichtperiodischen Signals beschreiben lässt, kann man durch Anwendung des Faltungssatzes im Zeitbereich erklären. Dazu wird analog zu Abbildung 5.3 das kontinuierliche Spektrum $F(f)$ des ursprünglichen Signals $f(t)$ durch Multiplikation mit einer periodischen Folge von Dirac-Impulsen $\delta(f)$

$$P(f) := \frac{1}{T_p} \sum_{v=-\infty}^{\infty} \delta\left(f - \frac{v}{T_p}\right) \tag{5.12}$$

gemäß

$$F_P(f) = F(f) \cdot P(f) \tag{5.13}$$

im Frequenzbereich „abgetastet". Eine Multiplikation im Frequenzbereich entspricht einer Faltung im Zeitbereich. Wegen der Beziehungen

$$p(t) = \sum_{v=-\infty}^{+\infty} \delta(t - vT_p) \circ\!\!-\!\!\bullet P(f) = \frac{1}{T_p} \sum_{v=-\infty}^{\infty} \delta\left(f - \frac{v}{T_p}\right)$$

$$f_p(t) = \int_{-\infty}^{\infty} f(t - \tau) \cdot p(\tau)\, d\tau \circ\!\!-\!\!\bullet F_P(f) = F(f) \cdot P(f)$$

zwischen Zeit- und Frequenzbereich erhält man nach Einsetzen in Gleichung 5.13

$$f_p(t) = \int_{-\infty}^{\infty} f(t - \tau) \cdot \left(\sum_{v=-\infty}^{+\infty} \delta(\tau - vT_p) \right) d\tau$$

$$= \sum_{v=-\infty}^{+\infty} f(t - vT_p) \tag{5.14}$$

eine periodische Zeitfunktion $f_p(t)$.

Wir erhalten also das Ergebnis, dass sich durch Frequenzabtastung eines Spektrums im Zeitbereich ein periodisches Signal ergibt. Umgekehrt folgt aber daraus auch:

Durch periodische Fortsetzung eines zeitlich begrenzten Signals ergibt sich ein diskretes Spektrum mit Dirac-Impulsen, dessen Gewichtungswerte bis auf den Faktor $1/T_p$ mit den Werten bei den einzelnen Frequenzpunkten des kontinuierlichen Spektrums $F(f)$ des ursprünglichen nichtperiodischen Signals $f(t)$ übereinstimmen.

Prinzipiell wird an die Art des Zeitsignals nur die Forderung gestellt, dass es zeitlich begrenzt und integrierbar sein soll. Es kann also auch eine Rechteckimpulsfolge sein, wie sie bei der Abtastung mit Rechteckimpulsen gemäß Abbildung 5.4 entsteht. Dazu untersuchen wir die zeitdiskrete Fourier-Transformation gemäß Gleichung 5.9

$$F_D(f) = \sum_{k=-\infty}^{\infty} f(k)e^{-j2\pi f k T_a} \tag{5.15}$$

eines abgetasteten Signals $f(k)$ und bestimmen das mit der Abtastfrequenz $f_a = 1/T_a$ periodische Spektrum für eine Periode an N Frequenzpunkten, d. h. bei den Frequenzen $l \cdot f_a/N = l/(NT_a)$ mit $l = 0, 1, \ldots, N-1$, d. h.

$$F_D\left(\frac{l}{NT_a}\right) = \sum_{k=-\infty}^{\infty} f(k)e^{-j2\pi kl/N}, \quad l = 0, 1, \ldots, N-1. \tag{5.16}$$

Die unendliche Summe in Gleichung 5.16 wird nun in eine unendliche Summe dieser Perioden aufgeteilt, die jeweils N Werte besitzen (vgl. [66]), d. h.:

$$F_D\left(\frac{l}{NT_a}\right) = \cdots + \sum_{k=-N}^{-1} f(k)e^{-j2\pi kl/N} + \sum_{k=0}^{N-1} f(k)e^{-j2\pi kl/N} + \sum_{k=N}^{2N-1} f(k)e^{-j2\pi kl/N} + \cdots$$

$$= \sum_{m=-\infty}^{\infty} \sum_{k=mN}^{N(m+1)-1} f(k)e^{-j2\pi kl/N}. \tag{5.17}$$

Bei einer Doppelsumme wie in der letzten Gleichung darf man die Reihenfolge vertauschen. Ersetzen wir weiterhin die Laufvariable k durch $k := i + mN$, so folgt aus Gleichung 5.17:

$$F_D\left(\frac{l}{NT_a}\right) = \sum_{i=0}^{N-1} \underbrace{\sum_{m=-\infty}^{\infty} f(i + mN)}_{f_p(i)} e^{-j2\pi il/N}. \tag{5.18}$$

Ein Vergleich der letzten Gleichung 5.18 mit Gleichung 5.14 zeigt, dass der unterklammerte Teil des sich periodisch wiederholenden Signals $f(t)$ an den Abtastzeitpunkten $t_i = i \cdot T_a$ angegeben wird. Ist das Signal $f(t)$ so begrenzt, dass es nach der Periodendauer NT_a verschwindet, kann aus dem sich periodisch wiederholenden Signal $f_p(t)$

durch Abschneiden nach N Abtastwerten das ursprüngliche Signal $f(t)$ ermittelt werden.

Die Werte des Spektrums $F_D(l/NT_a)$ der zeitdiskreten Fourier-Transformation des abgetasteten Signals $f(t)$ können aber auch durch die Koeffizienten einer komplexen Fourier-Reihe des periodischen Signals $f_p(t)$ beschrieben werden. Bei der *diskreten Fourier-Transformation* lässt sich das diskrete periodische Signal wie ein analoges Signal als Summe von e-Funktionen gemäß

$$f_p(i) = \sum_{l=0}^{N-1} c_l e^{j2\pi i l/N}, \quad i = 0, 1, \ldots, N-1 \tag{5.19}$$

beschreiben. Die Fourier-Koeffizienten c_i ergeben sich dann aus

$$c_l = \frac{1}{N} \sum_{i=0}^{N-1} f_p(i) e^{-j2\pi i l/N}, \quad l = 0, 1, \ldots, N-1. \tag{5.20}$$

Ein Vergleich mit Gleichung 5.18 zeigt, dass die Koeffizienten der diskreten Fourier-Transformation bis auf den Faktor $1/N$ mit den Werten der zeitdiskreten Fourier-Transformation $F_D(l/NT_a)$ übereinstimmen:

$$c_l = \frac{1}{N} F_D\left(\frac{l}{NT_a}\right) \quad \text{bzw.} \quad f_p(i) = \frac{1}{N} \sum_{l=0}^{N-1} F_D\left(\frac{l}{NT_a}\right) e^{j2\pi i l/N}. \tag{5.21}$$

Ergebnis

Durch periodische Fortsetzung eines mit dem Zeitintervall T_a abgetasteten zeitbegrenzten Signals mit einer Periodendauer NT_a, die größer als die zeitliche Länge $t_g < NT_a$ des Signals ist, lässt sich das zugehörige Spektrum durch eine diskrete Fourier-Reihe gemäß Gleichung 5.20 und Gleichung 5.19 an N Frequenzstellen innerhalb einer Periode des Frequenzbereiches berechnen.

Das ursprüngliche Signal kann durch Ausschneiden einer Periode des Signals $f_p(i)$ durch eine Multiplikation mit einem zeitlichen Rechteckfenster realisiert werden, und das ursprüngliche Spektrum kann durch Interpolation im Frequenzbereich mit einer si-Funktion interpoliert werden, was einer Faltung des diskreten Spektrums $F(l/NT_a)$ mit der Fourier-Transformierten des zeitlichen Fensters entspricht. Mit Hilfe der Abkürzung

$$F(l) := F_D\left(\frac{l}{NT_a}\right) = \sum_{i=0}^{N-1} f_p(i) e^{-j2\pi i l/N} \tag{5.22}$$

und Gleichung 5.19 erhält man schließlich für die Hin- und Rücktransformation der *diskreten Fourier-Transformation* (DFT):

$$f_p(i) = \frac{1}{N} \sum_{l=0}^{N-1} F(l) e^{j2\pi i l/N}, \quad F(l) = \sum_{i=0}^{N-1} f_p(i) e^{-j2\pi f i l/N}. \tag{5.23}$$

Die DFT kann auch in Matrixschreibweise mit Hilfe der Fourier-Matrix $\mathbf{W} := \{w_{mn}\}$, mit den Elementen $w_{mn} := e^{-j2\pi mn/N}$ wie folgt angegeben werden:[3]

$$f_p = \mathbf{W}^{-1} \cdot F$$
$$F = \mathbf{W} \cdot f_p \tag{5.24}$$

mit

$$f_p := (f_p(0), f_p(1), \ldots, f_p(N-1))'$$
$$F := (F(0), F(1), \ldots, F(N-1))'$$
$$\mathbf{W} := \{w_{mn}\}, \quad w_{mn} = e^{-j2\pi mn/N}$$
$$\mathbf{W}^{-1} = \left\{ \frac{1}{N} w_{nm}^{-1} \right\}, \quad w_{nm}^{-1} = e^{j2\pi mn/N} \tag{5.25}$$
$$m, n := 0, 1, \ldots, N-1.$$

Die Rücktransformation wird somit mittels der inversen Fourier-Matrix $\mathbf{W}^{-1}$ durchgeführt.

Mit Hilfe von Computer-Algebra-Systemen (CAS), die wie z. B. Octave, Scilab oder Matlab Matrizenoperationen direkt durchführen können, ist die DFT besonders leicht zu berechnen.

Beispiel
für $N = 3$: Hintransformation:

$$\underbrace{\begin{bmatrix} F(0) \\ F(1) \\ F(2) \end{bmatrix}}_{F} = \underbrace{\begin{bmatrix} 1 & 1 & 1 \\ 1 & e^{-j2\pi/3} & e^{-j4\pi/3} \\ 1 & e^{-j4\pi/3} & e^{-j8\pi/3} \end{bmatrix}}_{\mathbf{W}} \cdot \underbrace{\begin{bmatrix} f_p(0) \\ f_p(1) \\ f_p(2) \end{bmatrix}}_{f}, \tag{5.26}$$

Rücktransformation:

$$\underbrace{\begin{bmatrix} f_p(0) \\ f_p(1) \\ f_p(2) \end{bmatrix}}_{f} = \frac{1}{3} \underbrace{\begin{bmatrix} 1 & 1 & 1 \\ 1 & e^{j2\pi/3} & e^{j4\pi/3} \\ 1 & e^{j4\pi/3} & e^{j8\pi/3} \end{bmatrix}}_{\mathbf{W}^{-1}} \cdot \underbrace{\begin{bmatrix} F(0) \\ F(1) \\ F(2) \end{bmatrix}}_{F}. \tag{5.27}$$

5.2.3 Diskrete Laplace-Transformation und z-Transformation

Die z-Transformation ist besonders gut zur Beschreibung von linearen digitalen Systemen geeignet, die nur aus linearen Bauelementen bestehen, da sich hierbei der Zu-

---

3 Die Matrix $\mathbf{A}'$ ist die Transponierte der Matrix $\mathbf{A}$. Bei einem Vektor, z. B. f_p, entsteht so aus einem Zeilen- ein Spaltenvektor und aus einem Spalten- ein Zeilenvektor.

sammenhang zwischen Ein- und Ausgangssignal im Frequenzbereich durch eine einfache gebrochenrationale Funktion in der neuen Frequenzvariablen $z := e^{j\omega T_a}$ beschreiben lässt (vgl. Unterunterabschnitt 5.3.4.1).

Bei einem kausalen zeitdiskreten Signal $f(n)$ (d. h. $f(n) = 0$ für $n < 0$) wird dann die z-Transformierte durch die neue Frequenzvariable wie folgt beschrieben:

$$F_D(f) = F(z = e^{j\omega T_a}), \quad \text{bzw.} \quad F(z) = F_D\left(j\omega = \frac{1}{T_a}\ln z\right). \tag{5.28}$$

Daraus folgt dann gemäß Gleichung 5.9 für die z-Transformation:

$$f(n) = \frac{1}{2\pi j}\oint F(z)\,z^{n-1}\mathrm{d}z, \quad F(z) = \sum_{n=0}^{\infty} f(n)\,z^{-n}. \tag{5.29}$$

Aus dem Integral mit den Grenzen von $-\frac{T_a}{2}$ bis $+\frac{T_a}{2}$ ist nun ein geschlossenes Umlaufintegral entstanden, und die imaginäre Achse in der $p := \sigma + j\omega$-Ebene wird dabei auf den Einheitskreis in der $z = e^{pT_a}$-Ebene abgebildet. Die z-Transformation kann als *Abbildung* zwischen der p- und der z-Ebene interpretiert werden. Sie ist jedoch *mehrdeutig*, da die imaginäre Achse in der p-Ebene mehrmals auf den Einheitskreis in der z-Ebene abgebildet wird. Die Integration muss dabei auf einem geschlossenen Weg in mathematisch positiver Richtung im Konvergenzbereich der z-Transformierten erfolgen. Die Beziehung in Gleichung 5.28 gilt nur für absolut summierbare kausale Zeitsignale.

Beispiel
Exponentialfolge: $f(n) = e^{-knT}$ Dabei erhält man mit Gleichung 5.29

$$F(z) = \sum_{n=0}^{\infty} e^{-knT}z^{-n} = \sum_{n=0}^{\infty}\left(e^{-kT}z^{-1}\right)^n = \frac{1}{1 - e^{-kT}z^{-1}}, \quad |z| > e^{-kT}. \tag{5.30}$$

Im Bereich $|z| > e^{-kT}$ konvergiert die z-Transformierte. Nur für $k < 0$ ist die Exponentialfolge $f(n)$ absolut summierbar. Dann hat sie auch die zeitdiskrete Fourier-Transformierte

$$F_D(f) = F(z = e^{j\omega T_a}) = \frac{e^{j\omega T_a}}{e^{j\omega T_a} - e^{-kT}}, \quad k > 0. \tag{5.31}$$

5.3 Methoden zur Analyse und Verarbeitung diskreter Biosignale

Wie im zeitkontinuierlichen Fall kann das Biosignal auch mit Hilfe seiner Abtastwerte im zeitdiskreten Bereich untersucht werden, sofern dieses mit dem zeitkontinuierlichen Signal gut übereinstimmt. Dies erfordert die Einhaltung des Abtasttheorems, geringe Verzerrungen bei der Abtastung und ausreichende Genauigkeit bei der Quantisierung zur Vermeidung von übermäßigem Rundungsrauschen.[4]

5.3.1 Signalanalyse und -anpassung im Zeitbereich

Die Analyse des Biosignals im Zeitbereich lässt sich, im Gegensatz zum Frequenzbereich, anhand seiner Abtastwerte im Kurvenverlauf anschaulich verdeutlichen. Neben der Bestimmung von markanten Punkten (z. B. Minima, Wendepunkte, Maxima) im Kurvenverlauf durch eine Kurvendiskussion, lassen sich beispielsweise auch die Abweichungen einzelner Funktionswerte durch die Berechnung der statistischen Momente wie dem Erwartungswert oder der Varianz, sowie die Zusammenhänge zweier Kurvenverläufe mit Hilfe der Kovarianz bzw. der Korrelation bestimmen. Bevor die Signale in dieser Form behandelt werden können, müssen sie oftmals erst synchronisiert und auf eine gemeinsame Zeitbasis gebracht werden.

5.3.1.1 Vereinfachung, Interpolation und Mittelung von Signalen

Die Abtastwerte der Signale, die zur Analyse zur Verfügung stehen, können nicht immer direkt weiterverarbeitet werden. Z. B. sind zu viele oder zu wenige Abtastwerte entsprechend der Abtastfrequenz vorhanden, damit ein bestimmter Algorithmus angewendet werden kann, oder in dem anzuwendenden Verfahren muss die Abtastfrequenz verändert werden, wie dies z. B. bei der diskreten Wavelet-Transformation der Fall ist (siehe Unterunterabschnitt 5.3.3.2).

Bei stochastischen Signalen interessieren oft nicht die kleineren zufälligen Schwankungen im Signalverlauf, sondern eher der sich mit der Zeit verändernde Mittelwert, der vor der Verarbeitung durch ein gleitendes Mittelwert- bzw. Moving Average (MA)-Filter in einem vorgegebenen Zeitintervall zur Verfügung gestellt wird. Die Änderung der Abtastfrequenz kann in Matlab mit dem Befehl `resample()` durchgeführt werden. Dies geht aber auch durch Weglassen oder Hinzufügen von Abtastwerten mit anschließender Tiefpassfilterung, was in den folgenden Abschnitten gezeigt wird.

Änderung der Abtastfrequenz

Zur Änderung der Abtastfrequenz müssen prinzipiell zwei Fälle unterschieden werden: Entweder muss die Abtastfrequenz verkleinert oder vergrößert werden.

1. Soll die Abtastfrequenz verkleinert werden, darf wegen der notwendigen Einhaltung des Abtasttheorems Gleichung 5.7 die obere Grenzfrequenz des Signals nicht größer als die halbe Abtastfrequenz sein. Lässt man z. B. zur Verringerung der Ab-

---

4 Das Rundungsrauschen entsteht durch den Fehler, der bei der Digitalisierung durch Abschneiden oder Rundung im Zuge der Umwandlung eines exakten Abtastwertes in einen Abtastwert mit endlicher Genauigkeit auftritt.

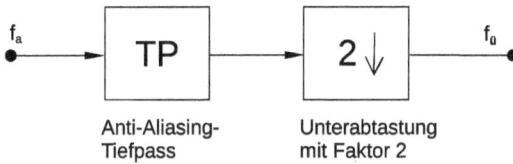

Abb. 5.8: Unterabtastung, wobei jeder zweite Abtastwert weggelassen wird und vorher durch einen Tiefpass die Einhaltung des Abtasttheorems sichergestellt wird

tastrate jeweils jeden zweiten Abtastwert weg, so hat sich die Abtastfrequenz halbiert, aber auch die maximal zulässige Grenzfrequenz des Signals, welche jetzt wegen des Abtasttheorems auch nur halb so groß sein darf. Vor dem Weglassen von Abtastwerten muss demnach geprüft werden, ob das Abtasttheorem noch eingehalten wird und falls nicht, muss die Grenzfrequenz mit einem Tiefpass verkleinert werden (siehe Abbildung 5.8).

2. Soll die Abtastfrequenz vergrößert werden, würde das prinzipiell bedeuten, dass man das analoge Signal wieder rekonstruiert und dann mit einer erhöhten Frequenz wieder abtastet. Es wäre also ein Interpolationstiefpass gemäß Abbildung 5.1 und Abbildung 5.7 und ein zusätzlicher Analog-/Digitalwandler notwendig. Es geht aber auch anders:

Zunächst werden zwischen den alten Abtastwerten je nach Anforderungen $M - 1$ zusätzliche zusätzliche Werte zwischen je zwei Abtastwerten entsprechend der neuen Abtastfrequenz eingefügt, die aber alle gleich null gesetzt werden (siehe Abbildung 5.9), d. h.

$$\tilde{f}_{T_a}(j) = f_{T_a}(j/M) \quad \text{für } j = i \cdot M$$
$$= 0 \quad \text{sonst.}$$

Die Abtastfrequenz wird also um das M-Fache erhöht und das Abtastintervall $T_{\ddot{u}} = T_a/M$ um das M-Fache verkleinert. Im Frequenzbereich erhält man dann gemäß der zeitdiskreten Fourier-Transformation nach Gleichung 5.9 für das Spektrum dieses Signals:

$$\tilde{F}_{T_a}(f) = \sum_{j=-\infty}^{\infty} \tilde{f}_{T_a}(j)e^{-j2\pi f j T_{\ddot{u}b}} = \sum_{i=-\infty}^{\infty} \tilde{f}_{T_a}(i \cdot M)e^{-j2\pi f i M T/M}$$

$$= \sum_{i=-\infty}^{\infty} f_{T_a}(i)e^{-j2\pi f i T_a} = F_{T_a}(f).$$

Achtung: Das Spektrum ändert sich nach Einfügung von M Nullen zwischen je zwei Abtastwerte nicht!

Da aber jetzt die Abtastfrequenz um das M-Fache vergrößert wurde, ändert sich auch die neue halbe Abtastfrequenz und damit befinden sich auch zusätzliche Spektralanteile im Signal, die durch einen Tiefpass unterdrückt werden müssen (siehe Abbildung 5.10).

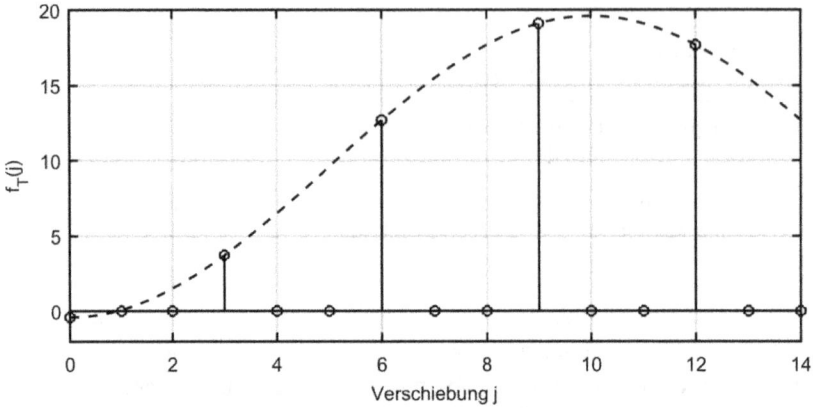

Abb. 5.9: Vorbereitung zur Erhöhung der Abtastfrequenz um das Dreifache durch Einfügung je zweier Werte zwischen den alten Abtastwerten, die aber alle gleich Null gesetzt werden.

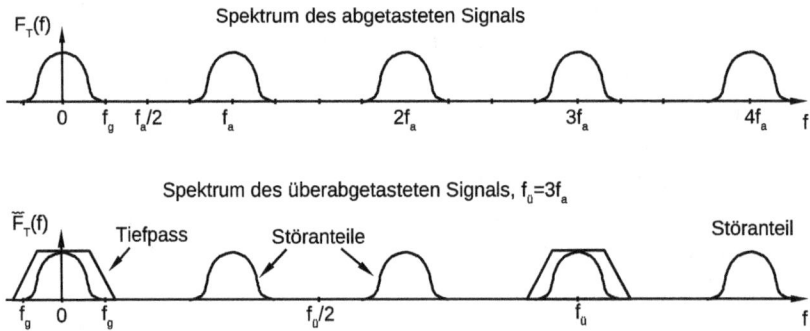

Abb. 5.10: Spektrum eines zeitdiskreten Signals bei dreifacher Überabtastung durch Hinzufügen von je zwei zusätzlichen Werten zwischen zwei Abtastwerten, die aber gleich Null sind, siehe Abbildung 5.9.

Nach erfolgreicher Unterdrückung dieser „Störanteile" im Spektrum durch einen Tiefpass (siehe Abbildung 5.11) erhält man dann neue zusätzliche Abtastwerte, die in der gleichen Weise das Signal interpolieren als wenn es vorher in ein zeitkontinuierliches Signal umgewandelt und dann erneut mit einer höheren Abtastfrequenz abgetastet worden wäre. Ein zusätzlicher Analog-/Digitalwandler erübrigt sich daher.

Mittelung von Signalen

Die zeitliche Mittelung von Signalen wird einerseits zur Tiefpassfilterung und andererseits zur Trennung der deterministischen und stochastischen Signalanteile eines Biosignals verwendet. Ein Biosignal lässt sich also als

$$s(k) = \mu(k) + \Sigma(k) \tag{5.32}$$

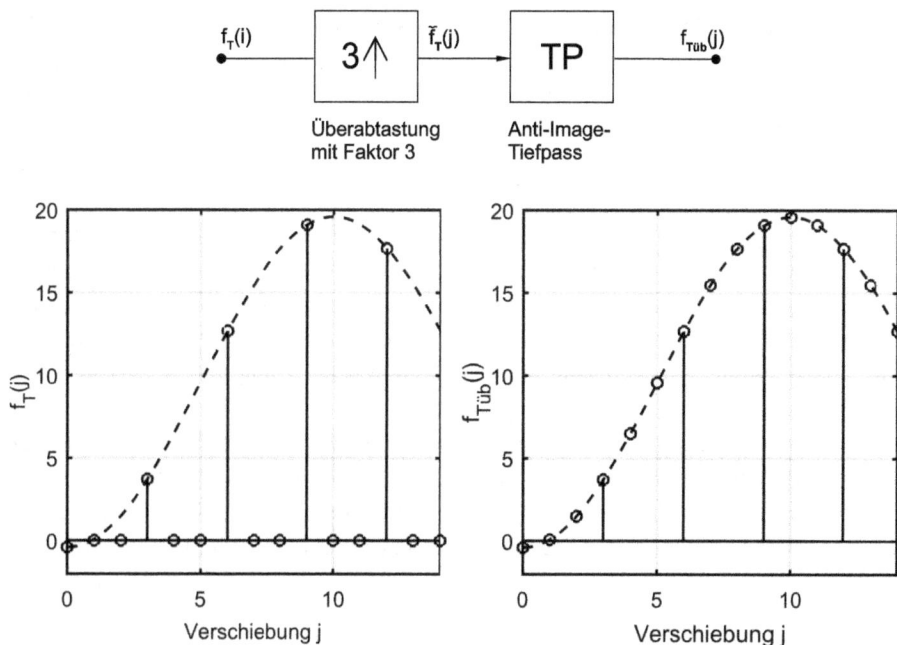

Abb. 5.11: Interpolationsbeispiel eines zeitdiskreten Signals mit Hilfe der Einfügung zweier Nullen zwischen je zwei Abtastwerten und anschließender Tiefpassfilterung.

schreiben, wobei $\mu(k)$ den instationären Mittelwert, also den deterministischen Anteil, und $\Sigma(k)$ den stochastischen Anteil beinhaltet.

Ist z. B. $s(k)$ das abgetastete Biosignal, so erhält man für das gemittelte Signal $s_M(k)$ bei einer Mittelung über $N + 1$ Abtastwerte:

$$s_M(k) = \frac{1}{N} \sum_{i=0}^{N} f(k - i), \quad \text{N: Filtergrad.} \tag{5.33}$$

Solche Mittelungsfilter können leicht durch ein nichtrekursives digitales Filter N-ten Grades realisiert werden, dessen Koeffizienten c_i, für $i = 0, \ldots, N$ alle den selben Wert $1/N$ besitzen (siehe Abbildung 5.35). Aufgrund der Mittelung über die Fensterbreite erfährt das abgetastete Signal eine mit $1/N$ veränderte Zeitbasis, d. h. die Abtastfrequenz wird geringer.

Neben dieser Mittelwertsfilterung über mehrere fortlaufende Funktionswerte durch eine Fensterung gibt es aber auch die Möglichkeit, über den gesamten Signalverlauf mehrerer Signale zu mitteln. Hat man beispielsweise mehrere Perioden eines Signals abgetastet, können diese durch Ausschneiden kohärent gemittelt werden. In diesem Fall erhält man für jeden Abtastwert des Signals einen Mittelwert und eine dazugehörige Varianz beziehungsweise Standardabweichung. Die Mittelwertskurve beschreibt dabei den deterministischen Anteil des Biosignals, wobei alle

Abweichungen in der Varianz zum Ausdruck kommen. Es ist damit also möglich, den Rauschanteil und Ausreißer ausfindig zu machen und vom Biosignal zu trennen, da sich diese Anteile stochastisch verhalten und deswegen bei der Summation herausgemittelt werden.

Bei periodischen Signalen unterscheidet man grundsätzlich in kohärente und nicht kohärente Mittelwertbildung. In der Praxis werden beispielsweise bei der Analyse von EEG-Signalen die meist sehr kleinen evozierten Potentiale aus dem dominanten Rauschanteil mit Hilfe einer getriggerten nichtkohärenten Mittelwertsbildung vieler Signale getrennt. Aber auch bei der Bestimmung eines charakteristischen Signalverlaufs einer oft wiederholten EMG-Messung für eine bestimmte Körperbewegung oder zur Ermittlung des Pulswellenverlaufs eines Photoplethysmogramms lässt sich das Verfahren anwenden.

Das Listing 5.3.1.1 zeigt ein Matlab-Skript für eine kohärente Mittelwertsbildung eines N-mal gemessenen, verrauschten Signalverlaufs $S_1(n) = \{s_1(n)\}, \ldots, S_N = \{s_N(n)\}$, in der dazugehörigen Abbildung 5.12 wird neben den Signalen das dazugehörige Spektrum und der Verlauf des Signal-Rausch-Verhältnisses in Abhängigkeit von N gezeigt.

Listing: 5.3.1.1 Matlab-Beispiel zur kohärenten Mittelung von Signalen.

```
T = 100;                        % Zeitdauer Signal
fa = 100;                       % Abtastfrequenz
Ta = 1/fa;                      % Abtastperiode
tn = 0:1/fa:T-1/fa;             % Zeitvektor zwischen 0 und T s


%% s, Kosinussignal mit additivem Rauschen
f = 1;
x = -0.5*sin(2*pi*f*tn)+0.*sin(2*2*pi*f*tn);% Summenschwingung
a = 0.2;                        % Rauschamplitude
n = randn(size(x));             % Zufallszahlen
s = x+(a*n);                    % Signal mit additivem Rauschen


subplot(4,2,1);                 % grafische Darstellung des Zeitsignals
plot(tn,x,'LineWidth',2); hold on;
plot(tn,s, '--'); grid on;
legend('ohne Rauschen', 'mit Rauschen')
xlabel('Zeit t /s');
ylabel('Amplitude');
axis([0 5 -1.2 1.2]);


subplot(4,2,2);                 % grafische Darstellung des Spektrums
[orig_Sor,f] = pwelch(x,[],[],[],fa);
```

```matlab
[orig_S,f] = pwelch(s,[],[],[],fa);
plot(f,20*log(orig_Sor), f,20*log(orig_S)); grid on;
legend('ohne Rauschen', 'mit Rauschen')
xlabel('Frequenz f / Hz');
ylabel('Amplitude / dB');
axis([0 10 -300 30]);

%% 5-fache kohaerente Mittelwertbildung von s
N = 5;
average_s=0;

for i=1:N
    n=randn(size(x));
    s=x+(a*n);
    average_s=s/N+average_s;
end

subplot(4,2,3);
plot(tn,average_s,'LineWidth',2); hold on;
plot(tn,s, '--'); grid on;
legend('gemittelt', 'mit Rauschen')
xlabel('Zeit t /s');
ylabel('Amplitude');
axis([0 5 -1.2 1.2]);

subplot(4,2,4);
[S,f] = pwelch(average_s,[],[],[],fa);
plot(f,20*log(S),f,20*log(orig_S)); grid on;
legend('gemittelt', 'mit Rauschen')
xlabel('Frequenz f / Hz');
ylabel('Amplitude / dB');
axis([0 10 -300 30]);

%% 50-fache kohaerente Mittelwertbildung von s
N = 50;
average_s=0;

for i=1:N
    n=randn(size(x));
    s=x+(a*n);
    average_s=s/N+average_s;
    SNR(i) = snr(average_s,fa,5,'aliased');
```

```
end

subplot(4,2,5);
plot(tn,average_s,'LineWidth',2); hold on;
plot(tn,s, '--'); grid on;
legend('gemittelt', 'mit Rauschen')
xlabel('Zeit t /s');
ylabel('Amplitude');
axis([0 5 -1.2 1.2]);

subplot(4,2,6);
[S,f]=pwelch(average_s,[],[],[],fa);
plot(f,20*log(S),f,20*log(orig_S)); grid on;
legend('gemittelt', 'mit Rauschen')
xlabel('Frequenz f / Hz');
ylabel('Amplitude / dB');
axis([0 10 -300 30]);

%% Grafische Darstellung des SNR
subplot(4,2,7:8);
plot(1:N,SNR)
xlabel('Anzahl Mittelungen N');
ylabel('SNR / dBc');
```

5.3.1.2 Die Auto- und Kreuzkorrelation

Die Korrelation beschreibt allgemein die Ähnlichkeit der Zufallsgrößen X_1 und X_2 und ist proportional zur Energie ihrer Differenz gemäß [49]

$$E[(X_1 - X_2)^2] = E[X_1^2] - 2\underbrace{E[X_1X_2]}_{R_{X_1X_2}} + E[X_2^2] \,. \tag{5.34}$$

Der Operator E bildet den Erwartungswert einer Zufallsgröße. Deshalb sind $E[X_1{}^2]$ und $E[X_2{}^2]$ die Erwartungswerte der quadrierten Zufallsgrößen X_1 bzw. X_2 und $E[X_1X_2]$ der Erwartungswert des Produktes der Zufallsgrößen. Dieses wird auch mit $R_{X_1X_2}$ gekennzeichnet und ist als deren zugehörige *Korrelation* definiert.

Die Zufallsgrößen sind oft Signale, die von der Zeit abhängen. Sind sie unterschiedlich, z. B. zwei verschiedene Messwerte, so wird $R_{X_1X_2}$ als *Kreuzkorrelation* bezeichnet. Handelt es sich um ein und dasselbe Signal, d. h. $X_1 = X_2 = X$, nur bei verschiedenen Messpunkten, so ist R_{XX} die zugehörige *Autokorrelation*.

Der Erwartungswert ist bei den Zufallsgrößen auch der Mittelwert, der entweder über eine große Schar (Scharmittelwert, z. B. Mittelwert bei mehreren gleichen Wür-

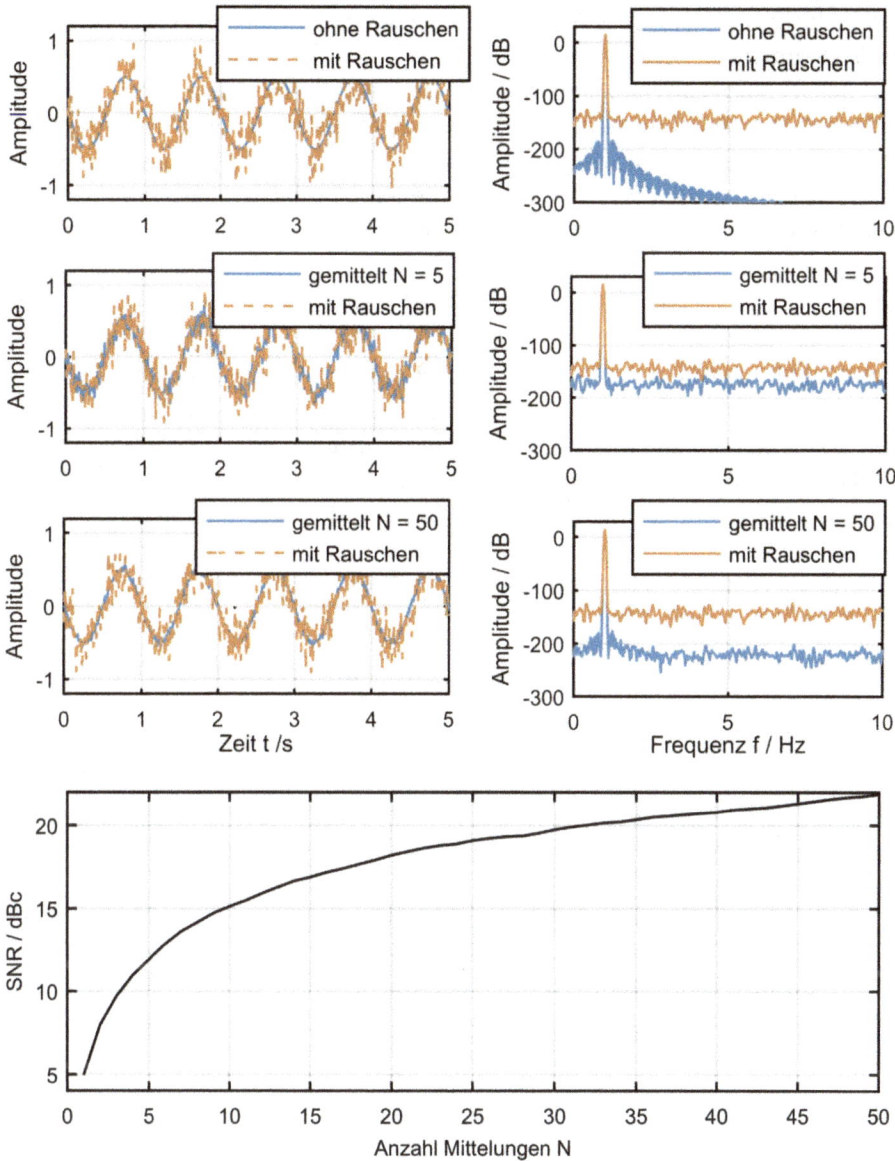

Abb. 5.12: Kohärente Mittelwertbildung am Beispiel eines verrauschten periodischen Signals (oben links): Nach einer 5-fachen (mittig links) und nach einer 50-fachen kohärenten Mittelung (unten links); die Spektren der Signale im Vergleich zum nicht verrauschten Signal (oben rechts) und den verrauschten Signalen (mittig rechts, unten rechts) zeigt deutlich die Reduktion des Signal-Rausch-Abstandes. Je größer die Anzahl der Mittelungen *N*, je besser das *SNR* in dBc (unten).

feln) oder über die Zeit (Zeitmittelwert, z. B. Mittelwert bei einem Würfel, wenn mehrmals gewürfelt wird) gebildet wird.

Bei der Biosignalverarbeitung werden in der Regel verschiedene zeitliche Mittelwerte von Messwerten untersucht, die z. B. durch Messungen mit Elektroden an verschiedenen Körperstellen wie beim EKG und EEG oder durch Messung von elektrischen Feldern bei der Computer- oder Magnetresonanztomographie entstehen können. Bei zeitdiskreten Signalen erhält man dann für die Korrelation $R_{X_1 X_2}$ allgemein:

$$R_{X_1 X_2} = \sum_{i=-\infty}^{\infty} \sum_{j=-\infty}^{\infty} X_{i1} X_{j2} P_{X_{i1} X_{i2}}(X_{i1}, X_{j2}) \, . \tag{5.35}$$

Dabei gibt $P_{X_{i1} X_{j2}}(X_{i1}, X_{j2})$ die Wahrscheinlichkeitsdichtefunktion dafür an, dass die Werte X_{i1} und X_{j2} gleichzeitig auftreten. Ist diese Funktion für alle Kombinationen X_{i1}, X_{i2} gleich groß, so ergibt sie sich einfach aus dem Kehrwert der Anzahl der Möglichkeiten – z. B. ist bei einem Würfel mit 6 Wurfmöglichkeiten {1 bis 6} die Wahrscheinlichkeit dafür, dass eine bestimmte Zahl gewürfelt wird $\frac{1}{6}$. Dann ergibt sich:

$$R_{X_1 X_2} = \lim_{L \to \infty} \frac{1}{(2L+1)^2} \sum_{i=-L}^{L} \sum_{j=-N}^{L} X_{i1} X_{j2} \, . \tag{5.36}$$

Die Wahrscheinlichkeitsdichtefunktion $P_{X_{i1} X_{j2}}(X_{i1}, X_{j2})$ kann dabei durch $1/(2L+1)^2$ ausgedrückt werden.

Bei der Autokorrelation wird in der Regel die Zeitabhängigkeit untersucht, und man erhält mit den Definitionen $X_i := X(t = t_i)$ und $X_j = X(t = t_i + \tau_j)$ bei Zusammenfassung aller Signalwerte mit der gleichen Differenz τ_j der Messzeitpunkte in einem Intervall mit $2N+1$ Werten:

$$R_{XX}(t_i, \tau_j) = \lim_{N \to \infty} \frac{1}{2N+1} \sum_{l=-N}^{N} X(t_i + t_l) X(t_i + t_l + \tau_j) \, . \tag{5.37}$$

In vielen Fällen ist die Autokorrelation nur von der Differenz τ_j der Messzeitpunkte abhängig und nicht von der absoluten Zeit t_i, zu der die Messung stattfand. Gleichung 5.37 kann deshalb wie folgt vereinfacht werden:

$$\check{R}_{XX}(\tau_j) = \lim_{N \to \infty} \frac{1}{2N+1} \sum_{k=-N}^{N} X(t_k) X(t_k + \tau_j) \tag{5.38}$$

oder noch einfacher:

$$\check{R}_{XX}(j) = \lim_{N \to \infty} \frac{1}{2N+1} \sum_{k=-N}^{N} X(k) X(k + j) \, . \tag{5.39}$$

Mittelwerteinflüsse

Bei der Analyse von Biosignalen ist es oft wichtig, die Korrelationen in den Änderungen einer Messgröße zu untersuchen anstatt die Messgröße selbst. Beispielsweise wird der Pulsschlag eines Herzens durch die Atmung beeinflusst. Dieser Einfluss könnte dann durch Berechnung der Autokorrelation ermittelt werden. Dieser pendelt dann um einen individuellen Mittelwert. Die interessanten Werte sind allerdings nur in den pendelnden Werten erkennbar und können oft schlecht bestimmbar sein wenn bei der Korrelation zusätzlich ein großer konstanter Wert ins Spiel kommt. Deshalb wird auch die Autokorrelation der Abweichungen vom Mittelwert verwendet, die als *Autokovarianz* $\mathcal{C}_{XX}(j)$ bezeichnet wird, und folgendermaßen definiert ist:

$$\mathcal{C}_{XX}(j) = \lim_{N \to \infty} \frac{1}{2N+1} \sum_{k=-N}^{N} \{X(k) - E[X]\}\{X(k+j) - E[X]\}, \qquad (5.40)$$

mit

$$E[X] := \frac{1}{2N+1} \sum_{k=-N}^{N} X(k). \qquad (5.41)$$

Den Zusammenhang zwischen Autokorrelation und Autokovarianz erhält man durch Zerlegung des Zufallssignals X in ein mittelwertfreies Zufallssignal $\tilde{X}(j)$ und dessen Mittelwert gemäß $X(\mu) = \tilde{X}(\mu) + E[X]$. Dann erhält man für die Autokorrelation $\mathcal{R}_{\tilde{X}\tilde{X}}(m)$ des mittelwertfreien Zufallssignals bzw. die Autokovarianz $\mathcal{C}_{XX}(j)$:

$$
\begin{aligned}
\mathcal{C}_{XX}(j) = \overline{R}_{\tilde{X}\tilde{X}}(j) &= E[\tilde{X}(\mu)\tilde{X}(\mu+j)] \\
&= E[(X(\mu) - E[X(\mu)])(X(\mu+j) - E[X(\mu+j)])] \\
&= E[X(\mu)(X(\mu+j)] - E[X(\mu)]E[X(\mu+j)] \\
&\quad - E[X(\mu)]E[X(\mu+j)] + E[X(\mu)]E[X(\mu+j)] \\
&= \underbrace{E[X(\mu)(X(\mu+j)]}_{\overline{R}_{XX}(j)} - E[X(\mu)]E[X(\mu+j)].
\end{aligned}
\qquad (5.42)
$$

Da weiterhin das Zufallssignal ergodisch[5] ist und damit der Erwartungswert zeitunabhängig, folgt wegen

$$E[X(\mu)] = E[X(\mu+j)] := E[X]:$$
$$\mathcal{C}_{XX}(j) = \overline{R}_{XX}(j) - (E[X])^2. \qquad (5.43)$$

Im Ergebnis entsteht das mittelwertfreie Zufallssignal $\mathcal{C}_{XX}(j)$ also schlicht dadurch, dass der quadratische Mittelwert $(E[X])^2$ von der Autokorrelationsfunktion abgezogen wird.

---

5 Ein Zufallssignal heißt ergodisch, wenn die Mittelwerte über die Schar und über die Zeit gleich sind.

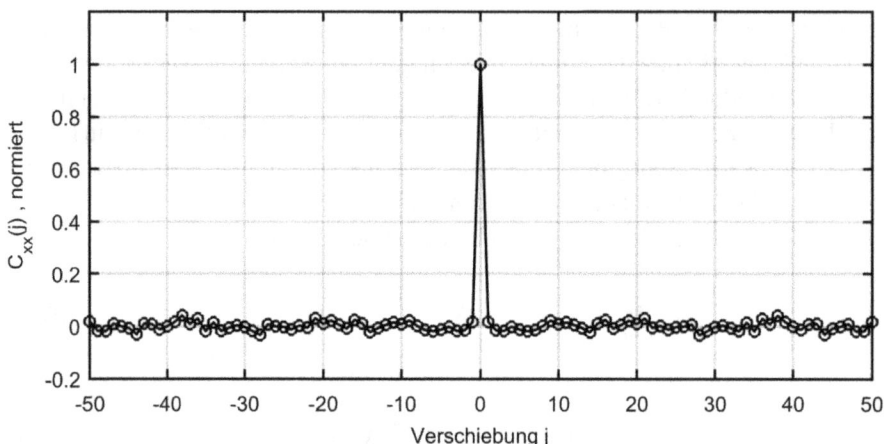

Abb. 5.13: Matlab-Beispiel für eine normierte Autokovarianz $C_{XX}(j)$ einer gaußverteilten mittelwertfreien Zufallszahlenfolge mit 5000 Werten und einer Varianz von Eins.

Redundanzfreie Biosignale

Ein redundanzfreies Signal liegt vor, wenn $X(\mu + j)$ für $j \neq 0$ von den vorhergehenden Messwerten $X(\mu)$ unabhängig ist:[6]

$$\overline{R}_{XX}(j) = E[X(\mu)X(\mu + j)] = E[X(\mu)] \cdot E[X(\mu + j)] = (E[X])^2 , \quad j \neq 0 .$$

Daraus folgt für die Autokovarianz $\mathcal{C}_{XX}(j)$ gemäß Gleichung 5.43:

$$\mathcal{C}_{XX}(j) = \begin{cases} E[X^2] - (E[X])^2 = \sigma_X^2 , & \text{bei } j = 0 \\ 0 , & \text{sonst} \end{cases}$$

$$= \sigma_X^2 \cdot \delta(j), \, \delta(j) : \quad \text{diskreter Einheitsimpuls.} \tag{5.44}$$

Somit ergibt sich, dass bei redundanz- und mittelwertfreien Signalen die Autokorrelation nur aus einem diskreten Einheitsimpuls besteht, der mit der Varianz σ_X^2 der Zufallsvariablen X gewichtet wird. Ein Beispiel für eine solche Kovarianzfunktion zeigt Abbildung 5.13. Hier wurde mit Matlab unter Verwendung der Funktion randn() eine normalverteilte mittelwertfreie Zufallszahlenfolge mit 5000 Werten erzeugt und anschließend mit xcov() deren Autokovarianz berechnet und auf einen Maximalwert von Eins normiert. Man sieht sehr deutlich, dass dabei die Funktion eines Einheitsimpulses (siehe Abbildung 5.15) entsteht, die umso besser angenähert wird, je mehr Werte die Zufallszahlenfolge besitzt. Ein anderes Beispiel zeigt Abbildung 5.14. Hier wird die Autokovarianz der Herzrate eines Menschen dargestellt. Die Ähnlichkeit zum

---

[6] Bei unabhängigen bzw. redundanzfreien Zufallssignalen ist der Erwartungswert des Produktes zweier Zufallssignale, z.B. A und B, gleich dem Produkt ihrer Erwartungswerte, d.h. $E[A \cdot B] = E[A] \cdot E[B]$.

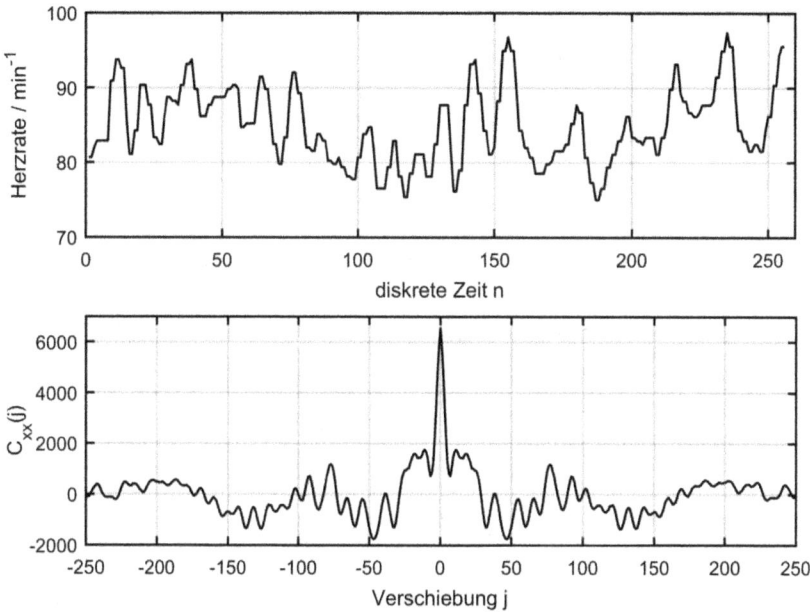

Abb. 5.14: Matlab-Darstellung der Herzrate eines Menschen (oben) mit zugehöriger Autokovarianz (unten) mit Hilfe der Zusatzunterlagen zu [6].

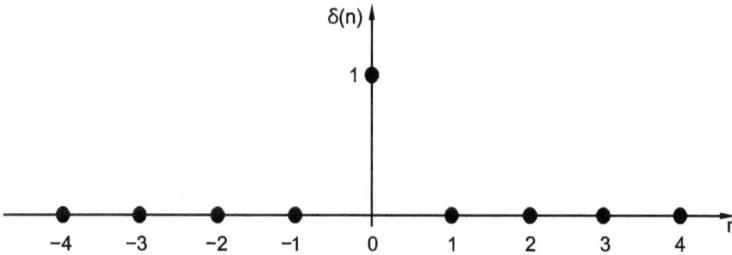

Abb. 5.15: Einheitsimpuls $\delta(n)$.

weißen Rauschen verschwindet, und man kann einen periodischen Verlauf erkennen. Dieser lässt sich z. B. durch den Einfluss der periodischen Atmung erklären, die die Herzrate ebenfalls periodisch verändert.

5.3.1.3 Lineare und zyklische Faltung

Bei der Faltung wird aus dem Eingangssignal mit Hilfe der Impulsantwort wie im analogen Fall das Ausgangssignal eines kausalen linearen Systems bestimmt. Bei einem linearen zeitdiskreten System gilt wie im Analogfall das *Superpositionsprinzip*, d. h., werden auf einen Eingang eines linearen zeitdiskreten Systems hintereinander zwei Signale gelegt und die zugehörigen Ausgangssignale erzeugt und anschließend ad-

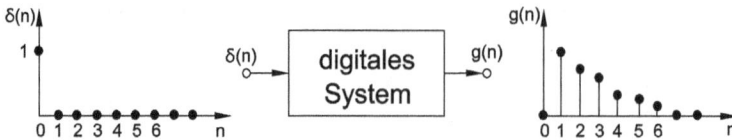

Abb. 5.16: Digitale Impulsantwort.

diert, so erhält man dasselbe Ausgangsergebnis auch dann, wenn die beiden Eingangssignale vorher addiert, die Summe auf den Eingang gegeben und anschließend das Ausgangssignal ermittelt wird. Oder in mathematischer Schreibweise bei zeitdiskreten Systemen formuliert: Ist

$$y(n) = T_a\{x(n)\}, \quad T_a: \text{Operator}, \tag{5.45}$$

so gilt

$$T_a\left\{\sum_{v=1}^{N} k_v \cdot x_v(n)\right\} = \sum_{v=1}^{N} k_v \cdot T_a\{x_v(n)\}. \tag{5.46}$$

Bei zeitinvarianten Systemen ändert sich ihre Eigenschaft nicht mit der Zeit. Dabei ist es gleich, wann ein bestimmtes Eingangssignal auf das System gegeben wird. Am Ausgang tritt dann immer das gleiche Signal auf. Dies ist z. B. nicht bei der mobilen Kommunikation mit einem Handy der Fall. In der Innenstadt ist der Empfang schlechter als auf einem freien Feld. Dieses Übertragungssystem ist dann bezüglich seiner Übertragungseigenschaften zeitvariant. Dann ist das Spektrum nicht nur von der Frequenz, sondern auch von der Zeit abhängig. Zur Planung der Netzabdeckung und Standardisierung wurden dazu verschiedene Modelle für die zugehörigen Übertragungskanäle entwickelt.

Bei der Berechnung der Faltung wird jedoch nicht wie im analogen Fall der Dirac-Impuls $\delta(t)$ benötigt, sondern der *Einheitsimpuls*. Der Einheitsimpuls wird aber nicht aus der „Abtastung" gewonnen, sondern hat an der Stelle $n = 0$ den Wert 1 und wird gemäß

$$\delta(n) = \begin{cases} 0 & \text{für } n \neq 0 \\ 1 & \text{für } n = 0 \end{cases} \tag{5.47}$$

definiert. Im Gegensatz zum analogen $\delta(t)$ wird in diesem Fall kein Übergang von einem Rechteckimpuls zu einem unendlich hohen Impuls mit verschwindender Breite mit einer Fläche von 1 benötigt. Der digitale Einheitsimpuls gemäß Gleichung 5.47 und Abbildung 5.15 hat also einen Wert, der der Fläche des analogen Dirac-Impulses entspricht und besitzt daher keine mathematische Besonderheit.

Als Grundlage für die digitale Faltung dient die digitale Impulsantwort $g(n)$. Diese ist das Ausgangssignal eines zeitdiskreten Systems, wenn an seinem Eingang der Einheitsimpuls $\delta(n)$ liegt (vgl. Abbildung 5.16).

Dadurch, dass bei einem linearen System das Superpositionsprinzip gilt, kann jedes zeitdiskrete Eingangssignal $x(n)$ auch als eine gewichtete Summe von Impulsantworten ausgedrückt werden. Dabei erhält man die zeitdiskrete Faltungssumme:

$$y(n) = \sum_{v=-\infty}^{\infty} x(v)g(n-v) = \sum_{\mu=-\infty}^{\infty} x(n-\mu)g(\mu), \quad \mu = n-v. \tag{5.48}$$

Diese Faltungssumme wird allgemein wie bei analogen Signalen durch den Operator „$*$" ausgedrückt, d. h. bei zwei diskreten Signalen x_1 und x_2 ist sie definiert als

$$x_1(n) * x_2(n) := \sum_{v=-\infty}^{\infty} x_1(v)x_2(n-v). \tag{5.49}$$

Erläuterndes Beispiel
Ein kausales zeitinvariantes System besitze die endliche Impulsantwort

$$g(0) = 1; \quad g(1) = 0{,}75; \quad g(2) = 0{,}5; \quad g(3) = 0{,}25; \quad g(i) = 0 \quad \text{für } i > 3.$$

Besteht ein kausales Eingangssignal $x(n)$ aus den Werten

$$x(0) = -1; \quad x(1) = 0{,}5; \quad x(2) = -0{,}25; \quad x(i) = 0 \quad \text{für } i > 2,$$

so erhält man für das endliche Ausgangssignal $y(n)$ gemäß Gleichung 5.48:

$$
\begin{aligned}
y(0) &= x(0)g(0) &&= -1 \\
y(1) &= x(0)g(1) + x(1)g(0) &&= -0{,}25 \\
y(2) &= x(0)g(2) + x(1)g(1) + x(2)g(0) &&= -0{,}375 \\
y(3) &= x(0)g(3) + x(1)g(2) + x(2)g(1) &&= -0{,}1875 \\
y(4) &= \qquad\quad x(1)g(3) + x(2)g(2) &&= 0 \\
y(5) &= \qquad\qquad\qquad\quad x(2)g(3) &&= -0{,}0625,
\end{aligned}
$$

bzw. durch ein Skalarprodukt mit Hilfe von Matrizen:

$$
\underbrace{\begin{bmatrix} y(0) \\ y(1) \\ y(2) \\ y(3) \\ y(4) \\ y(5) \end{bmatrix}}_{y} =
\underbrace{\begin{bmatrix} g(0) & 0 & 0 \\ g(1) & g(0) & 0 \\ g(2) & g(1) & g(0) \\ g(3) & g(2) & g(1) \\ 0 & g(3) & g(2) \\ 0 & 0 & g(3) \end{bmatrix}}_{\mathbf{Dr}\{g\}} \cdot
\underbrace{\begin{bmatrix} x(0) \\ x(1) \\ x(2) \end{bmatrix}}_{x} =
\begin{bmatrix} -1 \\ -0{,}25 \\ -0{,}375 \\ -0{,}1875 \\ 0 \\ -0{,}0625 \end{bmatrix}.
$$

Die Vektoren x und y enthalten die Werte für das Ein- bzw. Ausgangssignal. Die Matrix **Dr**{g} ist eine *Streifen-Dreiecksmatrix* und enthält pro Spalte die Werte der Impulsantwort, deren Werte in dem Vektor $g := [g(0), g(1), \ldots, g(N-1)]'$ zusammengefasst sind. Die Werte der Matrix $\mathbf{Dr}\{g\}$ in der i-ten Spalte sind gegenüber den Werten in der $i-1$-ten Spalte um einen Index nach unten verschoben.

Das Ausgangssignal $y(n)$ hat bei einer endlichen Impulsantwort $g(n)$ mit N Werten und einem endlichen Eingangssignal mit M Werten insgesamt $L = M + N - 1$ Werte. In unserem Beispiel ist $N = 4$ und $M = 3$, sodass man für dessen Länge den Wert $L = 3 + 4 - 1 = 6$ erhält. Eine zugehörige grafische Darstellung zeigt Abbildung 5.17.

Allgemein kann die zeitdiskrete Faltung bei einem endlichen Eingangssignal mit N Werten und einer Impulsantwort mit M Werten in Matrixform durch

$$
\underbrace{\begin{bmatrix} y(0) \\ y(1) \\ y(2) \\ \vdots \\ \vdots \\ y(L-1) \end{bmatrix}}_{y} = \underbrace{\begin{bmatrix} g(0) & 0 & 0 \\ g(1) & g(0) & 0 \\ \vdots & g(1) & g(0) \\ g(N-1) & \vdots & g(1) \\ 0 & g(N-1) & \vdots \\ 0 & 0 & g(N-1) \end{bmatrix}}_{\mathbf{Dr}\{g\}} \cdot \underbrace{\begin{bmatrix} x(0) \\ \vdots \\ x(M-1) \end{bmatrix}}_{x} \tag{5.50}
$$

beschrieben werden.

Bei periodischen Signalen benötigt man zur Faltung nicht die Antwort eines Systems auf *einen* Einheitsimpuls, sondern die einer *periodischen* Impulsfolge von Einheitsimpulsen mit einer bestimmten Periodenlänge N_p. Aus der Impulsantwort entsteht dann die Pulsantwort, wie in Abbildung 5.18 (mittig) dargestellt.

Ist die Periodenlänge N_p größer als die Länge N der Impulsantwort $g(n)$, so erhält man einfach die Pulsantwort $g_p(n)$ aus der Aneinanderreihung der Impulsantworten $g(n)$, die sich nach N_p Abtastwerten wiederholt. Ist dies nicht der Fall, so überlappen sich die einzelnen Impulsantworten, und aus der Pulsantwort kann nicht einfach durch Ausblenden einer Periode die Impulsantwort wieder ermittelt werden, siehe Abbildung 5.18 (unten).

Bei einem periodischen Eingangssignal muss die Faltungssumme (Gleichung 5.48) nicht von $n = -\infty$ bis ∞ gebildet werden. Hier genügt wie bei der Fourier-Reihe eine Periode, d. h.

$$
y(n) = \sum_{v=0}^{N_p-1} x(v)g_p(n-v) = \sum_{\mu=0}^{N_p-1} x(n-\mu)g_p(\mu), \quad \mu = n - v \tag{5.51}
$$

oder in Matrixform:

$$
\underbrace{\begin{bmatrix} y(0) \\ y(1) \\ \vdots \\ y(N_p-1) \end{bmatrix}}_{y} = \underbrace{\begin{bmatrix} g_p(0) & g_p(N_p-1) & \cdots & g_p(1) \\ g_p(1) & g(0)\cdots & \cdots & g_p(2) \\ \vdots & & \ddots & \ddots \\ g_p(N_p-1) & g_p(N_p-2) & \cdots & g_p(0) \end{bmatrix}}_{\mathbf{Zykl}\{g_p\}} \cdot \underbrace{\begin{bmatrix} x(0) \\ x(1) \\ \vdots \\ x(N_p-1) \end{bmatrix}}_{x} . \tag{5.52}
$$

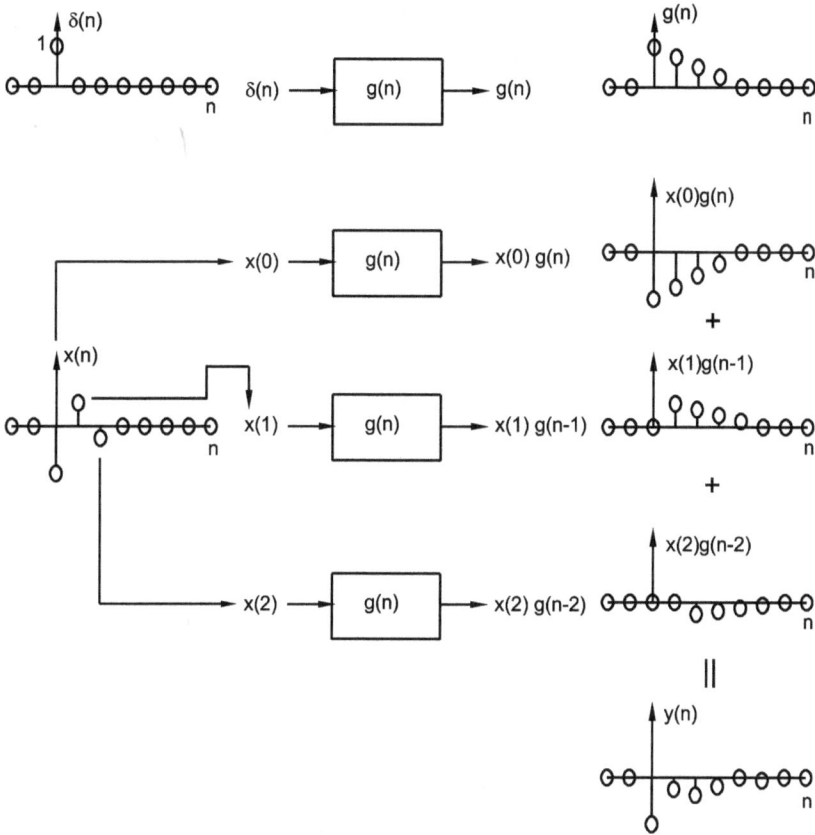

Abb. 5.17: Beispiel für eine diskrete Faltung gemäß Abschnitt 5.3.1.3, die durch eine gewichtete Summe von verschobenen Impulsantworten berechnet wird.

Die Matrix **Zykl**$\{g_\mathrm{p}\}$ ist zyklisch. Im Gegensatz zur linearen Faltung werden die Matrixelemente der i-ten Spalte gegenüber den Elementen der $i - 1$-ten Spalte zwar auch um einen Index nach unten verschoben, aber das durch die Verschiebung nach unten wegfallende Element der $i - 1$-ten Spalte wird in der i-ten Spalte oben wieder hinzugefügt, denn es dürfen pro Spalte nur N_p Elemente enthalten sein.

Erläuterndes Beispiel

Ein periodisch zeitinvariantes System besitze bei einer Periodenlänge von $N_\mathrm{p} = 3$ die Pulsantwort

$$g_\mathrm{p}(0) = 1 ; \quad g_\mathrm{p}(1) = 0{,}75 ; \quad g_\mathrm{p}(2) = 0{,}5$$

und das periodische Eingangssignal

$$x(0) = 2 ; \quad x(1) = 1 ; \quad x(2) = 0{,}5 .$$

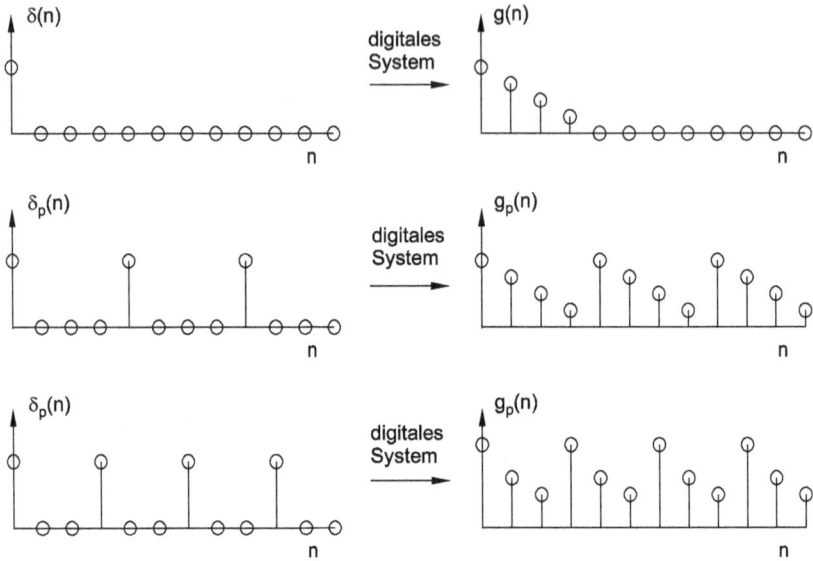

Abb. 5.18: Zeitdiskrete Pulsantwort mit einer Periodenlänge N_p: Diskrete Impulsantwort $g(n)$ mit $N = 4$ Werten (oben), Pulsantwort $g_p(n)$, $N_p = 4$ ohne $g(n)$-Überlappung (mittig), Pulsantwort $g_p(n)$, $N_p = 3$ mit $g(n)$-Überlappung (unten).

Dann erhält man für das endliche Ausgangssignal $y(n)$ gemäß Gleichung 5.51:

$$y(0) = x(0)g_p(0) + x(1)g_p(2) + x(2)g_p(1) = 3,125$$
$$y(1) = x(0)g_p(1) + x(1)g_p(0) + x(2)g_p(2) = 2,75$$
$$y(2) = x(0)g_p(2) + x(1)g_p(1) + x(2)g_p(0) = 2,25 ,$$

bzw. für die Vektoren x, y und die Matrix **Zykl**$\{g_p\}$:

$$\underbrace{\begin{bmatrix} y(0) \\ y(1) \\ y(2) \end{bmatrix}}_{y} = \underbrace{\begin{bmatrix} g_p(0) & g_p(2) & g_p(1) \\ g_p(1) & g_p(0) & g_p(2) \\ g_p(2) & g_p(1) & g_p(0) \end{bmatrix}}_{\textbf{Zykl}\{g_p\}} \cdot \underbrace{\begin{bmatrix} x(0) \\ x(1) \\ x(2) \end{bmatrix}}_{x} = \begin{bmatrix} 3,125 \\ 2,75 \\ 2,25 \end{bmatrix} .$$

5.3.2 Signalanalyse im Frequenzbereich

In Abschnitt 5.2 wurden verschiedene Transformationen (besonders die Fourier-Transformationen) beschrieben, mit denen ein Signal nicht nur in Abhängigkeit von der Zeit, sondern auch von anderen Variablen, z. B. der Frequenz f oder $z := e^{j2\pi fT}$ beschrieben werden kann. Bei dieser Darstellung im „Bildbereich", z. B. in f oder z, sind störende Signalanteile wie z. B. der 50-Hz-Netzbrumm, Grenzbereiche oder eine Grundlinienschwankung sowie Verschiebungen leichter zu erkennen als im Zeitbereich. Sie kann daher als wichtige Grundlage für den Filterentwurf genutzt werden. In

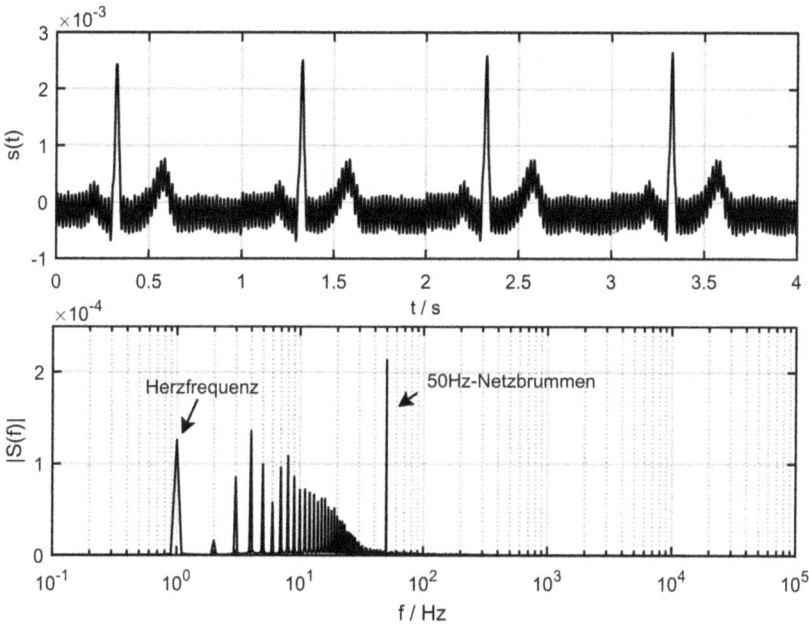

Abb. 5.19: Das EKG mit einem 50-Hz-Netzbrummen zeigt den Zeitbereich (oben) und das zugehörige Spektrum (unten). Bei 50 Hz ist eine deutliche Spektrallinie von über 200 µV zu erkennen, die durch das 50-Hz-Netzbrummen entsteht (Simulationsergebnis wurde mit LTspice erzeugt).

Abbildung 5.19 wird z. B. oben der Ausschnitt eines EKGs gezeigt, welches durch eine sinusförmige Schwingung gestört ist, die zugehörige Darstellung im Frequenzbereich ist unten gezeigt. Hier wird sehr deutlich sichtbar, dass die Herzrate (erste größere Spektrallinie) bei 1 Hz liegt, also der Puls einen Wert von 60 Schlägen pro Minute hat. Weiterhin erkennt man, dass bei 50 Hz eine deutliche Spektrallinie vorhanden ist, die durch den Einfluss eines 50-Hz-Netzbrummens entstanden ist. Im Zeitbereich (oben), erkennt man zwar diese Störung auch, kann aber nicht so gut deren Art ermitteln, was im Frequenzbereich besser gelingt. Da die Spektralkomponenten der 50-Hz-Störung relativ weit vom Frequenzbereich des EKGs entfernt sind, könnte man diese durch eine Bandsperre mit einer Mittenfrequenz von 50 Hz gut unterdrücken, wenn deren Bandbreite so schmal ist, dass keine EKG-Anteile verloren gehen.

Bei einem linearen zeitinvarianten System kann im Zeitbereich die Impulsantwort verwendet werden, um mit Hilfe der diskreten Faltung das Ausgangssignal zu ermitteln. Dies geht bei der Bestimmung des Ausgangssignals bei gegebenem Eingangssignal im „Bildbereich" oft wesentlich einfacher. Z. B. werden bei der Darstellung eines periodischen Signals mit Hilfe der Fourier-Reihe eine Summe von Sinusschwingungen verwendet. Werden diese an den Eingang eines linearen zeitinvarianten Systems angelegt, so erhält man am Ausgang aus jeder einzelnen Sinusschwingung des Eingangssignals ebenfalls eine Sinusschwingung mit der gleichen Frequenz, jedoch

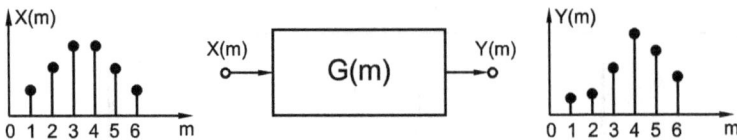

Abb. 5.20: Zeitdiskretes lineares System mit Darstellung im Bildbereich durch seine Übertragungsfunktion.

mit unterschiedlicher Amplitude und Phase. Diese Unterschiede werden nach Betrag und Phase durch die komplexe Übertragungsfunktion $G(m) = |G(m)|e^{j\varphi(m)}$ beschrieben (vgl. Abbildung 5.20). Diese Übertragungsfunktion ist bei einem periodischen Eingangssignal im Bildbereich ebenfalls diskret. Der Zusammenhang zwischen Ein- und Ausgangssignal kann dann für eine Periode mit N_p Frequenzpunkten durch die Matrix-Gleichung

$$\underbrace{\begin{bmatrix} Y(1) \\ Y(2) \\ \vdots \\ Y(N_\mathrm{p}) \end{bmatrix}}_{Y} = \underbrace{\begin{bmatrix} G(0) & 0 & \cdots & 0 \\ 0 & G(2) & \cdots & 0 \\ \vdots & \vdots & \ddots & \vdots \\ 0 & 0 & \cdots & G(N_\mathrm{p}) \end{bmatrix}}_{G} \cdot \underbrace{\begin{bmatrix} X(1) \\ X(2) \\ \vdots \\ X(N_\mathrm{p}) \end{bmatrix}}_{X} \tag{5.53}$$

beschrieben werden. X und Y sind Vektoren und enthalten die Ein- und Ausgangssignale, $\mathbf{G}$ ist eine $\mathbf{N_p} \times \mathbf{N_p}$-Diagonalmatrix, deren Diagonalelemente die Werte der Übertragungsfunktion verkörpern. Mit Hilfe der Matrixform für die Fourier-Transformation in Gleichung 5.24 kann nun einfach durch Anwendung der Matrizenrechnung die Rücktransformation in den Zeitbereich erfolgen, d. h. wegen $x = \mathbf{W}^{-1} \cdot X$ und $Y = \mathbf{W} \cdot y$ folgt aus

$$Y = \mathbf{W} \cdot y = \mathbf{G} \cdot X = \mathbf{G} \cdot \mathbf{W} \cdot x \tag{5.54}$$

und durch Linksmultiplikation mit der inversen Fourier-Matrix $\mathbf{W}^{-1}$:

$$y = \underbrace{\mathbf{W}^{-1} \cdot \mathbf{G} \cdot \mathbf{W}}_{\mathbf{Zykl}\{g_\mathrm{p}\}} \cdot x \,. \tag{5.55}$$

Es ergibt sich also durch Matrixrechnung eine Beziehung zwischen Ein- und Ausgangssignal im Zeitbereich, die mit Gleichung 5.52 identisch ist.[7]

Erläuterndes Beispiel
Zur einfachen Verdeutlichung der Darstellung im Frequenzbereich mit dortiger Filterung von Spektralanteilen soll bei einem Audiosignal eine Sinusschwingung mit

---

7 Es lässt sich mathematisch beweisen, dass durch Multiplikation einer Diagonalmatrix von links mit der inversen Fourier-Matrix $\mathbf{W}^{-1}$ von rechts mit der Fourier-Matrix $\mathbf{W}$ eine *zyklische* Matrix entsteht.

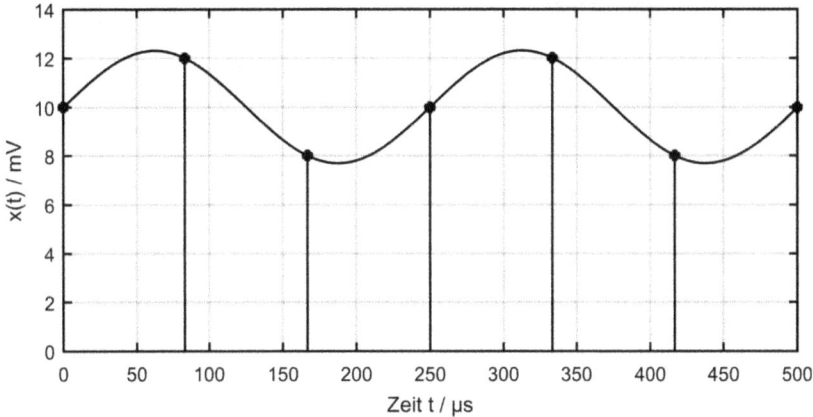

Abb. 5.21: Sinusschwingung von 4 kHz mit einem Gleichanteil von 10 mV, die mit einer Frequenz von 12 kHz abgetastet wird.

4 kHz, einer Amplitude von 2.31 mV und einem Gleichanteil von 10 mV gemäß

$$x(t) = 10\,\text{mV} + 2.31\,\text{mV} \cdot \sin(2\pi\,4\,\text{kHz}\,t)$$

mit 12 kHz abgetastet sowie mit Hilfe eines *idealen* zeitdiskreten Hochpasses mit rein reeller Übertragungsfunktion und einer Grenzfrequenz von 2 kHz der Gleichanteil unterdrückt werden.

Bei einer Abtastfrequenz von 12 kHz erhält man pro Periode folgende drei Werte, vgl. Abbildung 5.21:

$$x(t = 0\,\mu s) = x(0) = 10$$
$$x(t = 83.33\,\mu s) = x(1) = 12$$
$$x(t = 166.66\,\mu s) = x(2) = 8\,.$$

Da es sich hier um ein periodisches Signal handelt, kann die Berechnung des Spektrums mit Hilfe der Fourier-Matrix erfolgen und man erhält wie im Beispiel der Gleichung 5.26:

$$\underbrace{\begin{bmatrix} X(0) \\ X(1) \\ X(2) \end{bmatrix}}_{X} = \underbrace{\begin{bmatrix} 1 & 1 & 1 \\ 1 & e^{-j2\pi/3} & e^{-j4\pi/3} \\ 1 & e^{-j4\pi/3} & e^{-j8\pi/3} \end{bmatrix}}_{W} \cdot \underbrace{\begin{bmatrix} x(0) = 10 \\ x(1) = 12 \\ x(2) = 8 \end{bmatrix}}_{x} = \begin{bmatrix} 30 \\ -j3{,}64 \\ j3{,}64 \end{bmatrix}.$$

Das periodische Spektrum zeigt Abbildung 5.22. Man erkennt, dass der Gleichanteil durch eine reelle Spektrallinie bei der Frequenz $f = 0\,\text{Hz}$ ersichtlich ist. Um diese zu unterdrücken, muss der zeitdiskrete Hochpass eine Übertragungsfunktion **G** besitzen, die keinen Gleichanteil durchlässt. Bei den anderen Frequenzen kann eine Verstärkung von Eins gewählt werden, d. h. bei der Beziehung zwischen Ausgangs- und Eingangsspektrum gemäß Gleichung 5.53 wird $G(0) = 0$, $G(1) = 1$ und $G(2) = 1$ gewählt,

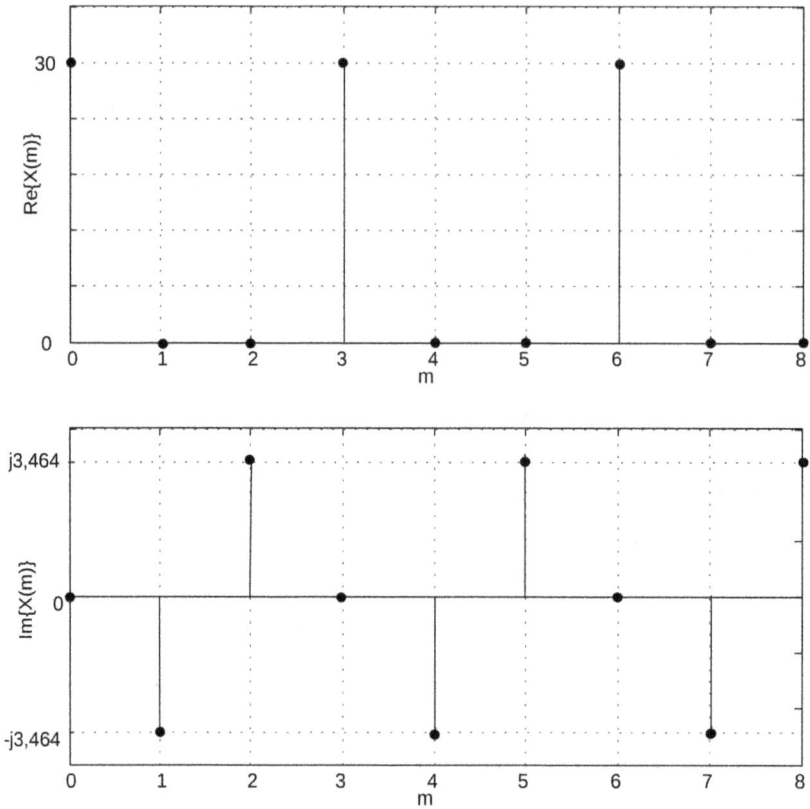

Abb. 5.22: Spektrum des Signals gemäß Abbildung 5.21 zeigt den Realteil (oben) und den Imaginärteil (unten). Das Spektrum ist mit der Abtastfrequenz von 12 kHz periodisch und besitzt innerhalb einer Periode drei Spektrallinien, d. h. in der ersten Periode bei $m = 0, f = 0$ kHz, $m = 1, f = 4$ kHz und $m = 2, f = 8$ kHz.

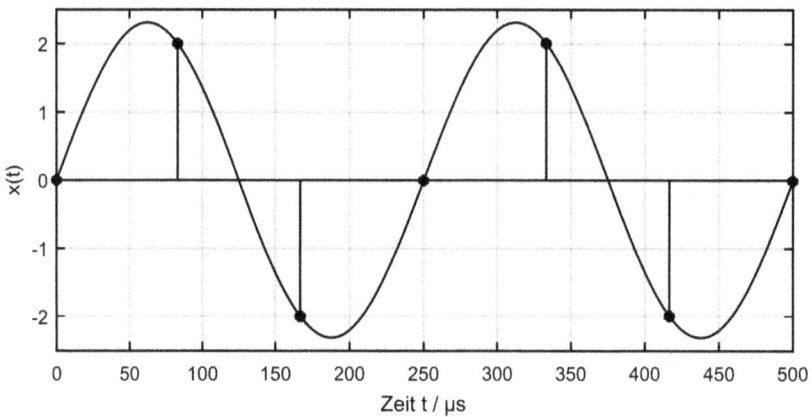

Abb. 5.23: Gefiltertes Sinussignal mit Gleichanteil, vgl. Abbildung 5.21.

d. h.

$$
\begin{bmatrix} Y(0) \\ Y(1) \\ Y(2) \end{bmatrix} = \mathbf{G} \cdot X = \begin{bmatrix} 0 & 0 & 0 \\ 0 & 1 & 0 \\ 0 & 0 & 1 \end{bmatrix} \cdot \begin{bmatrix} 30 \\ -j3{,}64 \\ j3{,}64 \end{bmatrix} = \begin{bmatrix} 0 \\ -j3{,}64 \\ j3{,}64 \end{bmatrix} .
$$
$$\underbrace{}_{Y}$$

Dann folgt durch Anwendung der inversen Fourier-Transformation auf das Spektrum des Ausgangssignals Y gemäß Gleichung 5.24 im Zeitbereich:

$$
y = \mathbf{W}^{-1} \cdot Y = \frac{1}{3} \underbrace{\begin{bmatrix} 1 & 1 & 1 \\ 1 & e^{j2\pi/3} & e^{j4\pi/3} \\ 1 & e^{j4\pi/3} & e^{j8\pi/3} \end{bmatrix}}_{\mathbf{W}^{-1}} \cdot \underbrace{\begin{bmatrix} 0 \\ -j3{,}64 \\ j3{,}64 \end{bmatrix}}_{Y} = \begin{bmatrix} 0 \\ 2 \\ -2 \end{bmatrix} .
$$

Aus den Werten 10, 12 und 8 des abgetasteten sinusförmigen Eingangssignals mit Gleichanteil haben wir nun nach Filterung mit einem idealen Hochpass für das Ausgangssignal die Werte 0, 2 und −2 erhalten, was einem abgetasteten Sinussignal *ohne* Gleichanteil entspricht, vgl. Abbildung 5.23.

Anmerkung

Das Ausgangssignal $y(n)$ kann auch direkt durch zyklische Faltung bestimmt werden. Dazu benötigt man aber die Pulsantwort $g(n)$[8], die man analog zu zeitkontinuierlichen Signalen durch Fourier-Rücktransformation des Übertragungsvektors $G := [G(0), G(1), G(2)]^{\mathrm{T}}$ erhält:

$$
\underbrace{\begin{bmatrix} g(0) \\ g(1) \\ g(2) \end{bmatrix}}_{g} = \frac{1}{3} \underbrace{\begin{bmatrix} 1 & 1 & 1 \\ 1 & e^{j2\pi/3} & e^{j4\pi/3} \\ 1 & e^{j4\pi/3} & e^{j8\pi/3} \end{bmatrix}}_{\mathbf{W}^{-1}} \cdot \underbrace{\begin{bmatrix} G(0) = 0 \\ G(1) = 1 \\ G(2) = 1 \end{bmatrix}}_{G} = \frac{1}{3} \begin{bmatrix} 2 \\ -1 \\ -1 \end{bmatrix} .
$$

Nun kann gemäß Gleichung 5.52 die zyklische Faltung durchgeführt werden:

$$
\underbrace{\begin{bmatrix} y(0) \\ y(1) \\ y(2) \end{bmatrix}}_{y} = \frac{1}{3} \underbrace{\begin{bmatrix} 2 & -1 & -1 \\ -1 & 2 & -1 \\ -1 & -1 & 2 \end{bmatrix}}_{\mathbf{Zykl}\{g\}} \cdot \underbrace{\begin{bmatrix} 10 \\ 12 \\ 8 \end{bmatrix}}_{x} = \begin{bmatrix} 0 \\ 2 \\ -2 \end{bmatrix} .
$$

Wie man erkennt, sind die durch Fourier-Rücktransformation und zyklische Faltung gewonnenen Ergebnisse identisch. Die zyklische Faltung ist im Gegensatz zum zeitkontinuierlichen Bereich bei der digitalen Darstellung weniger aufwendig und wesentlich einfacher zu berechnen.

---

8 Da ja bekannt ist, dass Signal und Übertragungsfunktion periodisch sind, wird in diesem Beispiel der Index p bei g_{p} und $\mathbf{G}_{\mathrm{p}}$ zur Vereinfachung weggelassen.

Bei vielen gemessenen Biosignalen besteht das ungewollte Störsignal nicht nur, wie in Abbildung 5.19 gezeigt, aus einem sinusförmigen 50-Hz-Netzbrumm, der sich gut im Frequenzbereich erkennen und mit Hilfe eines Filters unterdrücken lässt. Vielmehr treten auch rauschförmige Störsignale (z. B. durch elektromagnetische Strahlungsquellen wie Neonlampen, TV- und Radiosender oder Handys) auf, die sich nicht genau beschreiben lassen und von denen nur die Leistung oder statistische Größen wie z. B. die Korrelation gemessen werden können. Auch diese Größen können im Frequenzbereich untersucht werden. Zwischen der Autokorrelation und der Leistungsdichte[9] (oder Energiedichte) besteht ein enger Zusammenhang, der wie folgt beschrieben werden kann:

Die Faltungssumme (Gleichung 5.49) kann wie bei der Berechnung des Ausgangssignals durch Faltung eines Eingangssignals mit der Impulsantwort eines digitalen Systems (vgl. Abbildung 5.16) allgemein so interpretiert werden, dass ein Signal, z. B. x_1, das Eingangssignal ist und das andere, x_2, die Impulsantwort eines linearen digitalen Systems. Im Frequenzbereich bedeutet dies, dass zur Ermittlung des Ausgangsspektrums X_2 das Eingangsspektrum mit der Übertragungsfunktion **G** multipliziert wird, bzw. in abgekürzter Schreibweise:

$$x(\tilde{n}) := x_1(\tilde{n}) * x_2(\tilde{n}) \circ\!\!-\!\!\bullet X_1(m) \cdot X_2(m) \,, \tag{5.56}$$

mit

$$x_1(\tilde{n}) * x_2(\tilde{n}) := \sum_{\tilde{v}=-\infty}^{\infty} x_1(\tilde{v}) x_2(\tilde{n} - \tilde{v}) \,. \tag{5.57}$$

Mit Hilfe der Substitution $n := -\tilde{v}$ und $v := \tilde{n}$ ergibt sich:

$$\sum_{n=\infty}^{-\infty} x_1(-n) x_2(v + n) = \sum_{n=-\infty}^{\infty} x_1(-n) x_2(v + n) \,. \tag{5.58}$$

Gilt weiterhin $x_1(-n) := x(n)$ und $x_2(n + v) := x(n + v)$, so folgt

$$x(\tilde{n}) = \sum_{n=-\infty}^{\infty} x_1(-n) x_2(v + n) = \sum_{n=-\infty}^{\infty} x(n) x(v + n) = \tilde{R}_{XX}(v) \,. \tag{5.59}$$

Ergebnis

Die mittlere Autokorrelationsfunktion $\overline{R}_{XX}(v)$ kann daher als eine Faltung der Funktion $x_1(n) = x(-n)$ mit der Funktion $x_2(n) = x(n)$ interpretiert werden.

Durch Einfügung in Gleichung 5.56 ergibt sich weiterhin zwischen Zeit- und Frequenzbereich der Zusammenhang:

$$\tilde{R}_{XX}(v) \circ\!\!-\!\!\bullet X_1(m) \cdot X_2(m) = F(x(-v)) \cdot \mathcal{F}(x(v)) \,. \tag{5.60}$$

---

[9] Die Leistungsdichte gibt die Leistung/Frequenz für ein Signal mit endlicher Leistung (z. B. Sinusschwingung), die Energiedichte die Leistung/Frequenz für ein Signal mit endlicher Energie (z. B. Impuls) an.

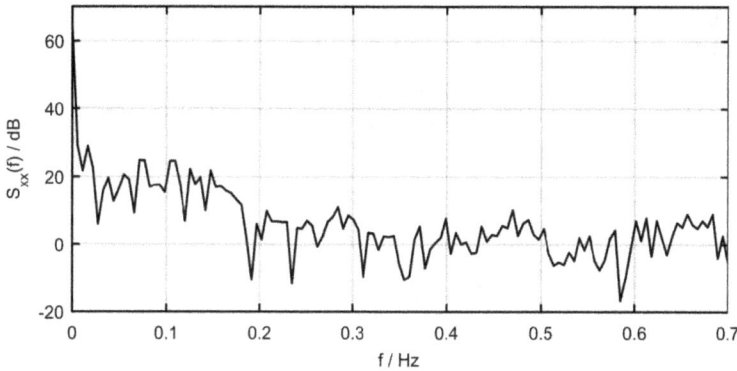

Abb. 5.24: Leistungsdichteberechnung der Herzratenvariabilität nach dem in Abbildung 5.14 angegebenen Beispiel mit Hilfe des Betragsquadrates der schnellen Fourier-Transformation.

Wegen

$$x(n) \circ\!\!-\!\!\bullet X(m) \quad \text{und}$$

$$x(-n) \circ\!\!-\!\!\bullet X^*(m) \quad \text{(Ähnlichkeitssatz)}$$

folgt dann daraus ebenfalls:

$$\overline{R}_{XX}(\nu) \circ\!\!-\!\!\bullet X^*(m)X(m) = |X(m)|^2 = S_{XX}(m) \tag{5.61}$$

mit $S_{XX}(m)$ als spektraler Leistungs- bzw. Energiedichte.

Weiteres Ergebnis

Die Fourier-Transformation der mittleren Autokorrelationsfunktion $\overline{R}_{XX}(\nu)$ ist die spektrale Leistungs- bzw. Energiedichte $S_{XX}(m)$, d. h. analog zu Gleichung 5.23 gilt bei diskreten Signalen in einem Bereich mit N Werten (z. B. periodisches Signal oder Ausschnitt durch Fensterung):

$$\overline{R}_{XX}(\nu) = \frac{1}{N}\sum_{m=0}^{N-1} S_{XX}(m)e^{j2\pi\nu m/N} , \quad S_{XX}(m) = \sum_{\nu=0}^{N-1}\overline{R}_{XX}(\nu)e^{-j2\pi\nu m/N} . \tag{5.62}$$

Dies bedeutet, dass aus der Messung eines statistisch verteilten Störsignals vermittels der Autokorrelation oder Autokovarianz dessen spektrale Leistungsdichte bestimmt werden kann. Aus dieser lässt sich dann wegen $S_{XX}(m) = |X(m)|^2$ das Betragsspektrum $|X(m)|$ bestimmen, aber nicht der Phasenverlauf. Zum Beispiel zeigt Abbildung 5.24 die Leistungsdichte der Änderungen des in Abbildung 5.14 dargestellten Pulsschlags. Man sieht dabei deutlich einen hohen Gleichanteil (Spektralanteil bei $f = 0$ Hz), der dadurch entsteht, dass der Pulsschlag um einen bestimmten Mittelwert, etwa 84 Schläge pro Minute variiert, und diese Variation hauptsächlich bis ca. 0.3 Hz vorhanden ist. Zur Berechnung kann man in Matlab mit Hilfe der Funktion fft()

die schnelle Fourier-Transformation bei der Herzratenvariabilität anwenden und danach gemäß Gleichung 5.61 durch Quadrieren des Betragsspektrums die spektrale Leistungsdichte bestimmen. Oder man kann mit Hilfe der Funktion xcorr() zunächst die Autokorrelation ermitteln und anschließend die schnelle Fourier-Transformation benutzen und dadurch ohne Quadrieren die spektrale Leistungsdichte berechnen. Eine dritte Möglichkeit gibt es durch Anwendung der Funktion periodogram() auf die Herzvariabilität, was am einfachsten ist – denn ihr kann die Herzratenvariabilität direkt als Argument übergeben werden, und man braucht weder eine Autokorrelation noch das Quadrat einer Fourier-Transformation zu berechnen.

5.3.3 Signalanalyse im kombinierten Zeit-Frequenz-Bereich

Bei der Darstellung von Signalen in einem Bildbereich (z. B. Frequenz von Sinusschwingungen oder Skalierung von Rechtecksignalen) wird ein nicht periodisches Signal in einem Bereich von $-\infty$ bis $+\infty$ benötigt, wie z. B. bei der zeitdiskreten Fourier-Transformation nach Gleichung 5.9 oder beim Fourier-Integral im zeitkontinuierlichen nicht periodischen Bereich nach folgender Gleichung, für die $f(t)$ und $F(f)$ beliebige nicht periodische Signale im Zeit- und Frequenzbereich seien:

$$f(t) = \int_{-\infty}^{\infty} F(f)e^{j2\pi ft}df \,, \quad F(f) = \int_{-\infty}^{\infty} f(t)e^{-j2\pi ft}dt \,. \tag{5.63}$$

Diese integrale Größe erhält keine Aussage darüber, wann ein bestimmtes Ereignis im Signalverlauf stattgefunden hat, sondern nur einen spektralen Mittelwert. Z. B. müsste man ein Phonokardiogramm (PKG) von Anfang bis Ende aufnehmen und wüsste hinterher nicht, wann ein bestimmter Herzton aufgetreten ist. Dies ist natürlich für die Herztonerkennung sehr ungünstig, und idealerweise möchte der Arzt nicht nur die genaue Frequenz, sondern eben auch die Zeit des Auftretens wissen. Doch dies ist aus folgenden Gründen nicht möglich:

Um ein gewisses Zeitintervall um einen bestimmten Zeitpunkt t_0 herum zu untersuchen, dürfte nur in diesem Bereich ein Signal vorhanden sein. Dies kann man dadurch erreichen, dass das Signal mit einer Fensterfunktion $w(t - t_0)$ multipliziert wird, welche diesen Bereich ausblendet. D. h. das ausgeblendete Signal $f_w(t)$ ergibt sich dann zu

$$f_w(t) = w(t) \cdot f(t) \,. \tag{5.64}$$

Im Allgemeinen ist $w(t)$ eine Funktion, die um den Zeitpunkt t_0 herum symmetrisch ist, z. B. eine Rechteck- oder Gaußfunktion. Im Frequenzbereich muss dann das Spektrum mit der frequenztransformierten Funktion $W(t)$ der Fensterfunktion $w(t)$ gefaltet werden; d. h.

$$F_w(f) = W(f) * F(f) \,. \tag{5.65}$$

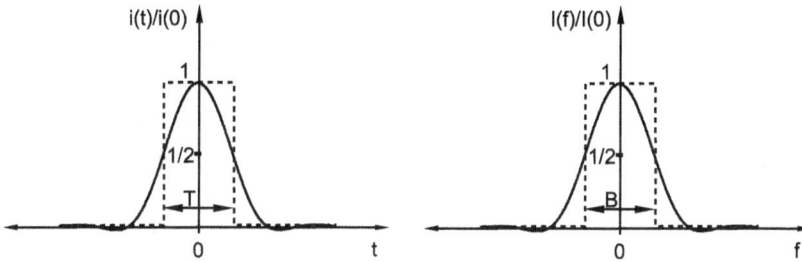

Abb. 5.25: Impulsbreite im Zeit- und Frequenzbereich, die über gleiche Flächen eines Rechteckimpulses definiert wird.

Das nun durch Faltung entstehende Spektrum hat natürlich auch eine Breite, die von der Breite des Spektrums der Fensterfunktion $W(f)$ beeinflusst wird. Das Spektrum der Fensterfunktion $W(f)$ kann eine ähnliche Form besitzen wie die Fensterfunktion $w(t)$ im Zeitbereich. Kann z. B. $w(t)$ durch einen Gaußimpuls beschrieben werden, so kann dies beim zugehörigen Spektrum $W(f)$ ebenfalls geschehen – ein Gaußimpuls $i(t)$ im Zeitbereich erzeugt auch im Frequenzbereich einen Gaußimpuls $I(f)$. Leider ist die Breite des Spektrums der Fensterfunktion im Frequenzbereich groß, wenn die Breite der Fensterfunktion $w(t)$ im Zeitbereich klein ist, und umgekehrt. Dies kann durch Untersuchung einer Impulsbreite im Zeit- und Frequenzbereich gezeigt werden. Wird die Impulsbreite nach der Breite eines flächengleichen Rechteckimpulses definiert (vgl. Abbildung 5.25), so folgt:

$$T = \frac{1}{i(0)} \cdot \int_{-\infty}^{\infty} i(t)\, dt\,, \tag{5.66}$$

$$B = \frac{1}{I(0)} \cdot \int_{-\infty}^{\infty} I(f)\, df. \tag{5.67}$$

Durch Anwendung der Fourier-Transformation (Gleichung 5.63) ergibt sich für den Zeitpunkt $t = 0$ und die Frequenz $f = 0$

$$I(0) = \int_{-\infty}^{\infty} i(t)e^{-j0t}\, dt = \int_{-\infty}^{\infty} i(t)\, dt\,, \tag{5.68}$$

$$i(0) = \int_{-\infty}^{\infty} I(f)e^{j2\pi f0}\, df = \int_{-\infty}^{\infty} I(f)\, df\,, \tag{5.69}$$

und man erhält das Ergebnis

$$I(0) = T \cdot i(0)\,; \quad i(0) = B \cdot I(0)\,. \tag{5.70}$$

Einsetzen liefert schließlich die gesuchte Beziehung zwischen den Impulsbreiten im Zeit- und Frequenzbereich

$$B \cdot T = 1\,. \tag{5.71}$$

Damit ist die Bandbreite B eines Impulses gleich dem Kehrwert seiner zeitlichen Impulsbreite T und umgekehrt. Ein schmales Fenster im Zeitbereich erzeugt demnach ein breites Fenster im Frequenzbereich. Möchte man also genau wissen, wann z. B. ein Herzton auftritt, so kann dies durch kontinuierliches Verschieben eines Zeitfensters durch Variation von t_0 geschehen, jedoch ist die Frequenzauflösung sehr gering. Möchte man die Frequenz eines Herztones mit seinen Frequenzanteilen genau untersuchen, kann jedoch nicht genau ermittelt werden, wann dieser auftrat.

5.3.3.1 Die Kurzzeit-Fourier-Transformation (STFT)

Bei der Kurzzeit-Fourier-Transformation (STFT) werden eine einheitliche Zeitfunktion $w(t - t_0)$ mit gleicher Breite mit dem zu untersuchenden Signal $f(t)$ multipliziert und der Mittelpunkt der Fensterfunktion t_0 kontinuierlich verschoben, bis der gesamte Signalverlauf mit dem Fenster ausgeblendet und untersucht wurde. Unabhängig von t_0 bleibt dabei die Breite der Fensterfunktion konstant. Im zeitdiskreten Fall kann die STFT analog zur diskreten Fourier-Transformation gemäß Gleichung 5.23 berechnet werden, jedoch braucht hierbei nicht über die ganze Periodenlänge mit N Abtastwerten, sondern nur über die Fensterbreite mit einer ungeradzahligen Anzahl von N_F Abtastwerten aufsummiert zu werden. Die Anzahl der Abtastwerte N_F innerhalb des Fensters wird deshalb ungeradzahlig gewählt, damit das Fenster symmetrisch zu seinem Mittelpunkt $i_M := (N_F + 1)/2$ liegt. Innerhalb der gesamten Periode mit N Abtast-

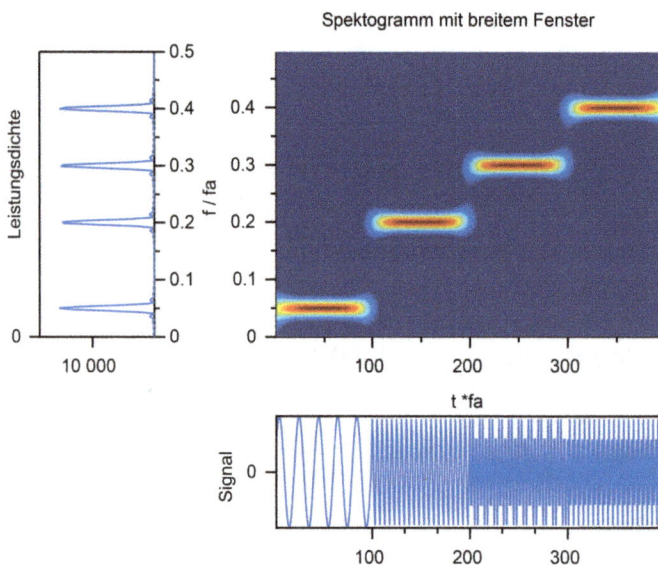

Abb. 5.26: Spektrogramm (Leistungsdichtespektrum in Abhängigkeit vom Fensterbereich) eines Signals mit vier Sinusschwingungen mit 1, 4, 6 und 8 Hz in einem Intervall von 20 s und einem gleitenden Gaußfenster mit einer Breite von 4 s.

werten soll der Fenstermittelpunkt beim Abtastwert $i = i_F$ liegen. Daraus folgt für die digitale STFT:

$$f_p(i, i_F)w(i - i_F) = \frac{1}{N} \sum_{l=0}^{N-1} \text{STFT}_{f_p}^{(w)}(i_F, l)e^{j2\pi il/N} \tag{5.72}$$

$$\text{STFT}_{f_p}^{(w)}(i_F, l) = \sum_{i=i_F-i_M+1}^{i_F+i_M-1} f_p(i)w(i - i_F)e^{-j2\pi il/N} \tag{5.73}$$

mit $i_F = i_M/2$ bis $N - 1 - i_M/2$.

Prinzipiell handelt es sich nun um eine zweidimensionale Fourier-Transformation; denn es ist ja nun der Ort des Fensters i_F als zusätzliche Variable hinzugekommen. Das ursprüngliche Signal $f_p(i)$ erhält man, wenn bei der Rücktransformation auch das ursprüngliche Spektrum verwendet wird. Da die Fourier-Transformation einer Summe die Summe der Fourier-Transformierten der einzelnen Summanden ist, könnte man das ursprüngliche Signal $f_p(i)$ auch dadurch erhalten, dass man über die Fourier-Transformationen mit *allen* Fenstern aufsummiert, wenn die einzelnen Fenster das *gesamte* Spektrum schrittweise ausblenden würden.

Eine andere Möglichkeit besteht darin, dass im Frequenzbereich das Spektrum mit einer Fensterfunktion $H(l)$ multipliziert wird, die die Wirkung des zeitlichen Fensters $w(i - i_F)$ aufhebt [37], d. h.

$$f_p(i) = \frac{1}{N} \sum_{l=0}^{N-1} \text{STFT}_{f_p}^{(w)}(i_F, l)H(l)e^{j2\pi il/N} . \tag{5.74}$$

Die Fourier-Transformierte dieser Fensterfunktion $h(i) := \mathcal{F}\{H(l)\}$ ist genau die Inverse zur Fensterfunktion $w(i)$ und muss die Bedingung

$$\sum_{i=-\infty}^{\infty} h(i)w(i) = 1 \tag{5.75}$$

erfüllen.

Beispiele für Spektrogramme (Leistungsdichtespektren in Abhängigkeit von der Lage eines Zeitfensters), die mit Hilfe der STFT mit zwei verschieden breiten Gaußfenstern gewonnen wurden, zeigen Abbildung 5.26 und Abbildung 5.27. Sie wurden mit der Funktion tfrsp() aus der Toolbox Time Frequency für Matlab und Octave berechnet. Diese Toolbox ist kostenlos und kann unter http://tftb.nongnu.org/ heruntergeladen werden. Die Gaußfensterfunktion kann im zeitdiskreten Bereich durch

$$w(n) := e^{-\frac{1}{2}\left(\frac{n-i_M}{\sigma \cdot i_M}\right)^2} , \quad \text{für } n = 0, \ldots, N_F - 1 \tag{5.76}$$

beschrieben werden [36]. σ ist ein Maß für die Breite dieses Fensters.

Unterhalb des Spektrogramms wird das Signal gezeigt, das mit 20 Hz abgetastet wurde. Links vom Spektrogramm ist das komplette Spektrum (ohne Fensterfunktion) dargestellt, wobei die Spektrallinien bei den vier Frequenzen (1, 4, 6 und 8 Hz) mit

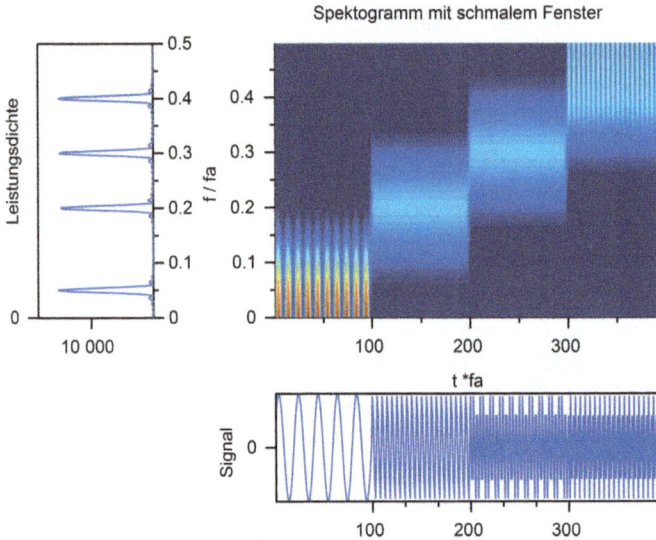

Abb. 5.27: Spektrogramm wie in Abbildung 5.26 aber mit einem schmalen Gaußfenster mit einer zeitlichen Breite von 0,5 Sekunden.

dem breiten Gaußfenster von 4 s gut mit den waagerechten Linien des Spektrogramms übereinstimmen. Die Frequenz kann also gut bestimmt werden. Die Breite dieser Linien gibt allerdings die Orte der Leistungsdichteschwankungen innerhalb der Dauer einer einzelnen Sinusschwingung nicht wieder, was sich aus der Unschärfebedingung gemäß Gleichung 5.70 erklären lässt. Eine gute Frequenzauflösung bedeutet eine schlechte Zeitauflösung und umgekehrt.

Bei dem schmalen Gaußfenster mit einer Breite 0.5 s kann aus dem Spektrogramm nicht mehr genau die Frequenz der vier Sinusschwingungen ermittelt werden. Dafür kann allerdings bei dem Balken links unten genau bestimmt werden, wann die Minima und Maxima der Sinusschwingung mit 1 Hz zeitlich auftreten, denn dort ist die Leistungsdichte am größten. Durch die schlechtere Frequenzauflösung erhält man nun also eine bessere Zeitauflösung als bei dem breiten Fenster in Abbildung 5.26.

5.3.3.2 Die diskrete Wavelet-Transformation

Ein Nachteil der Kurzzeit-Fourier-Transformation ist, dass die Fensterbreite im Zeitbereich immer einen konstanten Wert hat. Soll die Frequenz in einem Zeitbereich mit einer gewissen Genauigkeit bestimmt werden, so müssten genügend viele Abtastwerte innerhalb des Zeitfensters liegen. Bei niederfrequenten Signalen wird dabei ein genügend breites Fenster benötigt, sodass diese Schwingung genügend oft pro Periode abgetastet werden kann (Unschärferelation der Signalverarbeitung). Eine höherfrequente Schwingung braucht dieses breite Zeitfenster nicht und könnte auch durch ein kürzeres analysiert werden.

Abhilfe schafft hierbei wie im zeitkontinuierlichen Fall die zeitdiskrete Wavelet-Transformation (DWT), wobei das Zeitfenster von der zu untersuchenden Frequenz abhängt. Je höher diese Frequenz ist, desto schmaler kann das Zeitfenster sein und umgekehrt (siehe Kapitel 2).

Die diskrete Fourier-Transformation gemäß Gleichung 5.23

$$F(l) = \sum_{i=0}^{N-1} f_p(i) e^{-j2\pi i l/N}$$
$$= \sum_{i=0}^{N-1} f_p(i) \cos\left(\frac{2\pi i l}{N}\right) + j \sum_{i=0}^{N-1} f_p(i) \sin\left(\frac{2\pi i l}{N}\right),$$

kann nämlich auch als Filterbank aufgefasst werden, wobei für jede zu bestimmende Frequenz mit $f_l = l \cdot f_a/N$ mit $f_a = 1/T_a$ (Abtastfrequenz) und $l = 1, \dots, N-1$ ein Filter benutzt wird. Denn die Berechnung von Real- und Imaginärteil entspricht einer Kreuzkorrelation (vgl. Unterunterabschnitt 5.3.1.2) zwischen dem Signal $f_p(i)$ und den Funktionen $\cos(2\pi i l/N)$ und $\sin(2\pi i l/N)$ mit

$$\mathcal{R}_{xy_1}(l, m) := \frac{1}{N} \sum_{i=0}^{N-1} \underbrace{f_p(i)}_{x(i)} \underbrace{\cos\left(\frac{2\pi(i+m)l}{N}\right)}_{y_1(i+m)} \quad \text{und}$$

$$\mathcal{R}_{xy_2}(l, m) := \frac{1}{N} \sum_{i=0}^{N-1} \underbrace{f_p(i)}_{x(i)} \underbrace{\sin\left(\frac{2\pi(i+m)l}{N}\right)}_{y_2(i+m)}, \quad m = 0.$$

Die Kreuzkorrelation kann ebenso auch als Filterung zweier Signale interpretiert werden, da eine Korrelation einer Faltung entspricht, siehe Unterabschnitt 5.3.2. Die Transformationen sind also „Filterbänke", die für jeden Bildpunkt (z. B. eine bestimmte Frequenz) ein bestimmtes Filter auf das zu untersuchende Signal anwendet. Leider besitzen die „Wavelet-Filter", wie z. B. das Wavelet nach Morlet oder der Mexican-Hat sehr große Überschneidungen und damit sehr viel Redundanz [37]. Vom Aufwand her günstigere Wavelets können durch Anwendung der Subbandkodierung gewonnen werden, welche seit langem schon in der Nachrichtenübertragung in Form des Quadratur-Mirror-Filters (QMF) verwendet wird [42].

Stephane Mallat und Yves Meyer entwickelten 1988 ein Verfahren auf der Basis eines digitalen Hoch- und Tiefpassfilterpaares, bei dem der Algorithmus derselbe ist wie bei der in der digitalen Signalverarbeitung bekannten Subbandkodierung mit Quadratur-Mirror-Filtern [50]. Sie zeigten, dass die fortgesetzte digitale Filterung des Tiefpassanteils Koeffizientensätze erzeugt, die einer Wavelet-Zerlegung entsprechen. Das Wavelet selbst ist die Impulsantwort eines Hochpasses, die Skalierungsfunktion die eines Tiefpasses.

Das Prinzip dieses in Abbildung 5.28 dargestellten Verfahrens ist:

1. Der Frequenzbereich des durch Wavelets zu untersuchenden Signals $x(i)$ wird in der 1. Stufe in der Mitte geteilt, wobei der niederfrequente Teil durch einen Tiefpass und der höherfrequente Teil durch einen Hochpass erzeugt wird. Diese Teile

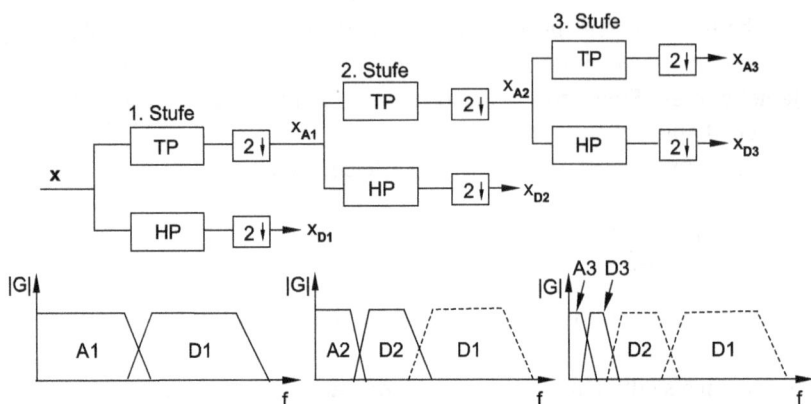

Abb. 5.28: Prinzip einer digitalen Wavelet-Transformation (DWT) bis Stufe 3 mit Hilfe der Subband-kodierung [50].

des Signals besitzen aber nur jeweils die halbe Bandbreite und können deshalb auch mit der Hälfte der Abtastwerte wieder rekonstruiert werden. Dies wird dadurch erreicht, dass jeder zweite Abtastwert verworfen wird (Downsampling). Insgesamt entstehen jetzt die Teilsignale x_{A1} und x_{D1}. Das niederfrequente Signal x_{A1} wird in der Literatur auch als Skalierungsfunktion, das höherfrequente x_{D1} als Wavelet bezeichnet.

2. Der Frequenzbereich des niederfrequenten Signals x_{A1} wird nun in der 2. Stufe weiter in der Mitte geteilt, durch die gleichen Tief- und Hochpässe – diesmal aber mit der halben Grenzfrequenz – in einen nieder- und höherfrequenten Bereich unterteilt und danach wegen der um die Hälfte kleineren Bandbreite mit einem Viertel der Abtastfrequenz weiterverarbeitet (nach erneutem Downsampling mit dem Faktor 2). Es entstehen nun die Signale x_{A2} und x_{D2}.

3. Die weitere Zerlegung des niederfrequenten Signals x_{A2} geschieht wie in der 2. Stufe. In weiteren Stufen ist die Vorgehensweise gleich und es werden so viele Stufen gewählt, bis eine genügend große Genauigkeit bei der Rekonstruktion erreicht ist. Damit kann das gesamte Spektrum $X(l)$ des Originalsignals $x(i)$ durch Addition der Spektren des letzten Tiefpasses X_{AN} und aller Hochpässe $X_{Di}, i = 1, \dots, N$ beschrieben werden, d. h.

$$X(l) = X_{AN}(l) + \sum_{i=1}^{N} X_{Di}(l), \quad N: \text{Anzahl der Stufen}. \tag{5.77}$$

4. Zur Rekonstruktion des Originalsignals geht man von dem Tiefpasssignal der letzten Stufe aus, macht das Downsampling wieder rückgängig, indem ein neuer Abtastwert zwischen den alten Abtastwerten durch Interpolation hinzugefügt wird, und gibt dieses auf den Eingang des letzten Tiefpasses. Mit dem höherfrequenten Signalanteil verfährt man analog. Die Ausgangssignale des Tief- und Hochpasses

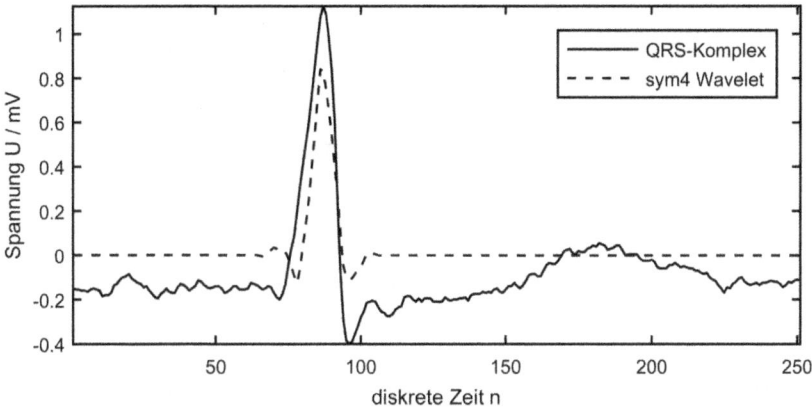

Abb. 5.29: QRS-Komplex im Vergleich mit einem Wavelet der Symlet-Familie.

werden nun addiert, und man erhält wieder das Signal X_{A2} der vorletzten Stufe (umgekehrte Reihenfolge wie in Abbildung 5.28). Mit der nun folgenden Berechnung des Tiefpasssignals x_{A2} wird das Verfahren für alle früheren Stufen bis zur ersten Stufe wiederholt, womit die Rekonstruktion dann abgeschlossen ist.

Bei Bearbeitung der Spektren müssen diese nicht unbedingt mit idealen Hoch- oder Tiefpässen geteilt werden. Die Übertragungsfunktionen des Hoch- und Tiefpasses können sich bei einer Stufe auch etwas überlappen und einen gleitenden Übergang zwischen Durchlass- und Sperrbereich besitzen, wodurch diese leichter mit Hilfe digitaler Filter realisiert werden können. In Matlab können auch Wavelets der Familien Daubechies, Coiflets, Symlets, Fejer-Korovkin Filters, Diskrete Meyer, Biorthogonal und Reverse Biorthogonal eingesetzt werden. Manche Wavelets können auch durchaus dem zu untersuchenden Signal ähneln, und es werden dadurch weniger Stufen bei der Zerlegung benötigt. Beispielsweise ähnelt das Symlet Sym4 einem QRS-Komplex bei einem EKG (siehe Abbildung 5.29).

In Matlab kann diese Zerlegung mit Hilfe der Funktion wavedec() und die Rekonstruktion mit Hilfe der Funktion waverec() durchgeführt werden. Beide stehen in der (kostenpflichtigen) Toolbox Wavelet von MathWorks zur Verfügung. Alternativ kann man dafür auch auf die Toolbox Wavelet von Scilab zurückgreifen, die als freies Softwarepaket angeboten wird. Als Anwendungsbeispiel zeigt Abbildung 5.30 die Zerlegung eines EKG-Signals mit Hilfe des Wavelets Sym4.

5.3.4 Diskrete lineare zeitinvariante Systeme und digitale Filter

In den bisherigen Kapiteln wurde der Systembegriff immer wieder zur Beschreibung von Methoden der Signalverarbeitung gebraucht, im folgenden Abschnitt sollen die

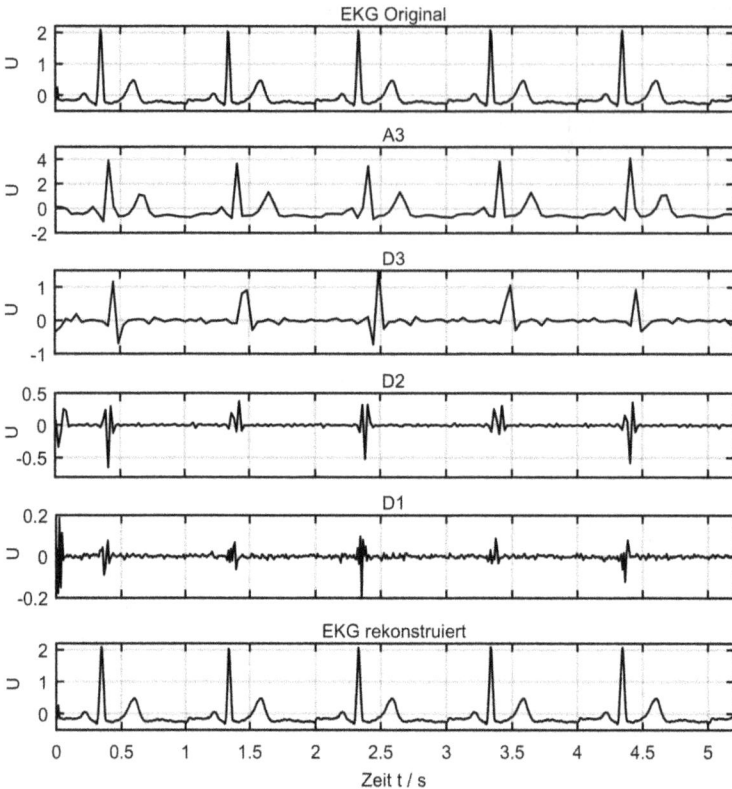

Abb. 5.30: Digitale Wavelet-Transformation und -Rekonstruktion eines EKG-Signals bis zur 3. Stufe: Die Berechnung erfolgte mit Hilfe der Matlab-Funktionen wavedec() und waverec() unter Verwendung des Wavelets sym4.

Grundlagen der Systemtheorie weiter vertieft werden. Da Signale heutzutage üblicherweise im Diskreten bearbeitet werden, verzichten wir auf eine Einführung der kontinuierlichen Systeme und diskutieren die in der Praxis relevanten diskreten Systeme. Die folgenden Ausführungen gelten nur für lineare zeitinvariante Systeme (LTI-Systeme)[10], d. h. es gilt das Prinzip der linearen Superposition von Signalen und weiterhin gilt die Annahme, dass sich die Systemeigenschaften (bzw. die Systemparameter oder Systemkoeffizienten) nicht mit der Zeit ändern. Die LTI-Systeme bilden die Grundlage der digitalen Filter am Ende des Abschnitts.

---

10 Vom engl. linear timeinvariant systems.

5.3.4.1 Lineare zeitinvariante Systeme

Im Unterabschnitt 5.3.1 wurde bereits auf einige einfache digitale Systeme z. B. zur Änderung der Abtastung oder zur Faltung von diskreten Signalen zurückgegriffen. Im Folgenden sollen diese zeitdiskreten Systeme formal beschrieben werden. Es gibt drei grundlegende Beschreibungsformen:

1. Stellt man im Zeitbereich die Beziehungen zwischen den Ein- und Ausgangsgrößen dar, so erhält man die sogenannten *Differenzengleichungen*:

$$y(n) + d_0 y(n-1) = c_1 x(n) + c_0 x(n-1) \,,$$
$$y(n) + d_1 y(n-1) + d_0(n-2) = c_2 x(n) + c_1 x(n-1) + c_2 x(n-2) \,.$$

2. Analog zum Faltungsintegral bei zeitkontinuierlichen Systemen erhält man im zeitdiskreten Bereich die *Faltungssumme* gemäß

$$y(n) = \sum_{v=-\infty}^{\infty} x(v)g(n-v) \,, \quad g(n)\colon \text{Impulsantwort} \,. \tag{5.78}$$

3. Die *Übertragungsfunktion* beschreibt das Verhalten des zeitdiskreten Systems N-ten Grades bezüglich seiner Ein- und Ausgangsgrößen im Bildbereich. Bei linearen Systemen ist sie eine gebrochen rationale Funktion in z:

$$G(j\omega) = G(z = e^{j\omega T_a}) = \frac{\mathcal{F}\{y(n)\}}{\mathcal{F}\{x(n)\}} = \frac{\mathcal{Z}\{y(n)\}}{\mathcal{Z}\{x(n)\}} = \frac{c_0 + c_1 z + \cdots + c_{N-1}z^{N-1} + c_N z^N}{d_0 + d_1 z + \cdots + d_{N-1}z^{N-1} + z^N} \,. \tag{5.79}$$

Die drei Darstellungsformen zur Beschreibung eines LTI-Systems sind vollkommen equivalent und können ineinander überführt werden.

5.3.4.2 Digitale Filter

Ganz allgemein kann man als digitales Filter einen linearen Algorithmus auffassen, der eine Folge von Zahlen in eine andere Zahlenfolge mit linearen mathematischen Operationen umrechnet (vgl. Abbildung 5.31).

Dadurch werden bei einem digitalen Filter auch nur die linearen Operatoren Addierer, Subtrahierer, Konstantenmultiplizierer und Verzögerungsglied verwendet (vgl. Abbildung 5.32), also z. B. *nicht* das aus der Regelungstechnik bekannte Sättigungsglied.

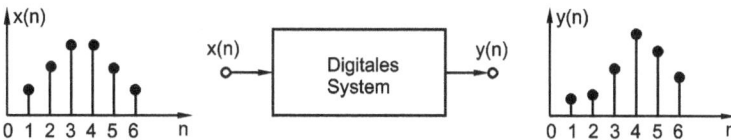

Abb. 5.31: Ein- und Ausgangs-Signale eines zeitdiskreten Systems.

Verzögerungsglied
$$w_i = z^{-1}w_j$$

Multiplizierer mit
Verzögerungsglied
$$w_i = K \cdot z^{-1}w_j$$

Addierer
$$w_i = w_{j1}+w_{j2}$$

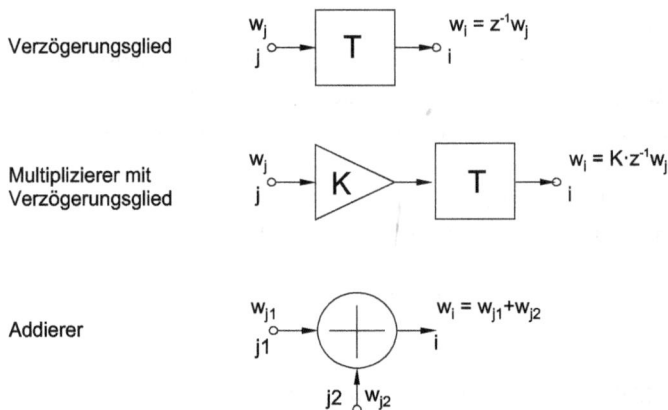

Abb. 5.32: Bauelemente eines zeitdiskreten linearen Systems.

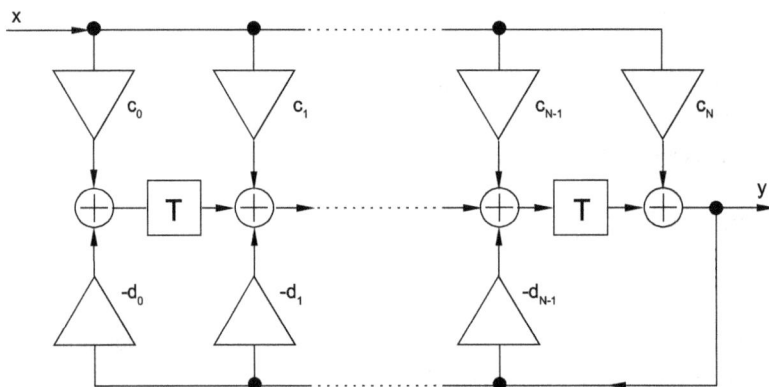

Abb. 5.33: Digitales Filter in der 1. kanonischen Form (IIR-Filter).

Zeitdiskrete Netzwerke können aus diesen Operatoren so realisiert werden, dass die Koeffizienten c_i und d_i der allgemeinen Übertragungsfunktion (Gleichung 5.79) direkt in den Werten der Multiplizierer auftreten, z. B. in Netzwerken der 1. oder 2. kanonischen Direktform (vgl. Abbildung 5.33 und Abbildung 5.34). Sind die Koeffizienten d_i im Nenner nicht Null, d. h. das Netzwerk enthält eine Rückkopplung, so ist die Impulsantwort unendlich lang (IIR-Filter), andernfalls ist sie endlich und endet nach N Ausgangswerten (FIR-Filter, vgl. Abbildung 5.35).

Im Allgemeinen sind die Eingangszahlen die kodierten Abtastwerte eines analogen Signals. Nach der Bearbeitung durch den mathematischen Algorithmus werden die Ausgangszahlen dann wieder in analoge Werte umgewandelt und zwischen den Abtastzeitpunkten interpoliert (siehe Abbildung 5.36).

Wie bereits in Abschnitt 5.1 erläutert, ist das Frequenzspektrum des abgetasteten analogen Signals periodisch mit der Abtastfrequenz (vgl. z. B. Abbildung 5.5). Dies be-

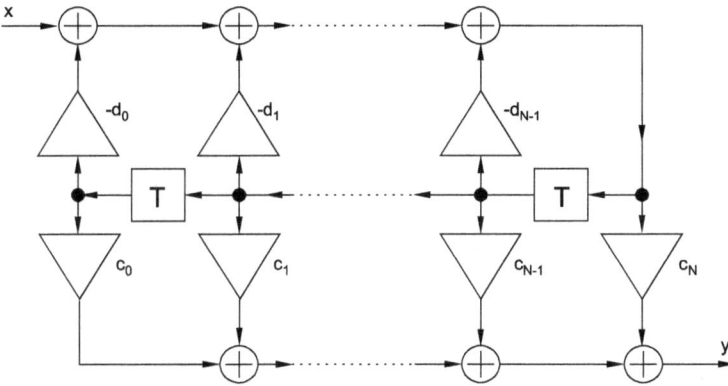

Abb. 5.34: Digitales Filter in der 2. kanonischen Form (IIR-Filter).

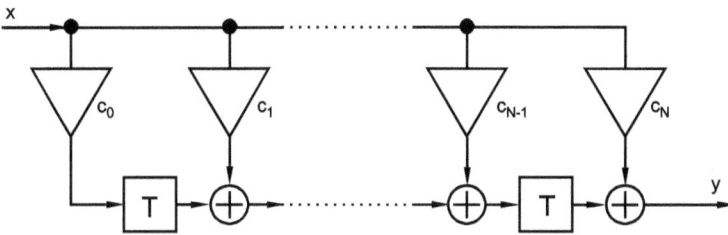

Abb. 5.35: Nichtrekursives digitales Filter in der 1. kanonischen Direktform (FIR-Filter).

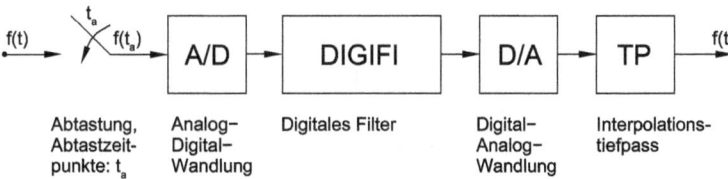

Abb. 5.36: Übertragungskette bei der Verarbeitung eines analogen Signals durch ein digitales Filter.

deutet aber auch, dass die Übertragungsfunktion des digitalen Filters, die das Verhältnis zwischen Ausgangs- und Eingangsspektrum darstellt, ebenfalls periodisch sein muss. Abbildung 5.37 zeigt als Beispiel die periodischen Spektren eines idealen Tief- und Hochpasses.

Danach lässt sich das Spektrum des Hochpasses auf einfache Weise aus dem Spektrum des Tiefpasses erzeugen, indem man das Spektrum des Tiefpasses um ein ungeradzahliges Vielfaches von $f_a/2$ nach links oder rechts verschiebt, d. h.:

$$G_{hp}(f) = G_{tp}(f + [2k + 1] f_a/2), \quad k = 0, \pm 1, \pm 2, \ldots \tag{5.80}$$

Da nach dem Frequenzverschiebungssatz bei der Fourier-Transformation eine Frequenzverschiebung mit der Frequenz f_V im Spektralbereich im Zeitbereich eine Multi-

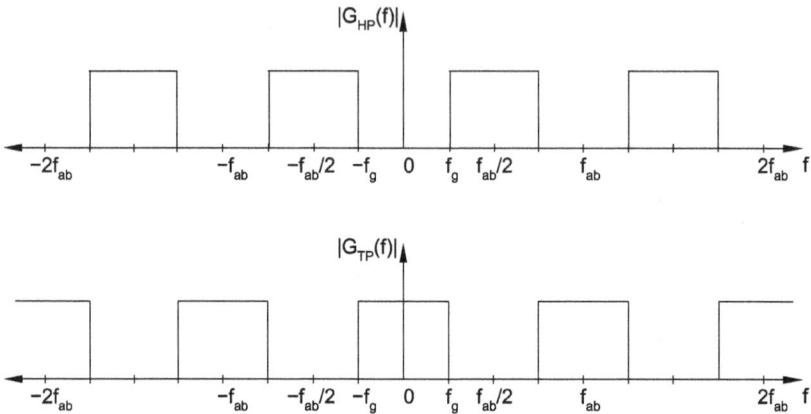

Abb. 5.37: Periodische Betragsspektren eines idealen zeitdiskreten Hoch- (oben) und Tiefpasses (unten).

plikation mit dem Faktor $e^{j2\pi f_v t}$ bewirkt, erhält man bei einer Frequenzverschiebung um $f_a/2 = \frac{1}{2T_a}$ (d. h. $k = 0$ in Gleichung 5.80) für die Transformation der Übertragungsfunktion $G_{hp}(f)$ im Zeitbereich:

$$g_{hp}(nT_a) = g_{tp}(nT_a) \cdot e^{j2\pi \frac{f_a}{2} nT_a} = g_{tp}(nT_a) \cdot e^{j\pi n} = g_{tp}(nT_a) \cdot (-1)^n \,. \tag{5.81}$$

Überraschenderweise stellt man nun fest, dass sich die Impulsantwort des Hochpasses in diesem Falle ganz einfach aus der Impulsantwort des Tiefpasses berechnen lässt, wenn bei jedem zweiten Wert der diskreten Impulsantwort des Tiefpasses dessen Vorzeichen verändert wird. Dies ist eine sehr praktische Eigenschaft, wenn die Grenzfrequenz des Tiefpasses bei $f_a/4$, also in der Hälfte des gesamten nutzbaren Frequenzbereiches bis $f_a/2$, liegt. Dieser Sachverhalt wird z. B. bei der Halbbandzerlegung der diskreten Wavelet-Transformation benutzt.

Oft ist es allerdings wünschenswert, nicht nur aus einem Tiefpass einen Hochpass zu realisieren, sondern auch andere selektive Filter zu entwerfen, wenn ein geeigneter Tiefpass schon vorhanden ist. Dies lässt sich durch eine Frequenztransformation erreichen. Anders als bei analogen Filtern, wo die imaginäre Achse der komplexen Frequenzebene $p = \sigma + j\omega$ durch eine Reaktanzfunktion auf sich selbst in geeigneter Weise abgebildet wird, muss nun im zeitdiskreten Bereich die entsprechende Frequenzlinie, die jetzt wegen $z = e^{j\omega T_a}$ einen Kreis um den Ursprung des Koordinatensystems beschreibt, als Kreis wieder auf sich selbst abgebildet werden, d. h., ein Kreis wird auf einen Kreis abgebildet, aber so, dass sich die Skalierung ändert und z. B. aus einem Tiefpass ein Hochpass oder Bandpass entsteht. Der Betrag von z bleibt bei dieser Transformation immer unverändert gleich Eins. Übertragungsfunktionen, die den Betrag des Eingangsspektrums unverändert lassen, sind Allpässe. Diese verändern nur die Phase (bzw. Gruppenlaufzeit) und können somit die kreisförmige Frequenzlinie im z-Bereich beeinflussen. Man erhält deshalb für die häufigsten selektiven Filter (Tiefpass, Hochpass, Bandpass und Bandsperre) folgende Übertragungsfunktionen für eine Frequenztransformation für den Fall, dass der Ursprungstiefpass eine normierte Grenzfrequenz von $f_a/4$ aufweist (siehe z. B. [9, 45]):

1. normierte Tiefpass-Tiefpass- und Tiefpass-Hochpass-Transformation:

$$z_{ntp} = \pm \frac{z + a_0}{a_0 z + 1} , \quad \text{mit} \quad |a_0| < 1$$

$$a_0 = \tan\left(\pi f_g T_a - \pi/4\right) .$$

(5.82)

z_{ntp} ist die Systemvariable im normierten Tiefpassbereich. Das positive Vorzeichen gilt für die Tiefpass-Tiefpass-, das negative für die Tiefpass-Hochpass-Transformation. Wie man aus der Gleichung erkennen kann, ist der Koeffizient a_0 nur von der neuen Grenzfrequenz f_g abhängig, d. h. mit a_0 lässt sich die Grenzfrequenz variieren.

2. normierte Tiefpass-Bandpass- und Tiefpass-Bandsperre-Transformation:

$$z_{ntp} = \mp \frac{z^2 + a_1 z + a_0}{a_0 + a_{1z+1}} \quad \text{mit} \quad |a_0| < 1 \wedge |a_1| < 1 + a_0$$

$$a_0 = \tan\left(\pi/4 - \pi[f_o - f_u] T_a\right)$$

(5.83)

$$a_1 = \frac{-2\sin(2\pi[f_o - f_u]T_a)}{\sin(2\pi f_u T_a) + \sin(2\pi f_o T_a) + \cos(2\pi f_u T_a) - \cos(2\pi f_o T_a)} .$$

Das negative Vorzeichen gilt für die Tiefpass-Bandsperre-, das positive für die Tiefpass-Bandpass-Transformation. Der Koeffizient a_0 ist hier nur von der neuen Bandbreite $f_o - f_u$ abhängig, d. h., mit a_0 lässt sich die Bandbreite des Bandpasses oder der Bandsperre variieren. Mit dem Koeffizienten a_1 wird dann die Mittenfrequenz beeinflusst; denn a_1 hängt nicht nur von der Differenz der oberen Grenzfrequenz f_o und der unteren f_u ab.

Erläuterndes Beispiel

Ein zeitdiskreter normierter Tiefpass mit der Abtastfrequenz f_a = 200 Hz, gleichbedeutend mit der Abtastperiode von T_a = $1/f_a$ = 5 ms besitzt eine Grenzfrequenz von $f_a/4$ = 50 Hz. Mit Hilfe einer Allpasstransformation sollen je ein Tiefpass mit der Grenzfrequenz von 30 Hz und 70 Hz entworfen werden. Ein solcher normierter Tiefpass mit der Übertragungsfunktion $G_{ntp}(z_{ntp})$ kann durch eine einfache Mittelwertbildung zweier hintereinander folgender Abtastwerte realisiert werden, d. h.:

$$G_{ntp}(z_{ntp}) = \frac{1}{2}\left(1 + z_{ntp}^{-1}\right) .$$

(5.84)

Nach Anwendung der Tiefpass-Tiefpass-Transformation gemäß Gleichung 5.82 folgt dann allgemein für den frequenztransformierten Tiefpass mit der Übertragungsfunk-

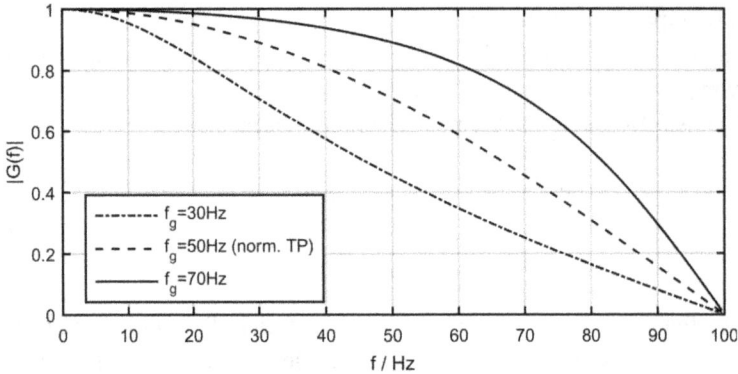

Abb. 5.38: Beispiel für die Betragsübertragungsfunktionen bei der Tiefpass-Tiefpass-Transformation mit Hilfe eines digitalen Allpasses gemäß Gleichung 5.82 mit $f_a = 200\,\text{Hz}$.

tion $G_{\text{tp}}(z)$:

$$G_{\text{tp}}(z) = G_{\text{ntp}}\left(z_{\text{ntp}} = \frac{z + a_0}{a_0 z + 1}\right) = \frac{1 + a_0}{2}\,\frac{z + 1}{z + a_0}\,,$$

$$a_0 = \tan(\pi f_g T_a - \pi/4) \quad \text{mit} \quad |a_0| < 1\,. \tag{5.85}$$

Der Koeffizient a_0 besitzt dann für den transformierten Tiefpass mit der Grenzfrequenz von 30 Hz den Wert

$$a_0 = \tan(\pi \cdot 30\,\text{Hz} \cdot 5\,\text{ms} - \pi/4) = -0{,}325 \tag{5.86}$$

und analog für den Tiefpass mit der Grenzfrequenz von 70 Hz

$$a_0 = \tan(\pi \cdot 70\,\text{Hz} \cdot 5\,\text{ms} - \pi/4) = 0{,}325\,. \tag{5.87}$$

Abbildung 5.38 zeigt die zugehörigen Betragsübertragungsfunktionen $|G_{\text{tp}}(f)|$ im Kontext des normierten Tiefpasses mit der Grenzfrequenz von 50 Hz.

Eine andere Möglichkeit, um bei einem vorgegebenen Filter mit einer bestimmten Eigenschaft (z. B. normierter Tiefpass) durch Frequenztransformation das Selektivitätsverhalten zu ändern, besteht darin, die Frequenztransformation schon bei einem analogen Filter anzuwenden und danach durch Übertragung in den zeitdiskreten Bereich ein digitales Filter mit dem gleichen Selektivitätsverhalten zu realisieren. Dies gilt nicht wie beim analogen Filter für den Frequenzbereich von 0 bis ∞, sondern nur von 0 bis zur halben Abtastfrequenz; denn danach wiederholt sich das Spektrum, da dieses ja allgemein bei zeitdiskreten Systemen immer periodisch ist (vgl. Abbildung 5.5). Dazu gibt es die Transformation mit dem Impulsinvarianzverfahren und mit Hilfe der Bilineartransformation, die im Folgenden erklärt werden sollen.

Das Impulsinvarianzverfahren

Bei diesem Verfahren wird das digitale Filter in der Weise realisiert, dass die Werte seiner Impulsantwort $g_{di}(n)$ die gleichen sind wie die Impulsantwort des analogen Filters $g_{an}(t)$ bei den Abtastzeitpunkten $t = t_a = nT_a$ (mit $n = 1, 2, 3, \ldots$, und T_a: Abtastintervall), d. h.

$$g_{an}(t = nT_a) = g_{di}(n) \,. \tag{5.88}$$

Dazu nehmen wir zunächst an, dass sich die Übertragungsfunktion $G_{an}(p)$ des analogen Filters in einer Partialbruchform gemäß

$$G_{an}(p) = \sum_{i=1}^{N} \frac{A_i}{p - p_i} \,, \quad \text{mit} \quad p_i : \text{Polstelle } i \tag{5.89}$$

darstellen lässt. In diesem Fall erhält man dann für die zugehörige Impulsantwort $g_{an}(t)$ zu den Abtastzeitpunkten $t_a = nT_a$

$$g_{an}(nT_a) = \sum_{i=1}^{N} \sigma(nT_a) A_i e^{p_i \cdot nT_a} = \sum_{i=1}^{N} A_i e^{p_i \cdot nT_a} \,, \quad \sigma(t) : \text{Sprungfunktion} \,. \tag{5.90}$$

Diese Werte sollen die Impulsantwort $g_{digi}(n)$ des zu realisierenden digitalen Filters sein. Die zugehörige Übertragungsfunktion $G(z)$ enthält man durch die diskrete z-Transformation:

$$G_{di}(z) = \sum_{n=0}^{\infty} g_{an}(nT_a) z^{-n} = \sum_{n=0}^{\infty} \left(\sum_{i=1}^{N} A_i e^{p_i nT_a} \right) z^{-n} = \sum_{i=1}^{N} A_i \underbrace{\sum_{n=0}^{\infty} (e^{p_i T_a} z^{-1})^n}_{\text{geometrische Reihe}} \,. \tag{5.91}$$

Die Summenzeichen dürfen in der letzten Gleichung nach den Gesetzen der Mathematik vertauscht werden. In diesem Falle erhält man bei der Summe mit der oberen Grenze ∞ eine geometrische Reihe, deren Ergebnis leicht berechnet werden kann, und es folgt weiter das Ergebnis

$$G_{di}(z) = \sum_{i=1}^{N} \frac{A_i}{1 - e^{p_i T_a} z^{-1}} = \sum_{i=1}^{N} \frac{A_i z}{z - e^{p_i T_a}} = \frac{c_0 + c_1 z + c_2 z^2 + \cdots + c_N z^N}{d_0 + d_1 z + d_2 z^2 + \cdots + z^N} \,. \tag{5.92}$$

Aus den Polstellen p_i des analogen Filters lassen sich die Koeffizienten c_i und d_i ($i = 0, \ldots, N$) des digitalen Filters berechnen, welches dann durch ein Filter in der 2. kanonischen Direktform nach Abbildung 5.34 realisiert werden kann.

Bemerkung

Damit für kleine Frequenzen der Betrag der Übertragungsfunktion im zeitkontinuierlichen Bereich $|G_{an}(p = j\omega)|$ ungefähr gleich dem Betrag der Übertragungsfunktion $|G_{di}(z = e^{j\omega T_a})|$ für den zeitdiskreten Bereich ist, wird $G_{di}(z)$ noch mit dem Skalierungsfaktor T_a multipliziert.

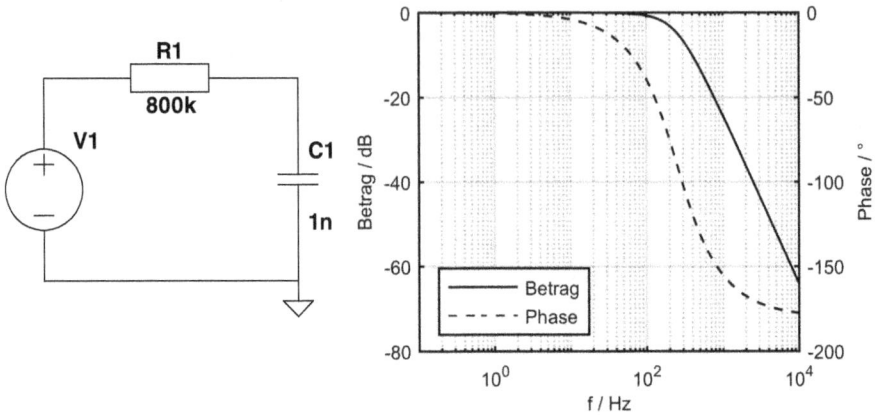

Abb. 5.39: Übertragungsfunktion $G(f)_{RC} = U_a(f)/U_e(f)$ eines RC-Tiefpasses 1. Ordnung (Berechnung mit LTspice).

Erläuterndes Beispiel

Ein einfacher analoger RC-Tiefpass mit einer Grenzfrequenz f_g von 200 Hz mit den Bauelementewerten $R = 800$ kΩ und $C = 1$ nF gemäß Abbildung 5.39 soll durch einen digitalen Tiefpass mit derselben Grenzfrequenz und einer Abtastfrequenz von 1 kHz nach dem Impulsinvarianzverfahren ersetzt werden.

Für die zugehörige Impulsantwort $g_{an}(t) = g_{RC}(t)$ folgt dann

$$g_{RC}(t) = A_1\, e^{p_1 t} \quad \text{mit } A_1 = p_1 = -\omega_g = -1/RC$$

und damit gemäß Gleichung 5.92 für die Übertragungsfunktion des zu realisierenden digitalen Filters:

$$G_{RC}(z) = T_a \frac{A_1}{1 - e^{p_1 T_a} z^{-1}} = T_a \frac{A_1 z}{z - e^{p_1 T_a}} = \frac{1,26 \cdot z}{z + 0,28} \,.$$

Das Verfahren der Bilineartransformation

Betrachtet man beim einführenden Beispiel gemäß Abbildung 5.40 den Betragsfrequenzgang etwas genauer, so fällt auf, dass bei der halben Abtastfrequenz von 1 kHz/2 = 500 Hz das Signal nur um ca. die Hälfte gedämpft wird. Danach wird die Verstärkung wieder größer, da sich das Spektrum gemäß dem Abtasttheorem wiederholt (vgl. Abbildung 5.5). Dieser Effekt kommt dadurch zustande, dass der verwendete analoge RC-Tiefpass nicht wie ein idealer Tiefpass bei der Grenzfrequenz f_g eine unendlich große Dämpfung besitzt, sondern nur eine Dämpfung von 3 dB, was einem Abfall des Betragsquadrates der Übertragungsfunktion um $1/\sqrt{2} \approx 0,707$ gleichkommt. Bei höheren Frequenzen wird die Dämpfung immer größer, ist aber bei der halben Abtastfrequenz von $f_{ab}/2 = 500$ Hz nicht Null. Dies bedeutet, dass es nach der

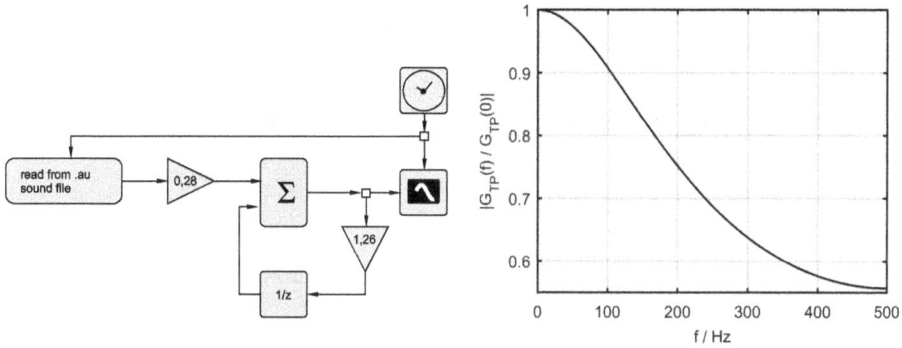

Abb. 5.40: Übertragungsfunktion $G(f)_{RC}$ des nach dem Impulsinvarianzverfahren erzeugten digitalen Tiefpasses 1. Ordnung aus dem analogen Tiefpass gemäß Abbildung 5.39.

Abtastung zu Überlappungen des Spektrums kommt. Daraus kann kein idealer Tiefpass entstehen, der bei seiner Grenzfrequenz eine unendlich große Dämpfung besitzt. Weiterhin wird auch nicht die Eigenschaft des zugehörigen analogen Filters gemäß Abbildung 5.39 übernommen, welches bei höherer Frequenz ebenfalls eine unendlich große Dämpfung aufweist. Abhilfe wird dadurch erreicht, dass beim Filterentwurf bei den Abtastzeitpunkten nicht die gleichen Werte wie die der Impulsantwort des analogen Filters gefordert werden, sondern nur eine möglichst genaue Annäherung der Übertragungsfunktion angestrebt wird. Dies bedeutet aber wegen des prinzipiell periodischen Verlaufes der Übertragungsfunktion des digitalen Systems, dass die Übertragungsfunktion des analogen Systems im Bereich von 0 bis ∞ der des digitalen Systems im Bereich von 0 bis zur halben Abtastfrequenz entspricht. Die Frequenzachse des analogen Systems wird quasi auf die Frequenzachse des digitalen Systems von 0 bis zur halben Abtastfrequenz abgebildet. Dies kann gemäß der Abbildung nach der Bilineartransformation mit folgender Vorgehensweise erfolgen:

1. Die Übertragungsfunktion $\overline{G}(z = e^{j\omega T_a})$ soll bis zur halben Abtastfrequenz mit der des dazugehörigen analogen Filters $G(p = j\omega)$ übereinstimmen, d. h.

$$\overline{G}(z = e^{j\omega T_a}) = G(p = j\omega) \, . \tag{5.93}$$

2. Einsetzen der Umkehrfunktion von z, d. h.

$$p = \frac{\ln(z)}{T_a} \, , \tag{5.94}$$

in die Übertragungsfunktion $G(p)$ des analogen Filters führt *nicht* zu einer gebrochenrationalen Funktion in z, und das digitale Filter ist dabei nicht mit Addierern, Verzögerern und Multiplizierern (wie z. B. in den kanonischen Schaltungen) realisierbar.

3. Die ideale Transformation zwischen p- und z-Bereich, $z = e^{pT_a}$ bzw. $p = \frac{\ln(z)}{T_a}$, wird daher so angenähert, dass eine realisierbare Übertragungsfunktion im z-Bereich entsteht.

4. Dazu wird $\ln(z)$ durch eine Reihenentwicklung mit gebrochenrationalen Funktionen in z erzeugt und nach dem 1. Glied abgebrochen. Dies ist dann eine zu verwendende Näherung, die man *Bilineartransformation* nennt; bilinear bedeutet hier, dass sowohl im Zähler als auch im Nenner lineare Funktionen in p oder z vorhanden sind:

$$\ln z = 2 \left\{ \frac{z-1}{z+1} + \frac{1}{3}\left(\frac{z-1}{z+1}\right)^3 + \frac{1}{5}\left(\frac{z-1}{z+1}\right)^5 + \cdots \right\} \approx 2\frac{z-1}{z+1}. \tag{5.95}$$

5. Die Transformationsgleichungen zwischen dem z- und p-Bereich ergeben sich dann zu

$$p = \frac{1}{T_a}\ln z \approx \frac{2}{T_a}\frac{z-1}{z+1} \quad \text{und} \quad z \approx \frac{1+p/\frac{2}{T_a}}{1-p/\frac{2}{T_a}}, \tag{5.96}$$

bzw.

$$\overline{G}(z) \approx G\left(p = \frac{2}{T_a}\frac{z-1}{z+1}\right).$$

Erläuterndes Beispiel

Der schon beim obigen Impulsinvarianzverfahren verwendete analoge RC-Tiefpass gemäß Abbildung 5.39 mit einer Grenzfrequenz $f_g = 200\,\text{Hz}$ und den Bauelementewerten $R = 800\,\text{k}\Omega$ und $C = 1\,\text{nF}$ gemäß Abbildung 5.39 soll durch einen digitalen Tiefpass mit derselben Grenzfrequenz und einer Abtastfrequenz von 1 kHz nach dem Bilineartransformationsverfahren ersetzt werden. Die zugehörige Übertragungsfunktion $G(p)$ des Tiefpasses ergibt sich nach Gleichung 5.89 mit $A_1 = p_1 = -\omega_g = \frac{1}{RC}$

$$G(p) = \frac{A_1}{p - p_1} = \frac{\omega_g}{p + \omega_g}. \tag{5.97}$$

Nach Einsetzen der Bilineartransformation gemäß Gleichung 5.96 folgt:

$$\overline{G}(z) \approx G\left(p = \frac{2}{T_a}\frac{z-1}{z+1}\right) = \frac{\omega_B}{\frac{2}{T_a}\frac{z-1}{z+1} + \omega_B} = \frac{\frac{\omega_B}{2f_a+\omega_B}(1+z)}{\frac{\omega_B-2f_a}{2f_a+\omega_B} + z} = \frac{c_0 + c_1 z}{d_0 + z}, \tag{5.98}$$

und weiter durch Vergleich der Koeffizienten:

$$c_0 = c_1 = \frac{\omega_B}{2f_a + \omega_B} = \frac{2\pi \cdot 200\,\text{Hz}}{2 \cdot 1\,\text{kHz} + 2\pi \cdot 200\,\text{Hz}} = \frac{\pi}{\pi + 5} = 0,385869\ldots \tag{5.99}$$

$$d_0 = \frac{\omega_B - 2f_a}{2f_a + \omega_B} = \frac{2\pi \cdot 200\,\text{Hz} - 2 \cdot 1\,\text{kHz}}{2 \cdot 1\,\text{kHz} + 2\pi \cdot 200\,\text{Hz}} = \frac{\pi - 5}{\pi + 5} = -0,22826\ldots. \tag{5.100}$$

Digitale Filter können aber auch direkt ohne Umweg über den Entwurf analoger Filter im zeitdiskreten Bereich entworfen werden. Von den zur Verfügung stehenden Verfahren sollen hier zwei näher beschrieben werden: i) die direkte zeitdiskrete Synthese mit Hilfe der *Fenstermethode*, stellvertretend für Verfahren zum Entwurf nichtrekursiver (FIR-)Filter und ii) das *Frequenzabtastverfahren* als Beispiel für die allgemeine Synthese von rekursiven (IIR-) oder nichtrekursiven (FIR-)Filtern. Zusätzliche Verfahren können verschiedenen Veröffentlichungen auf diesem Gebiet entnommen werden (z. B. [60, 66, 74]).

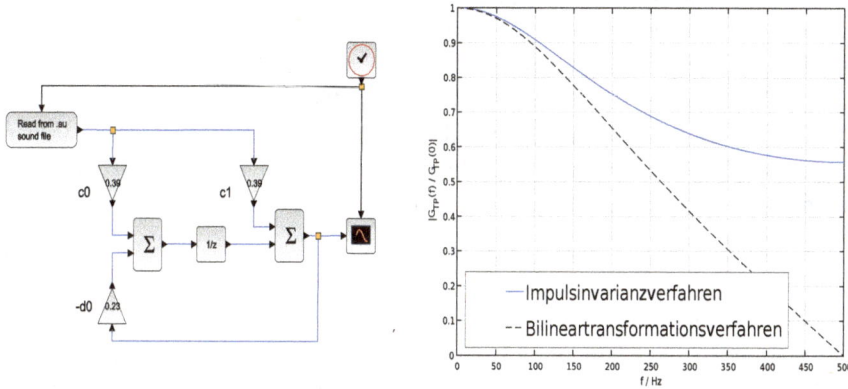

Abb. 5.41: Diagramm und Übertragungsfunktion $G(f)$ des nach dem Bilineartransformationsverfahren erzeugten digitalen Tiefpasses aus dem analogen Tiefpass gemäß Abbildung 5.39: Ein Vergleich mit dem Impulsinvarianzverfahren zeigt, dass bei $f_a/2 = 500\,\text{Hz}$ nichts mehr übertragen wird.

Direkte zeitdiskrete Synthese mit Hilfe der Fenstermethode

Ein nichtrekursives digitales Filter N-ten Grades (FIR-Filter) gemäß Abbildung 5.35 hat keine Rückkopplung und besitzt nach Gleichung 5.79, wegen der die Rückkopplungskoeffizienten d_i alle gleich Null sind, die Übertragungsfunktion

$$G(z) = \frac{c_0 + c_1 z + \cdots + c_{N-1}z^{N-1} + c_N z^N}{z^N} \, . \tag{5.101}$$

In einer etwas anderen Darstellung kann man diese aber auch als Funktion von z^{-1} schreiben, d. h.

$$G(z) = c_N + c_{N-1}z^{-1} + \cdots + c_1 z^{-(N-1)} + c_0 z^{-N} \, . \tag{5.102}$$

Das Element z^{-1} stellt gemäß Abbildung 5.32 die Übertragungsfunktion eines Verzögerungsglieds dar. Dies bedeutet, dass ein Impuls, der an diesem Bauelement angelegt wird, um einen Takt verzögert wird. Bei dem Element z^{-2} sind es zwei Takte, bei z^{-3} drei Takte usw. Ein solches digitales Filter erzeugt also an seinem Ausgang mehrere mit c_i, $i = 0, \ldots, N$ gewichtete Impulse, wenn an seinem Eingang ein Impuls angelegt wird. Deshalb ist die zugehörige Impulsantwort:

$$g(n) = c_N\delta(n-0) + c_{N-1}\delta(n-1) + \cdots + c_1\delta(n-[N-1]) + c_0\delta(n-N) \, , \tag{5.103}$$

wobei $\delta(i)$ der diskrete Dirac-Impuls ist.

Die Filterkoeffizienten c_i stellen also bei einem nichtrekursiven Filter die Werte der Impulsantwort dar. Umgekehrt bedeutet dies aber, dass die Impulsantwort vorgegeben werden kann, und man erhält dadurch auch direkt die Filterkoeffizienten c_i. Dies ist für die Filtersynthese sehr praktisch. Jedoch muss beachtet werden, dass ein

FIR-Filter immer eine endliche Impulsantwort hat, die nach N Takten endet. Soll deshalb ein Filter realisiert werden, welches eine unendliche Impulsantwort hat, so kann dessen Impulsantwort nur durch die Impulsantwort eines FIR-Filters angenähert werden. Im einfachsten Fall wird die vorgegebene unendliche Impulsantwort nach N Takten abgeschnitten. Dies entspricht der Multiplikation der unendlichen Impulsantwort $\tilde{g}(n)$ mit einer rechteckförmigen Fensterfunktion $w(t)$, welche die ersten 0 bis N Takte konstant ist und danach auf Null abfällt, d. h.:

$$g(n) = \tilde{g}(n) \cdot w(n) \,, \tag{5.104}$$

mit $w(n) = 1$ von $n = 0$ bis N, sonst 0.

Im Frequenzbereich können sich dabei aber größere Abweichungen ergeben, die sich besonders bei steilen Filterflanken bemerkbar machen. Falls dies unerwünscht ist, kann das Rechteckfenster je nach Anwendungsbedarf auch durch ein anderes Fenster ersetzt werden, welches nicht so eine steile Flanke besitzt. Dann erhält man in diesen Fenstern zwar nicht mehr die ursprünglichen Werte der vorgegebenen Impulsantwort, hat aber dafür im Frequenzbereich ein günstigeres Verhalten, z. B. keine Überschwinger des Betragsfrequenzganges an einer Filterflanke.

Falls die Filterkoeffizienten symmetrisch sind, lassen sich mit einem nichtrekursiven Filter auch selektive Filter realisieren, die keine Phasenverzerrungen bzw. eine konstante Gruppenlaufzeit besitzen, was bei analogen Filtern nicht möglich ist. Dabei können vier Fälle unterschieden werden:

1. Filtergrad N *gerade*, Koeffizienten *spiegel*symmetrisch ($c_i = c_{N-i}$)

$$G(z = e^{j\omega T_a}) = \left\{ c_{N/2} + 2 \sum_{i=0}^{\frac{N}{2}-1} c_i \cos\left[\left(\frac{N}{2} - i\right)\omega T_a\right]\right\} e^{-j\omega N T_a/2} \,, \tag{5.105}$$

2. Filtergrad N *gerade*, Koeffizienten *punkt*symmetrisch ($c_i = -c_{N-i}$)

$$G(j\omega) = -j2 \left\{ \sum_{i=0}^{\frac{N}{2}-1} c_i \sin\left[\left(\frac{N}{2} - i\right)\omega T_a\right]\right\} e^{-j\omega N T_a/2} \,, \tag{5.106}$$

3. Filtergrad N *ungerade*, Koeffizienten *spiegel*symmetrisch ($c_i = c_{N-i}$)

$$G(j\omega) = 2 \left\{ \sum_{i=0}^{\frac{N-1}{2}} c_i \cos\left[\left(\frac{N}{2} - i\right)\omega T_a\right]\right\} e^{-j\omega N T_a/2} \,, \tag{5.107}$$

4. Filtergrad N *ungerade*, Koeffizienten *punkt*symmetrisch ($c_i = -c_{N-i}$)

$$G(j\omega) = -j2 \left\{ \sum_{i=0}^{\frac{N-1}{2}} c_i \sin\left[\left(\frac{N}{2} - i\right)\omega T_a\right]\right\} e^{-j\omega N T_a/2} \,. \tag{5.108}$$

In allen vier Fällen ist die Phase des Filters linear von der Kreisfrequenz ω abhängig, und es besitzt eine *konstante Gruppenlaufzeit* von $t_0 = \frac{N T_a}{2}$.

Erläuterndes Beispiel

Ein idealer digitaler Tiefpass mit einem konstanten Betragsfrequenzgang von 0 bis zur Grenzfrequenz f_g = 200 Hz und einer Abtastfrequenz von f_a = 1 kHz soll durch ein FIR-Filter 8. Grades realisiert werden.

Bei symmetrischen Filterkoeffizienten besitzt dieses Filter eine Gruppenlaufzeit von $t_0 = \frac{NT}{2} = \frac{8 \cdot 1}{2}$ ms = 4 ms.

Ein idealer analoger Tiefpass mit einem konstanten Betragsfrequenzgang von 1 im Durchlassbereich würde die Impulsantwort

$$g_{an}(t) = \frac{\sin(\omega_g(t - t_0))}{\pi(t - t_0)}$$

aufweisen (vgl. Abbildung 5.42). Wie beim Impulsinvarianzverfahren soll die Impulsantwort des zugehörigen digitalen FIR-Filter bei den Abtastzeitpunkten nT_a (n = 0 bis 8) bis auf einen Skalierungsfaktor des Betrages dieselben Werte besitzen wie die Impulsantwort des analogen Filters. Dies entspricht einem Rechteckfenster $w(t)$, das die Werte der Impulsantwort des idealen Filters nach $N \cdot T_a$ = 8·1 ms = 8 ms abschneidet (siehe Abbildung 5.43). Daraus ergeben sich die Filterkoeffizienten zu

$$c_i = g(i) = T_a\, g_{an}(iT_a) = \frac{\sin(\omega_g T_a(i - N/2))}{\pi(i - N/2)} , \quad i = 0 \text{ bis } N . \qquad (5.109)$$

Hierbei wird noch zusätzlich die analoge Impulsantwort $g_{an}(t)$ mit dem Abtastintervall T_a multipliziert, damit die Impulsantwort des digitalen Filters dimensionslos wird. Weiterhin folgt für unser Beispiel:

$$c_i = \frac{\sin(0,4\pi(i - 4))}{\pi(i - 4)} , \quad i = 0 \text{ bis } 8 .$$

Damit ergibt sich für die Filterkoeffizienten c_i:

$$c_0 = c_8 = -0,07568 , \qquad c_1 = c_7 = -0,06237 ,$$
$$c_2 = c_6 = 0,09355 , \qquad c_3 = c_5 = 0,3027 ,$$
$$c_4 = 0,4 .$$

Da der Filtergrad N geradzahlig ist und die Impulsantwort spiegelsymmetrisch zu t_0 liegt, folgt gemäß Gleichung 5.105 für die Übertragungsfunktion (vgl. Abbildung 5.44):

$$G(z = e^{j\omega T_a}) = \left\{ c_4 + 2 \sum_{i=0}^{3} c_i \cos\left[\omega(4 - i)\,\text{ms}\right] \right\} e^{-j\omega 4\,\text{ms}} . \qquad (5.110)$$

An diesem Beispiel kann man erkennen, dass selbst bei einem höheren Filtergrad N nicht annähernd der rechteckförmige Betragsfrequenzgang eines idealen Tiefpasses erreicht wird. In der Regel ist dazu ein wesentlich höherer Filtergrad (z. B. n = 30) notwendig. Das günstige Verhalten des FIR-Filters bezüglich der möglichen konstanten Gruppenlaufzeit und der Stabilität durch die endliche Impulsantwort muss daher durch einen größeren Filtergrad erkauft werden.

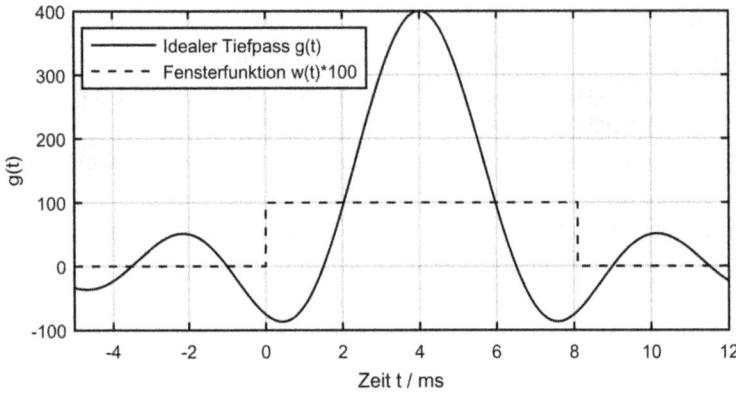

Abb. 5.42: Impulsantwort $g(t)$ des idealen Tiefpasses und Rechteckfenster $w(t)$, das zur besseren Darstellung um den Faktor 100 vergrößert wurde.

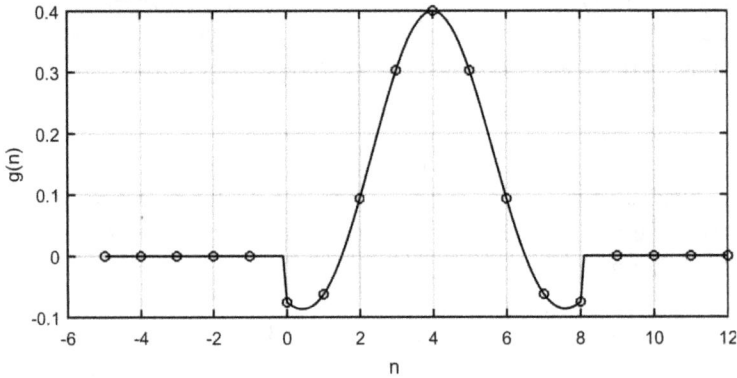

Abb. 5.43: Der mit dem Rechteckfenster $w(t)$ gemäß Abbildung 5.42 „ausgeschnittene" Bereich der Impulsantwort des idealen Filters von 0 bis 8 ms und die darin entnommenen Abtastwerte c_i mit $i = 0$ bis $N = 8$.

Direkte zeitdiskrete Synthese mit Hilfe des Frequenzabtastverfahrens

Anstelle der Werte der Impulsantwort kann auch die Übertragungsfunktion zur Approximation gewählt werden. Beim *Frequenzabtastverfahren* wird daher der gewünschte Frequenzgang in regelmäßigen Abständen abgetastet und kann als Spektrum eines periodischen Signals interpretiert werden, welches im Frequenzbereich diskret ist und nur bei Vielfachen der Grundfrequenz (Oberwellen) einen Wert besitzt. Weiterhin wird im Zeitbereich das periodische Signal mit dem Abtastintervall T_a abgetastet, wodurch der Frequenzgang nicht nur diskret, sondern auch wie im Zeitbereich periodisch ist. Der Zusammenhang zwischen Zeit- und Frequenzbereich eines periodischen und diskreten Signals und seinem Spektrum wird durch die diskrete Fourier-Transformati-

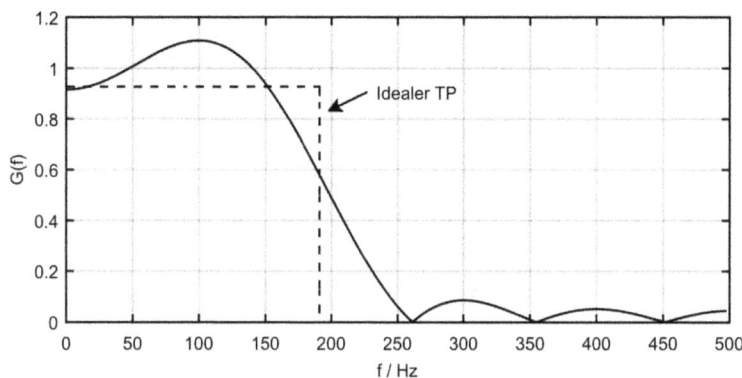

Abb. 5.44: Betragsfrequenzgang des FIR-Filters 8. Grades, dessen Filterkoeffizienten c_i gemäß Gleichung 5.109 nach den Werten der Impulsantwort eines idealen Tiefpasses im Zeitintervall von 0 bis 8 ms berechnet wurden.

on(DFT) gemäß

$$g(n) = \frac{1}{N} \sum_{m=0}^{N-1} G(m)e^{j2\pi \frac{nm}{N}} , \quad G(m) = \sum_{n=0}^{N-1} g(n)e^{-j2\pi \frac{nm}{N}} \tag{5.111}$$

hergestellt. $G(m)$ ist dabei der abgetastete Wert der gewünschten Übertragungsfunktion an der m-ten Stelle und $g(n)$ der abgetastete Wert der Impulsantwort an der n-ten Stelle. N entspricht der Anzahl der Abtastwerte pro Periode im Zeitbereich wie auch der Anzahl der Frequenzpunkte im Frequenzbereich.

Bei der Filtersynthese wird die periodische Pulsantwort $g(n)$ mit Hilfe der DFT aus den pro Periode abgetasteten Werten der Übertragungsfunktion $G(m)$ ermittelt und als Koeffizient c_i eines nichtrekursiven (FIR-) Filters interpretiert (siehe Abbildung 5.35 und Gleichung 5.102). Soll das Filter zusätzlich noch eine konstante Gruppenlaufzeit aufweisen, so muss der Betrag der Impulsantwort $g(n)$ symmetrisch zu $\frac{N}{2}$, wenn N gerade, oder $\frac{N-1}{2}$ (für N ungerade) sein, d. h.:

$$|g(n)| = |g(N-n)| \quad n = 0, \dots, \begin{cases} \frac{N}{2} & \text{für } N \text{ gerade} \\ \frac{N-1}{2} & \text{für } N \text{ ungerade} \end{cases} . \tag{5.112}$$

Dabei ist die Gruppenlaufzeit $\frac{NT}{2}$, und der Betrag der Übertragungsfunktion lässt sich gemäß Gleichung 5.105 bis Gleichung 5.108 berechnen.

Soll weiterhin die Impulsantwort $g(n)$ reell sein, so folgt aus der Fourier-Transformation, dass der Realteil des Spektrums zum Koordinatenursprung spiegel- und der Imaginärteil dazu punktsymmetrisch sein müssen. Da das Spektrum sich aber mit Vielfachen der Abtastfrequenz $f_a/2$ periodisch wiederholt, ist der Spektralanteil von $-f_a/2$ bis 0 gleich dem Spektralanteil von $f_a/2$ bis f_a. Jedoch berücksichtigt die DFT keine Spektralanteile für negative Frequenzen, aber für den ganzen Bereich von 0 bis zur Abtastfrequenz f_a. Deshalb kann der Bereich von $f_a/2$ bis f_a aus der Symmetriebe-dingung für den Spektralbereich bei den negativen Frequenzen ermittelt werden. Es folgt daher:

$$G(N - m) = G^*(m) \quad m = 0 \text{ bis } N,\tag{5.113}$$

wodurch sich nach Gleichung 5.111 die Rücktransformation bei der DFT in den Zeitbe-reich vereinfachen lässt. Dabei folgt mit Hilfe der Zerteilung der DFT-Summe in zwei gleiche Hälften mit Ausklammern des Funktionsfaktors $e^{j2\pi \frac{N}{2}\frac{n}{N}}$ in den beiden Teilsum-men, der späteren Substitution $m' = N - m$ und aus der Symmetriebedingung gemäß Gleichung 5.113 für *geradzahlige* Werte von N:

$$g(n) = \frac{G(0) + G\left(\frac{N}{2}\right)}{N} + \sum_{m=1}^{\frac{N}{2}-1} G(m)e^{j2\pi\frac{(m-\frac{N}{2})n}{N}} \cdot \frac{e^{j2\pi\frac{N}{2}\frac{n}{N}}}{N} +$$

$$+ \sum_{m'=\frac{N}{2}+1}^{N-1} G(m')e^{j2\pi\frac{(m'-\frac{N}{2})n}{N}} \cdot \frac{e^{j2\pi\frac{N}{2}\frac{n}{N}}}{N}$$

$$= \frac{2}{N}\mathbb{R}\left[G(0)\right] + \sum_{m=1}^{\frac{N}{2}-1} G(m)e^{j2\pi\frac{(m-\frac{N}{2})n}{N}} \cdot \frac{e^{j\pi n}}{N} + \sum_{m=\frac{N}{2}-1}^{1} G(N-m)e^{j2\pi\frac{(\frac{N}{2}-m)n}{N}}\frac{e^{j\pi n}}{N}$$

$$= \frac{2}{N}\mathbb{R}\left[G(0)\right] + \sum_{m=1}^{\frac{N}{2}-1}\left\{\left[G(m)e^{j2\pi\frac{(m-\frac{N}{2})n}{N}} + G^*(m)e^{-j2\pi\frac{(m-\frac{N}{2})n}{N}}\right]\frac{(-1)^n}{N}\right\}$$

$$= \frac{2}{N}\mathbb{R}\left[G(0)\right] + \sum_{m=1}^{\frac{N}{2}-1}\left\{\left[|G(m)|e^{j\varphi}e^{j2\pi\frac{(m-\frac{N}{2})n}{N}} + |G(m)|e^{-j\varphi}e^{-j2\pi\frac{(m-\frac{N}{2})n}{N}}\right]\frac{(-1)^n}{N}\right\}$$

$$= \frac{2}{N}\left\{\mathbb{R}\left[G(0)\right] + \sum_{m=1}^{\frac{N}{2}-1}(-1)^n|G(m)|\cos\left[\varphi + 2\pi\left(m - \frac{N}{2}\right)n/N\right]\right\}\tag{5.114}$$

und für *ungeradzahlige* Werte von N mit analoger Berechnung

$$g(n) = \frac{1}{N}\left\{G(0) + 2\sum_{m=1}^{\frac{N-1}{2}}(-1)^n|G(m)|\cos\left[\varphi + 2\pi\left(m - \frac{N-1}{2}\right)n/N\right]\right\}.\tag{5.115}$$

Erläuterndes Beispiel

Ein *idealer* digitaler Tiefpass mit einem konstanten Betragsfrequenzgang von 0 bis zu seiner Grenzfrequenz von $f_g = 200\,\text{Hz}$ und einer Abtastfrequenz von $f_a = 1\,\text{kHz}$ soll durch ein FIR-Filter 15. Grades nach dem Frequenzabtastverfahren realisiert werden. Der periodische Frequenzgang kann in $N - 1 = 15 - 1 = 14$ Intervalle unterteilt und mit 15 Werten abgetastet werden. Bei symmetrischen Filterkoeffizienten und unge-radzahligem Filtergrad besitzt dieses Filter eine Gruppenlaufzeit von $t_0 = T_a\frac{N-1}{2} = \frac{14 \cdot 1\,\text{ms}}{2} = 7\,\text{ms}$.

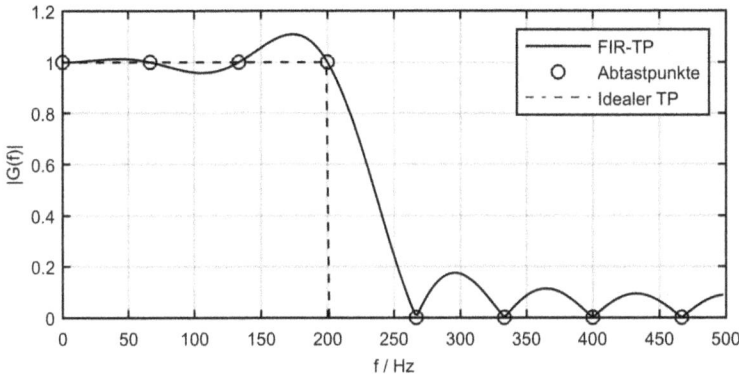

Abb. 5.45: Frequenz-Abtastwerte eines idealen Tiefpasses zur Synthese eines FIR-Filters 15. Grades und zugehörige Übertragungsfunktion.

Die festzulegenden Werte für den Betrag der Übertragungsfunktion $|G(m)|$ mit $m = 0$ bis $\frac{N-1}{2} + 1 = \frac{15-1}{2} + 1 = 8$ sind dann im Frequenzabstand von $f_a/N = \frac{1\,\text{kHz}}{15} = 66.67\,\text{Hz}$ vorzugeben, d. h. bei den Frequenzwerten f = 0 Hz, 66.67 Hz, 133.33 Hz, 200 Hz, 266.67 Hz, 333.33 Hz, 400 Hz und 466.67 Hz. Danach wiederholt sich ab der halben Abtastfrequenz der Frequenzgang bis zur Abtastfrequenz spiegelsymmetrisch wie oben dargestellt. Wenn der Maximalwert = 1 betragen soll, können wir z. B. folgende Werte festlegen (vgl. Abbildung 5.45):

$$|G(0)| = |G(1)| = |G(2)| = |G(3)| = 1\,,$$
$$|G(4)| = |G(5)| = |G(6)| = |G(7)| = 0\,.$$

$|G(0)|$ entspricht hier dem Betrag des Frequenzgangs bei der Frequenz $f = 0$ Hz, $|G(1)|$ dem Betrag des Frequenzgangs bei 66.67 Hz, $|G(3)|$ bei 133.33 Hz usw.

Mit diesen Werten wird nun gemäß Gleichung 5.115 durch inverse diskrete Fouriertransformation die Impulsantwort g(n) des FIR-Filters berechnet, und man erhält:

$$g(0) = g(14) = -0{,}0498159\,; \quad g(1) = g(13) = 0{,}0412023\,;$$
$$g(2) = g(12) = 0{,}0666667\,; \quad g(3) = g(11) = -0{,}0364879\,;$$
$$g(4) = g(10) = -0{,}1078689\,; \quad g(5) = g(9) = 0{,}0340780\,;$$
$$g(6) = g(8) = 0{,}3188924\,; \quad g(7) = 0{,}4666667\,.$$

Aus der nun ermittelten Impulsantwort des FIR-Filters lassen sich schließlich die zugehörigen Werte der Filterkoeffizienten bestimmen, die ja gleich den Werten der Impulsantwort $c_i = g(i)$ sind (vgl. Abbildung 5.46).

Im Allgemeinen sind jedoch die gemessenen Biosignale nicht periodisch und haben daher auch kein diskretes Frequenzspektrum. Wird nun das gerade entworfene FIR-Filter bei diesen Signalen angewendet, entsteht ein Fehler. Um diesen abzuschätzen, wird die Impulsantwort ermittelt. In diesem Falle ist die Übertragungsfunktion

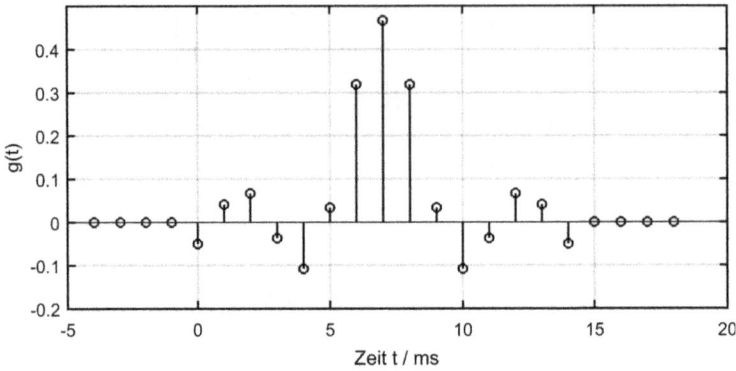

Abb. 5.46: Impulsantwort eines FIR-Tiefpasses 15. Grades gemäß Abbildung 5.45.

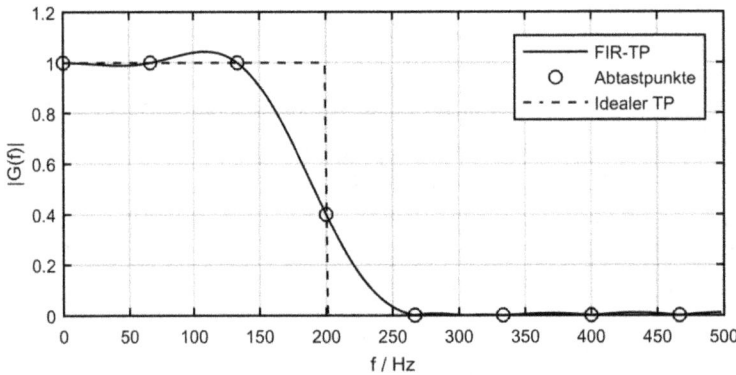

Abb. 5.47: FIR-Tiefpass 15. Grades gemäß Abbildung 5.45, bei dem der Abtastwert an der Filterflanke bei 200 Hz auf 0,4 herabgesetzt wurde.

des FIR-Filters nicht mehr diskret, sondern frequenzkontinuierlich. In Abbildung 5.45 erkennt man, dass zwischen den vorgegebenen Werten des Betragsfrequenzgangs sehr große Abweichungen zum idealen Tiefpass entstehen können, die als sogenannte Überschwinger bezeichnet werden.

Abhilfe kann man dadurch erreichen, dass nicht mehr versucht wird, den idealen Tiefpass abzutasten, der ja eine sehr große Flankensteilheit besitzt, sondern dass man die steile Flanke durch einen sanfteren Übergang vom Durchlass- in den Sperrbereich ersetzt. Als Beispiel dafür soll hier der Abtastpunkt mit dem Wert 1 an der Flanke bei 200 Hz durch einen Wert von 0,4 ersetzt werden. Das Ergebnis zeigt Abbildung 5.47. Es ist deutlich zu erkennen, dass durch die flachere Flanke bei 200 Hz die Überschwinger im Frequenzgang gegenüber der steilen Flanke gemäß Abbildung 5.45 stark reduziert wurden.

5.4 Nachlesungs- und Übungsaufgaben

Diskretisierung

1. Erläutern Sie im Zusammenhang mit der Analog-Digital-Wandlung von Signalen den Vorgang der Diskretisierung und Quantisierung.
2. Was besagt das Shannon-Theorem?
3. Welchen Effekt bei der Analog-Digital-Wandlung bezeichnet man mit dem Bgriff Aliasing?
4. Erläutern Sie die Wirkung eines Anti-Aliasing-Filters.
5. Wozu dient ein Sample-and-Hold-Verstärker vor einem Analog-/Digitalwandler?
6. Auf welche Zahl wird ein Spannungswert von 2 V am Eingang eines 10-Bit-A/D-Wandlers mit einer Eingangsspanne von 0 V–10 V abgebildet? Der Ausgangszahlenbereich beginne bei Null und überstreiche nur positive Zahlen. Beachten Sie, dass hier ein unipolares System vorliegt.
7. Ein zeitkontinuierliches Signal eines Sensors soll über ein digitales Übertragungssystem übertragen werden. Die zur Analyse wichtigen spektralen Komponenten des Sensors liegen unterhalb von 100 kHz. Für die Analyse uninteressante Frequenzkomponenten erstrecken sich bis 1 MHz. a) Mit welcher Frequenz sollte abgetastet werden? Skizzieren Sie das Spektrum des abgetasteten Signals! Wird ein Anti-Aliasing-Filter benötigt? b) Angenommen, es wird jeder Abtastwert mit 8 Bit kodiert, welche Datenrate muss das Übertragungssystem mindestens zur Verfügung stellen (in kBit/s)?
8. Ein Eingangssignal mit zwei überlagerten Sinussignalen $f1 = 3$ kHz und $f2 = 6$ kHz wird mit einer Abtastfrequenz $f_a = 8$ kHz abgetastet. Zeichnen Sie das Spektrum des Eingangssignals vor und nach der Abtastung. Was bedeutet dies für eine Rekonstruktion des Originalsignals?
9. Wie gewinnt man aus einem zeitdiskreten wieder ein kontinuierliches Signal?

Diskrete Transformationen

1. Welche Besonderheiten weisen Spektren von abgetasteten Signalen auf?
2. Was versteht man unter dem ersten Nyquistbereich eines Spektrums?
3. Von welcher Größe hängt die höchste in einem Spektrum darstellbare Frequenz ab, von welcher Größe dessen Frequenzauflösung?
4. Was versteht man unter dem Leckeffekt eines Spektrums?
5. Was ist der Unterschied zwischen einem Betrags- und einem Amplitudenspektrum? Was versteht man unter einem Phasenspektrum? Wie werden diese aus den Fourier-Koeffizienten berechnet?
6. Welche Fourier-Transformierte hat eine Rechteckfunktion?
7. Welche Bedingung muss eine Funktion erfüllen, um sie mittels Fourier-Reihe entwickeln zu können? Wie lässt sich dann diese Funktion beschreiben?

8. Was versteht man unter der Fensterung eines Signals? Wozu wird diese angewendet?

9. Gegeben ist die Folge eines Rechteckimpulses $x[n] = 1, 1, 1, 1, 1, 1, 1$. Skizzieren Sie die Folge und deren geraden bzw. ungeraden Anteil.

10. Gegeben sind die beiden Folgen $x_1[n] = 1, 2, 1$ und $x_2[n] = 1, 0, 1, 0, 1, 0, 1$. a) Zeichnen Sie die Folgen und geben Sie deren Längen an. b) Falten Sie die Folgen, $x_1[n] * x_2[n] = y[n]$, und stellen Sie das Ergebnis grafisch dar.

11. Wozu brauchen wir neben der DFT eine weitere Transformation, die z-Transformation?

12. Wie lautet der Verschiebeoperator der z-Transformation im z-Bereich?

13. Eine gesampelte Gewichtsfolge von Dirac-Impulsen (Abtastfolge, diskrete Zeitreihe) soll z-transformiert werden. Wie lässt sich der Verschiebeoperator hierzu einsetzen?

Diskrete Verarbeitung von Signalen

1. In welchem Fall kann der Aliaseffekt außer bei der A/D-Wandlung noch auftreten? Wie lässt sich das Auftreten verhindern? Welche Einbußen hat man dabei hinzunehmen?

2. Erklären Sie das Amplitudenspektrum einer diskreten Zeitreihe. Welche Aspekte sind bei der Interpretation zu beachten? Wie berechnen Sie die Frequenzachse, welche Bedeutung haben die einzelnen Linien?

3. Die Amplituden im DFT-Spektrum aus Matlab entsprechen nicht den Amplituden der Signalanteile im Zeitbereich. Wie erklären Sie sich das? Welche Operation ist zur Anpassung immer durchzuführen?

4. Was ist mit Frequenzauflösung gemeint? Wie lässt sich die Frequenzauflösung eines Spektrums verbessern?

5. Wovon hängt die höchste darstellbare Frequenz im Spektrum ab?

6. Bei der Kurzzeit-Fourier-Transformation wird ein Signalfenster der Breite von 100 ms spektral untersucht. Welche Frequenzauflösung kann dabei erzielt werden?

7. Welchen Vorteil bietet die Wavelet-Transformation gegenüber der Kurzzeit-Fourier-Transformation?

8. Eine Fensterung ist eine Multiplikation im Zeitbereich, welche Operation mit was ist im Frequenzbereich durchzuführen, um das gleiche Ergebnis zu erhalten?

9. Erläutern Sie den Begriff Impulsantwort. Wie nennt man die Fourier-Transformierte der Impulsantwort?

10. Wann stellt man ein Signal optimal im Zeit-Frequenz-Bereich dar?

11. Bringt es Vorteile, ein Sinussignal mit konstanter Frequenz und Amplitude im Zeit-Frequenz-Bereich darzustellen?

12. Was ist der wichtigste Unterschied zwischen der Kurzzeit-Fourier-Transformation (SFTF) und der Wavelet-Transformation?

13. Welche günstige Eigenschaft besitzt die diskrete Wavelet-Transformation (DWT) gegenüber der kontinuierlichen Wavelet-Transformation (CWT)?
14. Weshalb benutzt man bei der SFTF, der DWT und der CWT Fensterfunktionen?
15. Welche Mittelwertverfahren kennen Sie, wozu lassen sich diese nutzen?

LTI-Systeme und digitale Filter

1. Was ist ein Filter, welche idealen Eigenschaften hat es?
2. Welche Filtercharakteristiken kennen Sie? Wie lassen diese sich im Frequenzbereich darstellen?
3. Weshalb arbeitet man vornehmlich mit digitalen Filtern? Wo sind analoge Komponenten unumgänglich?
4. Was bedeuten die Begriffe stabil, kausal, linear, zeitinvariant, und wieso sind sie so wichtig bei der Erstellung von digitalen Filtern?
5. Was ist ein IIR-Filter und was ist ein FIR-Filter? Worin besteht der Unterschied?
6. Wie wirkt ein gleitendes Mittelwertfilter auf Signale? Welche Extremfälle des Fensters können Sie sich vorstellen, und wie sähe jeweils das Ergebnis der Filterung aus?
7. Beschreiben Sie die Funktionsweise eines einfachen Faltungsfilters und die FFT-Methode, um einen geeigneten Faltungskern zu erhalten.
8. Was ist ein nichtrekursives Filter, woraus bestehen die Ausgangssignale? Wie unterscheidet sich ein rekursives Filter davon?
9. Was ist eine Übertragungsfunktion? Welche Bedeutung hat der Realteil, welche der Imaginärteil?
10. Was sind Pole und Nullstellen der Übertragungsfunktion?
11. Gibt es equivalente Darstellungen zur diskreten Übertragungsfunktion? Welche sind diese?
12. Was versteht man unter dem Phasen- und Amplitudengang eines Filters? Wieso möchte man Filter ohne Phasenverschiebung erzeugen?
13. Was versteht man unter der Ordnung eines Filters? Beschreiben Sie die Unterschiede zwischen FIR- und IIR-Filtern.
14. Was bewirkt ein Anti-Image-Tiefpass im Zusammenhang mit dem Hinzufügen von Nullwerten, um nachträglich die Abtastfrequenz zu erhöhen?
15. Kann man ein zeitvariantes System im Frequenzbereich darstellen und wenn ja wie?
16. Welcher Unterschied besteht zwischen einem IIR- und einem FIR-Filter?
17. Welche günstige Eigenschaft kann der Phasenverlauf eines FIR-Filters besitzen, den man mit einem analogen Filter nicht erreichen kann?
18. Kann ein FIR-Filter im Normalfall bei endlicher Anzahl der Filterkoeffizienten instabil werden?
19. Wie erfolgt die Synthese eines digitalen Filters nach der Bilinear-Transformation?

6 Anwendungen der Methoden in der Biosignalverarbeitung

In diesem Kapitel werden praktische Beispiele für die Anwendung der Methoden der Biosignalverarbeitung vorgestellt. Prinzipiell sind die Methoden auch auf andere Biosignale anwendbar, weshalb einige elektrische Biosignale und deren Bedeutung hier noch einmal aufgeführt werden, eine Unterteilung findet man in [79].

Häufig angewendete Verfahren:
- Elektrokardiogramm (EKG): Messung der Muskelerregung im Herzen.
- Elektroenzephalogramm (EEG): Messung der Nervenaktivität im Gehirn.
- Elektromyogramm (EMG): Messung der Skelettmuskelerregung.
- Elektroretinogramm (ERG): Messung der Lichtreizung des Auges.
- Elektrookulogramm (EOG): Messung der Bewegungen des Auges.

Seltener angewendete Verfahren:
- Elektroolfaktogramm: Messung der Reizung des Geruchssinns.
- Elektrogastrogramm: Messung der Aktivität der Magenmuskulatur.
- Elektrohysterogramm: Messung der Aktivität der Uterusmuskulatur.
- Elektrodermatogramm: Messung der elektrischen Potentialverteilung der Haut.
- Elektroneurogramm: Messung von intrazellulären elektrischen Potenzialen.

6.1 Signale des Gehirns

Das Gehirn ist Bestandteil des zentralen Nervensystems. Es besteht beim Menschen aus ungefähr 10 Milliarden einzelner Hirnzellen (Nervengewebe). Das Nervengewebe ist wiederum aus Neuronen (Nervenzellen) und Gliazellen aufgebaut. Wichtige Funktionen von Neuronen des Gehirns sind der Empfang, die Verarbeitung und Weiterleitung von Reizen. Die Gliazellen wirken u. a. als Stützzellen der Neuronen. Funktional gliedert sich ein Gehirnneuron in eine Vielzahl von tentakelartigen Dendriten für den Empfang von Reizen, dem Zellkern und dem länglichen Axon zur Reizweiterleitung. Das Axon verzweigt sich im Endbereich auf mehrere Synapsen, die einen Reiz auf eine andere Zelle übertragen. Die enorme Leistungsfähigkeit des Gehirns beruht auf der starken Vernetzung der einzelnen Neuronen. Im Bereich der Hirnrinde (Cortex) ist jedes Neuron mit 1000 bis 100.000 Synapsen verbunden. Die Reizübertragung von einer Zelle zur nächsten erfolgt chemisch, indem von der Synapse Botenstoffe (Neurotransmitter) ausgeschüttet werden, die über Rezeptoren von Dendriten der nächsten Zelle aufgenommen werden. Die Aktivität der Neuronen geht wie bei allen Zellen mit der Änderung der Transmembranspannung einher, die unter dem Begriff Aktionspotential zusammengefasst wird. Im Bereich der Dendriten steuern die Neurotransmitter die Proteinkanäle in der Zellmembran und damit das Aktionspotential. Es gibt sowohl ak-

https://doi.org/10.1515/9783111003115-006

tivierende wie auch hemmende Neurotransmitter. Da an den Dendriten mehrere Synapsen anliegen, die gleichzeitig Neurotransmitter ausschütten, entscheidet erst die Summe aller eingehenden Reize, ob ein Aktionspotential in der Zelle ausgelöst wird. Wenn das der Fall ist, breitet sich das Aktionspotential ausgehend von den Dendriten entlang des Axons aus und löst am Axonende (Synapse) die Ausschüttung der Neurotransmitter aus, die dort in Vesikeln deponiert sind. Diese Neurotransmitter reagieren wiederum mit den Rezeptoren des nächsten Neurons und steuern dort die Zellmembran (vgl. Kapitel 3).

Die Reizfortleitung durch eine Nervenzelle erfolgt durch Voranschreiten des Aktionspotentials entlang des Axons. Wird an einer Stelle die Depolarisation ausgelöst, strömen dort Na^+-Ionen aus dem zelläußeren Milieu in das Zellinnere. Das hat eine lokale Konzentrationssenkung der Na^+-Ionen im zelläußeren Milieu zur Folge, die durch diffusive Ionenströme aus der Umgebung ausgeglichen wird. Dadurch sinkt aber die Na^+-Konzentration in der Umgebung, wodurch sich dort kurzzeitig die Transmembranspannung über die Schwellenspannung erhöht.[1] Befindet sich der Bereich im Zustand des Ruhepotentials, wird bei Überschreiten der Schwellenspannung wiederum dort das Aktionspotential ausgelöst. Das ist aber nur im Gebiet hinter der Depolarisationsstelle möglich. Das Gebiet vor der Depolarisationsstelle hat zu diesem Zeitpunkt noch den Refraktärzustand, weil dort zuvor das Aktionspotential durchgelaufen ist. In der refraktären Phase kann das Aktionspotential aber nicht erneut ausgelöst werden. Daher setzt sich das Aktionspotential und damit der elektrische Reiz nur in eine Richtung der Axonfaser fort. Die Geschwindigkeit dieses Vorgangs und damit die Reizleitungsgeschwindigkeit beträgt ca. 3 m/s. Für Neuronen, die die Skelettmuskulatur erregen, wäre diese Übertragungsgeschwindigkeit allerdings zu gering, weil wegen der großen Länge der Verbindung zwischen Nervenzentrum und Muskelfaser von bis zu einem Meter die Reaktion z. B. auf eine Gefahrensituation zu langsam erfolgen würde. Tatsächlich wird bei peripheren Neuronen, die die Verbindung zu motorischen Muskeleinheiten herstellen, eine deutlich höhere Reizleitungsgeschwindigkeit von bis zu 120 m/s erreicht. Die peripheren Neuronen sind dafür gegenüber Hirnneuronen anders aufgebaut. Die Axonfaser ist von Schwann-Zellen ummantelt, die das Auslösen des Aktionspotentials verhindern. Die Ummantelung wird Myelinscheide genannt. In Abständen von 0,2 bis 1.5 mm ist die Myelinscheide durch Einschnürungen unterbrochen, den Ranvier-Schnürungen. Nur dort kann das Aktionspotential ausgelöst werden. Da bei der Depolarisation an einer Einschnürung die zelläußeren Ausgleichsströme sich bis zur nächsten Einschnürung erstrecken, springt das Aktionspotential von einer Einschnürung zur nächsten. Dieser Mechanismus erhöht signifikant die Reizleitungsgeschwindigkeit gegenüber Hirnneuronen (vgl. Unterabschnitt 3.1.3). Die Ausgleichsströme entlang der Axonfaser erzeugen elektrische Fel-

---

1 Die Richtung der Transmembranspannung ist vom Zellinneren zum -äußeren festgelegt. Ein Mangel an positiven Ionen im Zelläußeren erhöht also die Transmembranspannung.

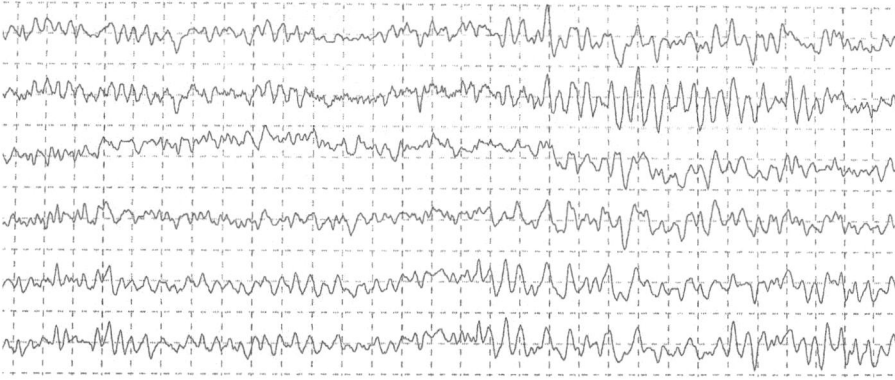

Abb. 6.1: EEG-Signale haben meist keine klare Struktur und gehören damit zu den nicht-deterministischen Signalen. Dennoch ist eine Rhythmik in den Signalen erkennbar.

der, die sich bei den Neuronen der Hirnrinde (Cortex) bis zur Schädeloberfläche ausbreiten. Die Folge ist eine Potentialdifferenz zwischen beliebigen Stellen auf der Kopfhaut. Die Gesamtpotentialverteilung auf der Kopfhaut entsteht durch die Überlagerung der Potentiale aller aktiven Neuronen und Gliazellen, wobei nahe Zellregionen den stärksten Beitrag liefern. Es entsteht auf der Kopfhaut eine räumliche Potentialverteilung, die mit der Aktivität der beteiligten Zellgebiete zeitlich schwankt. Die auf der Kopfhaut messbare Spannungsamplitude beträgt bis zu 100 µV. Die Aufzeichnung mittels Elektroden wird Elektroenzephalographie (EEG) genannt. Aufgrund der Vielzahl der beteiligten Zellen und deren unterschiedliche zeitliche Erregung weist das EEG-Signal in der Regel keine klare Struktur auf (vgl. Abbildung 6.1). Es gehört damit zu den nichtdeterministischen Signalen. Das EEG ist aber von einer Rhythmik unterlegt, die u.a. von der geistigen Wachheit des Probanden abhängt. Diese Rhythmik wird in der klinischen Diagnostik als Welle bezeichnet.[2]

Liegt die Frequenz der Welle im Bereich von 0 bis 4 Hz, bezeichnet man Sie als Delta-Welle (typisch für traumlosen Tiefschlaf), bei 4 bis 8 Hz als Theta-Welle (leichte Schlafphase), bei 8 bis 13 Hz als Alpha-Welle (z. B. entspannter Wachzustand), bei 13 bis 30 Hz als Beta-Welle (mittlere Konzentration, REM-Schlaf) und oberhalb von 30 Hz als Gamma-Welle (starke Konzentration). In Abbildung 6.2 sind EEG-Verläufe bei verschiedenen Wachheitszuständen dargestellt.

Für die Bestimmung der Frequenzlage wird eine Fourier-Transformation des EEG-Zeitsignals durchgeführt. Abbildung 6.3 zeigt das Spektrum eines EEG mit einem Maximum bei 11 Hz, was auf Alpha-Wellen im EEG-Signal schließen lässt. Die Unterscheidung verschiedener Zustände im EEG-Spektrum erfordert zumeist eine hohe Frequenzauflösung. Ist bespielsweise eine Frequenzauflösung von 1 Hz erforderlich, so

---

2 Es handelt sich hier nicht um eine Welle im physikalischen Sinn.

Normale EEG-Wellen eines Erwachsenen

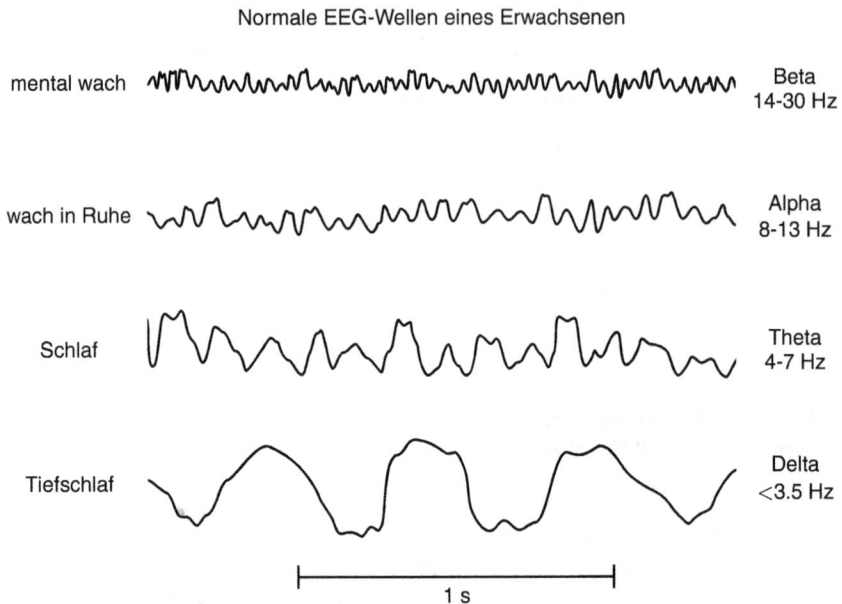

Abb. 6.2: EEG-Signal bei verschiedenen mentalen Zuständen. Von oben nach unten: mental wach, wach in Ruhe, Schlaf und Tiefschlaf.

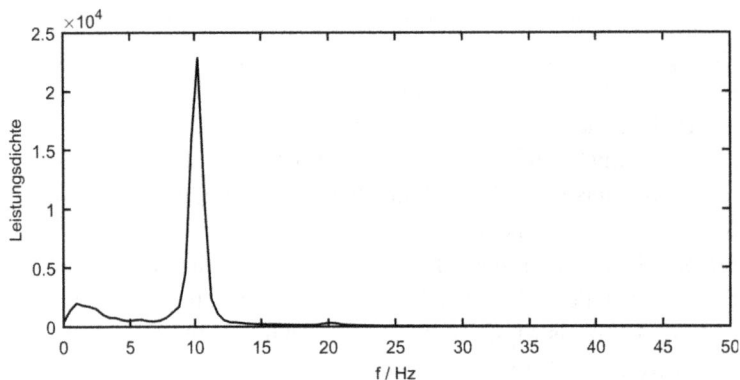

Abb. 6.3: EEG-Spektrum mit einem Maximum bei 11 Hz. Dies entspricht Alpha-Wellen im EEG-Signal, die prominent im entspannten Wachzustand bei geschlossenen Augen auftreten.

ist nach der Unschärferelation der Nachrichtentechnik dafür eine EEG-Sequenz von mindestens 1 s Dauer nötig.[3] Die EEG-Elektroden haben grundsätzlich den gleichen Aufbau wie EKG-Elektroden, sind aber im Durchmesser zumeist kleiner. Die Elektro-

---

3 Die Unschärferelation der Nachrichtentechnik besagt, dass das Produkt aus Zeit- und Frequenzauflösung größer gleich Eins ist: $\Delta t \, \Delta f \geq 1$.

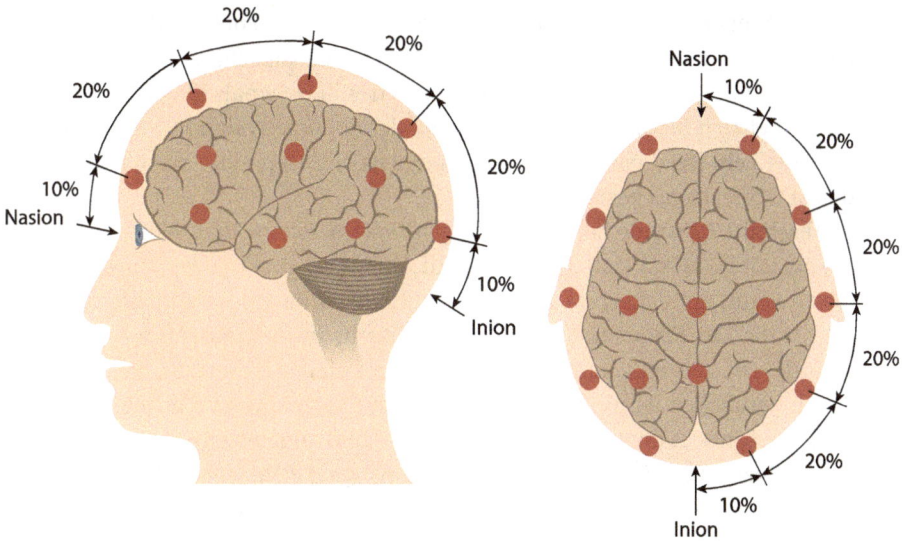

Abb. 6.4: Elektrodenanordnung am Schädel für die EEG-Messung im 10-20-System in Seitenansicht (links) und Aufsicht (rechts).

denanordnung auf dem Schädel erfolgt nach einem bestimmten Schema. Beim international standardisierten 10-20-System werden 21 Elektroden auf Meridianen zwischen Nasenwurzel und unterem Rand des hinteren Schädelknochens in Abständen von 10 % bzw. 20 % der Meridianlänge verteilt. Abbildung 6.4 zeigt in Seiten- und Aufsicht die Elektrodenanordnung des 10-20-Systems. Eine Messkurve ergibt sich aus der Spannungsdifferenz zwischen einer Messelektrode und einer Referenzelektrode (Ohrelektrode) oder aus der Spannungsdifferenz zwischen zwei Messelektroden (bipolare Messung). In einer EEG-Messung werden zumeist mehrere Messkurven über verschiedene Elektroden zeitgleich aufgezeichnet und dargestellt.

Die Abhängigkeit der EEG-Rhythmik vom Wachheitszustand wird für die Schlafdiagnostik ausgenutzt. Eine Reihe von Beschwerden und chronischen Erkrankungen sind auf Schlafstörungen zurückzuführen. Mit einer kontinuierlichen EEG-Messung über die gesamte Nacht lassen sich verschiedene Schlafstadien und ggf. -störungen identifizieren. Beim Einschlafen wechselt die EEG-Rhythmik von Alpha- zu Theta-Wellen und mit zunehmender Schlaftiefe bis zu Delta-Wellen. Insbesondere ausreichend lange Tiefschlafphasen sind für die Regeneration des Körpers wichtig. Abrupte Störungen der Tiefschlafphasen beispielsweise durch Lärm oder akuten Sauerstoffmangel infolge von Schlafapnoe führen im EEG-Signal zu Sprüngen von Delta-Wellen hin zu Alpha- oder Theta-Wellen. Beim REM-Schlaf[4], auch Traumschlaf genannt, der beim erwachsenen Menschen etwa 20 % der Schlafzeit ausmacht, ist das Gehirn sehr aktiv, was sich durch eine höhere Frequenzlage des EEG-Signals äußert. Zur Schlaf-analyse eignet sich besonders die Darstellung der dominierenden EEG-Frequenz als Funktion der Zeit. Die dominierende EEG-Frequenz kann aus einer Maximalwertana-lyse des EEG-Spektrums bestimmt werden.

In Abschnitt 3.3 wurde bereits das Berger-Experiment erwähnt, hier soll nun ein EEG-Signal mit Hilfe von Matlab in Bezug auf Alpha-Wellen ausgewertet werden. Die einfachste Form, ein Zeitsignal auf seine Änderungen im Frequenzinhalt zu unter-suchen, ist die Zeit-Frequenz-Analyse wie Sie bereits in Unterabschnitt 5.3.3 darge-stellt wurde. Die Zeit-Frequenzanalyse arbeitet mit einem Zeitfenster, welches über das Signal geschoben wird und in dem das Frequenzspektrum berechnet wird. Die Länge dieses Fensters definiert einerseits die Zeit- und andererseits die Frequenzauf-lösung des Spektrums. Zur Analyse wurde ein Zeitsignal gemessen, bei dem der Pati-ent abwechselnd von einem Ruhezustand mit geschlossenen Augen (Alpha-Zustand) in einen Ruhezustand mit geöffneten Augen (Beta-Zustand) wechselt. Das EEG-Signal wurde hierfür an zwei Stellen am Hinterkopf (im Bereich der Sehnerven) in Bezug auf eine Massereferenz am Ohrläppchen abgeleitet. Die Auswertung der EEG-Signale mit Hilfe des Zeit-Frequenz-Spektrums in Matlab ist in Listing 6.1 gegeben.

Listing 6.1: Zeit-Frequenz Analyse eines EEG-Signals aus dem Berger Experiment.

```
A = importdata('eeg.txt');              % importiere EEG-Daten
EEG_raw = A.data(:,6);                  % waehle richtige Spalte
EEG_gemittelt = EEG_raw-mean(EEG_raw);  % entferne Gleichanteil
Ts = 0.001;                             % Sample-Periodendauer
Fs = 1/Ts;                              % Sample-Frequenz
[N,nu] = size(EEG_gemittelt);           % ermittle Datenlaenge
t = (1:N)*Ts;                           % erzeuge Zeitvektor

% Berechnung des Zeit-Frequenzspektrums des EEG
winlength = 2048;                       % Fensterlaenge
[S1,F,T] = spectrogram(EEG_gemittelt,chebwin(winlength,100),...
    ceil(winlength/2),0:0.1:300, Fs);
S1 = abs(S1);                           % Betragsbildung

% Berechnung des Leistungsdichtespektrums des EEG
```

---

4 REM: rapid eye movement; ein besonderes Kennzeichen dieser Schlafphase ist die schnelle Augen-bewegung. Die Gehirnaktivität ist besonders hoch und wird als Traum wahrgenommen. Die Muskula-tur ist dagegen weitgehend entspannt.

```
[P1xx, F1xx] = pwelch(EEG_gemittelt, blackman(winlength), [],...
    winlength, Fs);

% Grafische Darstellung der Ergebnisse
figure;
subplot(2,1,1)
plot(t,EEG_gemittelt);
xlabel('t / s');
ylabel('Spannung U / mv');
axis([0 120 -600 600]);
title('Elektroenzephalogramm zum Berger-Experiment');

subplot(2,1,2)
contourf(T,F,S1);
axis([0 120 0 30])
xlabel('t / s');
ylabel('f / Hz');
title('Zeit-Frequenzspektrum des EEGs');

figure
plot (F1xx, (P1xx))
title('Leistungsdichtespektrum eines EEGs');
xlabel('f / Hz')
ylabel('Leistungsdichte')
axis([0 50 0 2.5e4])
```

Die Ergebnisse der Auswertung mit Listing 6.1 sind in Abbildung 6.5 grafisch dargestellt. Befindet sich der Patient in einem Ruhezustand mit geschlossenen Augen, zeigen sich dominante Frequenzen im Bereich zwischen 8 und 13 Hz (Alpha-Wellen) im Zeit-Frequenz-Spektrum. Werden die Augen geöffnet (bei jeweils 25, 65 und 105 s für die Dauer von 10 s) kann man eine Unterdrückung der Alpha-Wellen beobachten.

Neben der Auswertung des EEG-Spektrums kommt auch der Analyse im Zeitbereich eine hohe diagnostische Bedeutung zu. Bei epileptischen Anfällen überlagern häufig zusätzliche Spitzen, die einzeln oder in Gruppen auftreten können, das EEG-Signal. Bei evozierten[5] Potentialen wird ein äußerer Reiz auf ein Sinnesorgan gegeben und die EEG-Antwort aufgezeichnet. Die Reizung kann z. B. visuell, akustisch oder olfaktorisch[6] erfolgen. Evozierte Potentiale führen in der Regel nur zu einem sehr kleinen Ausschlag im EEG. Der Nachweis erfolgt durch die Wiederholung der Reizgabe zu bestimmten Zeitpunkten. Die auf jeden Reiz folgende EEG-Sequenz besteht

5 Lat. *evocare* = herbeiführen.
6 Lat. *olfacere* = riechen.

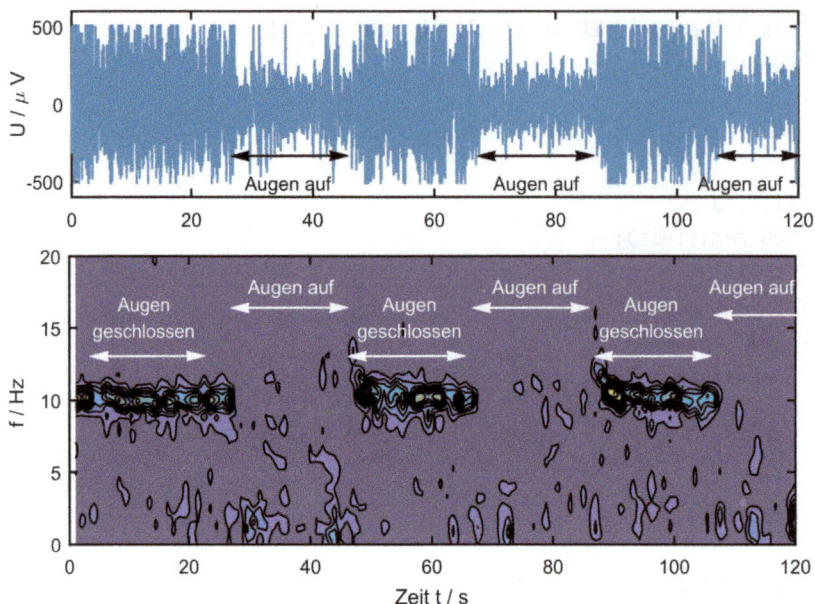

Abb. 6.5: EEG-Signal vom Berger-Experiment (oben); der Patient hatte die Augen zunächst geschlossen und öffnete diese bei ca. 25, 65 und 105 s für jeweils 10 s. Das Zeit-Frequenz Spektrum (unten) zeigt den zeitlichen Verlauf des Spektrums. In Zeiträumen mit geschlossenen Augen treten Alpha-Wellen im Frequenzbereich von 8–13 Hz mit unterschiedlicher Intensität auf (rote, gelbe, grüne Bereiche im Spektrum). Sind die Augen geschlossen, verschwinden diese Frequenzanteile im Spektrum wieder.

aus einem reizunabhängigen Anteil und einem für den Reiz charakteristischen, evozierten Potentialverlauf. Der reizunabhängige EEG-Anteil kann als stochastisches Signal aufgefasst werden. Werden viele EEG-Sequenzen aufaddiert, mitteln sich die reizunabhängigen Anteile aus, und die gleich verlaufenden evozierten Signalanteile der einzelnen EEG-Sequenzen werden in der Summe betont. Je größer die Zahl der Reize und damit der EEG-Sequenzen ist, desto klarer hebt sich die Summe der evozierten Potentiale vom reizunabhängigen Anteil ab. Die Methode der evozierten Potentiale wird in der Neurologie zur Untersuchung der Funktionsfähigkeit von Sinnesorganen und Nervenbahnen eingesetzt.

6.2 Signale der Muskeln

Die ersten Messungen durch Elektromyographie (EMG) gehen auf H. Piper im Jahr 1912 zurück [63]. Seitdem hat sich eine große Zahl an Arbeitsgruppen mit der Messmethodik und der Auswertung in Bezug auf die Muskelphysiologie und den grundlegenden Vorgängen beschäftigt. Die Anwendungsgebiete der Elektromyographie sind vielfältig. Das EMG bietet einen unmittelbaren Zugang zu den Aktionspotentialen der beteiligten Muskelzellen und deren Ausbreitung entlang der Fasern. Damit lassen sich Myopathien wie Myasthenie, Amyloidose oder Multiple Sklerose aber auch Störungen in der neuronalen Stimulation der Muskelzellen untersuchen. In der Sportwissenschaft bietet die EMG-Messung die Möglichkeit, den Trainingszustand zu überwachen, den Muskelaufbau nach Verletzung zu verfolgen oder den Bewegungsablauf zu analysieren und zu optimieren. Aktive orthopädische Prothesen werden u. a. durch EMG-Signale gesteuert. In der Ergonomie können Belastungszustände aufgedeckt werden.

Die von der Muskelkontraktion ausgehende Kraft und Schnelligkeit der Bewegung hängt sowohl von der Anzahl der stimulierten Muskelzellen als auch von der Frequenz ab, mit der das Aktionspotential der Zellen ausgelöst wird. Es ist deshalb naheliegend, über die EMG-Messung auf physiologische Vorgänge rückschließen zu können. Mit steigender Kraft nehmen sowohl die EMG-Amplitude wie auch die Häufigkeit der Stimulationen zu. Das Axon eines Neurons verzweigt sich in den Gliedmaßen auf bis zu 500 Muskelzellen. Bei einer gesunden Muskelfaser breitet sich das Aktionspotential von der Einkoppelstelle der elektrischen Erregung mit einer Geschwindigkeit von ca. 4 m/s über die längliche Muskelfaser aus, hingegen beträgt die Ausbreitungsgeschwindigkeit entlang des Axons ca. 100 m/s.

Einzelne motorische Einheiten haben Abmessungen in der Größenordnung von 10 mm. Der Zweck des Nadel-EMG besteht in der Messung des Aktionspotentials einzelner bis mehrerer Muskelfasern, um deren Physiologie bzw. Pathologie untersuchen zu können. Pathologien können die Muskelfasern selbst betreffen (Myopathie) oder die Neuronen, die die Muskelfasern erregen (Neuropathie) (vgl. Abbildung 6.6).

Grundsätzlich lässt sich ein EMG mit derselben Technik aufzeichnen, wie Sie auch schon für die Messung eines EKG vorgestellt wurde. EMG-Nadeln ermöglichen die Kontaktierung einzelner motorischer Einheiten bis hin zur Detektion des Aktionspotentials einzelner Muskelfasern. Dies ist mit Oberflächenelektroden aufgrund der deutlich schlechteren räumlichen Auflösung nicht möglich. Oberflächenelektroden in Form von Elektrodenarrays sind dagegen besser geeignet für Untersuchungen zur räumlichen und zeitlichen Ausbreitung des Aktionspotentials in den einzelnen motorischen Einheiten. Aber auch schon in einer 1-Kanal-Ableitung über zwei Oberflächenelektroden lassen sich Informationen über die Physiologie der darunterliegenden Muskelgruppe ableiten. Eine gründliche Zusammenfassung zur Elektromyographie lässt sich in [54] finden.

Abbildung 6.7 zeigt ein 1-Kanal-EMG vom Bizeps des Oberarms gemessen mit Hautelektroden. Das zeitliche Signalmuster resultiert aus der Stimulation mehrerer Muskelzellen. Anders als bei EMG-Messungen mit Nadelelektroden können hier nicht die bioelektrischen Prozesse einzelner Muskelfasern untersucht werden. Viel-

---

7 engl. MU motor unit

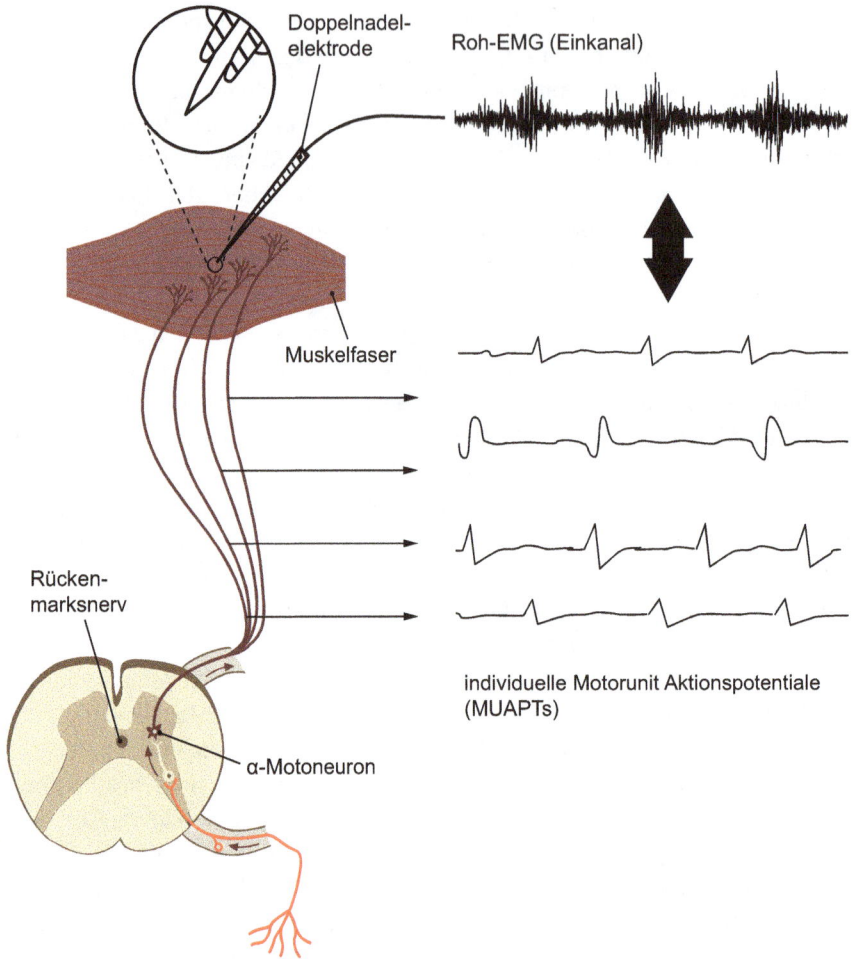

Abb. 6.6: Schematische Darstellung einer motorischen Einheit (links) bestehend aus einem α-Neuron und mehreren Muskelfasern: Der Zellkörper des α-Neurons im Vorderhorn des Rückenmarks sendet das Aktionspotential aus, welches über die motorischen Endplatten des verzweigten Axons an den Übergängen Aktionspotentiale in den Muskelfasern innerviert, die sich entlang der Fasern ausbreiten (vgl. Abbildung 3.8). Die Entstehung der EMG-Sequenz ergibt sich aus der Summe der individuellen Aktionspotentiale der beteiligten motorischen Einheiten (ME)[7] (rechts).

mehr trägt das Signal eher globale Informationen über das stimulierte Muskelgebiet. So ändert sich die Signalamplitude mit der Anspannungsstärke. Oder es kann bei anhaltender Anspannung die metabolische Erschöpfung des beanspruchten Muskelbereichs durch eine Verschiebung der Frequenzlage des spektralen Schwerpunkts hin zu niedrigeren Frequenzen beobachtet werden. Insgesamt setzt sich das EMG-Signal aus der Summe der Aktionspotentiale aller beteiligten und über die Elektroden zugänglichen Muskelfasern zusammen, wobei elektrodenferne Muskelfasern weniger

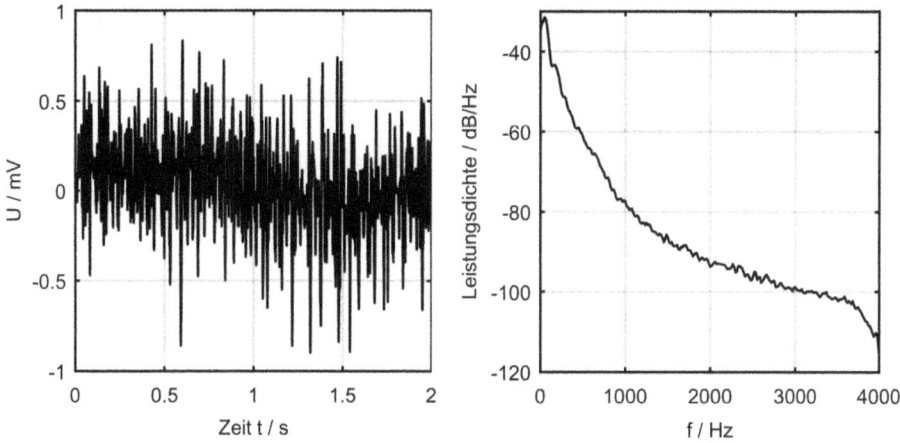

Abb. 6.7: 1-Kanal-EMG-Sequenz vom Bizeps über eine Zeitdauer von 2 s (links) und daraus berechnetes Leistungsdichtespektrum (rechts).

stark zur Gesamtsignalstärke beitragen (vgl. Abbildung 6.6). Das Gesamtsignal ist also eine Überlagerung der Einzelsignale der beteiligten Muskelfasern. Das Aktionspotential dauert bei Skelettmuskeln nur ca. 4 ms. Zum Halten einer Kraft wird das Aktionspotential der Fasern mit einer Frequenz zwischen 8 Hz und 35 Hz wiederholt ausgelöst.

6.2.1 Spektralanalyse des 1-Kanal-EMGs

Wie bereits erwähnt, zeigt sich die fortschreitende Erschöpfung eines Muskelbereichs infolge anhaltender Kontraktion darin, dass die Aktionspotentiale seltener ausgelöst werden. Deshalb liegt das Frequenzspektrum einer späten EMG-Sequenz, bei der die metabolische Erschöpfung[8] der motorischen Einheit bereits eingesetzt hat, gegenüber dem Spektrum am Anfang der Kontraktion bei niedrigeren Frequenzen. Ein geeigneter Parameter zur Beobachtung der Frequenzverschiebung ist der Frequenzschwerpunkt des Leistungsdichtespektrums. Das Leistungsdichtespektrum $\Phi(\omega)$ einer Funktion $s(t)$ berechnet sich aus der Fourier-Transformation der Autokorrelation von $s(t)$ gemäß

$$\Phi(\omega) = \int \varphi(\tau)e^{-j\omega\tau}d\tau , \tag{6.1}$$

mit der Autokorrelationsfunktion

$$\varphi(\tau) = \int s(t)\,s(t+\tau)dt . \tag{6.2}$$

---

8 Die metabolische Erschöpfung setzt ein, wenn sich die Nährstoffreserve innerhalb der Zelle verbraucht hat, wodurch das Aktionspotential der Zelle seltener ausgelöst werden kann.

Die Integration in Gleichung 6.1 und Gleichung 6.2 läuft über alle Zeiten τ bzw. t. $\Phi(\omega)$ beschreibt die pro infinitesimalem Frequenzintervall enthaltene Leistung. Im Fall der Sequenz aus Abbildung 6.7 (links) ergibt sich für das Leistungsdichtespektrum das in Abbildung 6.7 (rechts) gezeigte Ergebnis.

Der spektrale Schwerpunkt f_{mean} des Leistungsdichtespektrums berechnet sich gemäß

$$f_{mean} = \frac{\int f\,\Phi(f)\mathrm{d}f}{\int \Phi(f)\mathrm{d}f}\,. \tag{6.3}$$

Die Integrationsgrenzen in Gleichung 6.3 entsprechen dem ersten Nyquist-Bereich, also von 0 bis zur halben Sample-Frequenz. Der Zähler in Gleichung 6.3 entspricht dem ersten Moment des Leistungsdichtespektrums, der Nenner beschreibt die im Signal enthaltene Leistung. Die Umsetzung des beschriebenen Algorithmus in Matlab aus Listing 6.2.1 ist nachfolgend angegeben.

Listing 6.2: Analyse eines EMG-Signals in Bezug auf die mediane Frequenz.

```matlab
%% Listing liest das Elektromyogramm s1(t) aus wav-Datei,
%% es wird das Leistungsdichtespektrum gebildet und sowohl als
%% logarithmischer wie auch linearer Plot grafisch dargestellt,
%% letztendlich wird die Mittenfrequenz des Spektrums ermittelt.
close all, clear all, clc

% Einlesen und grafische Darstellung des Signals
[s1,F1s] = audioread('emg.wav');
L1 = length(s1);        % bestimme Anzahl der Stuetzstellen
p1 = 1:L1;
t1s = p1/F1s;
str_Fs = ['Sampling frequency F1s = ', num2str(F1s), ' 1/s.']
str_L = ['Signal length L1 = ', num2str(L1)]
str_ts = ['Time Interval t1s = [0 : ', num2str(L1/F1s), ' s].']
figure(1);
plot(t1s,s1,'b');
title('EMG-Signal');
xlabel('t [s]')
ylabel('s(t) [w.E.]')

% Berechung des Leistungsdichtespektrum in dB mit Blackman Fenster
% Pxx: Leistungsdichtespektrum
% Fxx: zugehoeriger Frequenzvektor
[P1xx, F1xx] = pwelch (s1, blackman(512), [], 512, F1s);
figure(3);
```

```
plot (F1xx, 10 * log10 (P1xx))
title('Leistungsdichte eines EMG-Signals');
xlabel('Frequenz f / Hz')
ylabel('Leistungsdichte dB/Hz')

% Grafische Darstellung mit linearer Achse
figure(4);
plot (F1xx, P1xx)
hold on title('Leistungsdichte eines EMG-Signals');
xlabel('Frequenz f / Hz')
ylabel('Leistungsdichte')

% Berechnung des spektralen Schwerpunkts
F1xx_S=sum(P1xx.*F1xx)/sum(P1xx);
str_F1s=['Der Schwerpunkt des Signals S1 liegt bei f1 = ', ...
    num2str(F1xx_S), ' Hz']
```

6.2.2 Akustisch-kinetische Analyse von Osteoarthrose Patienten

Authors of Subsection: Jörg Subke and Benedict Schneider

Die Analyse von Gelenkwinkeln und Bodenreaktionskraft spielen eine wichtige Rolle in der medizinischen Bewertung der menschlichen Bewegung. Wenn die menschliche Bewegung durch Krankheit eingeschränkt ist, wie in unserem Fall durch Arthrose [69] benötigen die Ärzte und Physiotherapeuten objektive Kriterien für die klinische Diagnose [38, 41, 68].

Arthrose ist eine Krankheit der Gelenke, bei der der Knorpel im Gelenk geschädigt ist. Im schlimmsten Fall ist der Knorpel verschwunden und der Knochen-auf-Knochen-Kontakt erzeugt im Gelenk außergewöhnlich starke Schmerzen. Die Folge ist der Verlust der Mobilität und die Patienten können z.B. ihre alltäglichen sportlichen Bewegungen wie Wandern, Joggen und Radfahren nicht mehr schmerzfrei ausführen. Im schlimmsten Fall droht den Patienten im Berufsalter der Verlust ihrer Erwerbsfähigkeit und der Selbstständigkeit.

Die menschlichen Gelenke liefern notwendige Informationen über die pathologische Mobilität des Körpers. In diesem Zusammenhang ist die Bodenreaktionskraft, die auf die Füße wirkt, eine wichtige physikalische Größe, um die Belastung auf den menschlichen Körper und die Gleichgewichtseigenschaften zwischen den Körperhälften zu diskutieren. Für die Dokumentation des pathologischen Verhaltens des Körpers verwenden wir das akustisch-kinetische Analysesystem, dass für die Anwendung bei Gonarthrose entwickelt worden ist [40]. Das System besteht aus drei verschiedenen Messsystemen, um

1. die Schallemission der Arthrose im Knie,
2. die Bodenreaktionskraft und
3. die Gelenkwinkel in Hüfte, Knie und Sprunggelenk

zu messen. Die drei Systeme sind technisch nicht gekoppelt und aus diesem Grund werden die Daten in einer asynchronen Weise mit unterschiedlichen Messraten aufgenommen. Deswegen sind die drei Datensätze für eine effektive Bewertung zu synchronisieren. In der folgenden Diskussion wird die Vorgehensweise mit Hilfe eines klinischen Beispiels gezeigt.

Klinisches Fallbeispiel
In unserem Fall wird eine Patientin betrachtet, die 68 Jahre alt ist. Ihre Körpermasse beträgt 60 kg und ihre Körpergröße 163 cm. Die Patientin leidet an Schmerzen im linken Knie, die gelegentlich bei Alltagsbewegungen und häufig bei körperlicher Belastung während des Sports und der Gymnastik auftreten. Bei den ärztlichen Untersuchungen wurde eine Arthrose im linken Knie vermutet.

Im Verlauf der Behandlung wurde die Patientin vom Physiotherapeuten in der Rehabilitationsklinik untersucht, um eine Therapie für sie zu entwickeln. Um weitere objektive Informationen für einen therapeutischen Ansatz zu erhalten, wurde die akustisch-kinetische Gelenkanalyse während der Untersuchung angewendet. Dazu musste die Patientin die Standardbewegung (3 Kniebeugen in 10 Sekunden) dieser Gelenkanalyse ausführen. Die Patientin war vor der Bewegung aufgefordert, die Kniebeugen in ihrer eigenen Weise auszuführen [83]. Um die Bewegung und die Effekte des Gleichgewichts des Patienten zu dokumentieren, wurden die Gelenkwinkel der unteren Extremität und die Bodenreaktionskraft unter den Füßen gemessen. Die Messung der Schallemission des Knies ist nicht Gegenstand der Diskussion in diesem Kapitel, so dass bei Interesse auf die Arbeiten [41], [40] and [39] verwiesen wird.

Generierung der Messwerte der Bodenreaktionskraft
Zur Messung der Bodenreaktionskraft unter den Füßen wurde die Kraftmessplatte FDM-S der Fa. Zebris® verwendet. Die Kraftmessplatte verfügt über 2500 Sensoren mit einer Sensorfläche von $1 cm^2$ und hat eine Messrate von $120 Hz$. Die gesamte Sensorenfläche hat die Dimension von $54 cm x 33 cm$. Die Kraft wird bis $120 N/cm^2$ mit einer Genauigkeit von ±5% gemessen. Mit Hilfe der Zebris Messplatte wird die Verteilung der Kraft unter dem linken und dem rechten Fuß gemessen.

Aus den Teilkräften wurde die Gesamtschwerpunkt beider Füße berechnet, um einen charakteristischen Verlauf der drei Kniebeugen für die Bewertung der Bodenreaktionskraft zu erhalten. Die Gesamtkraft wird als Signal für die Synchronisation der Kraft mit dem Gelenkwinkel verwendet.

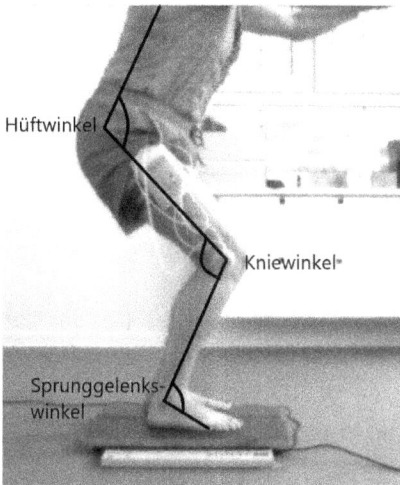

Abb. 6.8: Patient in der Standardbewegung (3 Kniebeugen in 10 Sekunden); messtechnische Instrumentierung mit Schallemissionsgerät Bone-Dias am Oberschenkel und Schallsonde am Knie sowie Kraftmessplatte am Boden, Modell FDM-S der Fa. Zebris. Videobasierte Auswertung der Gelenkwinkel mit Hilfe anatomischen Merkmalen.

Generierung der kinematischen Messwerte

Für die Messung der Gelenkwinkel des Patienten wurden zwei Videokameras (Basler® Scout scA640-120gm) für die frontale und sagittale Ebene eingesetzt. Die Patientin war nicht mit photogrammetrischen Markern präpariert, so dass aus diesem Grund die kinematische Analyse anhand der anatomischen Merkmale wie Ballen, Knöchel, Knie- und Hüftgelenk sowie Schultergelenk durchgeführt wurde (Abbildung 6.8). Die kinematische Analyse anhand der anatomischen Marker war ausreichend, da eine Genauigkeit von ±5 Grad definiert wurde.

Für die photogrammetrische Analyse wurde eine Auflösung von 30 Bildern pro Sekunde genutzt, da die Bewegung von den Patienten, 3 Kniebeugen innerhalb von 10 Sekunden, hinreichend langsam durchgeführt wurde. Die photogrammetrische Analyse mit Tracker® 5.1.5 lieferte periodische Kurven der Gelenkwinkel (Abbildung 6.9, unten). Die Kurven stellen die Standphase zu Beginn der Bewegung, die Wendepunkte der maximalen Flexion und der maximalen Extension sowie die Standphase zum Ende der Bewegung dar. Die aufrechten Standphasen zwischen den Kniebeugen sind durch die maximalen Werte der Gelenkwinkel klar zu erkennen.

Synchronisation

Die Messdaten der verwendeten Messsysteme sind für eine Bewertung zeitlich zu synchronisieren, da die Messsysteme elektrisch nicht gekoppelt sind. Um eine Zuordnung bei den Kniebeugen zwischen den beiden unterschiedlichen physikalischen Messgrößen Kraft und Winkel durchführen zu können, sind charakteristische Merkmale und Phasen für beide Messgrößen anhand des Bewegungsmusters der Kniebeugen zu definieren [40]. Der periodische Verlauf des Kniegelenkwinkels ist offensichtlich (Abbildung 6.9). Hingegen kann genähert beim Verlauf der Gesamtkraft eine Periodizität erkannt werden, wenn man anhand des biomechanischen Verhaltens der Kniebeugen

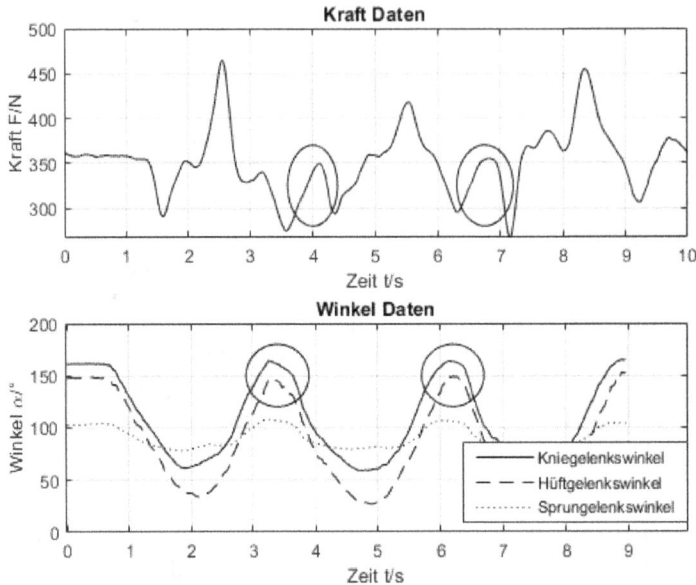

Abb. 6.9: Die Kraft- und Gelenkwinkeldaten der Patientin bei der Untersuchung mit der akustisch-kinetischen Gelenkanalyse während der 3 Kniebeugen innerhalb von 10 Sekunden.

Bewegungsphasen beschrieben. Mit Hilfe eines detaillierten Vergleichs der Bodenreaktionskraft mit dem Gelenkwinkel des Knies können sieben Phasen anhand der Patientendaten definiert werden (Abbildung 6.10).

P1 : Aufrechte Standphase

P2 : Absteigende Phase

P3 : Abbremsphase – Kontraktion der Muskelkräfte

P4 : Abbrems-Beschleunigungsphase – Abbremsung des Körperschwerpunkt auf Halt und Aktivierung der Muskelkräfte für die nachfolgende Aufwärtsrichtung

P5 : Muskelkraftreduktionsphase

P6 : Trägheit-der-Masse-Phase – weitere Reduktion der Muskelkraft

P7 : Abbremsphase der Aufwärtsbewegung – Aktivierung der Muskelkräfte und Abbremsung des Körperschwerpunkts auf Halt

In Voruntersuchungen [40] hat sich gezeigt, dass sich für die Synchronisation die gestreckte Standphase zwischen den Kniebeugen eignet. Im Vergleich zu den anderen Phasen liegt eine körperliche Entlastung zwischen den Kniebeugen vor, so dass der Kurvenverlauf annähernd symmetrisch vorliegt und sich als Merkmal für die Entwicklung eines Algorithmus anbietet. Der Gelenkwinkel erreicht in der aufrechten Standphase seinen maximalen Wert. Die Gesamtkraft liegt in der aufrechten Standphase nahe bei der Gewichtskraft und zeigt aufgrund der kinematischen Wendepunkte ein

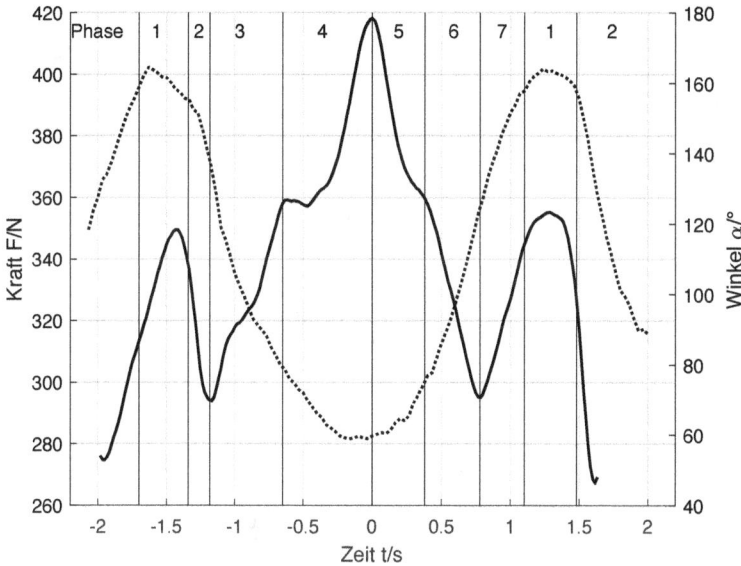

Abb. 6.10: Ausschnitt aus den 3 Kniebeugen: Überlagerung der Kraft- mit der Gelenkwinkelkurve aus der zweiten Kniebeuge der Patientin; Kraft (Linie) und Gelenkwinkel (gepunktet).

lokales Maximum im Kurvenverlauf (Abbildung 6.9, oben, eingekreist), so dass hier ein geeigneter Ansatz zur Festlegung eines Synchronisationszeitpunkts in der zweiten wie auch in der dritten aufrechten Standphase vorliegt (Abbildung 6.11).

Um messtechnische Ungenauigkeiten bei der Überlagerung der Kraftkurve mit der Gelenkkurve zu berücksichtigen, werden die zweite und dritte Standphase bei der Entwicklung eines Programmcodes berücksichtigt.

Design des MATLAB Algorithmus

Auf der Basis einer manuellen Auswertung [11], [77] der Synchronisationszeitpunkte wurde ein Algorithmus entwickelt, der die Synchronisation im ersten Schritt automatisiert [73]. Zu beachten ist die Variabilität in den Patientendaten, die den Erfolg der Synchronisation bestimmt.

Wie oben schon erwähnt, gibt es charakteristische Muster im Verlauf der Kraft und der Gelenkwinkel, die als Merkmal benutzt werden können. Hervorspringende Merkmale sind die Zeiten zwischen den Kniebeugen, die als Standphasen bezeichnet werden. In diesen Phasen sind die Beine der Patientin zu einer aufrechten Position extendiert. In Abbildung 6.9 sind die Standphasen mit einer Linie eingekreist. Die Zeitdifferenz zwischen den Standphasen in der Kraft- und der Gelenkwinkelkurve ist annähernd gleich, dass die Zentren dieser Standphasen als Anker für die Synchronisation der Kraft- und der Gelenkwinkeldaten verwendet werden können. Die Punkte der Zentren der Standphasen werden weitergehend als Triggerpunkte (TP) bezeich-

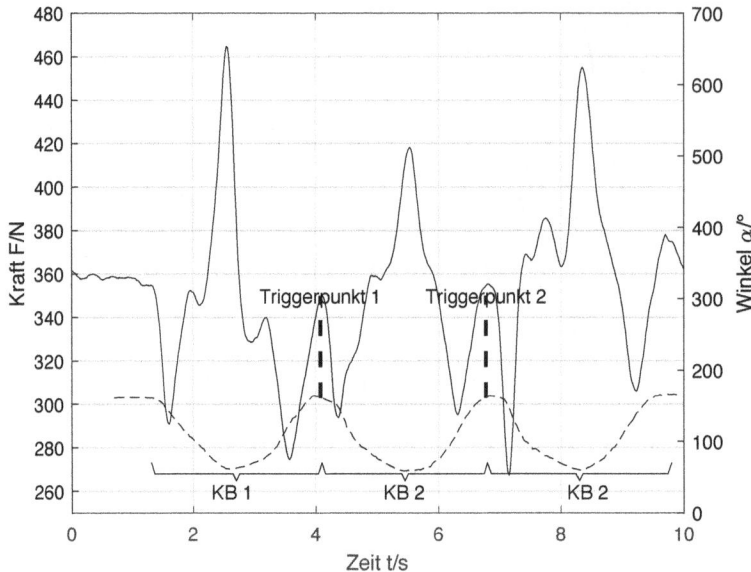

Abb. 6.11: Bestimmung von 2 Zeitpunkten in der Kraft- sowie in der Gelenkwinkelkurve als Trigger-punkte für die Synchronisation.

net. Bezüglich der Gelenkwinkel wird der Kniegelenkwinkel weiterhin diskutiert, da die Gelenkwinkel von Knie, Hüfte und Sprunggelenk aufgrund der Dokumentations-weise im Videofilm schon synchron vorliegen.

Programmieren des MATLAB Synchronisationsalgorithmus mit Punktfindung
Bei der Entwicklung eines Synchronisationsalgorithmus wird eine Auswahl von Algo-rithmen präsentiert, mit denen charakteristische Punkte im Signalverlauf aufgefun-den werden können.

In MATLAB stehen Funktionen bereit, mit denen auf unterschiedliche Weisen sol-che ausgezeichneten Punkte im Signalverlauf wie z.B. Maxima, Minima und Wende-punkte aus den Amplituden der Signale von Kraft- und Gelenkwinkel detektiert wer-den können. Für das Auffinden von Maxima, Minima und Wendepunkten werden die Matlab Funkltionen findpeaks(), gradient() und diff() verwendet.

Bei der Diskussion der Ergebnisse ist die zweite und dritte Standphase der drei Kniebeugen, die die Patientin auszuführen hat, im Fokus. In Abbildung 6.9 ist das Oszillationsverhalten der Kraft- und Gelenkwinkelsignale zu sehen. Die zweite und dritte Standphase sind jeweils durch ein lokales Maximum sowohl in der Kraftkurve wie auch in der Gelenkwinkelkurve ausgezeichnet.

Erster Ansatz

findpeaks() ist eine in MATLAB integrierte Funktion, die lokale Maxima eines Datensatzes bestimmt. Um Maxima, die nicht von Bedeutung sind, auszuschließen, können Eigenschaften der Funktion wie MinPeakHeight und MinPeakProminence eingesetzt werden. Ausgabewerte von findpeaks() sind die Werte der Signalamplitude und die zeitliche Lage der lokalen Maxima.

Im MATLAB code ist ein Beispiel dargestellt, wie man die Peaks für Kraft- und Bewegungsdaten mit findpeaks() ermittelt. Für die Winkeldaten können so zwei relevante Punkte im Signalverlauf bestimmt werden, die die zweite und dritte Standphase kennzeichnen (Abbildung 6.12 b). Hingegen werden im Signal der Kraft mehr als zwei Punkte mit findpeaks() ermittelt, so dass kein eindeutiges Ergebnis im Hinblick auf die beiden Standphasen vorliegt (Abbildung 6.12 a). Aufgrund der Signalform der Kraft können mit den beiden Parametern MinPeakHeight und MinPeakProminence die relevanten lokalen Maxima der beiden Standphasen nicht extrahiert werden, so dass mit diesem ersten Ansatz eine weitere Entwicklung eines Synchronisationsalgorithmus nicht verfolgt wird.

Zweiter Ansatz

Im nächsten Ansatz werden für die Suche nach ausgezeichneten Punkten im Signalverlauf Ableitungsverfahren angewendet. Für die Extraktion von Maxima, Minima und Wendepunkten werden die Nullstellen der ersten und zweiten Ableitung der Signale von Kraft und Gelenkwinkel betrachtet.

Da in der Anwendung Messdaten (Listing 6.2.2) und keine analytischen Funktionen verwendet werden, müssen die Ableitungen aus den numerischen Daten gebildet werden. Bei der Nullstellensuche der Extrema und Wendepunkte zeigt sich, dass sich nicht immer NULL-Werte bei der numerischen Ableitung für die Extrema und Wendepunkte ergeben, die aufgrund der Messrate messtechnisch nicht getroffen werden. Um die Nullstellen zu erhalten, ist ein Näherungsverfahren anzusetzen.

Eine weitere Schwierigkeit bei der Verarbeitung der Messdaten ist, dass die Messwerte aufgrund der Geräte- und Verfahrensungenauigkeiten schwanken. Dies zeigt sich, wenn bei der Darstellung der Daten die Messwerte durch Linien verbunden werden. Diese Schwankungen erzeugen bezüglich der Ableitungen sehr viele lokale Extrema und Wendepunkte. Um diesen Effekt aufgrund der messtechnischen Ungenauigkeitsschwankungen zu reduzieren, wird ein Glättungsverfahren auf die Messdaten angewendet. Dazu wird ein Moving-Average-Filter mit einer Fensterbreite von der Größe zehn auf die Daten angewendet.

Anschließend werden die MATLAB-Funktionen gradient() und diff() eingesetzt, um die Ergebniswerte der numerisch ersten und zweiten Ableitung mit gradient() und die Nullstellen mit Hilfe der Funktion diff() zu ermitteln (siehe Listing 6.3.2). Die Nullstellensuche wird über einen Wechsel des Vorzeichens der Werte numerisch bestimmt. Findet ein Wechsel im Vorzeichen der Werte statt, wird als genäherter Wert für die

Nullstelle derjenige Wert abgespeichert, bevor ein Wechsel des Vorzeichens stattfindet.

Das Resultat dieser Ableitungsmethode für den Gelenkwinkel ist in Abbildung 6.12 c zu erkennen. Im Vergleich zur findpeaks-Methode werden mit der ersten Ableitung sechs Punkte extrahiert. Die Ableitungsmethode liefert für den Gelenkwinkel hier keine eindeutige Information über die Standphasen mehr.

Setzt man die zweite Ableitung auf den Gelenkwinkel an (Abbildung 6.12 d), werden trotz des vorangegangenen Glättungsverfahrens eine Vielzahl von Wendepunkten in den Auf- und Abwärtsphasen des Gelenkwinkels detektiert. In diesem Fall liefert die zweite Ableitung ebenfalls keine eindeutige Information über die beiden Standphasen und die weitere Behandlung der Daten erscheint in diesem Fall zu aufwendig.

Listing 6.2.1: Ausschnitt der Messwerte für die Kraft und den Kniegelenkwinkel; die Spalten der Aufnahmezeiten geben die Information über die verschiedenen Messraten von Kraft und Gelenkwinkel wieder.

```
time_force   force_value  time_angle   angle_value
0            361.4984     0.00         161.1090808
0.017        361.1752     0.03         161.4235965
0.033        360.7442     0.07         161.6854311
0.05         360.3492     0.10         161.6854311
0.067        359.6668     0.13         161.6854311
0.083        359.1999     0.17         161.6854311
0.1          358.733      0.20         161.6854311
0.117        358.2661     0.23         161.6854311
0.133        357.9429     0.27         161.6854311
0.15         357.7274     0.30         161.7405815
0.167        357.7633     0.33         161.8509461
0.183        357.7992     0.37         161.9061601
0.2          357.8711     0.40         161.9061601
0.217        358.0147     0.43         161.5905727
0.233        358.1225     0.47         161.5905727
0.25         358.338      0.50         161.7010635
0.267        358.9126     0.53         161.3859179
0.283        359.4154     0.57         161.3859179
0.3          359.6309     0.60         161.3859179
```

Die Bearbeitung der Kraftdaten mit der ersten und zweiten numerischen Ableitung liefert in den ersten 1.5 Sekunden des Signalverlaufs sehr viele Nullstellen (Abbildung 6.12 e und f). Im Vergleich zur findpeaks()-Methode des ersten Ansatzes liefert die Ableitungsmethode mehr Maxima und Minima-Punkte im Signalverlauf. Beide Ableitungen liefern aufgrund der vielen extrahierten Punkte über den Signalverlauf

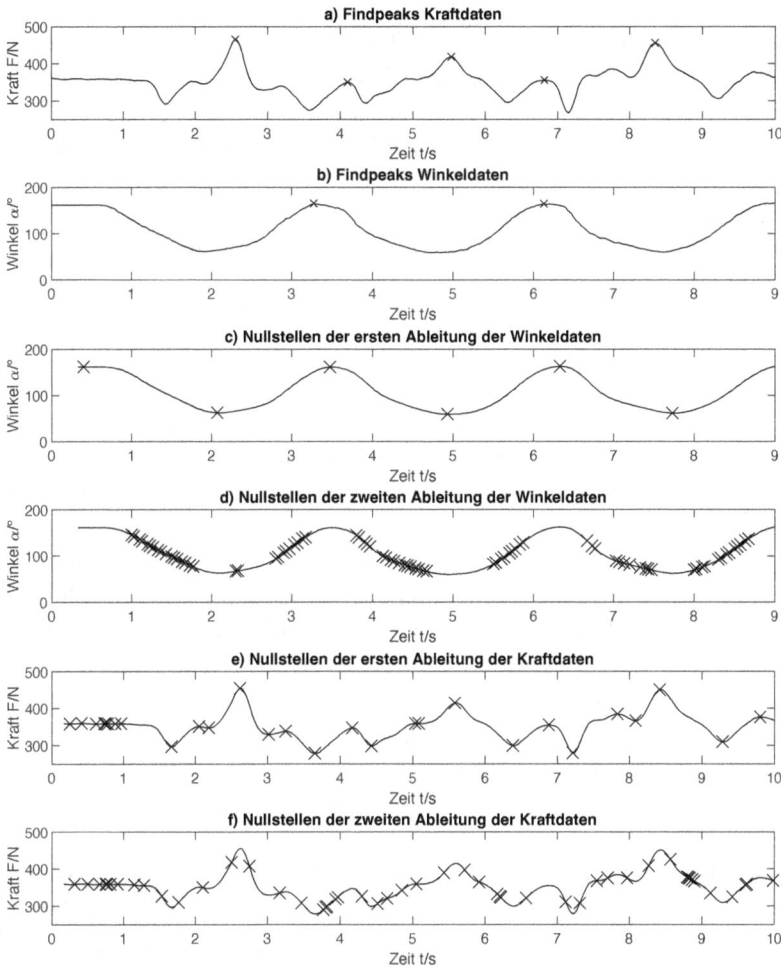

Abb. 6.12: Darstellung der Ergebnisse der Punktfindungsmethoden mit den MATLAB-Funktionen findpeak() und gradient() der drei Kniebeugen.

keine eindeutige Information über die zweite und dritte Standphase der 3 Kniebeugen. Die Verteilung der extrahierten Punkte im Signalverlauf der Kraft lassen die weitere Behandlung der Daten zu aufwendig erscheinen, so dass dieser Ansatz nicht mehr weiterverfolgt wird.

Dritter Ansatz
Die beiden vorigen Ansätze haben gezeigt, dass nur bedingt eine eindeutige Information aus den extrahierten Punkten der Signalverläufe bezüglich der zweiten und dritten Standphase erhalten werden kann.

Um die Extraktion der Merkmale der zweiten und dritten Standphase zu verbessern, sind weitere Informationen für die Entwicklung eines Synchronisationsalgorithmus einzubinden (vgl. Listing 6.3.2). Der Signalverlauf der Kraft ist etwas komplexer als der Verlauf der Gelenkwinkel (Abbildung 6.13 a und b). Im Kraftverlauf sind die zweite und dritte Standphase der drei Kniebeugen deutlich durch jeweils 2 lokale Minima von den anderen Bereichen getrennt (Abbildung 6.10). Dazu kommen noch die lokalen Minima nach der Anfangsstandphase und vor der Endstandphase, so dass insgesamt 6 lokale Minima mit den Standphasen zur weiteren Bearbeitung vorliegen. Um die zweite und dritte Standphase als Merkmal aus dem Signal herauszuarbeiten, sind diese beiden Phasen von der Anfangs- und Endstandphase zu trennen. Ein weiteres charakteristisches Merkmal der zweiten und dritten Standphase ist, dass ihre Amplituden ab einer bestimmten Höhe annähernd symmetrisch erscheinen.

Die Idee ist nun, über einen horizontalen Schnitt durch das Kraftsignal die sechs lokalen Minima in der Nähe der Standphasen herauszuschneiden und im zweiten Schritt aufgrund der Symmetrie in den Amplituden der 2. und 3. Standphase die Schnittpunkte an diesen beiden Amplituden jeweils zur Berechnung eines relevanten Punkts nahe des lokalen Maximums über eine Mittelwertbildung der Schnittpunkte zu erreichen. Diese relevanten Punkte werden im Folgenden als Triggerpunkte (TP) bezeichnet. Mit Hilfe der Zeitwerte dieser Triggerpunkte wird ein Zeitintervall berechnet, das die zeitliche Verschiebung zwischen den Datensätzen von Kraft und Gelenkwinkel vorgibt, um eine Synchronisation der beiden Signale zu erreichen. Die Anwendung dieser Methode für die Synchronisation von Kraft und Gelenkwinkeldaten ist an klinischen Daten erfolgreich geprüft worden [73] und wird anhand des Listing 6.3.2 im Folgenden gezeigt.

Der erste Teil der Prozedur wird anhand der Kraftdaten gezeigt, da der Ablauf für die Gelenkwinkel bis auf die Anzahl der zu bearbeitenden Minima prinzipiell gleich ist. Im Gegensatz zu den sechs lokalen Minima im Kraftsignal wird beim Signal des Gelenkwinkels mit drei lokalen Minima gearbeitet.

Der horizontale Schnitt durch das Kraftsignal wird mit einem Schwellwert durchgeführt. Dazu wird ein Mittelwert des Signals gebildet und mit einem Faktor < 100% multipliziert. Der Startwert für den Faktor wird auf 95% gesetzt. Die Höhe des Schwellwerts wird anhand der Anzahl von lokalen Minima geprüft. Ist die Zahl der lokalen Minima größer als sechs, wird der Faktor um 1% reduziert und der Vorgang wiederholt, bis die Anzahl von sechs lokalen Minima erreicht wird. Der Schnitt durch die Daten des Kraftsignals erfolgt auf diese Weise, dass alle Kraftwerte oberhalb des Schwellwerts auf NULL gesetzt werden.

Mit der find()-Funktion werden dann die Indizes aller Elemente, die ungleich Null sind, bestimmt. Diese Elemente enthalten die Werte der lokalen Minima, die in Abbildung 6.13 c (liniert) dargestellt sind. Der Anfangswert eines jeden lokalen Minimums ist durch ein x Zeichen und der Endwert mit einem o Zeichen gekennzeichnet, deren Startindizes und Endindizes für die weitere Bearbeitung gespeichert werden.

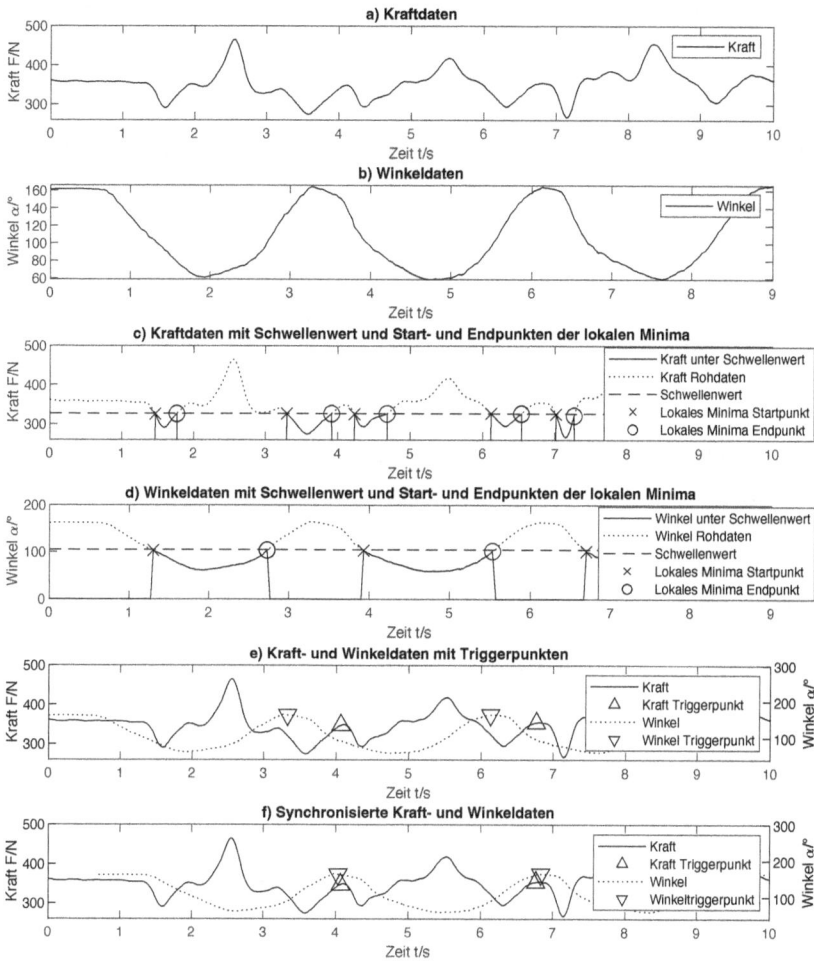

Abb. 6.13: Anwendung der Schwellwert- und Mittelwertprozedur unter biomechanischen Randbedingungen (die Anzahl der Minima als charakteristisches Muster in den Kraft- und Gelenkwinkeldaten der 3 Kniebeugen); die zweite und dritte Standphase als Synchronisationsmerkmal. (Bemerkung: Minima durch die Legendentafeln verdeckt.)

Die Bestimmung der lokalen Minima der Gelenkwinkeldaten folgt nach dem gleichen Prinzip wie bei den Kraftdaten und das Ergebnis ist Abbildung 6.13 d dargestellt. Nachdem die lokalen Minima extrahiert sind, können nun die für die Synchronisation der beiden Datensätze notwendigen Zeitpunkte, Triggerpunkte genannt, bestimmt werden.

Durch den charakteristischen Verlauf der Kraftkurve liegt der erste Triggerpunkt TP1 zwischen dem zweiten und dritten lokalen Minimum und der zweite Triggerpunkt TP2 zwischen dem vierten und fünften lokalen Minimum. Um den ersten Triggerpunkt

TP1 zu erhalten, wird der Mittelwert aus dem ersten Zeitwert des dritten lokalen Minimums und dem letzten Zeitwert des zweiten lokalen Minimums bestimmt. Für den zweiten Triggerpunkt TP2 der Kraftdaten wird der Mittelwert aus dem ersten Zeitwert des fünften lokalen Minimums und dem letzten Zeitwert des vierten lokalen Minimums bestimmt. Die ermittelten Triggerpunkte des Kraftsignals sind in Abbildung 6.13 e durch Dreieckssymbole gekennzeichnet.

Bei der Berechnung der Triggerpunkte TP1 und TP2 des Gelenkwinkelsignals sind die Werte des ersten, zweiten und dritten lokalen Minimums zu verwenden. Die Berechnung der Triggerpunkte erfolgt auf die prinzipiell gleiche Weise. Der erste Triggerpunkt TP1 des Gelenksignals wird über den Mittelwert aus dem ersten Zeitwert des zweiten lokalen Minimums und dem letzten Zeitwert des ersten lokalen Minimums berechnet. Der zweite Triggerpunkt TP2 des Gelenksignals wird über den Mittelwert aus dem ersten Zeitwert des dritten lokalen Minimums und dem letzten Zeitwert des zweiten lokalen Minimums berechnet. Die ermittelten Triggerpunkte des Gelenkwinkelsignals sind in Abbildung 6.13 e durch umgekehrte Dreieckssymbole gekennzeichnet.

Abschließend wird aus den vier Triggerpunkten (Kraft: TP1, TP2; Gelenkwinkel: TP1, TP2) eine Synchronisationszeit bestimmt, mit der das Signal des Gelenkwinkels in Bezug zum Signal der Kraft zeitlich verschoben wird. Der Wert für die Zeitdifferenz zwischen TP1 Kraft und TP1 Gelenkwinkel und der Wert für die Zeitdifferenz zwischen TP2 Kraft und TP2 Gelenkwinkel sollten näherungsweise gleich sein (Abbildung 6.13 e). Um die Ungenauigkeiten der Messwerte zu berücksichtigen, wird ein Mittelwert aus den beiden Zeitdifferenzen berechnet (siehe Listing 6.3.2), die Synchronisationszeit genannt wird.

Anschließend wird die Synchronisationszeit zu den Zeitwerten der Winkeldaten addiert und es ergeben sich synchrone Signale der Kraft und des Gelenkwinkels (Abbildung 6.13 f), die hinsichtlich der Belastung der Patientin und dessen Bewegungsfähigkeit für die klinische Diagnose bewertet werden können.

Schlussbetrachtung
Ziel dieser Arbeit war es, ein erstes Konzept zu einer automatisierten Synchronisation von Kraft- und Winkeldaten für die akustisch-kinetische Gelenkanalyse im Bereich der Gonarthrose zu realisieren. Von den gezeigten Ansätzen erwies sich die Schwellwertmethode als bester Ansatz für die Entwicklung eines Synchronisationsverfahrens. Der Schwellwert-Algorithmus zeigt bei den bisher verwendeten Datensätzen einen erfolgreichen Ansatz in der Automatisierung der Synchronisation.

Die Stabilität des Verfahrens hinsichtlich zukünftiger Patientendatensätze ist weiterhin zu untersuchen, um die Sonderfälle in den Patientendaten identifizieren zu können. Dies erfordert eine Kontrolle am Ende der automatisierten Synchronisation, um die Ergebnisse für eine Optimierung des Verfahrens zu nutzen und damit die Sicherheit des Verfahrens zu erhöhen.

Listing 6.2.3: Matlab Beispiel zur Synchronisation und Analyse von Kraft und kinematische Daten von Osteoarthrose Patienten.

```matlab
% Daten einlesen
data = readmatrix('force&angle.txt', ...
    'HeaderLines', 1, 'ExpectedNumVariables', 9);
time_force = data(:,1);
value_force = data(:,2);
time_angle = data(:,3);
value_angle = data(:,4);


%Darstellung der verschiedenen Punktfindungsalgorithmen
f1 = figure('Name', 'Punkt Algorithmen');
value_angle_t = value_angle(¬isnan(value_angle));
time_angle_t = time_angle(¬isnan(time_angle));
windowWidth = 10;
kernel = ones(windowWidth,1) / windowWidth;
filt_force = filter(kernel, 1, value_force);
filt_force = filt_force(11:end);
filt_time_force = time_force(11:end);
filt_angle = filter(kernel, 1, value_angle_t);
filt_angle = filt_angle(11:end);
filt_time_angle = time_angle_t(11:end);


%findpeaks
subplot(6,1,1)
[value, location] = findpeaks(value_force, ...
    "MinPeakProminence",50, "MinPeakHeight",340);
plot(time_force, value_force,'k-')
hold on
scatter(time_force(location), value, 'kx')
xlabel('Zeit t/s')
ylabel('Kraft F/N')
axis([0 10 250 500])
title('Findpeaks Kraftdaten')
subplot(6,1,2)
[value, location] = findpeaks(value_angle_t, ...
    "MinPeakProminence", 100, "MinPeakHeight",150);
plot(time_angle_t, value_angle_t, 'k-')
hold on
scatter(time_angle_t(location), value, 'kx')
xlabel('Zeit t/s')
ylabel('Winkel \alpha')
```

```matlab
axis([0 9 0 200])
title('Findpeaks Winkeldaten')


%Ableitungen
subplot(6,1,3)
%Berechnung der ersten Ableitung der Winkeldaten
dangle = gradient(filt_angle) ./ gradient(filt_time_angle);
%Maxima bestimmen
AA = find(dangle(1:end-1)>0 & dangle(2:end) < 0);
%Minima bestimmen
AB = find(dangle(1:end-1) <0 & dangle(2:end) > 0);
plot(filt_time_angle, filt_angle,'k-')
hold on
scatter(filt_time_angle(AA), filt_angle(AA), 100, 'kx') %Maxima ...
    darstellen
scatter(filt_time_angle(AB), filt_angle(AB), 100, 'kx') %Minima ...
    darstellen
xlabel('Zeit t/s')
ylabel('Winkel \alpha')
axis([0 9 0 200])
title('Nullstellen der ersten Ableitung der Winkeldaten')


%Berechnung der zweiten Ableitung der Winkeldaten
subplot(6,1,4)
ddangle = gradient(dangle) ./ gradient(filt_time_angle);
%Maxima bestimmen
BA = find(ddangle(1:end-1)>0 & ddangle(2:end) < 0);
%Minima bestimmen
BB = find(ddangle(1:end-1) <0 & ddangle(2:end) > 0);
plot((filt_time_angle), filt_angle,'k-')
hold on
scatter(filt_time_angle(BA), filt_angle(BA), 100, 'kx') %Maxima ...
    darstellen
scatter(filt_time_angle(BB), filt_angle(BB), 100, 'kx') %Minima ...
    darstellen
xlabel('Zeit t/s')
ylabel('Winkel \alpha')
axis([0 9 0 200])
title('Nullstellen der zweiten Ableitung der Winkeldaten')


%Berechnung der ersten Ableitung der Kraftdaten
subplot(6,1,5)
```

```matlab
dforce = gradient(filt_force) ./ gradient(filt_time_force);
%Maxima bestimmen
CA = find(dforce(1:end-1)>0 & dforce(2:end) < 0);
%Minima bestimmen
CB = find(dforce(1:end-1) <0 & dforce(2:end) > 0);
plot(filt_time_force, filt_force, 'k-')
hold on
scatter(filt_time_force(CA), filt_force(CA), 100, 'kx') %Maxima ...
    darstellen
scatter(filt_time_force(CB), filt_force(CB), 100, 'kx') %Minima ...
    darstellen
xlabel('Zeit t/s')
ylabel('Kraft F/N')
axis([0 10 250 500])
title('Nullstellen der ersten Ableitung der Kraftdaten')


%Berechnung der zweiten Ableitung der Kraftdaten
subplot(6,1,6)
ddforce = gradient(dforce)./ gradient(filt_time_force);
%Maxima bestimmen
DA = find(ddforce(1:end-1)>0 & ddforce(2:end) < 0);
%Minima bestimmen
DB = find(ddforce(1:end-1) <0 & ddforce(2:end) > 0);
plot(filt_time_force, filt_force, 'k-')
hold on
scatter(filt_time_force(DA), filt_force(DA), 100, 'kx') %Maxima ...
    darstellen
scatter(filt_time_force(DB), filt_force(DB), 100, 'kx') %Minima ...
    darstellen
xlabel('Zeit t/s')
ylabel('Kraft F/N')
axis([0 10 250 500])
title('Nullstellen der zweiten Ableitung der Kraftdaten')


%Schwellenwertalgorithmus
%Berechnung der lokalen Minima der Kraftdaten
threshold_value = 0.95; %Anfangsschwellenwert
while true
    %Schwellenwert Array Berechnung
    threshold_force = threshold_value*abs(mean(value_force));
    local_minima_force = value_force';
    local_minima_force(value_force > threshold_force) = 0;
```

```
    %nonzero Elemente bestimmen
    force_ne0 = find(local_minima_force);
    %Bestimmung der Startindizes der lokalen Minima
    force_ixstart = force_ne0(diff([0 force_ne0])>1);
    %Bestimmung der Endindizes der lokalen Minima
    force_ixend = force_ne0([find(diff(force_ne0)>1) ...
    length(force_ne0)]);
    if length(force_ixstart) == 6
        break
    else
        %Verringere den Schwellenwert um 1%
        threshold_value = threshold_value - 0.01;
    end
end


%Berechnung der lokalen Minima der Winkeldaten
%Aufraeumen der eingelesenen Daten
time_angle = time_angle';
time_angle = time_angle(¬isnan(value_angle))';
value_angle = value_angle';
value_angle = value_angle(¬isnan(value_angle))';
%Schwellenwert Array Bestimmung
threshold_angle = 0.95*abs(mean(value_angle));
local_minima_angle = value_angle';
local_minima_angle(value_angle > threshold_angle) = 0;
%nonzero Elemente bestimmen
angle_ne0 = find(local_minima_angle);
%Bestimmung der Startindizes der lokalen Minima
angle_ixstart = angle_ne0(diff([0 angle_ne0])>1);
%Bestimmung der Endindizes der lokalen Minima
angle_ixend = angle_ne0([find(diff(angle_ne0)>1) length(angle_ne0)]);

%Plotten der Kraft- und Winkeldaten mit Schwellenwerten und
%Start- und Endpunkten der lokalen Minima
f2 = figure('Name','Synchronisation');
subplot(6,1,1)
plot(time_force(1:601), value_force(1:601), 'k')
xlabel('Zeit t/s')
axis([0 10 260 500])
ylabel('Kraft F/N')
title('Kraftdaten')
legend ('Kraft')
```

```
subplot(6,1,2)
plot(time_angle(1:271),value_angle(1:271), 'k')
xlabel('Zeit t/s')
ylabel('Winkel \alpha')
title('Winkeldaten')
legend ('Winkel')
subplot(6,1,3)
plot(time_force(1:601), local_minima_force(1:601), ...
    'k-')
hold on
plot(time_force(1:601), value_force(1:601), 'k:')
t_f(1:609,1) = threshold_force;
plot(time_force(1:601), t_f(1:601),'k--')
scatter(time_force(force_ixstart), ...
    local_minima_force(force_ixstart), 100, 'kx')
scatter(time_force(force_ixend), ...
    local_minima_force(force_ixend), 100, 'ko')
xlabel('Zeit t/s')
axis([0 10 260 500])
ylabel('Kraft F/N')
title(['Kraftdaten mit Schwellenwert und Start- und Endpunkten ' ...
    'der lokalen Minima'])
legend ('Kraft unter Schwellenwert','Kraftdaten', ...
    'Schwellenwert', 'Lokales Minima Startpunkt', ['Lokales ...
    Minima' ...
    'Endpunkt'])
subplot(6,1,4)
plot(time_angle(1:271), local_minima_angle(1:271), 'k-')
hold on
plot(time_angle(1:271), value_angle(1:271), 'k:')
t_a(1:278,1) = threshold_angle;
plot(time_angle(1:271),t_a(1:271),'k--')
scatter(time_angle(angle_ixstart), ...
    local_minima_angle(angle_ixstart), 100, 'kx')
scatter(time_angle(angle_ixend), ...
    local_minima_angle(angle_ixend), 100, 'ko')
xlabel('Zeit t/s')
ylabel('Winkel \alpha')
title(['Winkeldaten mit Schwellenwert und Start- und Endpunkten ' ...
    'der lokalen Minima'])
legend ('Winkeldaten unter Schwellwert', 'Winkeldaten', ...
```

```
        'Schwellenwert', 'Lokales Minima Startpunkt', ['Lokales ...
        Minima' ...
        'Endpunkt'])

%Krafttriggerpunkt Berechnung
%Zeitpunkte der ersten und letzen Punkte der lokalen Minima
%Sektion 2 & 3 und 4 & 5 grenzen beide Triggerpunkte ein
%letzes Element aus 2 & 4 und das erste Element aus 3 & 5
idx_force_last = time_force(force_ixend)';
idx_force_first = time_force(force_ixstart)';
%Berechnung Triggerpunkt 1
tp_force_1 = (idx_force_first(1,3)+idx_force_last(1,2))/2;
%Berechnung Triggerpunkt 2
tp_force_2 = (idx_force_first(1,5)+idx_force_last(1,4))/2;

%Winkeltriggerpunkt Berechnung
%Zeitpunkte der ersten und letzen Punkte der lokalen Minima
%Sektion 1 & 2 und 2 & 3 grenzen beide Triggerpunkte ein
%letztes Element aus 1 & 2 und das erste Element aus 2 & 3
idx_angle_last = time_angle(angle_ixend)';
idx_angle_first = time_angle(angle_ixstart)';
%Berechnung Triggerpunkt 1
tp_angle_1 = (idx_angle_first(1,2)+idx_angle_last(1,1))/2;
%Berechnung Triggerpunkt 2
tp_angle_2 = (idx_angle_first(1,3)+idx_angle_last(1,2))/2;

%Berechnung der Zeitanpassung zur Synchronisation
st_1 = tp_force_1 - tp_angle_1;
st_2 = tp_force_2 - tp_angle_2;
synchronization_time = (st_1+st_2)/2;
adj_time = time_angle + synchronization_time;

%Bestimmen der Indizes in Kraft- und WInkeldaten, die am naechsten am
%Triggerpunkt liegen
[¬,idx_f1]=min(abs(time_force-tp_force_1));
[¬,idx_f2]=min(abs(time_force-tp_force_2));
[¬,idx_a1]=min(abs(time_angle-tp_angle_1));
[¬,idx_a2]=min(abs(time_angle-tp_angle_2));

%Triggerpunkte plotten
subplot(6,1,5)
plot(time_force, value_force,'k-')
```

```
hold on
yyaxis right
plot(time_angle, value_angle,'k:')
ylabel('Winkel \alpha', 'Color','k')
ax = gca;
ax.YColor = 'k';
axis([0 10 40 300])
scatter(time_angle([idx_a1 idx_a2]), ...
    value_angle([idx_a1 idx_a2]),100, 'kv')
yyaxis left
axis([0 10 260 500])
xlabel('Zeit t/s')
ylabel('Kraft F/N')
scatter(time_force([idx_f1 idx_f2]), ...
    value_force([idx_f1 idx_f2]), 100, 'k^')
title('Kraft und Winkeldaten mit den jeweiligen Triggerpunkten')
legend('Kraft', 'Krafttriggerpunkt', 'Winkel', 'Winkeltriggerpunkt')

%Plotten der synchronisierten Kraft- und Winkeldaten
subplot(6,1,6)
plot(time_force(1:601), value_force(1:601), 'k-');
hold on
yyaxis right
plot(adj_time, value_angle, 'k:');
scatter(adj_time([idx_a1 idx_a2]), ...
    value_angle([idx_a1 idx_a2]),100, 'kv')
ylabel('Winkel \alpha', 'Color','k')
ax = gca;
ax.YColor = 'k';
axis([0 10 40 300])
yyaxis left
scatter(time_force([idx_f1 idx_f2]), ...
    value_force([idx_f1 idx_f2]), 100, 'k^')
xlabel('Zeit t/s')
ylabel('Kraft F/N')
axis([0 10 260 500])
title('Synchronisierte Kraft- und Winkeldaten')
legend('Kraft', 'Krafttriggerpunkt', 'Winkel', 'Winkeltriggerpunkt')
```

6.3 Signale des Herz-Kreislauf-Systems

Die Analyse von Signalen des Herz-Kreislauf-Systems umfasst neben dem bereits diskutierten Elektrokardiogramm auch die Auswertung des Phonokardiogramms, also der Herztöne und der Auswertung des Photoplethysmogramms zur Bestimmung der Sauerstoffsättigung des Blutes. Wie bereits in Abschnitt 2.2 angedeutet, enthalten diese Signale unterschiedliche Informationen des Herz-Kreislauf-Systems und führen dementsprechend auch auf unterschiedliche Ergebnisse in der Auswertung. Das EKG erlaubt Rückschlüsse über das Reizleitungssystem des Herzens, das Phonokardiogramm über die Klappenaktivitäten und den Blutfluss im Herzen, und das Photoplethysmogramm enthält Informationen über die Ausbreitung der Pulswellen und die Sauerstoffsättigung des Blutes. Hingegen enthalten alle genannten Signale beispielsweise Information zur Herzwiederholungsfrequenz und können auf unterschiedliche Art und Weise diesbezüglich analySiert werden. Allerdings ist deren Bestimmung aus dem EKG-Verlauf aufgrund des markanten QRS-Komplexes sehr viel genauer als deren Bestimmung aus den anderen beiden Signalen. Für diagnostische Zwecke ist zudem die Robustheit einer Analysemethode in Bezug auf die interpersonelle Variabilität von Signalen von großer Bedeutung, soll doch eine zuverlässige Aussage für alle Patienten getroffen werden.

6.3.1 Elektrokardiogramm

Im Abschnitt 3.2 zur Elektrophysiologie des Herzens ist die Entstehung und Ausbreitung der elektromagnetischen Felder beschrieben, die auch außerhalb des Körpers gemessen werden können. Da die Messung außerhalb des Körpers patientenschonender und weniger aufwendig ist, besteht die Standarduntersuchung in der Messung auf der Körperoberfläche, deren zeitlicher Verlauf als Elektrokardiogramm (EKG) bezeichnet wird. Hierbei soll die Erregung der Herzmuskeln möglichst genau untersucht werden können, damit der Arzt daraus eine evtl. vorhandene Herzerkrankung feststellen kann. Stellt man, wie im Abschnitt 3.2 bereits dargestellt, die Erregung des Herzens durch einen einzigen elektrischen Herzvektor P_Q an einem zentralen im Herz gelegenen Ort Q dar, so ändert dieser während der Herztätigkeit seine Stärke und Richtung in Abhängigkeit von der Zeit (siehe Abbildung 6.14).

Das durch den Herzvektor erzeugte elektromagnetische Feld kann als Einfluss auf das Potential an der Körperoberfläche betrachtet werden. Der Herzvektor ist ein Stromvektor, der alle durch einzelne Stromdipole erzeugten Ströme der Herzzellen zusammenfasst (vgl. Unterabschnitt 3.2.2). Ist dieser Zusammenhang näherungsweise linear und gilt das Superpositionsprinzip, so lässt sich das Potential Φ_P an einem beliebigen Punkt P auf der Körperoberfläche als Skalarprodukt des Herzvektors mit einem sogenannten *Lead-Vektor* C_Q beschreiben, der seinen Ursprung an derselben Stelle wie der

Herz-Strom-Dipol hat [51], d. h.

$$\Phi_P = C_Q \cdot P_Q .\tag{6.4}$$

Die Differenz zwischen zwei Potentialen $\Phi_{Pi} = C_{Qi} \cdot P_{Qi}$ und $\Phi_{Pj} = C_{Qj} \cdot P_{Qj}$ auf der Körperoberfläche ist die zwischen den Messpunkten i und j gemessene Spannung V_{Pij}, die sich ebenfalls durch einen Lead-Vektor ausdrücken lässt:

$$V_{Pij} = \underbrace{(C_{Qi} - C_{Qj})}_{C_{Qij}} \cdot P_Q = C_{Qij} \cdot P_Q .$$

Der *neue* Vektor C_{Qij} zeigt nun nicht mehr vom Ursprung des Herzvektors zur Körperoberfläche, sondern von einem Messpunkt auf der Körperoberfläche zum anderen.

Um die Erregung des Herzmuskels gut beurteilen zu können, werden die Potentiale an verschiedenen Orten der Körperoberfläche gemessen. Je nach Ort, Anzahl und Darstellung der Messpunkte unterscheidet man verschiedene Ableitungen. Die Standard-12-Kanal-Ableitung umfasst:

- je drei Ableitungen nach Einthoven (I, II, III) und Goldberger (aV_R, aV_L, aV_F) in der *Frontalebene*, vgl. Abbildung 6.15,
- sechs Ableitungen nach Wilson (V_1 bis V_6) in der *horizontalen* Ebene, vgl. Abbildung 6.16.

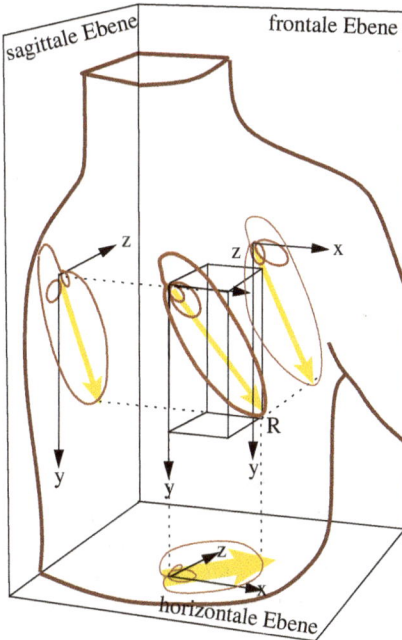

Abb. 6.14: Einfluss der Herzerregung auf die Körperoberfläche durch einen zentralen Herzvektor P_Q in 3D-Darstellung bei einem Vektor-EKG. Dabei wird die Änderung des Herzvektors durch eine braune bzw. hellbraune Ortskurve beschrieben, die die Position der Vektorspitze in Abhängigkeit von der Zeit angibt.

Einthoven-Ableitungen

Wie bereits in Unterabschnitt 3.2.2 erwähnt, wird zwischen je zwei Messpunkten gemessen, wobei sich die Messpunkte am linken und rechten Arm sowie am linken Fuß befinden. Der Fuß dient dabei als Bezugspunkt, und die gemessenen Spannungen V_I, V_{II} und V_{III} werden darauf bezogen (siehe Abbildung 6.17):

$$V_I = \Phi_L - \Phi_R = C_I \cdot P$$
$$V_{II} = \Phi_F - \Phi_R = C_{II} \cdot P \qquad (6.5)$$
$$V_{III} = \Phi_F - \Phi_L = C_{III} \cdot P \,.$$

Um bei den Spannungsdifferenzen nach Einthoven auch Angaben über die einzelnen unipolaren Spannungen an den Messpunkten machen zu können, schlugen Wilson und Kollegen [88, 90] vor, einen zentralen Messpunkt zu erzeugen, auf den sich alle Spannungen beziehen können, und verwendeten dabei als zentralen Messpunkt den Mittelwert aller Messspannungen, vgl. Abbildung 6.18.

Die Summe aller Ströme muss in diesem Punkt verschwinden, da die Messleitung hochohmig ist und der Strom dadurch vernachlässigt werden kann. Es gilt also:

$$I_L + I_R + I_F = 0 \,. \qquad (6.6)$$

Die Spannungen über den Messwiderständen von $R = 5\,\text{k}\Omega$ bilden dann die neuen unipolaren Spannungen des Einthoven-Dreiecks

$$V_L = R \cdot I_L \,, \quad V_R = R \cdot I_R \quad \text{und} \quad V_F = R \cdot I_F \,. \qquad (6.7)$$

Da die Werte der Messwiderstände R alle gleich groß sind, gilt auch:

$$V_L + V_R + V_F = 0 \,. \qquad (6.8)$$

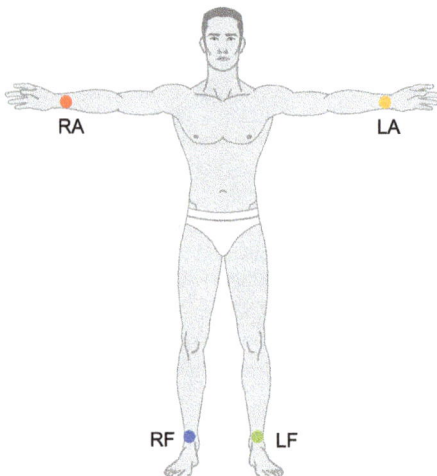

Abb. 6.15: EKG-Ableitungen nach Eindhoven und Goldberger mit 3 Messpunkten in der Frontalebene. Dabei werden die Potentiale am linken Arm (LA), rechten Arm (RA) und linken Fuß (LF) gemessen. Am rechten Fuß (RF) wird die Erdung angebracht, die auch zur Verringerung von Störungen wie des 50-Hz-Netzbrummens beitragen soll.

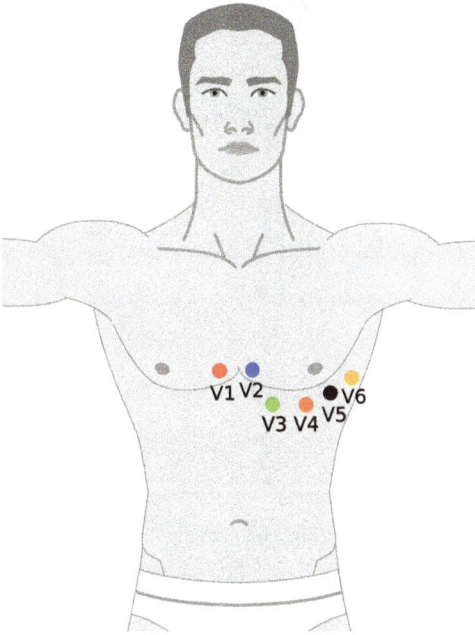

Abb. 6.16: EKG-Ableitungen nach Wilson mit 6 Messpunkten V1 bis V6 in der horizontalen Ebene: Die Messpunkte liegen ungefähr parallel zur 5. Rippe von oben.

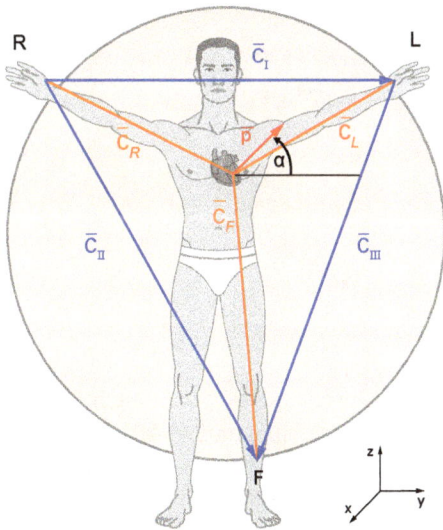

Abb. 6.17: Einthoven-Dreieck mit dem Herzvektor P und den Lead-Vektoren C_I, C_{II}, C_{III} und C_L, C_R, C_F.

Diese neuen Spannungen können durch Anwendung der kirchhoffschen Maschenregel aus den bipolaren Spannungen V_I, V_{II} und V_{III} ermittelt werden. Z. B. erhält man

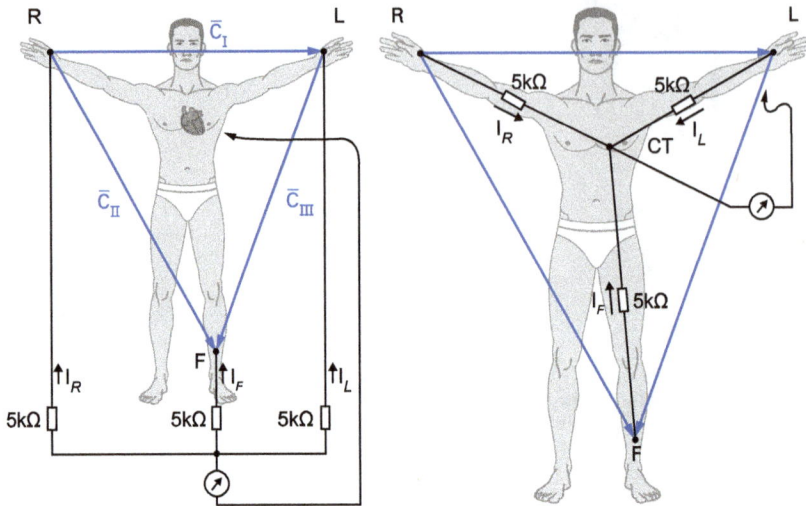

Abb. 6.18: Zentraler Bezugspunkt nach Wilson – hierbei wird von allen Messspannungen der Mittelwert gebildet. Die jeweilige Messung erfolgt dabei hochohmig über die 5-kΩ-Widerstände [88, 90]. Die linke Abbildung zeigt die eigentliche Messung und die rechte Abbildung den äquivalenten Ort im Körper.

gemäß Abbildung 6.18, Teilbild b und Gleichung 6.8:

$$V_I = R \cdot (I_R - I_L) = V_R - V_L$$
$$V_{II} = R \cdot (I_R - I_F) = V_R - V_F = 2V_R + V_L \tag{6.9}$$
$$V_{III} = R \cdot (I_L - I_F) = V_L - V_F = 2V_L + V_R$$

und weiter:

$$V_R = (V_I + V_{II})/3$$
$$V_L = (V_{III} - V_I)/3 \tag{6.10}$$
$$V_F = -V_L - V_R = -(V_{II} + V_{III})/3 \, .$$

Goldberger-Ableitungen

Die unipolaren Spannungen V_L, V_R und V_F mit zentralem Messpunkt nach Einthoven sind kleiner als die Spannungen V_I, V_{II} und V_{III} der bipolaren Ableitungen nach Einthoven. Deshalb schlug Goldberger [25, 26] einen anderen Bezugspunkt vor, durch den mit denselben Messpunkten die größeren Messspannungen aV_L, aV_R und aV_F entstehen.[9] Hierbei werden die gemessenen Spannungen aV_L, aV_R und aV_F nicht auf das zentrale Potential nach Wilson durch Mittelwertbildung gebildet, sondern auf das

---

9 Der Index a vor den Bezeichnungen der Spannungen steht für *augmented*, was soviel wie Vergrößerung bedeutet.

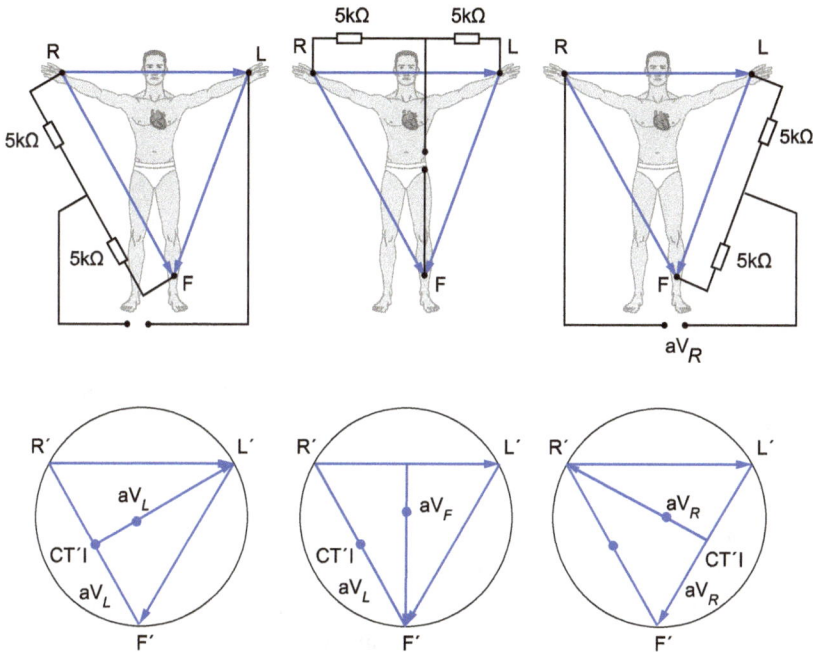

Abb. 6.19: Vergrößerung der unipolaren Messspannungen bei der EKG-Ableitung nach Goldberger [25, 26]: Abbildung oben zeigt die Messanordnung, Abbildung unten die zugehörigen Messspannungsvektoren.

Potential an einem *virtuellen Massenpunkt* bezogen, der sich aus dem Mittelwert der übrigen Potentiale wie folgt zusammensetzt:

$$aV_L = V_{II}/2 - V_{III}$$
$$aV_R = V_{III}/2 - V_{II}$$
$$aV_F = V_I/2 - V_{II} \, .$$

Abbildung 6.19 zeigt, wie sich der zugehörige Spannungsvektor um ca. 30 % vergrößert.

Wilson-Ableitungen

Bei den EKG-Ableitungen nach Wilson wird der Herzvektor in der Horizontalebene gemessen. In diesem Querschnitt lassen sich manchmal besser verschiedene Herzerkrankungen (z. B. spezieller Herzinfarkt) erkennen als in der Frontalebene, da sich die Elektroden näher am Herzen befinden als bei den Ableitungen nach Einthoven oder Goldberger. Wie schon in Abbildung 6.16 dargestellt, werden sechs Elektroden ($V1$ bis $V6$) in der gleichen Oberkörperebene angebracht, die auf der Höhe der 4. und 5. Rippe von oben liegen (siehe Abbildung 6.20).

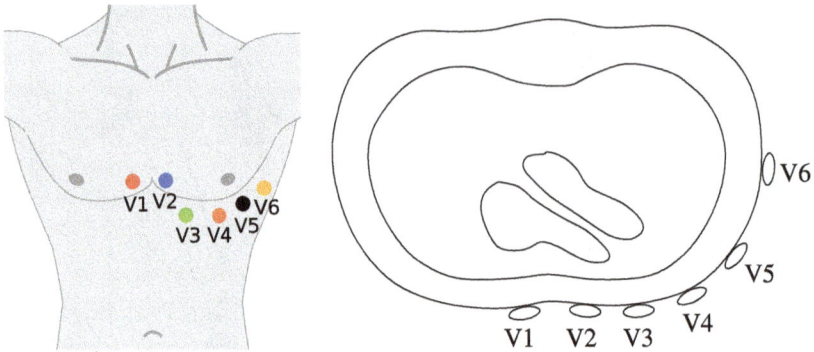

Abb. 6.20: Elektrodenanordnung bei der Ableitung nach Wilson [89]: Die Abbildung links zeigt die Anordnung in der Vertikalebene, rechts in der Horizontalebene mit den Projektionen des Herzvektors.

6.3.1.1 Analyse des EKGs

Für den Arzt reicht es nicht aus, nur ein EKG zu messen. Aus seinem Verlauf muss er erkennen können, ob eine Erkrankung vorliegt. Damit ihm das gelingt, müssen verschiedene Eigenschaften aus der EKG-Kurve bestimmt werden. Dazu gehört aber nicht nur die Herzrate, sondern auch das Merkmal der Regelmäßigkeit und die Form der EKG-Kurve. Daraus lässt sich z. B. eine Rhythmusstörung oder ein Herzinfarkt erkennen.

Das real gemessene EKG enthält verschiedene Störungen und Verzerrungen. Dazu gehören: 50-Hz-Netzbrummen, elektromagnetische Einflüsse wie durch Neonröhren, Radios, TV oder PCs, sowie kurzzeitige Einflüsse, wenn sich der Patient bei der Messung bewegt und sich dadurch der Übergangswiderstand zwischen Haut und Elektrode ändert. Im Rahmen dieses Buches können nicht alle Verfahren zur Merkmalserkennung der EKG-Kurve behandelt werden, jedoch sollen dazu exemplarisch zwei wichtige Bestimmungen ausführlicher vorgestellt werden, nämlich i) die Erkennung des QRS-Komplexes in einem verrauschten EKG nach Pan-Tompkins und ii) die Bestimmung der Herzrate und deren Variabilität.

Beide Verfahren gehören eigentlich zusammen. Wenn der QRS-Komplex bekannt ist, lässt sich dadurch die Herzrate und aus dessen zeitlichem Verlauf – das Herz schlägt nie genau mit derselben Frequenz, denn diese wird je nach Belastung durch das Nervensystem beeinflusst – das Frequenzspektrum bestimmen. Es ist nicht derjenige besonders gesund, dessen Puls fast immer gleichmäßig ist. Vielmehr haben mehrere Studien gezeigt, dass ein gesundes Herz variable Pulsschläge (innerhalb gewisser Grenzen) aufweist.

6.3.1.2 Bestimmung des QRS-Komplexes nach dem Pan-Tompkins-Verfahren

J. Pan und W. J. Tompkins stellten mit Ihrer Veröffentlichung 1985 [62] ein Verfahren zur Erkennung des QRS-Komplexes in einem EKG vor, das sehr robust und unempfindlich gegenüber Störungen ist. Der Vorteil dieses Verfahrens liegt auch darin, dass es in Echtzeit angewendet und z. B. in einem implantierbaren Herzschrittmacher eingesetzt werden kann. Es wurde nach der Veröffentlichung mehrfach angepasst und modifiziert. Das Grundprinzip aber ist dasselbe geblieben, vgl. Abbildung 6.21.

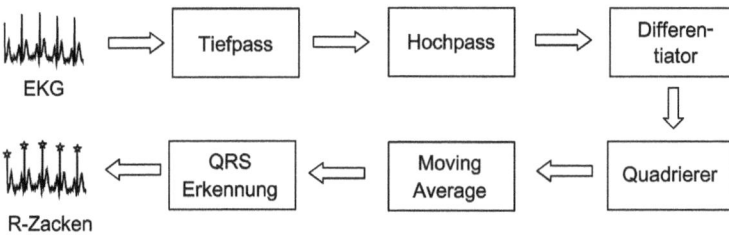

Abb. 6.21: Grundprinzip des Pan-Tompkins-Algorithmus.

Pan und Tompkins benutzten damals einen einfachen Z80-Mikroprozessor und mussten darauf achten, einfache Algorithmen zu verwenden, die diesen Prozessor vor allem wegen der Echtzeitanforderungen nicht überforderten. Sie konnten deshalb keine gängigen Standardfilter mit höheren Filtergraden verwenden sowie auch keine Koeffizienten einstellen, die z. B. bis zur vierten Stelle hinter dem Komma genau sein mussten. Ihr Ziel war es, die Algorithmen durch einfache Werte, die sich als Potenzen von 2 ausdrücken lassen, wie z. B. $8 = 2^3$, implementieren zu können; denn solche Koeffizienten lassen sich durch einfache Shift-Operationen der binären Speicherinhalte repräsentieren. Zusätzlich müssen die analogen Biosignale auch in digitale Werte umgewandelt werden, d. h. die analogen Werte werden vorher in ihrem Spektralbereich begrenzt, damit das Abtasttheorem erfüllt ist. Anschließend müssen Sie abgetastet und digitaliSiert werden. Glücklicherweise sind die biologischen Signale des Herzens nicht so hochfrequent und stellen keine übermäßigen Anforderungen an die Abtastrate. Hier genügt eine Abtastfrequenz von 200 Hz, die sich schon damals mit A/D-Wandlern gut verwirklichen ließ. Allerdings besaßen die A/D-Wandler damals nur eine geringe Auflösung, und so mussten die Entwickler mit 8 Bit, d. h. 256 Werten für ihre Filterkoeffizienten auskommen.

Heutzutage kann natürlich leistungsfähigere Hardware eingesetzt werden. Der Entwicklungsingenieur kann den Algorithmus am PC entwerfen und auch in der Hardware durch Kopplung mit dem PC in Echtzeit testen. Hardware muss heute nicht immer im Labor aufgebaut sein, um getestet zu werden. Eine intensive Simulation mit PC-Hardware-Kopplung verkürzt die Entwicklung enorm. Den genauen Aufbau zur Simulation des Pan-Tompkins-Algorithmus, so wie er z. B. in Matlab/Simulink oder Scilab/

Xcos realiSiert werden kann, zeigt Abbildung 6.22. Natürlich lassen sich in Matlab oder Scilab auch nur Programme wie z. B. in C oder Fortran schreiben, aber die grafische Darstellung ist oft viel leichter zu verstehen als ein kompliziertes Programm, bei dem nach Jahren noch nicht einmal der Entwickler weiß, warum er was programmiert hat.

QRS-Erkennung des EKGs nach Pan-Tompkins

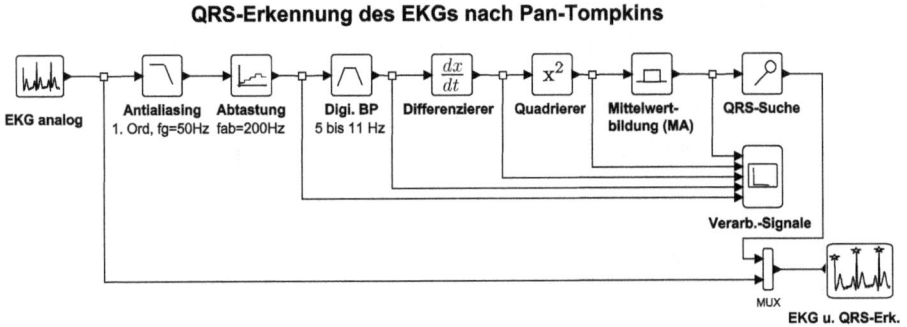

Abb. 6.22: Simulationsmodell des Pan-Tompkins-Algorithmus für Matlab/Simulink oder Scilab/Xcos.

Vorfilterung

Ein analoges Tiefpassfilter beschränkt zunächst das Betragsfrequenzspektrum auf 50 Hz. Dies dient zur Einhaltung des Abtasttheorems bei der anschließenden Abtastung mit 200 Hz.[10]

Bandpassfilterung

Im nächsten Schritt wird das in digitaliSierter Form vorliegende EKG im zeitdiskreten Bereich zusätzlich mit einem Bandpass gefiltert. Da die meiste Energie des QRS-Komplexes zwischen ca. 5 bis 15 Hz liegt [82], wird ein Bandpass im Bereich von 5 bis 11 Hz gewählt. In diesem Bereich lässt sich ein Bandpass mit verschiedenen Verfahren jedoch schlecht realisieren. Deshalb wird er als Serienschaltung eines Tief- und Hochpasses entworfen. Der Tiefpass hat einfach realiSierbare Koeffizienten,

$$A_{\text{TP}}(z) = \frac{\left(1 - z^{-6}\right)^2}{\left(1 - z^{-1}\right)^2} , \quad \text{mit} \quad |A_{\text{TP}}(\omega T_a)| = \frac{\sin^2(3\,\omega T_a)}{\sin^2(\omega T_a/2)} , \tag{6.11}$$

eine Grenzfrequenz von 11 Hz und eine Verstärkung von 36 (vgl. Abbildung 6.23).

---

10 Die obere Grenzfrequenz muss kleiner als die halbe Abtastfrequenz sein.

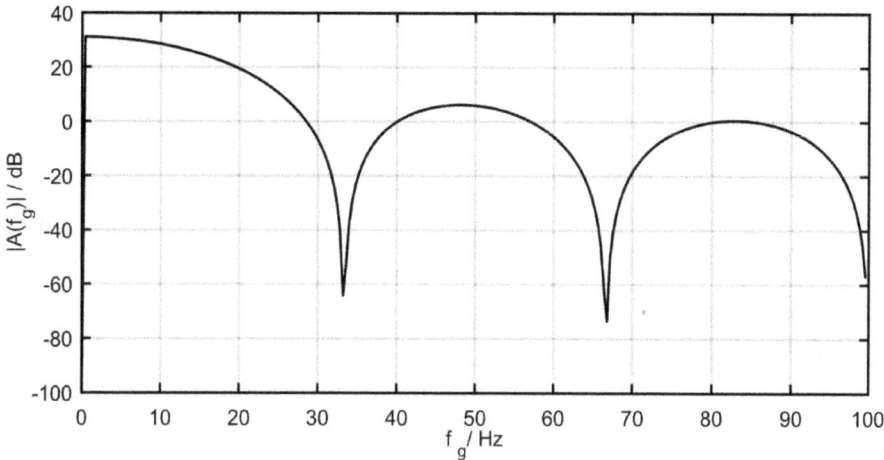

Abb. 6.23: Betragsfrequenzgang $|A_{TP}(f)|$ für den Tiefpassanteil des Bandpasses gemäß Abbildung 6.22.

Seine Gruppenlaufzeit ist konstant und beträgt 5 Abtastwerte. Dies entspricht bei einer Abtastfrequenz von 200 Hz 5 · (1/200 Hz) = 25 ms. Wegen

$$A_{TP}(z) = \frac{Y_{TP}(z)}{X_{TP}(z)} , \quad X_{TP}, Y_{TP}: \text{Ein-, Ausgangsspektrum} \tag{6.12}$$

erhält man weiter mit Gleichung 6.11:

$$Y_{TP}(z) \cdot (1 - 2z^{-1} + z^{-2}) = X_{TP}(z) \cdot (1 - 2z^{-6} + z^{-12}) \tag{6.13}$$

und nach Rücktransformation in den Zeitbereich den zugehörigen Algorithmus für das Ausgangssignal $y_{TP}(n)$ in Abhängigkeit vom Eingangssignal $x_{TP}(n)$:

$$y_{TP}(n) = 2y_{TP}(n-1) - y_{TP}(n-2) + x_{TP}(n) - 2x_{TP}(n-6) + x_{TP}(n-12) . \tag{6.14}$$

Der Hochpass wird durch die Subtraktion des Ausgangs eines Tiefpasses erster Ordnung von dem Ausgang eines Allpasses realisiert, der das Signal um 16 Abtastwerte zusätzlich verzögert. Dies entspricht 80 ms bei einer Abtastfrequenz von 200 Hz. Er hat keine Verstärkung (bzw. eine Verstärkung von 1) und eine Grenzfrequenz von ca. 5 Hz, siehe Abbildung 6.24. Dabei erhält man für die Übertragungsfunktion $A_{HP}(z)$

$$A_{HP}(z) = \frac{-1/32 + z^{-16} - z^{-17} + z^{-32}/32}{1 - z^{-1}} \tag{6.15}$$

und den zugehörigen Betragsfrequenzgang

$$|A_{HP}(\omega T_a)| = \sqrt{1 + \left(\frac{\sin(16\omega T_a)}{32 \sin(\omega T_a/2)} \right)^2 - \frac{\sin(16\omega T_a)}{16 \tan(\omega T_a/2)}} . \tag{6.16}$$

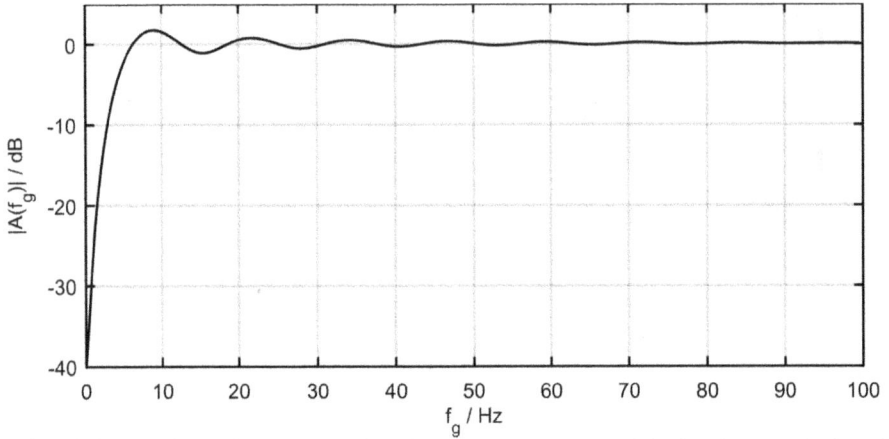

Abb. 6.24: Betragsfrequenzgang $|A_{HP}(f)|$ für den Hochpassanteil des Bandpasses gemäß Abbildung 6.22.

Analog der Vorgehensweise beim Tiefpass folgt für den zugehörigen Algorithmus für das Ausgangssignal $y_{HP}(n)$ in Abhängigkeit vom Eingangssignal $x_{HP}(n)$:

$$y_{HP}(n) = y_{HP}(n-1) - x_{HP}(n)/32 + x_{HP}(n-16) - x_{HP}(n-17) + x_{HP}(n-32)/32\ . \tag{6.17}$$

Differenzieren

Der QRS-Komplex im EKG hat steile Flanken, besonders bei der R-Zacke. Um diese hervorzuheben, wird das Ausgangssignal des Bandpasses nun digital mit Hilfe eines nichtrekursiven Filters fünften Grades gemäß der numerischen Näherung

$$\tilde{y}_{Dif}(n) = (2x_{Dif}(n+2) + x_{Dif}(n+1) - x_{Dif}(n-1) - 2x_{Dif}(n-2))/8 \tag{6.18}$$

differenziert. Da jedoch das digitale Filter bei einem Echtzeiteinsatz kausal sein muss, muss eine Verzögerung von 2 Taktzeitpunkten (entspricht $2 \cdot 5$ ms = 10 ms) vorgenommen werden, damit nur Abtastwerte genommen werden können, die in der Vergangenheit liegen. Der zugehörige Filteralgorithmus wird deshalb eine verzögerte Differentiation erzeugen:

$$y_{Dif}(n) = \tilde{y}_{Dif}(n-2) = (2x_{Dif}(n) + x_{Dif}(n-1) - x_{Dif}(n-3) - 2x_{Dif}(n-4))/8\ . \tag{6.19}$$

Die Übertragungsfunktion $A_{Dif}(z)$ ergibt sich dann gemäß

$$A_{Dif}(z) = \frac{Y_{Dif}(z)}{X_{Dif}(z)} = \frac{1}{8}(2 + z^{-1} - z^{-3} - 2z^{-4}) \tag{6.20}$$

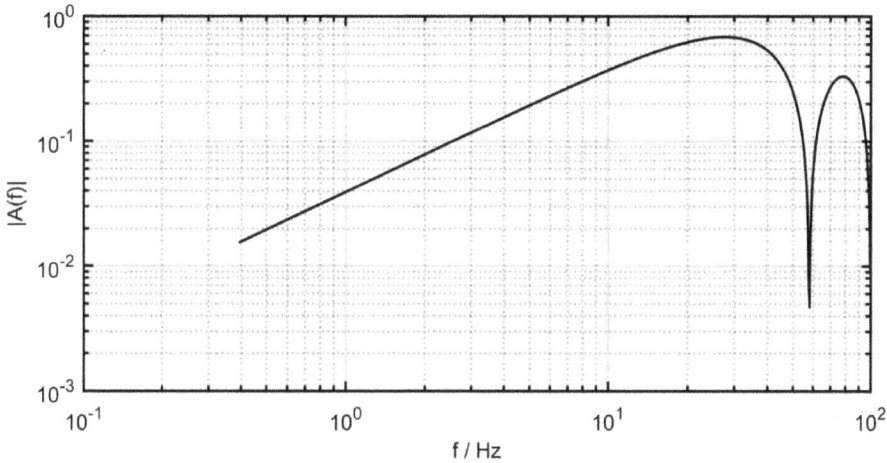

Abb. 6.25: Betragsfrequenzgang des Differenzierers $|A_{\text{Dif}}(\omega T)|$ gemäß Abbildung 6.22.

mit dem zugehörigen Betragsfrequenzgang, der in Abbildung 6.25 im doppelt logarithmischen Maß dargestellt wird

$$|A_{\text{Dif}}(\omega T_a)| = \frac{1}{4}[2\sin(2\,\omega T_a) + \sin(\omega T_a)]\,. \tag{6.21}$$

Aus der doppelt logarithmischen Darstellung erkennt man, dass der Differentiator bis zu ca. 30 Hz einen linear ansteigenden Betragsfrequenzgang besitzt und danach steil abfällt. Bis ca. 30 Hz sind allerdings die meisten spektralen Bereiche enthalten. Der Abfall danach bewirkt sogar noch eine zusätzliche Dämpfung von höherfrequenten Störanteilen (z. B. 50-Hz-Netzbrummen).

Quadrieren

Dieses nichtlineare Glied bewirkt eine zusätzliche Verstärkung des durch den Differenzierer hervorgehobenen QRS-Komplexes gemäß der einfachen Anweisung

$$y_{\text{Quad}}(n) = x^2_{\text{Quad}}(n)\,, \quad x_{\text{Quad}}, y_{\text{Quad}}: \text{Ein- und Ausgangssignal des Quadrierers}$$
$$\tag{6.22}$$

Fensterintegration (MA – Moving Average)

Bei der anschließenden Moving-Window-Integration werden 30 Abtastwerte (entspricht $30 \cdot 5\,\text{ms} = 150\,\text{ms}$) in einem Zeitintervall gemittelt und fortlaufend in Abhängigkeit von der Fensterposition des n-ten Abtastwertes, in dem sich die $N = 30$ Abtastwerte befinden, ausgegeben. Der Algorithmus ist

$$y_{\text{MA}}(n) = [x_{\text{MA}}(n) + x_{\text{MA}}(n-1) + \cdots + x_{\text{MA}}(n-(N-1))]/N\,.$$

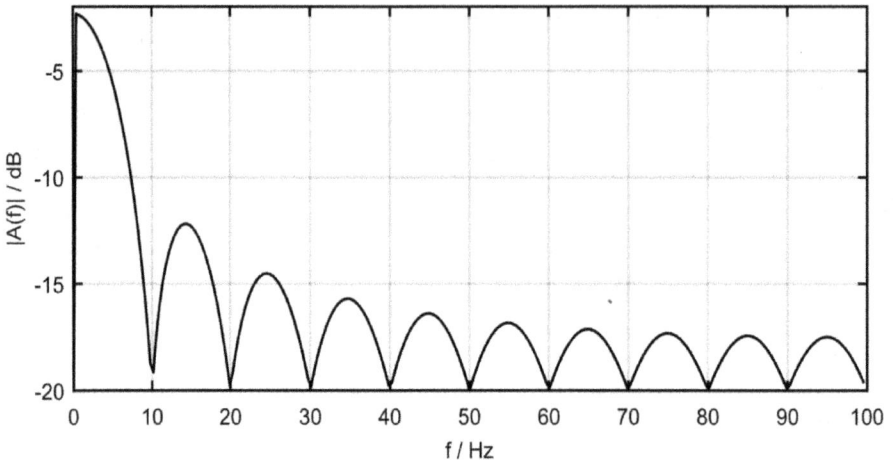

Abb. 6.26: Betragsfrequenzgang des gleitenden Fensterintegrators (MA) $|A_{MA}(\omega T)|$ gemäß Abbildung 6.22.

Im Zeitbereich erhält man dann für die Übertragungsfunktion $A_{MA}(z)$:

$$A_{MA}(z) = \frac{Y_{MA}(z)}{X_{MA}(z)} = \frac{1}{N} \sum_{i=0}^{N-1} z^{-i} = \frac{1}{N} \frac{1 - z^{-N}}{1 - z^{-1}} , \quad \text{geometr. Reihe} \qquad (6.23)$$

und damit für den Betragsfrequenzgang (vgl. Abbildung 6.26):

$$|A_{MA}(\omega T_a)| = \left| \frac{1}{N} z^{-\frac{N-1}{2}} \cdot \frac{\sin(\frac{N}{2}\omega T_a)}{\sin(\omega T_a/2)} \right| = \frac{1}{N} \left| \frac{\sin(\frac{N}{2}\omega T_a)}{\sin(\omega T/2)} \right| . \qquad (6.24)$$

Aus der Übertragungsfunktion in Gleichung 6.24 erkennt man, dass der Fensterintegrator eine Signalverzögerung von $(N - 1)/2$ Abtastwerten besitzt. Bei einer Fensterbreite von 30 Abtastwerten entspricht dies $(30 - 1)/2 \cdot 5\,\text{ms} = 72.5\,\text{ms}$.

Bei der nun anschließenden Untersuchung, ob ein QRS-Komplex vorliegt, muss beachtet werden, dass das EKG-Signal am Ausgang des gleitenden Fensterintegrators gegenüber dem Original-EKG verzögert ist (siehe Abbildung 6.28). Die Verzögerung ergibt sich aus den 25 ms für den Tiefpass, den 80 ms für den Hochpass, den 10 ms für den Differenzierer und den 72.5 ms für den Fensterintegrator bei einer Abtastfrequenz von 200 Hz. Die Gesamtverzögerungszeit beträgt daher insgesamt 25 ms + 80 ms + 10 ms + 72.5 ms $\approx$ 190 ms und muss bei der Ortsbestimmung des QRS-Komplexes berücksichtigt werden.

Dies kann man auch in dem in Abbildung 6.27 dargestellten Beispiel erkennen, in dem für ein durch Rauschen gestörtes EKG die Signale am Ausgang der einzelnen Verarbeitungsblöcke dargestellt sind.

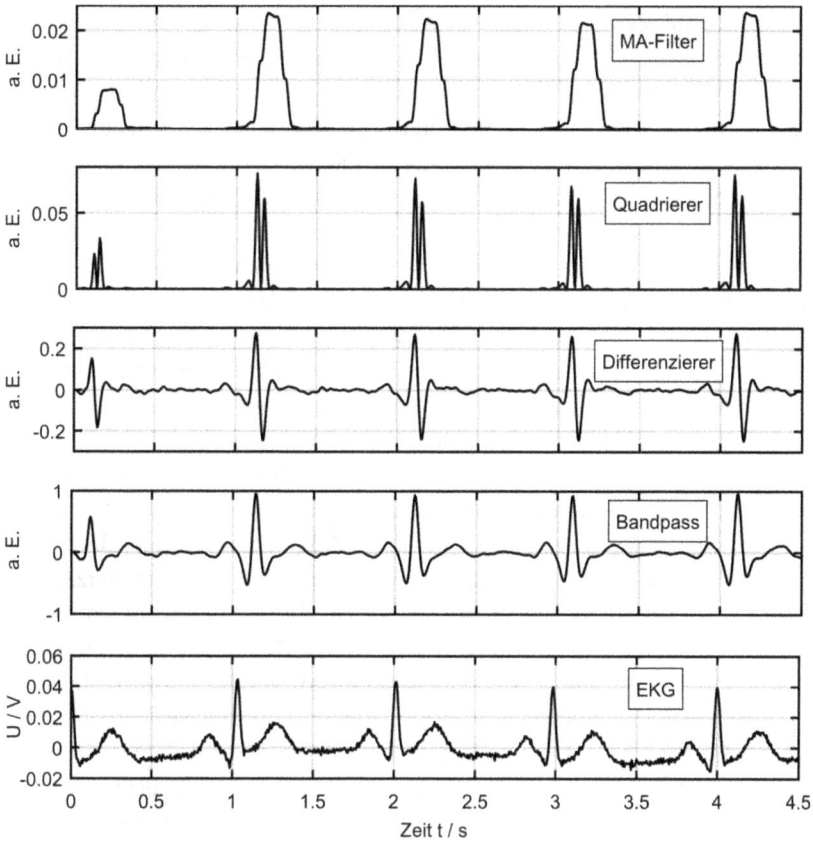

Abb. 6.27: Ausgangssignale der einzelnen Blöcke in Abbildung 6.22 nach dem Pan-Tompkins-Algorithmus.

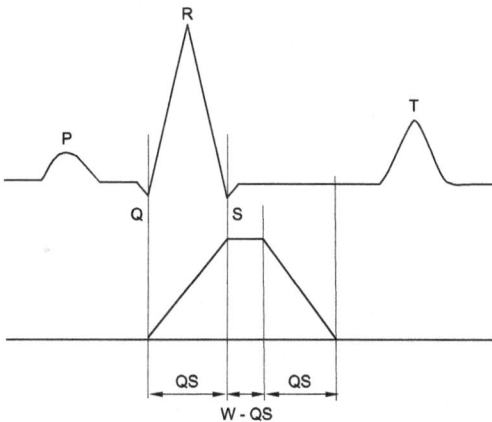

Abb. 6.28: Verzögerung des Ausgangssignals des gleitenden Fensterintegrators (MA) um 190 ms im unteren Teil der Grafik gegenüber dem schematiSierten Original-EKG im oberen Teil; das Zeitintervall der ansteigenden Flanke des Fensterintegrators entspricht der Breite QS des QRS-Komplexes.

Suche des QRS-Komplexes

Nach der Integration von 30 Abtastwerten durch das gleitende Fenster beginnt die Suche nach dem QRS-Komplex sowohl im Ausgangssignal nach der Fensterintegration als auch im EKG-Signal nach der Bandpassfilterung. Diese Suche ist recht aufwendig, da der QRS-Komplex selbst in einem sehr gestörten EKG-Signal gefunden werden sollte. In vielen nachfolgenden Veröffentlichungen zu diesem Problem wurde versucht, dieses Verfahren zu vereinfachen, besonders dann, wenn es nicht in Echtzeit angewendet werden soll. Das Originalverfahren gliedert sich in mehrere Abschnitte:

1. **Messvorbereitungen:** Da die ansteigende Flanke des Ausgangssignals nach der Fensterintegration mit der Lage des QRS-Komplexes zusammenhängt (vgl. Abbildung 6.28), können dadurch die zugehörigen Orte näherungsweise ermittelt werden. Diese Voruntersuchung geschieht ausschließlich beim Ausgangssignal des Fensterintegrators (MA). In Matlab besteht allerdings noch die Möglichkeit, mit dem Befehl findpeaks() lokale Maxima im Ausgangssignal *PEAKI* des Fensterintegrators zu bestimmen, was die Programmierung sehr erleichtert. Für diesen Befehl kann auch ein Mindestabstand der lokalen Maxima festgelegt werden; denn es ist nicht möglich, dass, wegen der benötigten Erholungszeit der Herzzellen, zwei QRS-Komplexe einen kürzeren Abstand als ca. 200 ms voneinander besitzen. Es werden zwei Schwellenwerte vorgesehen: *THRESHOLDI*1 zur weiteren Untersuchung, ob es sich um einen QRS-Komplex handelt und *THRESHOLDI*2, falls der erste Schwellenwert nicht überschritten wird und entschieden werden soll, ob eine Rückwärtssuche nach einem nicht gefundenen QRS-Komplex eingeleitet werden soll. Dann muss das lokale Maximum größer als der zweite Schwellenwert sein. In [76] wird noch eine „Trainingsphase" von 2 Sekunden vorgesehen, um die Schwellenwerte anfänglich zu bestimmen.

2. **Adaptive Schwellenwertanpassung:** Nach der Messvorbereitung werden weitere Maxima im Ausgangssignal *PEAKI* des Fensterintegrators gesucht. Die Schwellenwerte werden dabei adaptiv angepasst. Falls das jeweils aktuelle lokale Maximum den Schwellenwert *THRESHOLD_I*1 überschreitet, wird dieses Maximum als einem QRS-Komplex zugehörig interpretiert (*signal peak*), falls es zwischen den Schwellenwerten *THRESHOLD_I*1 und *THRESHOLD_I*2 liegt, wird es als Maximum im Rauschsignal (*noise peak*) eingestuft, was eine spätere Rückwärtssuche einleitet. Dabei werden nicht die lokalen Maxima im Signal *PEAKI* als Maßstab für die Größe des QRS-Komplexes gewählt, sondern geschätzte Werte *SPKI* und *NPKI*, die gemäß

$$SPKI = 0,125 \cdot PEAKI + 0,875 \cdot SPKI \quad \text{beim Signal Peak}$$

$$NPKI = 0,125 \cdot PEAKI + 0,875 \cdot NPKI \quad \text{beim Noise Peak}$$

adaptiv berechnet werden. Die Schwellenwerte werden wie folgt geändert:

$$THRESHOLD\_I1 = NPKI + 0,25 \cdot (SPKI - NPKI)$$

$$THRESHOLD\_I2 = 0,5 \cdot THRESHOLD\_I1 \, .$$

Falls bei der durch Überschreiten des zweiten Schwellenwertes eingeleiteten Rückwärtssuche tatsächlich ein weiterer QRS-Komplex gefunden wurde, wird der geschätzte Wert des QRS-Komplexes *SPKI* weiter korrigiert:

$$SPKI = 0,25 \cdot PEAKI + 0,75 \cdot SPKI\,.$$

Zusätzlich zur Suche des QRS-Komplexes im Ausgangssignal des Fensterintegrators müssen diese auch im Ausgangssignal des Original-EKGs nach der Bandpassfilterung vorhanden sein und dort gefunden werden können. Dort werden in analoger Weise EKG-QRS-Signal- und Rauschwerte geschätzt und Schwellenwerte bestimmt:[11]

$$SPKF = 0,125 \cdot PEAKF + 0,875 \cdot SPKF \quad \text{beim Signal Peak}$$
$$NPKF = 0,125 \cdot PEAKF + 0,875 \cdot NPKF \quad \text{beim Noise Peak}$$
$$THRESHOLD\_F1 = NPKF + 0,25 \cdot (SPKF - NPKF)\,,$$
$$THRESHOLD\_F2 = 0,5 \cdot THRESHOLD\_F1\,,$$

und falls die Rückwärtssuche erfolgreich war:

$$SPKF = 0,25 \cdot PEAKF + 0,75 \cdot SPKF\,.$$

Bei unregelmäßigen Herzschlägen wird der erste Schwellenwert für beide Signale verringert:

$$THRESHOLD\,I1 \leftarrow 0,5 \cdot THRESHOLD\,I1$$
$$THRESHOLD\,F1 \leftarrow 0,5 \cdot THRESHOLD\,F1\,.$$

3. **Anpassung der Intervalle** zwischen den QRS-Komplexen (*RR-Intervallen*) und den Pulsratengrenzen: Der Algorithmus ermittelt zwei Durchschnittswerte der Intervalle zwischen den QRS-Komplexen (*RR-Intervalle*).
   (a) Der erste Durchschnittswert *RR_AVERAGE1* ist der Durchschnitt aus den letzten 8 Herzschlägen.
   (b) Der zweite Durchschnittswert *RR_AVERAGE2* ist der Durchschnitt der letzten 8 Herzschläge, die eine Herzrate zwischen 92 % und 116 % der bisherigen Durchschnittsrate *RR_AVERAGE2* besitzen.

$$RR\_LOW\_LIMIT = 0,92 \cdot RR\_AVERAGE2$$
$$RR\_HIGH\_LIMIT = 1,16 \cdot RR\_AVERAGE2$$
$$RR\_MISSED\_LIMIT = 1,66 \cdot RR\_AVERAGE2\,.$$

Falls kein QRS-Komplex innerhalb von 166 % der bisherigen Herzrate *RR_AVERAGE2* gefunden wurde, wird das größte lokale Maximum zwischen den sich bisher eingestellten Schwellenwerten als QRS-Komplex gewählt.

---

[11] Die Variablen unterscheiden sich am Ende nur durch einen einzigen Buchstaben. *I* gibt den Bezug zum integrierten Ausgangssignal an und *F* den Bezug zu dem durch den Bandpass gefilterten Ausgangssignal.

Falls alle Herzraten der letzten RR-Intervalle zwischen den Grenzwerten *RR_LOW_LIMIT* und *RR_HIGH_LIMIT* liegen, wird die Herzrate als regulär angesehen, und der Durchschnittswert *AVERAGE_1* entspricht dem Durchschnittswert *AVERAGE_2*. In diesem Fall besteht ein normaler Sinusrhythmus.

4. **Erkennung der T-Welle:** Falls die Zeit zwischen den R-Zacken kleiner als 360 ms sein sollte,[12] was einer Herzrate größer 167/min entspricht, wird untersucht, ob die maximale Steilheit des gefundenen QRS-Komplexes kleiner ist als die Hälfte der bisher gefundenen durchschnittlichen Steilheiten der QRS-Komplexe. Falls nicht, wird der gefundene „neue" QRS-Komplex als falsch interpretiert und als T-Welle (vgl. Abbildung 3.16) identifiziert.

Es gibt mehrere Implementierungen dieses Algorithmus in Matlab, die jedoch oft modifiziert und vereinfacht wurden. Ein komplettes Programm auch mit Rückwärtssuche nach dem von Pan und Tompkins veröffentlichten Verfahren [62] wurde z. B. von Hooman Sedghamiz in Matlab geschrieben [76].[13] Ein Anwendungsbeispiel dieses Programmes zur Bestimmung der QRS-Komplexe zeigt Abbildung 6.29. Dort werden sowohl das Ausgangssignal des Fensterintegrators als auch das EKG-Signal nach der Bandpassfilterung gezeigt. Die adaptiven Vorgänge zur Schwellenwertanpassung und Signal- und Rauschpegelschätzung sind ebenfalls ersichtlich.

6.3.1.3 Bestimmung der Herzrate und deren Variabilität

Die Herzfrequenz- bzw. Herzratenvariabilität (HRV) beschreibt die Variation des Zeitabstandes zwischen aufeinanderfolgenden Herzschlägen, d. h. der Herzfrequenz HF_n mit der Definition:

$$HF_n = \frac{1}{RR_n} \quad \text{mit}$$

$$RR_n = R_n - R_{n-1} \tag{6.25}$$

$$R_n: \text{Ort der } n\text{-ten R-Zacke .}$$

Sowohl der sympathische als auch der parasympathische Teil des autonomen Nervensystems beeinflussen die Herzfrequenz. Der sympathische Teil kann die Herzrate erhöhen, während der parasympathische Sie verringern kann. Die Kontrolle der autonomen Regelung umfasst mehrere miteinander verbundene Bereiche des autonomen zentralen Nervensystems. Außerdem können zusätzlich externe Nervensystembereiche wie die arterielle Regelung des Blutdrucks durch den Barorezeptorreflex sowie die Regelung der Atmung auch über den Sympathikus und Parasympathikus schnelle Änderungen der Herzfrequenz bewirken. Der Baroreflex basiert auf Barorezeptoren, die

---

12 Die Zeit zwischen den R-Zacken bei einem EKG muss größer als die 200 ms dauernde Erholungszeit der Herzzellen sein.

13 Es kann in ResearchGate unter https://www.researchgate.net/publication/313673153/_Matlab_ Implementation_of_Pan_Tomp-kins_ECG_QRS_detector heruntergeladen werden.

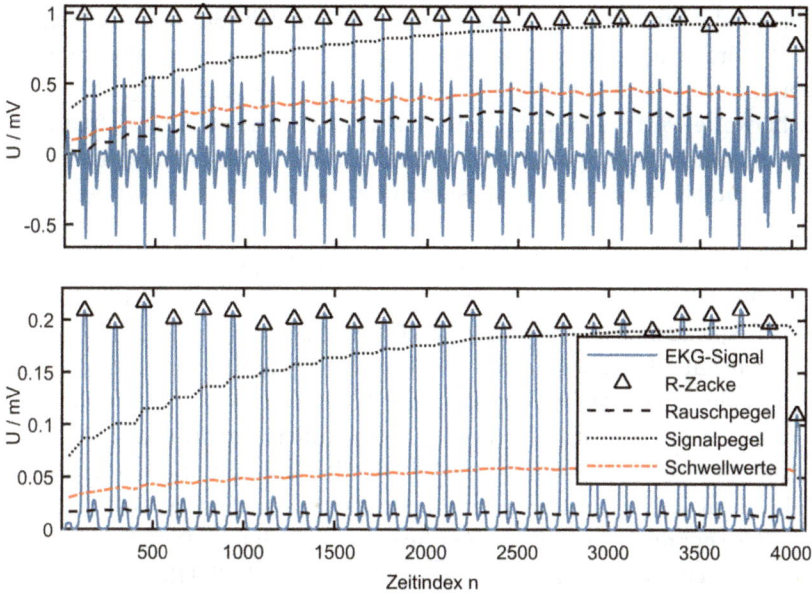

Abb. 6.29: Beispiel für die QRS-Suche in einem EKG-Signal bei Anwendung des Matlab-Programms von Sedgehamiz mit dem Verfahren zur adaptiven Schwellenwerteanpassung nach Pan-Tompkins [76]: In dieser Darstellung ist die adaptive Einstellung der Schwellenwerte erkennbar, die als gestrichelte waagerechte Balken dargestellt sind. Die obere Abbildung zeigt die QRS-Suche im gefilterten EKG am Ausgang des Bandpasses, die untere Abbildung die QRS-Suche nach der Fensterintegration (MA-Filterung).

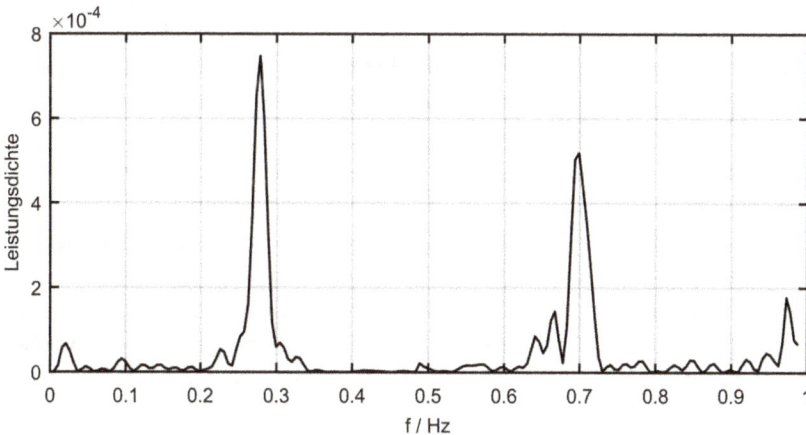

Abb. 6.30: Beispiel eines Spektrums der Herzrate mit einem ausgeprägten Peak der Atmung bei ca. 0.28 Hz.

sich an den Wänden einiger großer Blutgefäße befinden und die Streckung der Gefäß-
wände bei Blutdruckanstieg registrieren. Der Spektralbereich der Herzratenvariation
kann daher in verschiedene Abschnitte unterteilt werden (vgl. Abbildung 6.30):

– Typischerweise wird die auffälligste Oszillationskomponente der Herzfrequenzvariabilität durch die *Respiratorische Sinusarrhythmie* (RSA) hervorgerufen, wobei die Stimulation durch den Vagusnerv während des Einatmens unterdrückt
wird und sich in der Folge die Herzrate erhöht. Beim Ausatmen kann Sie wieder
wirksam werden, sodass die Herzfrequenz wieder ansteigt. Diese Hochfrequenz-
komponente (HF: *high frequency*) der Herzrate wird somit hauptsächlich durch
die Atemfrequenz im Bereich von $0,15$ bis 0.4 Hz erzeugt.

– Eine weitere auffällige Komponente der HRV ist die Niederfrequenzkomponente
(LF: *low frequency*) im Bereich von $0,04$ bis 0.15 Hz. Diese Komponente wird fast
ausschließlich durch die Aktivität des Parasympathikus hervorgerufen.

– Die Schwankungen unterhalb von 0.04 Hz wurden bisher weniger intensiv untersucht wie als bei höheren Frequenzen. Diese Frequenzbereiche werden häufig
unterteilt in sehr niedrige (VLF: *very low frequency*) Bänder von $0,003$ bis 0.04 Hz
und extrem niedrige (ULF: *ultra low frequency*) von 0 bis 0.003 Hz. Bei kurzzeiti-
ger Messung der HRV wird das ULF-Band in der Regel auch weggelassen. Die niederfrequenten Rhythmen werden z. B. auf hormonelle Faktoren, thermoregulato-
rische Prozesse und das Renin-Angiotensin-System, welches auch den Blutdruck
reguliert, zurückgeführt.

Die Bestimmung der Herzfrequenzvariabilität ist eine häufig verwendete Methode,
wenn es darum geht, das Funktionieren des Herzens und der autonomen Regulie-
rung zu beurteilen. Sie wurde in zahlreichen Studien im Zusammenhang mit der Herz-
Kreislauf-Forschung verwendet. Eines der wichtigsten klinischen Gebiete, in denen
die HRV als wertvoll eingestuft wurde, ist die Risikoabschätzung des plötzlichen Herz-
todes nach einem akuten Myokardinfarkt. Darüber hinaus wird eine verringerte HRV
im Allgemeinen als Frühwarnzeichen für eine diabetische kardiovaskuläre autonome
Neuropathie angesehen, wobei die bedeutendste Abnahme der HRV im Zusammenhang mit Diabetes innerhalb der ersten 5–10 Jahre der Diabeteserkrankung gefunden
wurde.

Neben diesen beiden wichtigsten klinischen Anwendungsbereichen wurde die
HRV auch in Bezug auf verschiedene Herz-Kreislauf-Zustände z. B. bei Nierenversa-
gen, körperlicher Betätigung, beruflichem und psychosozialem Stress, Geschlecht, Al-
ter, Drogen, Alkohol, Rauchen und Schlafen untersucht. Der Begriff HRV-Analyse bezieht sich allgemein auf Veränderungen des Herzschlagintervalls zur Untersuchung
von Vorboten einer Erkrankung.

Die Untersuchung der Herzrhythmusvariabilität kann sowohl im Zeit- als auch im
Frequenzbereich sowie in der Zeit-Frequenz-Darstellung durchgeführt werden.

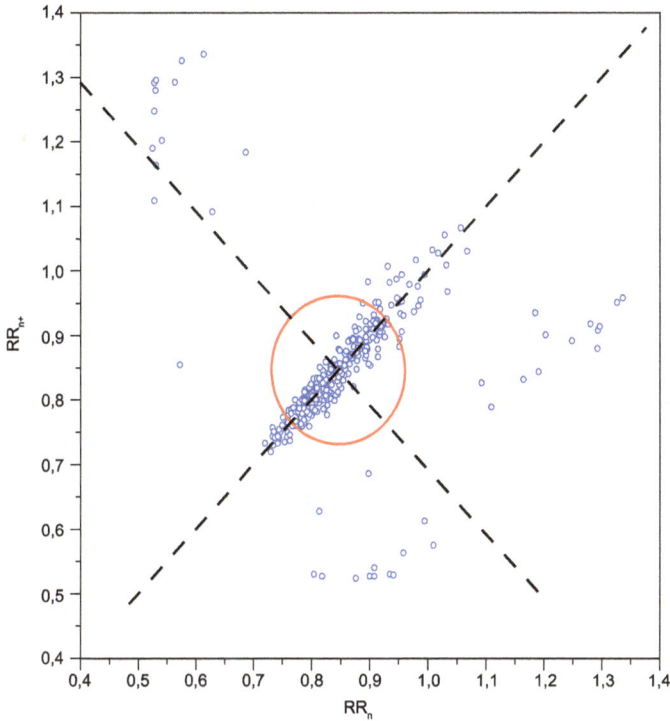

Abb. 6.31: Beispiel einer Poincaré-Darstellung: Hierfür wird die Zeit zwischen der $n+1$-ten und der $n+2$-ten R-Zacke (RR_{n+1}) in Abhängigkeit von der Zeit zwischen der n-ten und der $n+1$-ten R-Zacke (RR_n) des QRS-Komplexes aufgetragen.

Zeitbereich

Bei der Untersuchung im Zeitbereich kommen statistische Methoden zum Einsatz: Darunter i) die Bestimmung *statistischer Parameter*, wie z. B. die mittlere Dauer aller RR-Intervalle und deren Standardabweichung, ii) die Durchführung von *Varianzanalysen*, wie z. B. die Häufigkeit des Auftretens verschiedener Herzfrequenzen in einem Histogramm und iii) die Verwendung von *Korrelationsmethoden* wie z. B. die Änderungen der Herzfrequenz HF_n zwischen aufeinanderfolgenden RR-Intervallen nach Poincaré (siehe Abbildung 6.31).

Frequenzbereich

Bei der Untersuchung im Frequenzbereich können z. B. die Lang- und Kurzzeit-*Fourier-Analyse* sowie eine *Wavelet-Transformation* auf den Verlauf der Herzrate im Zeitbereich angewendet werden. Die Wavelet-Transformation hat den Vorteil, dass sich das Zeitintervall, in dem die Transformation durchgeführt werden soll, dem Frequenzbereich anpasst, d. h. bei der Analyse tiefer Frequenzen wird ein großes, bei der Analyse hoher Frequenzen ein kleines Zeitintervall gewählt (vgl. Abschnitt 2.4).

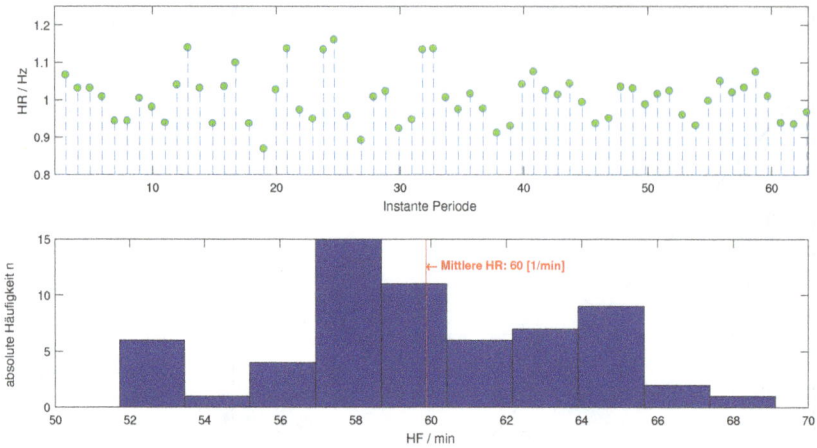

Abb. 6.32: Instantane Herzfrequenz (oben) mit zugehörigem Histogramm (unten).

Für die Kurzzeit-Fourier-Transformation und die Wavelet-Transformation können verschiedene „Fenster" zur Selektion des Zeitbereichs verwendet werden, die je nach Signalart auf optimales Analyseverhalten hin untersucht werden müssen.

Zur Analyse im Zeitbereich

Neben den Grundparametern wie Mittelwert und Standardabweichung

$$E[HF] = \frac{1}{N} \sum_{n=1}^{N} HF_n \,, \quad \text{Mittelwert}\,, \quad N: \text{Anzahl der Frequenzwerte}$$

(6.26)

$$\sigma^2[HF] = \frac{1}{N} \sum_{n=1}^{N} (HF_n - E[HF])^2 \,, \quad \text{Standardabweichung}$$

wird häufig auch die Häufigkeit des Auftretens verschiedener Herzfrequenzwerte in Form eines Histogramms dargestellt (vgl. Abbildung 6.32), dessen Breite auch ein Maß für die Variabilität darstellt.

Alternativ zum Histogramm lässt sich die Variabilität der Herzfrequenz auch, wie schon erwähnt, sehr gut in einem Poincaré-Diagramm erkennen, bei dem die Herzraten leicht verschoben aufgetragen sind: HF_N auf der X-Achse, gegenüber HF_{n+1} auf der Y-Achse. Allerdings ist hier die „Wolke", d. h. die Breite der Variabilität, nicht unbedingt ein Maß für die Gesundheit des Patienten. Bei manchen Erkrankungen kann es auch genau umgekehrt sein. Abbildung 6.33 zeigt Beispiele dafür. In Teilbild a) ist die „Herzraten-Wolke" während eines Anfalls von Vorhofflimmern dargestellt und in Teilbild b), wenn das Vorhofflimmern vorbei ist. Man Sieht, die Herzratenvariation ist während des Vorhofflimmerns gegenüber der Phase danach deutlich größer. Dies kommt daher, dass der Vorhof nicht mehr regelmäßig vom Sinusknoten erregt werden kann, sondern aufgrund zusätzlicher „Störerregungen" (meistens aus den Mün-

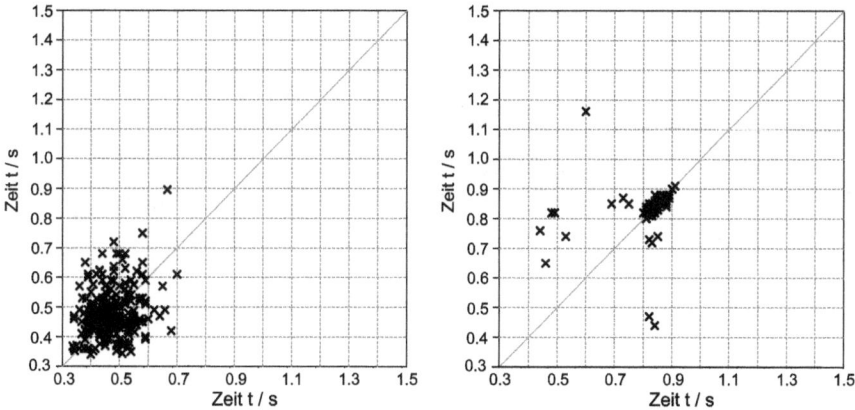

Abb. 6.33: Poincaré-Diagramm bei anfallsweisem Vorhofflimmern (links) und nach dem Anfall (rechts). Die Daten zur Messung des Vorhofflimmerns stammen von Mitautor K.-H. Witte.

dungen der Lungenvenen) mit einer sehr hohen Frequenz von ca. 200 bis 300 pro Minute schlägt. Da der Atrioventrikular- oder kurz AV-Knoten (vgl. Abschnitt 3.2) in einem solchen Fall aber wie ein Filter wirkt und nur jede zweite bis dritte Erregung auf die Hauptkammer überträgt, schlägt das Herz nicht so häufig (ca. mit einer Herzrate von 100). Diese Erregung ist aber nicht so regelmäßig wie bei der Erregung durch den Sinusknoten und macht sich sehr anschaulich im Poincaré-Diagramm bemerkbar. Während des Vorhofflimmerns Sieht man daher eine sehr breite Wolke, in der Phase danach eine wesentlich kleinere Wolke.

Mit den Korrelationsmethoden wird die Ähnlichkeit zwischen aufeinanderfolgenden Werten zweier Funktionen untersucht. Bei der Herzrate ist es die Ähnlichkeit zwischen verschiedenen Abschnitten der gleichen Funktion (Autokorrelation). Dazu wird in der Regel angenommen, dass diese nicht zeitabhängig ist, was in der Praxis oft nicht stimmt. Die Berechnung der Autokorrelation für Herzrate erfolgt gemäß

$$R_{HF\,HF}(n, m) = E\left[HF_n \cdot HF_{n+m}\right] = \lim_{N \to \infty} \frac{1}{N} \sum_{n=1}^{N} HF_n \cdot HF_{n+m} \,. \tag{6.27}$$

Zur Analyse im Frequenzbereich

Bei der Analyse im Frequenzbereich muss beachtet werden, dass die diskreten Werte für die Herzrate in Gleichung 6.25 nicht gleiche Abstände besitzen, sondern wegen der unterschiedlichen Länge der RR-Intervalle wie eine unregelmäßige Abtastung eines kontinuierlichen Herzratenverlaufs wirken, d. h., eine Fourier-Transformation lässt sich nicht unmittelbar anwenden, da diese ja gleiche Zeitabstände zwischen den Abtastwerten voraussetzt. Um diese Voraussetzung zu schaffen, kann die Herzrate zunächst durch Interpolation in eine zeitkontinuierliche Form umgewandelt werden, die

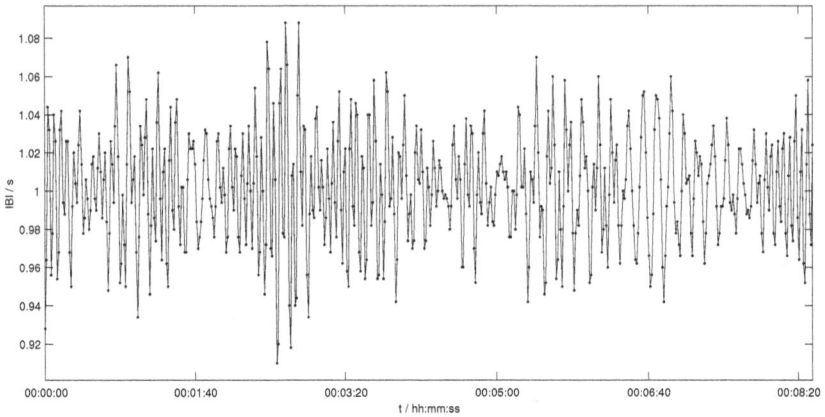

Abb. 6.34: Beispiel für die Zeitintervalle zwischen den R-Zacken eines EKGs (IBI: interbeat intervals) mit einer durchschnittlichen Herzrate von 60 Schlägen pro Minute, welches mit dem Software-Tool ECGSYN erzeugt wurde, siehe [52].

danach wieder durch gleichmäßige Abtastung digitalisiert wird, um Sie in den Frequenzbereich transformieren zu können (vgl. Abbildung 6.34).

Die einfachste Form der Interpolation besteht darin, dass man die unregelmäßigen Werte der gemessenen Herzrate linear oder mit Spline-Funktionen interpoliert. Dadurch wird aber das Verhältnis der Spektralanteile des tieferen zu denen im höheren Frequenzbereich vergrößert [7]; denn diese Interpolation kann wie ein Tiefpass wirken. Bei der linearen Interpolation erhält diese noch keinen glatten (d. h stetig differenzierbaren) Verlauf, sondern viele Ecken, die im Spektrum zu zusätzlichen, in der gemessenen Herzrate nicht vorhandenen Frequenzanteilen führen. Bei der Interpolation durch Spline-Funktionen, wird dieses Problem reduziert. Eine weitere Reduzierung kann dadurch erreicht werden, dass das Messintervall in mehrere kleinere Intervalle unterteilt werden, die sich überlappen und mit einer Gewichtungsfunktion ergänzt werden (z.B. Hamming-Fenster), siehe [86]. Grundlage ist bei diesen Verfahren die Fourier-Transformation. Die Voraussetzungen zu deren Anwendung oder Modellen mit rekursiven Rückkopplungen, bei denen die Koeffizienten des Modells geschätzt werden (Autoregressive(AR) Modelle) setzen voraus, dass das Signal stationär ist und gleichmäßig abgetastet wird. Dies ist jedoch in biologischen Systemen selten der Fall, weshalb andere Verfahren, wie die Wavelet-Transformation oder die spektrale Schätzung mit Hilfe von Verzögerung und Minimierung des kleinsten quadratischen Fehlers bessere Ergebnisse bringen können. Bei der Wavelet-Transformation braucht das Signal nicht stationär zu sein und bei dem Verfahren von Lomb [48] nicht gleichmäßig abgetastet zu werden.

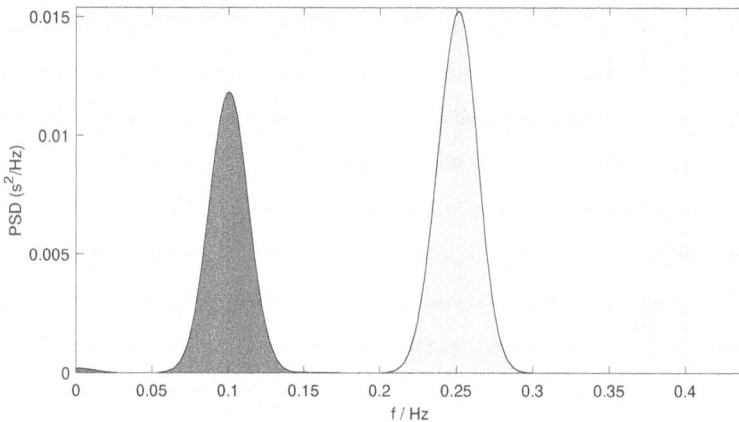

Abb. 6.35: Mit HRVAS erstellte zugehörige spektrale Leistungsdichte nach Welch, siehe [86].

Bei dem Verfahren vom Lomb [48] werden die Zeitintervalle zwischen den Abtastwerten (interbeat interval IBI) durch eine Sinusfunktion mit Verzögerung gemäß

$$IBI(t_n) + \varepsilon_n = a \, \cos(2\pi f[t_n - \tau]) + b \, \sin(2\pi f[t_n - \tau]) \,. \tag{6.28}$$

für alle N Werte des Signals $IBI(t_n)$, $n = 1, \ldots, N$ bei einer bestimmten Frequenz f so durch Variation der Werte von a,b und τ approximiert, dass der Fehler ε am kleinsten ist. Eine vorherige Interpolation und Abtastung in gleichmäßiger Weise ist hierbei nicht erforderlich. Wie man durch Vergleich der spektralen Leistungsdichte nach dem Verfahren von Welch und Lomb feststellen kann, so ist das Spektrum nach Welch mehr glockenförmig als das nach Lamb, was für eine detailliertere Auflösung des Lomb-Verfahrens spricht. Beide spektralen Leistungsdichten wurden mit dem Software-Tool HRVAS von Ramshur [70] erstellt, welches nicht nur im die spektralen Leistungsdichten sondern auch Analysen im Zeit- und im Zeit-Frequenz-Verbundbereich durchführen kann. Außerdem sind noch verschiedene Vorverarbeitungen möglich, wie z.B. die Unterdrückung sehr niedrigfrequenterer Anteile (detrending) oder Artefakte, die z.B. durch Bewegung des Patienten mit Elektrodenverschiebungen entstehen. Das Tool ist im Internet unter https://github.com/jramshur/HRVAS kostenlos runterladbar und kann sowohl als Erweiterung von Matlab und Scilab als auch ohne diese als Stand-alone-Paket installiert werden.

Zur weiteren spektralen Untersuchung dient die Autokorrelation. Sie kann auch als Faltung mit ihrem eigenen gespiegelten Verlauf aufgefasst werden. Durch Fourier-Transformation der Autokorrelation der Herzrate gemäß Gleichung 6.27 lässt sich deren spektrale Leistungsdichte berechnen und mit dem quadratischen Betrag der Fourier-Transformation vergleichen, um das tatsächliche Spektrum besser schätzen zu können. Bei der praktischen Messung steht nur ein Ausschnitt des eigentlichen EKGs zur Verfügung. Im Idealfall wäre ein Langzeit-EKG von bis zu Sieben Tagen zu

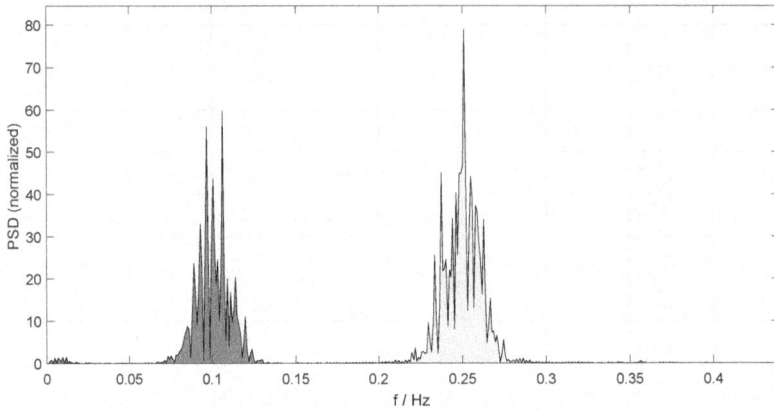

Abb. 6.36: Mit HRVAS erstellte zugehörige spektrale Leistungsdichte nach Lomb, siehe [48].

verwenden, oft wird jedoch nur ein drei Tage dauerndes EKG ermittelt. Um trotzdem noch genaue Messungen zu erhalten, können die Fenster angepasst werden (z. B. nach Gauß, Hanning, Han, Kaiser usw.), damit im Frequenzbereich keine größeren Fehler z. B. durch Überschwingungen entstehen.

Die zeitdiskrete Kurzzeit-Fourier-Transformation wird durch die Beziehung

$$X(m, \omega) = \sum_{b=-\infty}^{\infty} x(n) \cdot w(n - m)e^{-j\omega n} \tag{6.29}$$

definiert. Dabei ist $x(n)$ das abgetastete Signal (hier das EKG) und $X(m, \omega)$ das durch die Fensterfunktion $w(n-m)$ definierte, gleitende Fenster, dessen Position durch m beschrieben wird. Dieses Spektrum ist wie bei der zeitdiskreten Fourier-Transformation *nicht* diskret. Erst wenn das Eingangssignal periodisch ist, geht die zeitdiskrete Fouriertransformation in die diskrete über. Da das Herz rhythmisch schlägt, wird die Periodizität quasi bei der Messung vorausgesetzt. Nachdem das Herz aber nicht rein periodisch schlägt, sondern eine Herzratenvariabilität vorhanden ist, entstehen dadurch Messfehler in der Bestimmung des Spektrums.

Um die spektrale Auflösung zu verbessern, können Wavelet-Transformationen eingesetzt werden, die bei höheren Frequenzen ein kürzeres Fenster besitzen, d. h. bei tieferen Frequenzen hat man eine schlechte Ortsauflösung bei guter Frequenzauflösung, während es im höheren Frequenzbereich genau umgekehrt ist (vgl. Abschnitt 2.4).

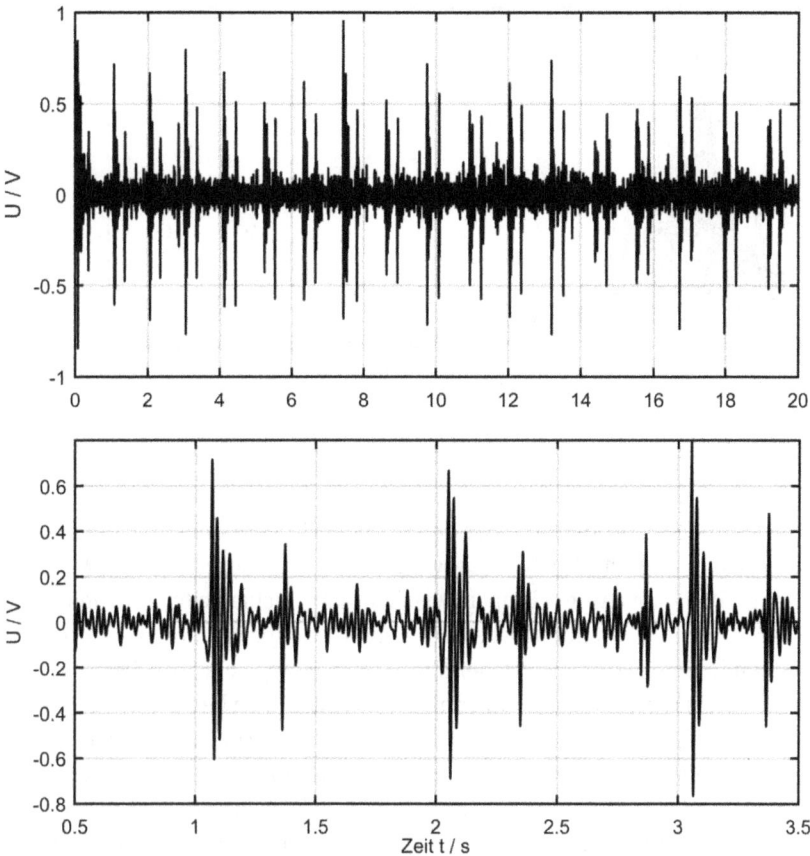

Abb. 6.37: Phonokardiogramm an einem gesunden Herzen mit 20 s Dauer (oben): In regelmäßiger Folge wechseln sich erster und zweiter Herzton ab, wobei der Abstand zwischen erstem und zweitem Herzton kürzer ist als zwischen zweitem und erstem. Ausschnitt des Phonokardiogramms mit drei Herzschlägen (unten).

6.3.2 Phonokardiogramm

In Abschnitt 4.3 wurde die Technik zur Registrierung der Herztöne vorgestellt. Abbildung 6.37 (oben) zeigt ein Phonokardiogamm von 20 s Dauer. Darin wiederholen sich rhythmisch die beiden Herztöne.

Der erste Herzton entsteht durch die Kontraktion der Ventrikel und wird auch als Krafton bezeichnet. Unter physischer Belastung nimmt die Amplitude des ersten Herztons zu, weil der erhöhte Sauerstoffbedarf des Organismus eine größere Pumpleistung des Herzens hervorruft, die bei einem gesunden Herzen mit einer Zunahme der Kontraktionsstärke und -häufigkeit einhergeht. Der zweite Herzton entsteht durch das synchrone Schließen der Aorten- und Pulmonalklappe und markiert das Ende des Blutauswurfs. Die Stärke der beiden Herztöne variiert mit der jeweiligen Messposition,

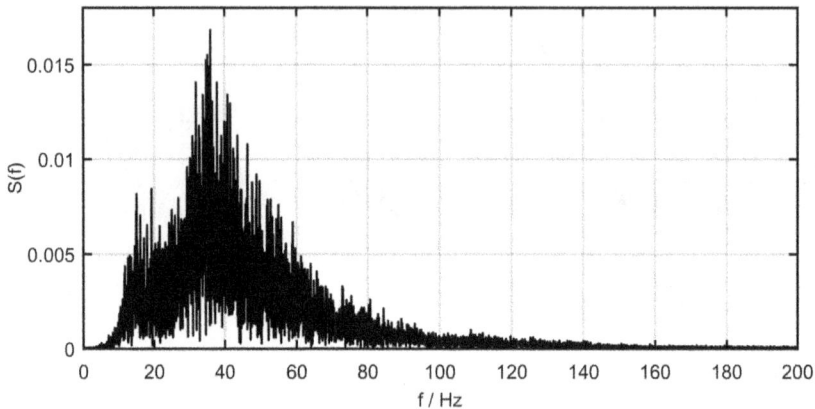

Abb. 6.38: Spektrum des Phonokardiogramms aus Abbildung 6.37.

die gemäß Konvention über die Nummer des Rippenzwischenraums und dem seitlichen Abstand zum Sternum (Brustbein) angegeben wird. So bezeichnet die Messposition 2R2 einen Punkt im zweiten Rippenzwischenraum, rechte Seite, 2 cm vom Sternum entfernt. An dieser Position lässt sich die Aortenklappe gut hören. 4L4 bedeutet entsprechend: vierter Rippenzwischenraum, linke Seite, 4 cm vom Sternum entfernt. Das entspricht einem Punkt, der zentral über dem Herzen liegt. Weitere übliche Messpositionen sind 2L2 und Apex (Herzspitze, im Bereich des linken Rippenbogens). Sowohl der zeitliche Verlauf wie auch die spektrale Zusammensetzung der Herztöne enthalten diagnostische Informationen. Beispiele für im Zeitbereich auffällige Herzgeräusche sind das Systolikum oder ein dritter Herzton in der diastolischen Phase. Ein Systolikum ist ein Geräusch zwischen dem ersten und zweiten Herzton und kann einen Hinweis auf eine Aorten- oder Pulmonalklappeninsuffizienz liefern. Ein dritter Herzton kann im Zusammenhang mit einer Ventrikeldilatation in Folge einer chronischen Herzinsuffizienz stehen. Eine vollständige Übersicht über Herzgeräusche und deren Entstehung ist in [35] zu finden. Die spektrale Zusammensetzung der Herzgeräusche (Abbildung 6.38) liefert zusätzliche Informationen. Besitzt beispielsweise das Systolikum starke hochfrequente Anteile oberhalb 400 Hz, so lässt sich das auf eine erhöhte transvalvuläre Strömungsgeschwindigkeit aufgrund einer verengten Herzklappe zurückführen.

Wie im Abschnitt 4.3 erwähnt, ist die Phonokardiographie in der kardiologischen Funktionsdiagnostik durch die bildgebende Ultraschall-Sonographie weitgehend verdrängt worden. Jedoch eröffnet die besondere Einfachheit der Anwendung in Verbindung mit modernen Methoden der Datenfernübertragung neue Anwendungsfelder für die Phonokardiographie. So können Herzpatienten mit einem elektronischen Stethoskop selbst die Herzgeräusche aufnehmen und Experten zur weiteren Begutachtung zusenden. Dadurch ist eine engmaschige Kontrolle im häuslichen Umfeld möglich, was insbesondere bei der Überwachung der Krankheitsprogredienz vorteilhaft ist.

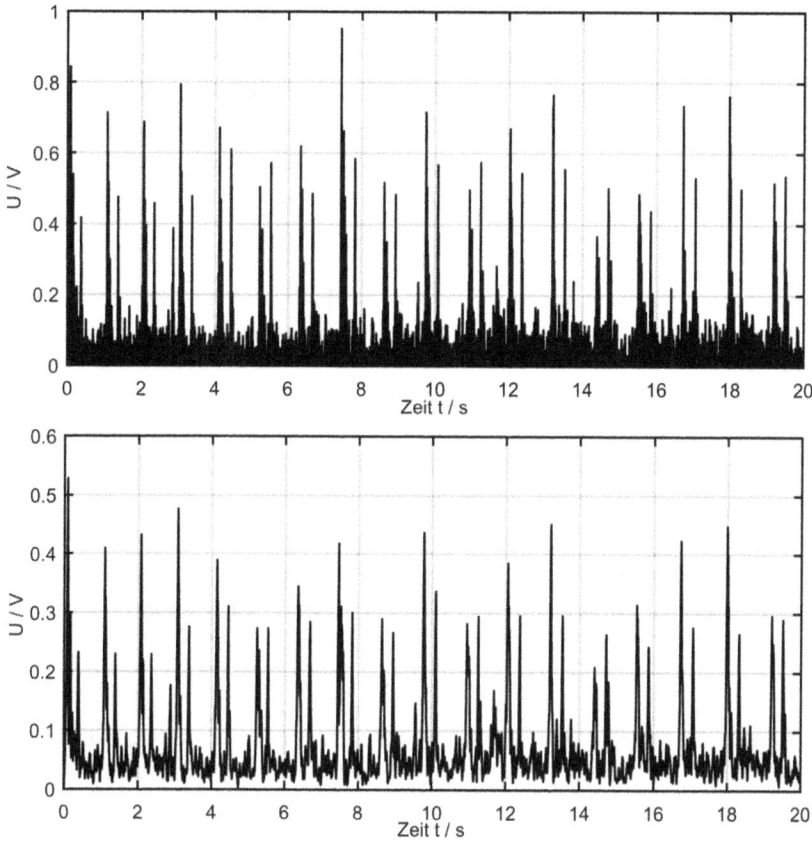

Abb. 6.39: Phonokardiogramm aus Abbildung 6.37 nach Gleichrichtung (oben): Phonokardiogramm nach Gleichrichtung und Tiefpassfilterung mittels Moving-Average-Filter (Fensterbreite: 200 Samples) (unten).

Im Weiteren soll ein Verfahren zur automatischen Bestimmung der linksventrikulären Austreibungszeit (LVET: *left ventricular ejection time*) vorgestellt werden. Die LVET ist ein wichtiger kardiologischer Parameter und wird als solcher oder normiert auf die Herzrate zur Beurteilung der Herzleistung verwendet. Bei normaler Pumpleistung des Herzens und einer Herzrate von ca. 70 Schlägen pro Minute liegt die LVET bei 260 bis 320 ms. Vermindert sich krankheitsbedingt die Kontraktilität des Herzmuskels und damit das Pumpvermögen, reagiert der Organismus mit einer Verlängerung des Pumpvorgangs, was die LVET erhöht. Bei Patienten mit chronischer Herzinsuffizienz und schlechter Pumpleistung (Ejektionsfraktion < 35 %) sind LVET-Werte bis über 450 ms zu finden. Bei massiv eingeschränkter Pumpfunktion kann sich die LVET dann wieder verkürzen, weil der Pumpvorgang verfrüht abbricht. Damit kommt die LVET für die Verlaufskontrolle der chronischen Herzinsuffizienz in Betracht. Der Zusammenhang dieses Parameters mit dem Phonokardiogramm wird deutlich, wenn man sich die Ursachen der beiden Herztöne nochmals vergegenwärtigt. Der erste Herzton entsteht durch die schnelle Kontraktionsbewegung der Ventrikel, was mit dem Beginn der Austreibungsphase einhergeht. Zum Ende der Austreibungsphase schließen Aorten- und Pulmonalklappe, was wiederum den zweiten Herzton bedingt. Die LVET entspricht also recht genau der Zeit zwischen dem ersten und zweiten Herzton. Bei der Konzeption eines geeigneten Algorithmus zur Bestimmung der LVET muss berücksichtigt werden, dass Phonokardiogramme in der Praxis von Artefaktgeräuschen überlagert sind und die Amplitude der Herztöne bei Herzkranken oftmals schwach ist. Ein einfacher Algorithmus zur Bestimmung von Maximalwerten und deren Lage würde schnell zu falschen Ergebnissen führen. Stattdessen wird hier ein Algorithmus auf Basis der Autokorrelationsfunktion (AKF) (vgl. Unterunterabschnitt 5.3.1.2) vorgestellt. Die AKF bietet den Vorteil, dass Signalanteile, die systematisch vorkommen, besonders hervorgehoben werden. Zunächst wird das Phonokardiogramm gleichgerichtet und einer Tiefpassfilterung mittels eines Moving-Average-Filters unterzogen. Die Abbildung 6.39 zeigt jeweils das Bearbeitungsergebnis für die Sequenz aus Abbildung 6.37 (oben).

Die AKF gehört wie die Fourier- oder Laplace-Transformation zur Klasse der Integraltransformationen. Im zeitkontinuierlichen Bereich lautet die Transformationsvorschrift

$$\rho_{xx}(\tau) = \int x(t)x(t+\tau)\mathrm{d}t \,, \tag{6.30}$$

wobei $x(t)$ die zu transformierende Funktion ist, also hier die Funktion aus Abbildung 6.39 (unten), und τ ein Verschiebungsparameter in der Funktion $x(t)$, der zur Variablen der AKF wird. Gleichung 6.30 lässt sich so übersetzen, dass die Funktion $x(t)$ um τ gegen sich selbst verschoben wird, die verschobene und die originale Funktion miteinander multipliziert und dann die Fläche des Multiplikationsergebnisses durch Integration berechnet wird. Das wird für alle Verschiebungswerte τ wiederholt, woraus die AKF $\rho(\tau)$ resultiert. Im zeitdiskreten Bereich wird aus dem Integral eine Summe mit der zeitdiskreten Variable m und dem Verschiebungswert n:

$$\rho_{xx}(n) = \sum (x(m)x(m+n)) \,. \tag{6.31}$$

Wendet man die AKF auf das bearbeitete Phonokardiogramm aus Abbildung 6.39 (unten) an, so wird der AKF-Wert immer dann groß, wenn die Funktion $x(t)$ bzw. $x(m)$ genau um einen Herzzyklus verschoben wird. Dann fällt der erste Herzton wieder auf den ersten und der zweite Herzton auf den zweiten. Produkt und Integral in Gleichung 6.30 nehmen in dem Fall große Werte an. Kleinere Maxima treten auf, wenn der erste Herzton auf den zweiten oder der zweite auf den ersten geschoben werden. Der erste dieser beiden Fälle ist besonders interessant, denn der Wert für die Verschiebung des ersten auf den zweiten Herzton entspricht gerade der gesuchten LVET. Abbildung 6.40 (oben) zeigt das Ergebnis der AKF-Bildung aus dem Signal in Abbildung 6.39 (unten) und eine Vergrößerung der AKF um den Maximalwert herum (unten). Die gesuchte

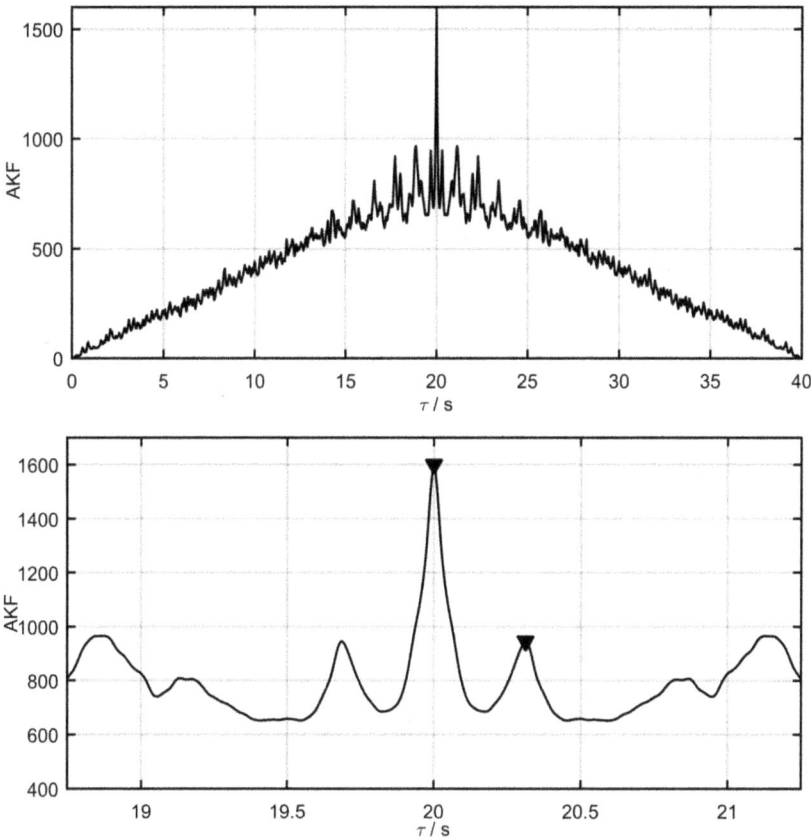

Abb. 6.40: Oben: Ergebnis der Autokorrelation des Signals aus Abbildung 6.39 (unten). Die Haupt-
maxima entsprechen einer Verschiebung um eine Herzperiode, das erste Nebenmaximum rechts
neben einem Hauptmaximum der Verschiebung um LVET. Auf der Abszisse ist die Verschiebung in
Samples angegeben. Die Sample-Frequenz ist hier 8 kHz. Unten: Vergrößerung der AKF um das
Hauptmaximum herum. Der Abstand des Hauptmaximums zum nächsten rechten Nebenmaximum
entspricht der gesuchten LVET.

LVET entspricht dem Abstand in τ eines Hauptmaximums zum nächsten rechten Nebenmaximum.

Die LVET, also der Abstand zwischen dem Haupt- und dem ersten rechten Nebenmaximum, lässt sich über den in Listing 6.3.2 gegebenen Algorithmus berechnen.

Listing 6.3.2: Matlab-Beispiel zur Analyse eines Phonokardiogramms in Bezug auf die LVET.

```
% Daten einlesen
data = readmatrix('force&angle.txt', ...
    'HeaderLines', 1, 'ExpectedNumVariables', 9);
```

```matlab
time_force = data(:,1);
value_force = data(:,2);
time_angle = data(:,3);
value_angle = data(:,4);

%Darstellung der verschiedenen Punktfindungsalgorithmen
f1 = figure('Name', 'Punkt Algorithmen');
value_angle_t = value_angle(¬isnan(value_angle));
time_angle_t = time_angle(¬isnan(time_angle));
windowWidth = 10;
kernel = ones(windowWidth,1) / windowWidth;
filt_force = filter(kernel, 1, value_force);
filt_force = filt_force(11:end);
filt_time_force = time_force(11:end);
filt_angle = filter(kernel, 1, value_angle_t);
filt_angle = filt_angle(11:end);
filt_time_angle = time_angle_t(11:end);

%findpeaks
subplot(6,1,1)
[value, location] = findpeaks(value_force, ...
    "MinPeakProminence",50, "MinPeakHeight",340);
plot(time_force, value_force,'k-')
hold on
scatter(time_force(location), value, 'kx')
xlabel('Zeit t/s')
ylabel('Kraft F/N')
axis([0 10 250 500])
title('Findpeaks Kraftdaten')
subplot(6,1,2)
[value, location] = findpeaks(value_angle_t, ...
    "MinPeakProminence", 100, "MinPeakHeight",150);
plot(time_angle_t, value_angle_t, 'k-')
hold on
scatter(time_angle_t(location), value, 'kx')
xlabel('Zeit t/s')
ylabel('Winkel \alpha')
axis([0 9 0 200])
title('Findpeaks Winkeldaten')

%Ableitungen
subplot(6,1,3)
```

```matlab
%Berechnung der ersten Ableitung der Winkeldaten
dangle = gradient(filt_angle) ./ gradient(filt_time_angle);
%Maxima bestimmen
AA = find(dangle(1:end-1)>0 & dangle(2:end) < 0);
%Minima bestimmen
AB = find(dangle(1:end-1) <0 & dangle(2:end) > 0);
plot(filt_time_angle, filt_angle,'k-')
hold on
scatter(filt_time_angle(AA), filt_angle(AA), 100, 'kx') %Maxima ...
    darstellen
scatter(filt_time_angle(AB), filt_angle(AB), 100, 'kx') %Minima ...
    darstellen
xlabel('Zeit t/s')
ylabel('Winkel \alpha')
axis([0 9 0 200])
title('Nullstellen der ersten Ableitung der Winkeldaten')

%Berechnung der zweiten Ableitung der Winkeldaten
subplot(6,1,4)
ddangle = gradient(dangle) ./ gradient(filt_time_angle);
%Maxima bestimmen
BA = find(ddangle(1:end-1)>0 & ddangle(2:end) < 0);
%Minima bestimmen
BB = find(ddangle(1:end-1) <0 & ddangle(2:end) > 0);
plot((filt_time_angle), filt_angle,'k-')
hold on
scatter(filt_time_angle(BA), filt_angle(BA), 100, 'kx') %Maxima ...
    darstellen
scatter(filt_time_angle(BB), filt_angle(BB), 100, 'kx') %Minima ...
    darstellen
xlabel('Zeit t/s')
ylabel('Winkel \alpha')
axis([0 9 0 200])
title('Nullstellen der zweiten Ableitung der Winkeldaten')

%Berechnung der ersten Ableitung der Kraftdaten
subplot(6,1,5)
dforce = gradient(filt_force) ./ gradient(filt_time_force);
%Maxima bestimmen
CA = find(dforce(1:end-1)>0 & dforce(2:end) < 0);
%Minima bestimmen
CB = find(dforce(1:end-1) <0 & dforce(2:end) > 0);
```

```matlab
plot(filt_time_force, filt_force, 'k-')
hold on
scatter(filt_time_force(CA), filt_force(CA), 100, 'kx') %Maxima ...
    darstellen
scatter(filt_time_force(CB), filt_force(CB), 100, 'kx') %Minima ...
    darstellen
xlabel('Zeit t/s')
ylabel('Kraft F/N')
axis([0 10 250 500])
title('Nullstellen der ersten Ableitung der Kraftdaten')


%Berechnung der zweiten Ableitung der Kraftdaten
subplot(6,1,6)
ddforce = gradient(dforce)./ gradient(filt_time_force);
%Maxima bestimmen
DA = find(ddforce(1:end-1)>0 & ddforce(2:end) < 0);
%Minima bestimmen
DB = find(ddforce(1:end-1) <0 & ddforce(2:end) > 0);
plot(filt_time_force, filt_force, 'k-')
hold on
scatter(filt_time_force(DA), filt_force(DA), 100, 'kx') %Maxima ...
    darstellen
scatter(filt_time_force(DB), filt_force(DB), 100, 'kx') %Minima ...
    darstellen
xlabel('Zeit t/s')
ylabel('Kraft F/N')
axis([0 10 250 500])
title('Nullstellen der zweiten Ableitung der Kraftdaten')


%Schwellenwertalgorithmus
%Berechnung der lokalen Minima der Kraftdaten
threshold_value = 0.95; %Anfangsschwellenwert
while true
    %Schwellenwert Array Berechnung
    threshold_force = threshold_value*abs(mean(value_force));
    local_minima_force = value_force';
    local_minima_force(value_force > threshold_force) = 0;
    %nonzero Elemente bestimmen
    force_ne0 = find(local_minima_force);
    %Bestimmung der Startindizes der lokalen Minima
    force_ixstart = force_ne0(diff([0 force_ne0])>1);
    %Bestimmung der Endindizes der lokalen Minima
```

```
        force_ixend = force_ne0([find(diff(force_ne0)>1) ...
        length(force_ne0)]);
        if length(force_ixstart) == 6
            break
        else
            %Verringere den Schwellenwert um 1%
            threshold_value = threshold_value - 0.01;
        end
end


%Berechnung der lokalen Minima der Winkeldaten
%Aufraeumen der eingelesenen Daten
time_angle = time_angle';
time_angle = time_angle(¬isnan(value_angle))';
value_angle = value_angle';
value_angle = value_angle(¬isnan(value_angle))';
%Schwellenwert Array Bestimmung
threshold_angle = 0.95*abs(mean(value_angle));
local_minima_angle = value_angle';
local_minima_angle(value_angle > threshold_angle) = 0;
%nonzero Elemente bestimmen
angle_ne0 = find(local_minima_angle);
%Bestimmung der Startindizes der lokalen Minima
angle_ixstart = angle_ne0(diff([0 angle_ne0])>1);
%Bestimmung der Endindizes der lokalen Minima
angle_ixend = angle_ne0([find(diff(angle_ne0)>1) length(angle_ne0)]);


%Plotten der Kraft- und Winkeldaten mit Schwellenwerten und
%Start- und Endpunkten der lokalen Minima
f2 = figure('Name','Synchronisation');
subplot(6,1,1)
plot(time_force(1:601), value_force(1:601), 'k')
xlabel('Zeit t/s')
axis([0 10 260 500])
ylabel('Kraft F/N')
title('Kraftdaten')
legend ('Kraft')
subplot(6,1,2)
plot(time_angle(1:271),value_angle(1:271), 'k')
xlabel('Zeit t/s')
ylabel('Winkel \alpha')
title('Winkeldaten')
```

```matlab
legend ('Winkel')
subplot(6,1,3)
plot(time_force(1:601), local_minima_force(1:601), ...
    'k-')
hold on
plot(time_force(1:601), value_force(1:601), 'k:')
t_f(1:609,1) = threshold_force;
plot(time_force(1:601), t_f(1:601),'k--')
scatter(time_force(force_ixstart), ...
    local_minima_force(force_ixstart), 100, 'kx')
scatter(time_force(force_ixend), ...
    local_minima_force(force_ixend), 100, 'ko')
xlabel('Zeit t/s')
axis([0 10 260 500])
ylabel('Kraft F/N')
title(['Kraftdaten mit Schwellenwert und Start- und Endpunkten ' ...
    'der lokalen Minima'])
legend ('Kraft unter Schwellenwert','Kraftdaten', ...
    'Schwellenwert', 'Lokales Minima Startpunkt', ['Lokales ...
    Minima' ...
    'Endpunkt'])
subplot(6,1,4)
plot(time_angle(1:271), local_minima_angle(1:271), 'k-')
hold on
plot(time_angle(1:271), value_angle(1:271), 'k:')
t_a(1:278,1) = threshold_angle;
plot(time_angle(1:271),t_a(1:271),'k--')
scatter(time_angle(angle_ixstart), ...
    local_minima_angle(angle_ixstart), 100, 'kx')
scatter(time_angle(angle_ixend), ...
    local_minima_angle(angle_ixend), 100, 'ko')
xlabel('Zeit t/s')
ylabel('Winkel \alpha')
title(['Winkeldaten mit Schwellenwert und Start- und Endpunkten ' ...
    'der lokalen Minima'])
legend ('Winkeldaten unter Schwellwert', 'Winkeldaten', ...
    'Schwellenwert', 'Lokales Minima Startpunkt', ['Lokales ...
    Minima' ...
    'Endpunkt'])

%Krafttriggerpunkt Berechnung
%Zeitpunkte der ersten und letzen Punkte der lokalen Minima
```

```
%Sektion 2 & 3 und 4 & 5 grenzen beide Triggerpunkte ein
%letzes Element aus 2 & 4 und das erste Element aus 3 & 5
idx_force_last = time_force(force_ixend)';
idx_force_first = time_force(force_ixstart)';
%Berechnung Triggerpunkt 1
tp_force_1 = (idx_force_first(1,3)+idx_force_last(1,2))/2;
%Berechnung Triggerpunkt 2
tp_force_2 = (idx_force_first(1,5)+idx_force_last(1,4))/2;


%Winkeltriggerpunkt Berechnung
%Zeitpunkte der ersten und letzen Punkte der lokalen Minima
%Sektion 1 & 2 und 2 & 3 grenzen beide Triggerpunkte ein
%letztes Element aus 1 & 2 und das erste Element aus 2 & 3
idx_angle_last = time_angle(angle_ixend)';
idx_angle_first = time_angle(angle_ixstart)';
%Berechnung Triggerpunkt 1
tp_angle_1 = (idx_angle_first(1,2)+idx_angle_last(1,1))/2;
%Berechnung Triggerpunkt 2
tp_angle_2 = (idx_angle_first(1,3)+idx_angle_last(1,2))/2;


%Berechnung der Zeitanpassung zur Synchronisation
st_1 = tp_force_1 - tp_angle_1;
st_2 = tp_force_2 - tp_angle_2;
synchronization_time = (st_1+st_2)/2;
adj_time = time_angle + synchronization_time;


%Bestimmen der Indizes in Kraft- und WInkeldaten, die am naechsten am
%Triggerpunkt liegen
[¬,idx_f1]=min(abs(time_force-tp_force_1));
[¬,idx_f2]=min(abs(time_force-tp_force_2));
[¬,idx_a1]=min(abs(time_angle-tp_angle_1));
[¬,idx_a2]=min(abs(time_angle-tp_angle_2));


%Triggerpunkte plotten
subplot(6,1,5)
plot(time_force, value_force,'k-')
hold on
yyaxis right
plot(time_angle, value_angle,'k:')
ylabel('Winkel \alpha', 'Color','k')
ax = gca;
ax.YColor = 'k';
```

```
axis([0 10 40 300])
scatter(time_angle([idx_a1 idx_a2]), ...
    value_angle([idx_a1 idx_a2]),100, 'kv')
yyaxis left
axis([0 10 260 500])
xlabel('Zeit t/s')
ylabel('Kraft F/N')
scatter(time_force([idx_f1 idx_f2]), ...
    value_force([idx_f1 idx_f2]), 100, 'k^')
title('Kraft und Winkeldaten mit den jeweiligen Triggerpunkten')
legend('Kraft', 'Krafttriggerpunkt', 'Winkel', 'Winkeltriggerpunkt')

%Plotten der synchronisierten Kraft- und Winkeldaten
subplot(6,1,6)
plot(time_force(1:601), value_force(1:601), 'k-');
hold on
yyaxis right
plot(adj_time, value_angle, 'k:');
scatter(adj_time([idx_a1 idx_a2]), ...
    value_angle([idx_a1 idx_a2]),100, 'kv')
ylabel('Winkel \alpha', 'Color','k')
ax = gca;
ax.YColor = 'k';
axis([0 10 40 300])
yyaxis left
scatter(time_force([idx_f1 idx_f2]), ...
    value_force([idx_f1 idx_f2]), 100, 'k^')
xlabel('Zeit t/s')
ylabel('Kraft F/N')
axis([0 10 260 500])
title('Synchronisierte Kraft- und Winkeldaten')
legend('Kraft', 'Krafttriggerpunkt', 'Winkel', 'Winkeltriggerpunkt')
```

Für das vorgestellte Phonokardiogramm ergibt sich damit eine LVET von 314 ms.

6.3.2.1 Phonokardiogramm von mechanischen Herzklappenprothesen

Eine ganz andere Form der Anwendung der Phonokardiographie stellt die Kontrolle mechanischer Herzklappenprothesen dar. Diese bestehen meistens aus einem ringförmigen Gehäuse, in dem zwei Klappensegel aufgehängt sind. Die Klappensegel lassen sich in eine Richtung öffnen, so dass Sie senkrecht im Blutfluss stehen. In der anderen Flussrichtung schließen die Klappensegel mit dem Gehäuse ab und blockie-

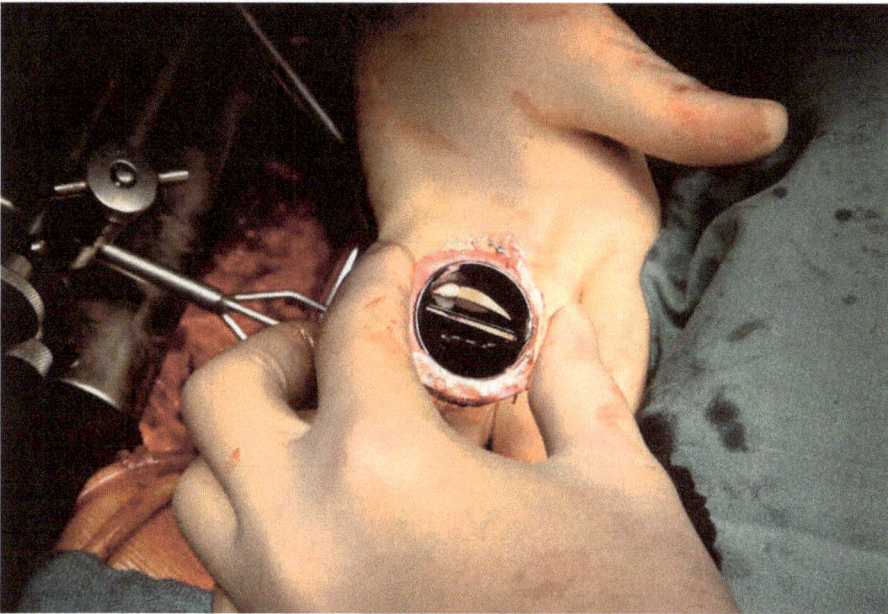

Abb. 6.41: Explantierte mechanische Herzklappenprothese mit weißem Thrombus zwischen Gehäusering und Klappenflügel.

ren dadurch den Rückfluss. Auf diese Weise wird die gewünschte Ventilfunktion erreicht. Außen am Gehäuse ist ein Textilring angebracht, mit dem die Prothese ins Herz eingenäht wird. Das Material von Gehäuse und Klappensegel besteht zumeist aus pyrolytisch abgeschiedenem Kohlenstoff, der eine sehr glatte Oberfläche aufweist, um das Anhaften von Thromben zu verhindern. Mechanische Herzklappenprothesen sind neben biologischen Prothesen die Behandlungsoption, wenn eine native Herzklappe aufgrund eines Defekts ersetzt werden muss. Trotz der sehr glatten Oberflächen der mechanischen Herzklappenprothesen besteht ein erhöhtes Risiko für die Anhaftung von Thromben, weshalb bei Patienten mit mechanischem Herzklappenersatz die Blutgerinnung durch Antikoagulanzien herabgesetzt werden muss. Ist die Antikoagulationstherapie unzureichend, können sich am Gehäuse und an den Klappensegeln Thromben festsetzen und die Ventilfunktion beeinträchtigen (vgl. Abbildung 6.41) – zum Teil mit tödlichen Folgen.

Mechanische Herzklappenprothesen erzeugen beim Öffnen und Schließen der Klappensegel hochfrequente Geräusche, die im engen Zusammenhang zur mechanischen Funktion der Prothese stehen. Abbildung 6.42 zeigt das Geräuschmuster einer Zweiflügelprothese in Aortenposition über einen Herzzyklus. Ein erstes schwächeres Geräusch entsteht beim Öffnen der Klappensegel. Damit beginnt die ventrikuläre Austreibungsphase. Ist der Ventrikel zum Ende der Austreibungsphase entleert, setzt ein Rückfluss ein, der die Klappenflügel schließen lässt. Das geht mit einem harten

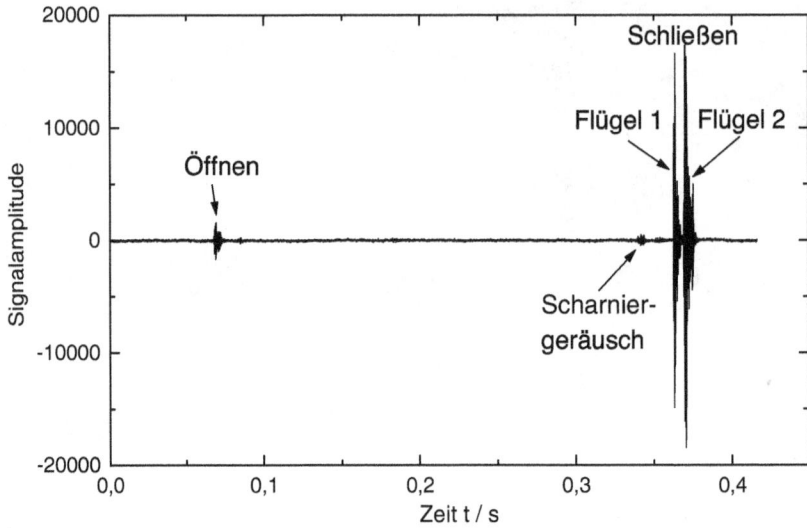

Abb. 6.42: Geräusche einer mechanischen Herzklappenprothese (Zweiflügelprothese) über einen Herzzyklus nach Hochpassfilterung mit 8 kHz.

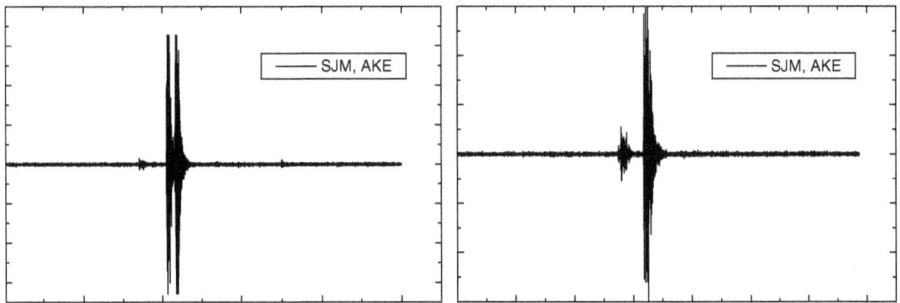

Abb. 6.43: Schließgeräusch einer normalen Zweiflügelprothese (links) und mit Thrombenbesatz (rechts): Das Aufprallgeräusch ist im rechten Bild durch den Thrombus deutlich abgeschwächt.

Aufprall der Klappenflügel einher, der ein lautes Aufprallgeräusch erzeugt. Da die beiden Klappensegel nie exakt senkrecht im Blutstrom stehen, schließen die beiden Klappensegel mit einem kurzen Zeitversatz bis 12 ms, weshalb im Schallbild zwei Aufprallgeräusche zu finden sind. Kurz vor dem Aufprall liegt ein schwaches Scharniergeräusch, das durch die Drehung der Klappenflügel in ihrer Gehäuseaufhängung entsteht.

Behindert ein Thrombus wie in Abbildung 6.41 den harten Aufprall eines Klappenflügels, so ist die Amplitude des Schließgeräusches stark gedämpft (Abbildung 6.43).

Ein Thrombus verändert auch das Spektrum des Klappenschlussgeräuschs (vgl. Abbildung 6.44). Insbesondere die hohen Frequenzanteile oberhalb von etwa 11 kHz

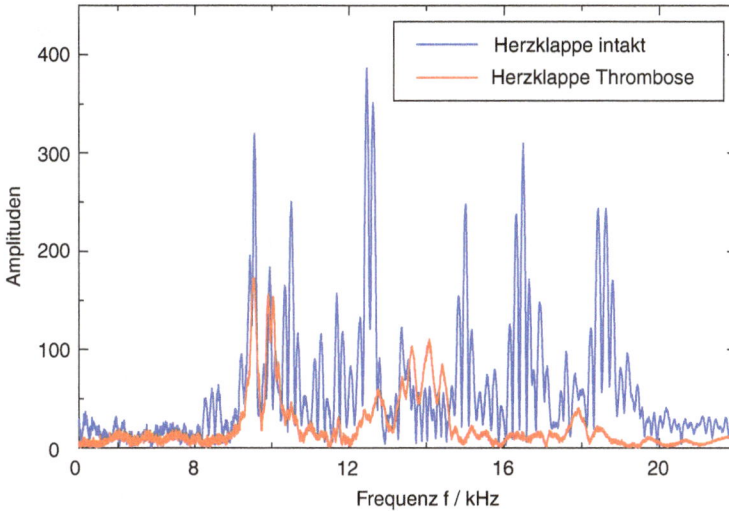

Abb. 6.44: Spektrum eines normalen Aufprallgeräuschs einer mechanischen Herzklappe (blau) und bei Thrombenbesatz (rot).

verschwinden weitgehend. Im Spektrum wird der wesentliche Unterschied zur konventionellen Phonokardiographie deutlich, da dort die Bandbreite nur bis maximal 1.2 kHz reicht.

Die Geräuschanalyse im Zeit- und Frequenzbereich ist ein sehr sensitives Verfahren zur Beurteilung der Integrität mechanischer Herzklappenprothesen [19, 96]. Die Differenzierung der jeweiligen Aufprallgeräusche beider Klappenflügel erfordert eine Zeitauflösung von weniger als 1 ms, womit eine Frequenzauflösung von 1 kHz verbunden ist. Diese relativ schlechte Frequenzauflösung ist aber noch ausreichend, um auffällige Veränderungen im Spektrum erkennen zu können.

6.3.3 Bestimmung der Sauerstoffsättigung und Plethysmographie

Wie bereits in Abschnitt 4.3 angekündigt, erfolgt die Bestimmung der Sauerstoffsättigung des Blutes durch die Messung der Lichtabsorption bei zwei verschiedenen Wellenlängen. In diesem Abschnitt soll nun der Zusammenhang zwischen Mess- und Bestimmungsgröße mathematisch hergeleitet werden. Die Messgröße ist die Lichtintensität I, die bei der Transmissionsmessung auf der gegenüberliegenden Seite der Einstrahlstelle von der Photodiode aufgenommen wird (vgl. Abbildung 6.45). Neben der Absorption im Gewebe wird das Licht auch durch Streuung an inneren Fingerstrukturen geschwächt. Der Streuungseffekt wird in der SpO_2-Berechnung nicht berücksichtigt.

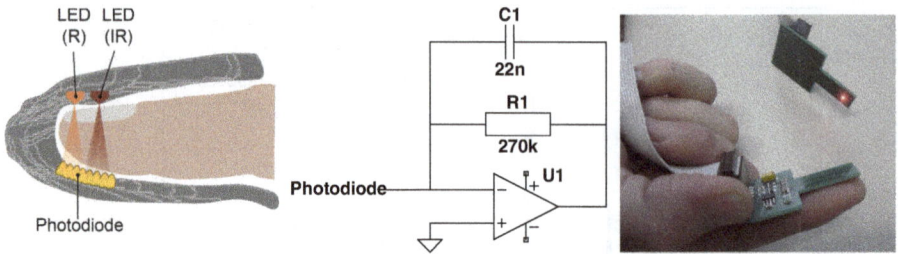

Abb. 6.45: Anordnung von LED und Photodiode bei der Transmissionsmessung an der Fingerkuppe (links): Zur Verstärkung der Signale der Photodiode nutzt man einen Transimpedanzverstärker mit Tiefpassfilter (s. elektronisches Schaltbild Mitte). Eine Messung der Pulskurve kann auch mit einem Reflexionssensor an beliebigen Körperstellen (hier am Finger) durchgeführt werden (rechts).

Bei einer einfachen homogenen Schicht hängt die Intensität nach dem Lambert-Beer-Gesetz exponentiell von dem stoffspezifischen und wellenlängenabhängigen Absorptionskoeffizienten α und der Schichtdicke d ab:

$$I = I_0 e^{-\alpha d} , \tag{6.32}$$

wobei I_0 die Intensität an der Einstrahlstelle ist. Setzt sich die Lichtstrecke aus mehreren Schichten i mit unterschiedlichen Absorptionskoeffizienten α_i und Schichtdicken d_i zusammen, dann beträgt die Intensität nach dem Durchlauf aller Teilstrecken:

$$I = I_0 e^{-\sum \alpha_i d_i} . \tag{6.33}$$

Wollte man nun für die Durchleuchtung der Fingerkuppe oder des Ohrläppchens die Intensität berechnen, müsste nach Gleichung 6.33 der Schichtaufbau des Gewebes mit den entsprechenden Absorptionskoeffizienten genau bekannt sein. Das ist praktisch unmöglich. Da, wie im Weiteren gezeigt wird, für die Berechnung der Sauerstoffsättigung die zeitliche Intensitätsänderung benutzt wird, reicht es, ein vereinfachtes Zweischichtmodell zu verwenden. Die erste Schicht repäsentiert sämtliche Absorptionsvorgänge in venösen Gefäßen, Fett- und Bindegewebe, Haut usw., die nicht von der Zeit abhängen. Die zeitliche Intensitätsabhängigkeit rührt von der Dickenänderung der arteriellen Gefäße infolge der rhythmischen Pulswellen her. Dies wird mit der zweiten Schicht in Form einer zeitlich variablen Dicke $d_2(t)$ abgebildet. Mit diesem Modell vereinfacht sich Gleichung 6.33 zu

$$I(t) = I_0 e^{-(\alpha_1 d_1 + \alpha_2 d_2(t))} = I_0 e^{-\alpha_1 d_1} e^{-\alpha_2 d_2(t)} = C(\lambda) e^{-\alpha_2 d(t)} . \tag{6.34}$$

In Gleichung 6.34 sind sämtliche zeitunabhängige Faktoren zur Konstanten C zusammengefasst, die aber wegen α_1 von der Wellenlänge abhängt. α_2 ist der Absorptionskoeffizient von Blut. Die Größe $d(t)$ beschreibt die zeitabhängige Gefäßdicke, die aber nicht direkt zugänglich ist und deshalb eliminiert werden muss. Dazu wird die Hilfsgröße Γ wie folgt eingeführt:

$$\Gamma = \frac{\ln \frac{I(\lambda_1 t_1)}{I(\lambda_1 t_2)}}{\ln \frac{I(\lambda_2 t_1)}{I(\lambda_2 t_2)}} . \tag{6.35}$$

Für die Hilfsgröße Γ werden also insgesamt vier Messungen benötigt, jeweils zwei Messungen bei den Wellenlängen λ_1 und λ_2 zu zwei verschiedenen Zeiten t_1 und t_2. Setzt man Gleichung 6.34 in Gleichung 6.35 ein, bleibt

$$\Gamma = \frac{\alpha_2(\lambda_1)}{\alpha_2(\lambda_2)} \tag{6.36}$$

übrig, $d(t)$ ist also entfallen.

Zur Bestimmung der Sauerstoffsättigung muss nun ein Zusammenhang mit der Konzentration von sauerstoffgesättigtem Hämoglobin (C_{HbO_2}) und ungesättigtem Hämoglobin (C_{Hb}) hergestellt werden. Dazu wird der Blutabsorptionskoeffizient näher betrachtet. Allgemein ergibt sich bei Medien die aus mehreren Substanzen bestehen der Absorptionkoeffizient aus der Summe der molaren Extinktionskoeffizienten ε der einzelnen Substanzen multipliziert mit der entsprechenden Konzentration. Übertragen auf Blut bedeutet das

$$\alpha_2(\lambda) = \varepsilon_{HbO_2}(\lambda) C_{HbO_2} + \varepsilon_{Hb}(\lambda) C_{Hb} . \tag{6.37}$$

Selbstverständlich besteht Blut nicht nur aus Hämoglobin, so dass in Gleichung 6.37 auch die anderen Bestandteile entsprechend in die Summe aufgenommen werden müssten. Allerdings sind diese für die weitere Betrachtung unbedeutend und können gedanklich der Größe $C(\lambda)$ zugeschlagen werden. Die Extinktionskoeffizienten $\varepsilon_{HbO_2}(\lambda)$ und $\varepsilon_{Hb}(\lambda)$ sind aus der Literatur gut bekannt [43, 44, 84].

Im nächsten Schritt wird für Gleichung 6.37 die gesuchte Sauerstoffsättigung

$$SpO_2 = \frac{C_{HbO_2}}{C_{HbO_2} + C_{Hb}} = \frac{C_{HbO_2}}{C_{ges}} \tag{6.38}$$

eingeführt. Wird Gleichung 6.38 nach C_{HbO_2} bzw. C_{Hb} umgestellt und in Gleichung 6.37 eingesetzt, ergibt sich

$$\alpha_2(\lambda) = C_{ges} \left[(\varepsilon_{HbO_2}(\lambda) - \varepsilon_{Hb}(\lambda)) SpO_2 + \varepsilon_{Hb}(\lambda) \right] . \tag{6.39}$$

Setzt man Gleichung 6.39 in Gleichung 6.36 ein, kürzt sich die unbekannte Größe C_{ges} heraus, und es bleibt eine Gleichung mit der gesuchten Sauerstoffsättigung SpO_2, den in Γ enthaltenen vier Messwerten $I(\lambda_{1,2}, t_{1,2})$ und den bekannten molaren Extinktionskoeffizienten $\varepsilon_{HbO_2}(\lambda)$ und $\varepsilon_{Hb}(\lambda)$ übrig:

$$\Gamma = \frac{(\varepsilon_{HbO_2}(\lambda_1) - \varepsilon_{Hb}(\lambda_1)) SpO_2 + \varepsilon_{Hb}(\lambda_1)}{(\varepsilon_{HbO_2}(\lambda_2) - \varepsilon_{Hb}(\lambda_2)) SpO_2 + \varepsilon_{Hb}(\lambda_2)} . \tag{6.40}$$

Umgestellt nach SpO_2 ergibt sich abschließend

$$SpO_2 = \frac{\varepsilon_{Hb}(\lambda_1) - \Gamma \varepsilon_{Hb}(\lambda_2)}{\varepsilon_{Hb}(\lambda_1) - \varepsilon_{HbO_2}(\lambda_1) + \Gamma(\varepsilon_{HbO_2}(\lambda_2) - \varepsilon_{Hb}(\lambda_2))} . \tag{6.41}$$

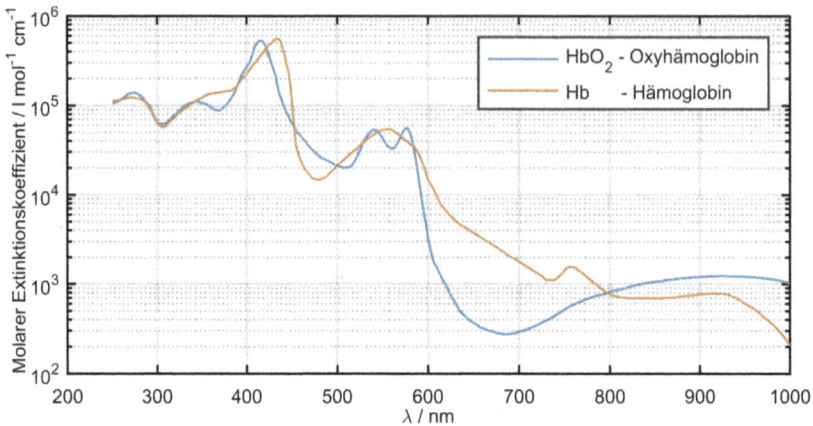

Abb. 6.46: Molarer Extinktionskoeffizient von Hämoglobin und Oxyhämoglobin als Funktion der Wellenlänge [44].

Aus Gleichung 6.41 und Gleichung 6.35 wird unmittelbar klar, warum die spektrale Empfindlichkeit der Photodiode nicht in die SpO_2-Bestimmung eingeht. In Γ kommen nur Intensitätsquotienten vor, die bei einer bestimmten Wellenlänge gemessen wurden. Die spektrale Empfindlichkeit, die als Faktor in die Intensität eingeht, kürzt sich damit in Γ. Allerdings gibt es andere Ursachen, die die Genauigkeit der SpO_2-Bestimmung beeinflussen. Dies wird mit Blick auf die einzelnen Größen in Gleichung 6.41 deutlich. Zum einen unterliegen die molaren Extinktionskoeffizienten von Hämoglobin und Oxyhämoglobin leichten individuellen Schwankungen [84]. Ein größerer Fehler kann aber durch die Ungenauigkeit in der LED-Wellenlänge entstehen, die zwischen verschiedenen LEDs gleichen Typs oder innerhalb einer LED aufgrund von Temperaturschwankungen auftritt. Bei kommerziell erhältlichen LEDs liegt die relative Schwankungsbreite im Bereich von 1 %, bezogen auf den Schwerpunkt der Wellenlängenverteilung. Die molaren Extinktionskoeffizienten, die in Gleichung 6.41 eingehen, sind von der Wellenlänge abhängig (vgl. Abbildung 6.46). Deshalb bedingt die Unsicherheit in der Wellenlänge eine Unsicherheit in den molaren Extinktionskoeffizienten und gemäß den Regeln der Fehlerfortpflanzung auch eine Ungenauigkeit im SpO_2-Wert. Insbesondere unterhalb von 800 nm weist das Absorptionsspektrum von Hämoglobin einen hohen Gradienten auf. In dem Bereich hat die Wellenlängenunsicherheit eine große Unsicherheit der molaren Extinktionskoeffizienten zur Folge. Deshalb ist in diesem Wellenlängenbereich besonders darauf zu achten, LEDs mit einer hohen Wellenlängenstabilität zu verwenden. Eine weitere Fehlerquelle besteht in externem Streulicht, das zusätzlich zum LED-Licht auf die Photodiode trifft und die gemessene Intensität erhöht. Hochwertige Sensoren verfügen deshalb über Gehäuse, die den Messbereich gegenüber äußerem Licht gut abschatten.

An dieser Stelle sei auf die Beschränkungen der spektrometrischen SpO_2-Messung hinsichtlich der klinischen Verwendung hingewiesen. Der Ausgabewert wird in Prozent angegeben und ist ein Maß für die Sättigung des vorhandenen Hämoglobins mit Sauerstoff. Dies sagt nichts über die absolute Sauerstoffversorgung des Organismus aus. Im Fall einer Blutanämie ist die Hämoglobinkonzentration verringert mit der Folge einer Sauerstoffunterversorgung. Der SpO_2-Wert könnte aber gleichzeitig unauffällig sein, weil die verminderte Hb-Fraktion gut mit Sauerstoff belegt ist. Weiterhin besteht die Gefahr einer Fehlinterpretation bei einer Kohlenmonoxidvergiftung. Dann bindet CO anstelle von O_2 an Hb. Da sich der molare Extinktionskoffizient ε_{HbCO} von ε_{Hb} unterscheidet und bei manchen Wellenlängen ε_{HbO_2} ähnlich ist, ist eine Aussage über die verbliebene Sauerstoffsättigung mit diesem Verfahren in der Situation nicht mehr möglich.

6.3.4 Klassifikation von Mehrkanal-Photoplethysmographie-Signalen

Author of Subsection: Urs Hackstein

Im vorherigen Unterabschnitt 6.3.3 wurden Photoplethysmographiesignale (PPG-Signale) dazu verwendet, die Sauerstoffsättigung des Blutes zu bestimmen. Aufgrund ihrer leichten Anwendbarkeit werden PPG-Signalen in einer wachsenden Zahl von Gebieten für diagnostische Zwecke eingesetzt, so z.B. zur Bestimmung des vaskulären Alters über die arterielle Steifigkeit oder des Blutdrucks über die Pulstransitzeit. Außerdem werden PPG-Signale für die Diagnose von Krankheiten angewandt [47]. Als Beispiel wird im folgenden die Untersuchung auf Aneurysmen und Stenosen mittels maschinellen Lernens und Klassifikation betrachtet.

Erkrankungen des Herz-Kreislaufsystems sind die häufigste Todesursache weltweit. Insbesondere sind Aortenaneurysmen, d.h. abnormale Aussackungen der Aorta, problematisch und unterschätzt: Nach [10] sind 12-14% der Bevölkerung davon betroffen. Ein Aortenaneurysma wird gefährlich, wenn es nicht früh entdeckt wird. Es kann mit der Zeit wachsen und schließlich reißen, so dass es zu lebensbedrohlichen Blutungen kommt. Andererseits sorgen der häufig asymptomatische Verlauf der Erkrankung und die Fehlinterpretation der Anfangssymptome in einem Drittel der symptomatischen Fälle für eine kategorisch klinisch unterschätzte Situation. Existierende Diagnoseverfahren wie transösophageale Echokardiographie, Dopplersonographie oder Computertomographie sind entweder nicht sensitiv genug, benötigen Expertenwissen oder sind invasiv und teuer, was ein effektives Screening verhindert. Daher ist es von großem Interesse, ein neues Diagnoseverfahren zu entwickeln, das für ein effektives Screening auf Hausarztebene einsetzbar ist.

Die im folgenden dargestellte Idee für solch ein neues Diagnoseverfahren basiert auf der Analyse von Biosignalen. Wie zuvor beschrieben erzeugt das Herz Pulswellen von Blutdruck und Blutfluss, die sich vom Herzen durch die Aorta und die anderen Arterien bis zur Peripherie des Körpers ausbreiten. Man beobachtet dabei, dass sich die Form und Eigenschaften der Wellen ändern, wenn sie auf Besonderheiten in der Struktur des arteriellen Systems wie Aneurysmen, Stenosen (d.h. Verengungen) oder Bifurkationen (d.h. Verzweigungen) treffen. Daher hängt die Form der Druck- und Fluss-wellen von der Struktur des Herz-Kreislaufsystems ab und kann modelliert werden, falls dessen Struktur bekannt ist.

Der Ansatz für das Frühdiagnoseverfahren für Aortenaneurysmen ist dann die Lö-sung des inversen Problems. Angenommen, Druck- und Flusspulswellen seien an be-stimmten peripheren Messstellen gegeben. Ist es dann möglich, Information über die Struktur des Herz-Kreislaufsystems aus diesen Messungen zu gewinnen? Diese Frage bezeichnet man als das inverse hämodynamische Problem. Die allgemeine Fassung hat unendlich viele Lösungen [67], aber die Lösung für den Fall mit Nebenbedingun-gen, der hier betrachtet werden soll, bleibt unklar. Alle im folgenden dargestellten Methoden und Ergebnisse sind ursprünglich in [28] und [29] veröffentlicht.

In [28] simulierten die Autoren Druckwellenformen an der Arteria brachialis und der Arteria femoralis und konnten zeigen, dass man Information über die Struktur des Herz-Kreislaufsystems aus diesen zwei simultanen Messungen gewinnen kann. Da-zu wurden Koeffizienten der Druck-Druck-Transferfunktion zwischen diesen beiden Messstellen ausgewertet. Die Verwendung von Transferfunktionsparametern birgt die Hoffnung, den starken Einfluss verschiedener Randbedingungen zwischen den Pati-enten (Herz, peripherer Widerstand durch Autoregulation) zu eliminieren und die ar-teriellen Kanalparameter zu isolieren.

Diese Resultate basieren auf in-silico Daten und die Funktionalität der vorgeschla-genen diagnostischen Methode wurde in [29] auf in-vivo Daten aus einer klinischen Studie an der Uniklinik Tübingen überprüft. Diese Studie bestand aus 55 Patienten. Davon hatten 28 Patienten Aneurysmen an verschiedenen Stellen (thorakale, abdo-minelle und thorakal-abdominelle Aorta), während 27 Patienten keine Gefäßerkran-kungen besaßen. Die Ergebnisse wurden mit den Diagnosen durch das Goldstandard-verfahren, die Computertomographie (CT), verglichen. Weil es viel einfacher ist, PPG-Signale als Drucksignale aufzunehmen, wurden PPG-Signale an sechs verschiedenen Körperstellen simultan gemessen.

Die 55 Patienten wurden auf Basis der verfügbaren CT-Bilder in zwei Gruppen un-terteilt, wobei die erste Gruppe 27 Patienten (Gruppe a) und die zweite 28 Patienten (Gruppe b) umfasst:

(a) Kontrollgruppe (CG): Patienten ohne Gefäßerkrankung. Keine Stenosen in der Aorta oder den Beckenarterien, der Durchmesser der Aorta im gesamten Thorax- und Bauchbereich $< 40mm$ (außer Aortenbogen)

(b) Aneurysma (A): Nachweis eines Aneurysmas in der thorakalen, abdominellen oder thorakal-abdominellen Aorta mit einem Durchmesser $\geq 45mm$.

Sechs Photoplethysmographiesensoren wurden am Patienten angelegt, der sich in Rückenlage befindet, zwei an den Schläfen, zwei an den Daumen und zwei an den Großzehen (siehe Abbildung 6.47).

Die Position der Sensoren wurde über das einzelne Signal des jeweiligen Kanals op-timiert. Die EKG-Elektroden wurden platziert. Die Messung wurde gestartet, sobald

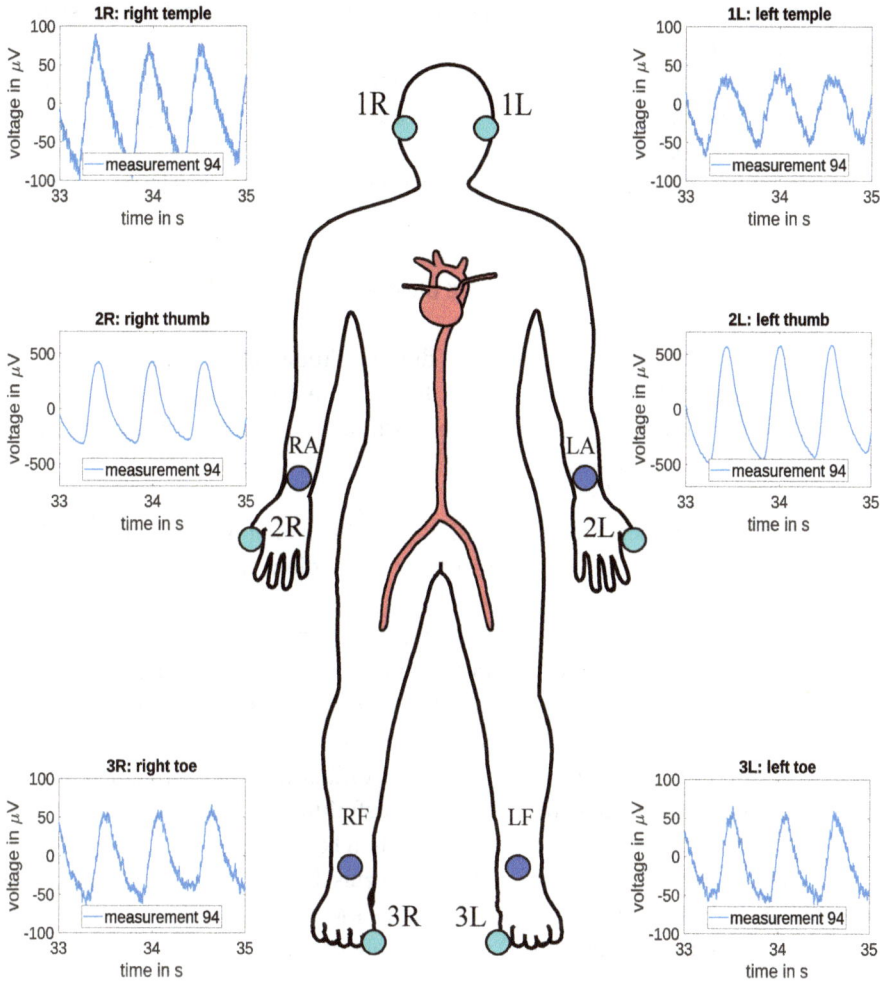

Abb. 6.47: Messaufbau, die sechs Photoplethysmographiemessgeräte (hellblau) werden an der linken und rechten Schläfe (1L und 1R), dem linken und rechten Daumen (2L und 2R) und dem linken und rechten Großzeh (3L und 3R) angelegt. Die EKG-Elektroden (dunkelblau) wurden am linken Arm (LA), am rechten Arm (RA), am linken Fuß (LF) und am rechten Fuß (RF) befestigt. Zitiert von [29, Figure 1].

klare Signale in allen Kanälen sichtbar waren. Die Rohsignale wurden mit einer Abtastrate von 2048Hz aufgezeichnet. Der Patient wurde in ausgeruhtem Zustand gemessen (keine physische Anstrengung 15 Minuten vor der Messung, keine Nahrungsaufnahme oder Rauchen eine Stunde vor der Messung) und die Raumtemperatur wurde konstant auf 23°C gehalten, um sicherzustellen, dass normaler Blutfluss in der Peripherie des Körpers vorliegt. Der Raum wurde abgedunkelt um Störungen durch andere Lichtquellen zu vermeiden.

Ein Ausschnitt der Rohsignale wird in Abbildung 6.47 gezeigt und die Rohsignale durchlaufen die folgende Vorverarbeitung:

1. Die Spitzen zu Beginn und am Ende der Messung durch das An- und Ablegen der Sensoren wurden dadurch eliminiert, dass nur das Signal von 5 s bis 55 s betrachet wird, so dass 50 s an Daten verbleiben.
2. Die Basislinie (Baseline) wurde korrigiert, indem das durch ein scharfes Tiefpassfilter bei 0,5 Hz gefilterte Signal abgezogen wird.
3. Das Signal wurde durch ein scharfes Filter bei 30Hz gefiltert (digitales Filter, das keine Phasen verschiebt (shifted)). Auf diese Weise werden niedrig- und hochfrequentes Rauschen entfernt.
4. Das Signal wurde derart skaliert, dass die Amplitude der ersten Harmonischen 1 ist, denn es wird angenommen, dass die absolute Amplitude nicht relevant ist aufgrund der großen Differenzen in der Positionierung der Sensoren, der Dicke der Haut etc.

Das resultierende bandbeschränkte Signal liegt in einem Frequenzbereich von 0,5 Hz - 30 Hz und hat eine Signallänge von 50 s. Dieses Signal dient als Basis für die weiteren Berechnungen.

Aufbauend auf diesen vorverarbeiteten PPG-Signalen an verschiedenen Messstellen lässt sich das oben genannte Diagnostikproblem für Aneurysmen als Klassifikationsproblem beschreiben. Für alle Merkmalsextraktionsverfahren, die im folgenden beschrieben werden, unterteilen wir das Signal in fünf Intervalle von je 10 s Dauer und mitteln die resultierenden Merkmale. Dies ist nützlich, wenn z.B. eine einzelne Extrasystole vorliegt, die sonst die gesamte Transferfunktionsrechnung torpedieren würde. Infolgedessen werden die charakteristischen Fourier-Koeffizienten aus diesen vorverarbeiteten Signalen berechnet und die spezifischen Harmonischen der Transferfunktionen zwischen zwei Messstellen dienen als Merkmale für eine folgende Klassifikation von Aneurysmengruppe (A) und Kontrollgruppe (CG).

Diese Klassifikationsprobleme sind ein Spezialfall des Maschinellen Lernens, das wiederum ein Teilgebiet der Künstlichen Intelligenz ist. Mittels maschinellen Lernens können IT-Systeme Muster und Gesetzmäßigkeiten auf Basis existierender Daten und Algorithmen erkennen und intelligente Lösungen entwickeln. Künstliches Wissen ist sozusagen generiert aus Erfahrung. Klassifikation wiederum ist ein spezifischer Prozess der Kategorisierung einer gegebenen Menge an Daten in Klassen, d.h. in Mengen von Objekten mit gleichen oder ähnlichen Eigenschaften. Eine Klassifikation kann sowohl auf strukturierten als auch auf unstrukturierten Daten durchgeführt werden. Der Prozess startet mit der Vorhersage der Klasse einer gegebenen Datenmenge. Die Klassen werden oft auch als Label oder Kategorien bezeichnet.

In vielen Anwendungen werden aussagekräftige Merkmale aus den Rohdaten extrahiert, um Merkmalsvektoren zu bilden. Mathematisch gesprochen ist ein Merkmal eine individuell messbare Eigenschaft oder Charakteristik eines Phänomens und ein Merkmalsvektor ist ein n-dimensionaler Vektor numerischer Merkmale, der ein Objekt repräsentiert [3]. Das Ziel der Klassifikationsprobleme ist es, die richtige Klasse für ein Objekt aus seinen Merkmalen mittels geeigneter Klassikationsalgorithmen (kurz: Klassifikatoren) zu bestimmen. Das Ergebnis einer Klassifikation ist daher die Zuordnung einer Klasse zu jedem Objekt. Es kann vorkommen, dass ein Klassifikator nicht die richtige Klasse einem Objekt zuordnet. Daher gibt es mehrere Messgrößen zur Kontrolle der Güte eines Klassifikators. Die wichtigsten Maße sind Sensitivität, Spezifität und Genauigkeit. Der Einfachheit halber nehmen wir an, dass es zwei verschiedene Klassen gibt, krank (A) und gesund (CG). Dann ist die Sensitivität der Prozentsatz eines Tests, der die Kranken unter den wirklich kranken erkennt, während die Spezifität der Prozentsatz der richtig als gesund klassifizierten Personen unter den gesunden Personen ist. Die Genauigkeit schließlich ist der gesamte Prozentsatz der richtig zugeordneten Klassen. Je größer Sensitivität, Spezifität und Genauigkeit sind, desto besser ist der Klassifikator.

In den meisten Fällen wird der Datensatz von Objekten bei einer Klassifizierung in einen Trainings- und einen Testsatz unterteilt. Die Trainingsdaten dienen zur Ableitung von Regeln für die Klassifizierung der Objekte. Diese Regeln werden dann auf die Objekte im Testsatz angewandt. Da die Ergebnisse von der Wahl der Aufteilung in Trainings- und Testmenge abhängen, wird die so genannte k-fache Kreuzvalidierung angewendet: Die Menge wird in k Mengen gleicher Größe aufgeteilt. In einem ersten Schritt werden die erste Menge als Testmenge und die anderen Mengen als Trainingsmengen verwendet. In einem zweiten Schritt wird die zweite Menge als Testmenge verwendet, die anderen als Trainingsmengen usw. Nach dem Training wird der Klassifikator getestet und die Gesamtqualitätsmaße werden aus denen der einzelnen Schritte berechnet.

Im obigen klinischen Fall der gegebenen photoplethysmographischen Daten wurden mehrere Arten von Koeffizienten als Merkmalsvektor ausgewertet, die besten Ergebnisse wurden jedoch für die Koeffizienten aus dem Frequenzgangansatz erzielt:

Sei $F(k_i)$ das Element der schnellen Fourier-Transformation, das der diskreten Frequenz k_i entspricht, wobei nur komplexe Merkmale für die harmonischen Frequenzen berechnet werden. Dies ist durch die Beobachtung motiviert, dass es eine deutlich sichtbare Periodizität im Spektrum der PPG-Signale gibt und die Hypothese, dass sich der Effekt eines Aneurysmas in den periodischen Eigenschaften des Signals manifestiert und nicht unbedingt in den aperiodischen. Daher werden die ersten fünf harmonischen Frequenzen mit Matlab's findpeaks aus den Absolutwerten des entsprechenden Spektrums extrahiert. Diese Frequenzen stimmen in fast allen Fällen für Eingangs- und Ausgangssignal perfekt überein, bei einer leichten Abweichung ($k_{i,in} \neq k_{i,out}$) werden die Merkmale für die i-te Spitze ebenfalls zu den resultierenden Koeffizienten

$$H_i = \frac{F_{in}(k_{i,in})}{F_{out}(k_{i,out})}$$

dividiert.

Dies geschieht in fünf Intervallen von zehn Sekunden, und die resultierenden Werte (reeller und komplexer Anteil) werden gemittelt. Der Einfachheit halber betrachten wir nur den Fall, dass das Eingangssignal das des rechten Daumens und das Ausgangssignal das der rechten Zehe ist.

Diese Koeffizienten H_i wurden als Merkmale verwendet, um die Leistung verschiedener Klassifizierungsalgorithmen zu bewerten. Die besten Ergebnisse wurden jedoch mit einem einfachen K-nearest neighbour-Algorithmus (KNN) mit K=10 erzielt. Der KNN-Algorithmus ist eine nicht-parametrische überwachte Lernmethode; sie wurde erstmals 1951 von Evelyn Fix und Joseph Hodges in [18] definiert und später in [1] auf Regressionsmethoden erweitert. Ein Objekt wird durch ein Pluralitätsvotum seiner Nachbarn im Merkmalsraum klassifiziert, wobei das Objekt der Klasse zugeordnet wird, die unter seinen K nächsten Nachbarn am häufigsten vorkommt. K ist dabei eine positive ganze Zahl, normalerweise klein. Ist K = 1, so wird das Objekt einfach der Klasse dieses einen nächsten Nachbarn zugeordnet.

Wie in [29] erläutert, wird der euklidische Abstand als Metrik zwischen den Datenpunkten verwendet. Es ist bekannt, dass die Leistung des Klassifikators von der richtigen Wahl von K abhängt. Wenn K zu klein ist, kann es passieren, dass Rauschen in den Trainingssätzen die Genauigkeit verringert. Wenn K zu groß gewählt wird, ist es möglich, dass weit entfernte Punkte die Klassifikationsentscheidung beeinflussen. In unserem Fall wählen wir $K = 10$ und verwenden den Klassifikator, wie er in Matlab implementiert ist (siehe Listing 6.3.4).

Offensichtlich ist die Datenmenge in der klinischen Studie gering. Um dieses Problem zu lösen, wird das in Abbildung 6.48 beschriebene Verfahren angewandt, und es werden Histogramme der resultierenden Genauigkeiten erstellt.

   1. Schritt (korrekte Labels):

      Führe N-mal durch
         – Erzeuge eine neue zufällige M-fache Kreuzvalidierung
         – Berechne die Genauigkeit
   2. Schritt (Vergleich mit vertauschten Labels):

      Führe N_R-mal durch
         – Permutiere zufällig die Labels
         – **Führe N-mal durch**
            – Erzeuge eine neue zufällige M-fache Kreuzvalidierung
            – Berechne die Genauigkeit

Abb. 6.48: Verfahren zum Testen, ob die Leistung eines Klassifikators, der auf korrekten Bezeichnungen trainiert und getestet wurde, die Leistung eines Klassifikators übertrifft, der auf falschen Bezeichnungen trainiert und getestet wurde. Für die hier präsentierten Ergebnisse wählen wir immer $N = 100$, $N_R = 100$ und $M = 10$. Der Algorithmus ist zitiert aus [29, Figure 3].

Wir zitieren aus [29], dass dies durch große Abweichungen in den erreichbaren Genauigkeiten in Abhängigkeit von der Aufteilung in Trainings- und Testmenge motiviert war. Außerdem gibt uns der Vergleich mit den erreichbaren Genauigkeiten von Klassifikatoren, die mit zufällig permutierten Labels trainiert wurden, einen Hinweis darauf, ob die angewandte Methode aufgrund der Abstimmung der Hyperparameter zu Überanpassungen (Overfitting) neigt. Es ist zwar offensichtlich, dass die Kreuzvalidierung in diesem Fall hätte weggelassen werden können, indem stattdessen nur ein Trainings- und ein Testset in der Schleife erstellt werden; dieses Verfahren aber bietet eine zuverlässige Möglichkeit, es zusätzlich zu einer bestehenden Klassifikationsmethode zu implementieren. Bei der Kreuzvalidierung selbst wird stets darauf geachtet, dass zwei Messungen desselben Patienten nicht zwischen Test- und Trainingsmenge aufgeteilt werden. Aufgrund der vorhandenen Messgeräte und anderer Einschränkungen liegt der Mittelwert der Genauigkeiten für die Klassifizierungen bei korrekten Kennzeichnungen bei etwa 60%, während er bei zufällig vertauschten Kennzeichnungen 50% beträgt, siehe Abbildung 6.49.

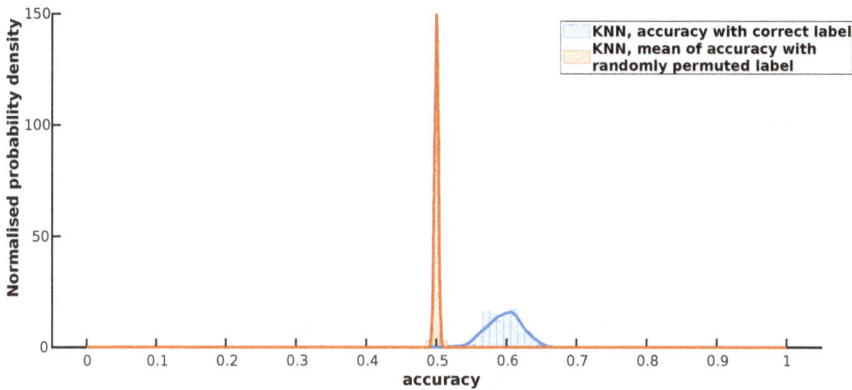

Abb. 6.49: Resultierende Genauigkeiten mit den Frequenzgang-koeffizienten als Merkmalen: Das blaue Histogramm zeigt die Verteilung der Genauigkeiten, die auf richtigen Labels mit 100 verschiedenen Aufteilungen wie in Abbildung 6.48 erzielt wird. Im Gegensatz dazu zeigt das rote Histogramm die Verteilung der Genauigkeiten eines Klassifikators, der 100mal auf zufällig vertauschten Labels trainiert und ausgewertet wurde, wobei jedesmal die Genauigkeit für 100 verschiedene Aufteilungen berechnet und gemittelt wurde. (Diese Abbildung ist zitiert aus [29, Figure 7].)

Dies beweist den Einfluss von Aneurysmen auf die gesammelten Daten, aber die resultierenden Genauigkeiten sind noch nicht für technische Zwecke geeignet. Die beschriebene Methode kann also ein Aneurysma mit 60% Genauigkeit erkennen, aktuelle Ergebnisse mit vier statt zwei PPG-Signalen führen zu 64%; dies gibt einen ersten Hinweis, der durch Bildverarbeitungsmethoden weiter kontrolliert werden kann.

Listing 6.3.4: Matlab function for K-next neighbour classification.

```matlab
function KNN(obj,previousMethod,data,labels,previousLog,previousModel)
% Tests whether the right parameters are given
...


% Use data all together
X = reshape([data.data],length(data(1).data),[])';
Y = [labels.data];

% Fit one model on the complete data set
modelAll = fitcknn(X,Y,'NumNeighbors',neighbours,...
    'DistanceWeight','equal');
[¬,score] = resubPredict(modelAll);
predictedClass = predict(modelAll,X);
confusionMatrix = confusionmat(Y,predictedClass,...
    'Order',["K" "A"]);

% write these predictions to the results for now
for i = 1:length(data)
    obj.results(i).data = score(i,:);
end

% global Matrix to the log
logindex = 1;
obj.log(logindex).description = "confusionMatrixAll";
obj.log(logindex).data = reshape(confusionMatrix,1,[]);
logindex = logindex + 1;

obj.log(logindex).description = "accuracyAll";
obj.log(logindex).data = sum(diag(confusionMatrix))/...
    sum(confusionMatrix,'all');
logindex = logindex + 1;

%cross validation, output of confusion Matrix for each fold
if mode == "standard"
    cp = cvpartition(Y,'KFold',KFold);
elseif mode == "skip"
    cp = cvpartition(Y(2:2:end),'KFold',KFold);
else
    error("Mode not implemented");
end
```

```
for i = 1:KFold
    % our own cross-validation
    if mode == "standard"
        trainingIndizes = training(cp,i);
        testIndizes = test(cp,i);
    elseif mode == "skip"
        trainingIndizes = reshape(repmat(training(cp,i),1,2)',...
            [],1);
        testIndizes = reshape(repmat(test(cp,i),1,2)',[],1);
    else
        error("Mode not implemented");
    end

    modelTrain = fitcknn(X(trainingIndizes,:),...
        Y(trainingIndizes),'NumNeighbors',neighbours,...
        'DistanceWeight','equal');

    predictedClass = predict(modelTrain,X(testIndizes,:));
    confusionMatrix = confusionmat(Y(testIndizes),...
        predictedClass,'Order',["K" "A"]);

    obj.log(logindex).description = "confusionMatrixFold" +...
        string(i);
    obj.log(logindex).data = reshape(confusionMatrix,1,[]);
    logindex = logindex + 1;

    obj.log(logindex).description = "accuracyFold" +...
        string(i);
    obj.log(logindex).data = sum(diag(confusionMatrix))/...
        sum(confusionMatrix,'all');
    logindex = logindex + 1;
end
```

6.4 Nachlesungs- und Übungsaufgaben

Signale des Gehirns

1. Worauf beruht die Messung eines EEGs? Welche Informationen erhofft man sich davon?

2. Beschreiben und skizzieren Sie die unterschiedlichen Gehirnregionen. Benennen Sie deren Funktion und ordnen Sie die entsprechenden Sinnesorgane zu.
3. Beschreiben Sie ein Sinnesorgan etwas ausführlicher; wie wird der Reiz gewandelt und wie gelangt er zum Gehirn.
4. Was sind evozierte Potentiale? Wie können diese in Versuchen hervorgerufen werden?
5. Was versteht man unter Bezugspunkten? Welche sind beim EEG angezeigt?
6. Was versteht man unter Ereigniskorrelation?
7. Wie lassen sich die Einflüsse der Ereignisse aus dem Rauschen herausfiltern?
8. Welche Erkrankungen lassen sich mit dem EEG diagnostizieren?
9. Was ist ein Frequenzband und welche kennen Sie beim EEG? Wofür stehen Sie? Machen Sie eine Skizze der Signale.
10. Wie lassen sich die Aktivitäten der Bänder bestimmen?
11. Beschreiben Sie die Anwendung des EEG in der Schlafforschung.
12. Was versteht man unter Kurzzeit-FFT? Wozu wird diese beim EEG eingesetzt?
13. Was versteht man unter Topographie, was unter Tomographie?

Signale der Muskeln
1. Wozu wird das EMG eingesetzt? Welche Ergebnisse liefert es?
2. Wie entsteht ein EMG-Signal? Beschreiben Sie den physiologischen Aufbau und die Entstehung des elektrischen Signals an den Elektroden.
3. Wie lässt sich die Ermüdung eines Muskels am EMG quantitativ beschreiben?
4. Welchen Einfluss haben Elektroden (Form, Größe, Material) auf die Messung?
5. Welche Eigenschaften sollte ein EMG-Verstärker haben?
6. Messen Sie an der Oberfläche wirklich die exakte Aktivität des Muskels?
7. Nennen Sie die Reizleitgeschwindigkeiten im Nerv und Muskel.
8. In welcher Form äußert sich das im Spektrum des EMGs bei Muskelermüdung?
9. Welche Information enthält ein Leistungsdichtespektrum?
10. Durch welchen Parameter kann eine muskuläre Ermüdung beschrieben werden?
11. Denken Sie über den biomechanischen Ablauf der Bewegung der Patientin nach.
12. Führen Sie 3 Kniebeugen nach ihren körperlichen Möglichkeiten durch und nehmen Sie ihre Bewegung mit einer digitalen Kamera auf.
13. Beschreiben Sie das kinetische Verhalten ihrer Kniebeugen.
14. Denken Sie über ein biomechanisches Modell ihres Körpers nach.
15. Entwickeln Sie ein biomechanisches Modell auf der Basis der Mehrkörpersysteme.
16. Denken Sie über den Effekt der Trägheit der Masse bei dem MKS-Modell nach.
17. Denken Sie über die Bodenreaktionskraft nach, die während der 3 Kniebeugen wirkt. Benutzen Sie bei ihren Versuchen eine mechanische Waage und beachten Sie den Zeiger während der Kniebeugen.
18. Was ist der prinzipielle Unterschied zwischen den Größen Kraft und Gelenkwinkel?

19. Welche Messsysteme werden genutzt um die externen Kräfte und die Gelenkwinkel der menschlichen Bewegung zu dokumentieren?
20. Welche Art von Modellen werden genutzt, um die Biomechanik der menschlichen Bewegung zu analysieren?
21. Was ist der prinzipielle Unterschied zwischen Statik und Dynamik in der Biomechanik?
22. Was ist Arthrose?
23. Auf welche Art wird der Patient bei der Untersuchung auf Schädigung durch Gonarthrose belastet?
24. Welche Phasen werden für die Gelenkwinkel in der akustisch-kinetischen Analyse definiert?
25. Wieso kann man die Definition der Phasen für den Verlauf der Gelenkwinkel nicht sofort auf den Kraftverlauf anwenden?
26. Welche biomechanisch begründeten Phasen werden bei dem Kraftverlauf genutzt?
27. Unter welchen Umständen sind die Signale der Kraft und des Gelenkwinkels zu synchronisieren?
28. Welche Art von Merkmalen werden genutzt, um das Kraftsignal mit dem Gelenkwinkelsignal zu synchronisieren?
29. Mit welcher Strategie lassen sich die Signale mit Hilfe eines Programms automatisiert synchronisieren?
30. Welche Probleme sind zu lösen, wenn Sie die Bewegung eines Patienten bewerten wollen?

Signale des Herz-Kreislauf-Systems
1. Welche Erkrankungen lassen sich am EKG eines Patienten ablesen?
2. Wieso funktioniert der Rückschluss vom Signal auf die Erkrankung des Herzens?
3. In welcher Größenordnung liegen die gemessenen Potentiale des EKGs?
4. Was sind die physiologischen Ursachen des ersten und zweiten Herztons?
5. Zu welchen Zeiten in Bezug auf das EKG treten der erste und zweite Herzton auf?
6. Wie ändert sich das Phonokardiogramm unter starker physischer Belastung gegenüber dem im Ruhezustand?
7. Wieso wird das Phonokardiogramm in verschiedene Frequenzbänder zerlegt? Welche diagnostische Information kann man daraus gewinnen?
8. Was ist in Bezug auf ein Phonokardiogramm mit dem Kürzel 2L2 gemeint?
9. In welchem Zusammenhang steht der LVET-Parameter mit dem Phonokardiogramm?
10. Wieso wird für die automatische Bestimmung der LVET die Autokorrelation eingesetzt?
11. Wie kann die LVET aus dem Ergebnis der Autokorrelation abgelesen werden?

12. Wie ist die Frequenzlage von einem Phonokardiogramm und den Geräuschen von mechanischen Herzklappenprothesen?
13. Nennen Sie zwei Ziele eines Photoplethysmogramms. Welche Parameter lassen sich gewinnen?
14. Auf welchen physikalischen Eigenschaften des Blutes basiert die SpO_2-Messung? Wie lassen diese sich messen?
15. Beschreiben Sie den Atmungsvorgang bis in die Zellen. Welche Effekte spielen da eine Rolle?
16. Was versteht man unter einem Absorptionsspektrum? Welche Größen werden zur Beschreibung der Absorption benötigt?
17. Was besagt das Lambert-Beer-Gesetz?
18. Wieso benötigt man zur SpO_2 Bestimmung zwei Wellenlängen?
19. Wieso reicht nicht ein Zeitpunkt zur Bestimmung des SpO_2-Werts aus?
20. Beschreiben Sie den technischen Aufbau eines Pulsoximeters.
21. Beschreiben Sie den signalverarbeitenden Aufbau eines Pulsoximeters anhand seiner Komponenten.
22. Welche Komponente macht man sich zunutze, um einen gemeinsamen Photodetektor für beide LEDs zu verwenden? Welche weiteren signalverarbeitenden Schritte macht dies notwendig?
23. Wieso pulst man die beiden LEDs im Pulsoximeter?
24. In welchem Bereich setzt man Pulsoximeter ein?
25. Welche Erkrankungen können aus dem EKG eines Patienten abgelesen werden?
26. Wieso beweisen die Histogramme in Abbildung 6.49 den Einfluss eines Aneurysmas in den Daten?
27. Welche anderen Koeffizienten könnte man als Merkmale für eine Klassifikation Aneurysma gegen Kontrollgruppe nehmen?
28. Wieso ist es notwendig sicherzustellen, dass die beiden Messungen desselben Patienten nicht in Test- und Trainingsdaten getrennt werden?
29. Wieso ist es wichtig, die PPG-Daten immer in Ruhe und Rückenlage zu messen?
30. Was ist die Motivation, Transferfunktionsparameter als Merkmale für die Klassifikation zu verwenden?

7 Appendix: Formelzeichen, Einheiten und wichtige Konstanten

Tab. 7.1: Wichtige Naturkonstanten, Größenbezeichnungen und Einheiten.

Dimensionsname/Größe	Größensymbol	Definitionsbereich/ Größenwert	Einheit	Einheitenzeichen
Kapitel 1				
Kapitel 2				
Information	I	$\mathbb{R}$	Shannon	sh
Wahrscheinlichkeit	p	$0, \ldots, 1$		
Datenmenge	D	$\mathbb{R}$	Bit oder Byte	b oder B
Wortbreite	W	$\mathbb{N}$		
Datenrate	C	$\mathbb{R}$	$\frac{\text{Bit}}{\text{Sekunde}}$	bit/s
Symboldauer	T_s	$\mathbb{R}$	Sekunde	s
Symbolrate	f_s	$\mathbb{R}$	Baud	Bd
Leistung	P	$\mathbb{R}$	Watt	W
Spannung	u, U	$\mathbb{R}$	Volt	V
Strom	i, I	$\mathbb{R}$	Ampere	A
Widerstand	R	$\mathbb{R}$	Ohm	Ω
Zeit	t, t_0, T	$\mathbb{R}$	Sekunde	s
Signalrauschabstand	SNR/dB	$\mathbb{R}$	Dezibel	dB
Bandbreite	B	$\mathbb{R}$	Hertz	Hz
reelle Fourier-Koeffizienten	a_k, b_k	$\mathbb{R}$		
Periodendauer	T	$\mathbb{R}$	Sekunde	s
Kreisfrequenz	ω	$\mathbb{R}$	$\frac{\text{Radiant}}{\text{Sekunde}}$	rad/s
Normalverteilung	$\mathbb{N}$	$\mathbb{R}$		
Varianz	$\text{Var}(X)$	$\mathbb{R}$		
Standardabweichung	$\sigma(X)$	$\mathbb{R}$		
Mittelwert, Erwartungswert	$\mu(X), E(X)$	$\mathbb{R}$		
Energie	E	$\mathbb{R}$		
Integralkern	K			
Variable im Bildbereich	ξ	$\mathbb{R}$		
Laplace-Variable	p	$\mathbb{C}$		
Realteil der Laplace-Variablen	σ	$\mathbb{R}$		

https://doi.org/10.1515/9783111003115-007

Dimensionsname/Größe	Größensymbol	Definitionsbereich/ Größenwert	Einheit	Einheitenzeichen
Kapitel 3				
Avogadrozahl	N_A	$6.022 \cdot 10^{23}$	Mol^{-1}	mol^{-1}
Elementarladung	e	$1.602 \cdot 10^{-19}$	Coulomb	C
elektrische Ladung	q, Q	$\mathbb{R}$	Coulomb	C
Boltzmann-Konstante	k_b	$1.381 \cdot 10^{-23}$	Joule/Kelvin	J/K
Universelle Gaskonstante	R	8.314	$\frac{\text{Joule}}{\text{Kelvin} \cdot \text{Mol}}$	J/(K · mol)
Faraday-Konstante	F	$9.64 \cdot 10^{4}$	$\frac{\text{Coulomb}}{\text{Mol}}$	C/mol
elektrischer Widerstand	R	$\mathbb{R}$	Ohm	Ω
spezifischer Widerstand	r	$\mathbb{R}$	Ohm · Meter	$\Omega \cdot$ m
elektrische Leitfähigkeit	σ	$\mathbb{R}$	Siemens	S
elektrische Kapazität	C	$\mathbb{R}$	Farad	F
elektrische Stromstärke	i, I	$\mathbb{R}$	Ampere	A
elektrisches Potential	u, U	$\mathbb{R}$	Volt	V
Ladungszahl	z	$\mathbb{N}$		
Membranpotential	U_{rev}	$\mathbb{R}$	Volt	V
Zeitkonstante	τ	$\mathbb{R}$	Sekunde	s
Zeit	t	$\mathbb{R}$	Sekunde	s
Nabla-Operator	Δ	$\mathbb{R}$	1/Meter	m^{-1}
Vektor der elektrischen Feldstärke	E	$\mathbb{R}$	$\frac{\text{Volt}}{\text{Meter}}$	V/m
elektrische Permeabilität	ϵ	$\mathbb{R}$	$\frac{\text{Ampere} \cdot \text{Sekunde}}{\text{Volt} \cdot m}$	As/Vm
elektrische Permeabilität im Vakuum	ϵ_0	$8.853 \cdot 10^{-12}$	$\frac{\text{Ampere} \cdot \text{Sekunde}}{\text{Volt} \cdot m}$	As/Vm
Vektor der magnetischen Feldstärke	H	$\mathbb{R}$	$\frac{\text{Ampere}}{\text{Meter}}$	A/m
magnetische Permeabilität	μ	$\mathbb{R}$	$\frac{\text{Volt} \cdot \text{Sekunde}}{\text{Ampere} \cdot m}$	Vs/Am
magnetische Permeabilität im Vakuum	μ_0	$4\pi \cdot 10^{-7}$	$\frac{\text{Volt} \cdot \text{Sekunde}}{\text{Ampere} \cdot m}$	Vs/Am
Vektor der Stromdichte	J	$\mathbb{R}$	$\frac{\text{Ampere}}{\text{Meter}^2}$	A/m^2
Vektor der vom elektrischen Feld erzeugten Stromdichte	J_E	$\mathbb{R}$	$\frac{\text{Ampere}}{\text{Meter}^2}$	A/m^2
Vektor der Stromdichte der zwischen den Zellmembranen fließenden Ionen	J_i	$\mathbb{R}$	$\frac{\text{Ampere}}{\text{Meter}^2}$	A/m^2

Dimensionsname/Größe	Größensymbol	Definitionsbereich/ Größenwert	Einheit	Einheitenzeichen
beliebiges Vektorfeld	A	$\mathbb{R}$	unbestimmt	unbestimmt
beliebige skalare Funktion	ϕ	$\mathbb{R}$	unbestimmt	unbestimmt
Raumladungsdichte	ρ_V	$\mathbb{R}$	$\frac{\text{Ampere}}{\text{Meter}^3}$	As/m^3
elektrische Leitfähigkeit	κ	$\mathbb{R}$	$\frac{\text{Siemens}}{\text{Meter}}$	S/m
Kreisfrequenz	ω	$\mathbb{R}$	Hertz	Hz
Abstand zwischen Stromquelle und Messort	r	$\mathbb{R}$	Meter	m
Volumen	v	$\mathbb{R}$	Kubikmeter	m^3
Wellenvektor	k	$\mathbb{R}$	1/Meter	$1/m$
Potentiale am linken und rechten Arm und am Fuß	Φ_L, Φ_R, Φ_F	$\mathbb{R}$	Volt	V
Ableitspannungen nach Einthoven	V_I, V_{II}, V_{III}	$\mathbb{R}$	Volt	V
Ableitspannungen nach Goldberger	aV_L, aV_R, aV_F	$\mathbb{R}$	Volt	V
Ableitspannungen nach Wilson	$V1$ bis $V6$	$\mathbb{R}$	Volt	V
Potentialmatrix an der Herzoberfläche	**S**	$\mathbb{R}$	Volt	V
Potentialmatrix an der Körperoberfläche	Φ	$\mathbb{R}$	Volt	V
Übertragungsmatrix	**A**	$\mathbb{R}$	dimensionslos	keine Einheit
Kapitel 4				
Abtastdauer	T_a	$\mathbb{R}$	Sekunde	s
Abtastfrequenz	f_a	$\mathbb{R}$	Hertz	Hz
Bandbreite	f_B	$\mathbb{R}$	Hertz	Hz
Zeitkonstante	τ	$\mathbb{R}$	Sekunde	s
Eingangswiderstand	R_E	$\mathbb{R}$	Ohm	Ω
Grenzfrequenz	f_g	$\mathbb{R}$	Hertz	Hz
Gruppenlaufzeit	T_g	$\mathbb{R}$	Sekunde	s
magnetischer Fluss	Φ	$\mathbb{R}$	Tesla $\cdot$ m^2	$T \cdot m^2$
magnetische Induktion	B	$\mathbb{R}$	Tesla	T
Temperatur	T	$\mathbb{R}$	Kelvin	K
magnetische Permeabilität im Vakuum	μ_0	$4\pi \cdot 10^{-7}$	$\frac{\text{Volt} \cdot \text{Sekunde}}{\text{Ampere} \cdot \text{m}}$	Vs/Am
Sauerstoffsättigung	SpO_2	$\mathbb{R}$	Prozent	%
Kapitel 5				

Dimensionsname/Größe	Größensymbol	Definitionsbereich/ Größenwert	Einheit	Einheitenzeichen
Abtastzeitpunkte	t_a	$\mathbb{R}$	Sekunde	s
Abtastintervall	T_a	$\mathbb{R}$	Sekunde	s
Abtastfrequenz	f_a	$\mathbb{R}$	Hertz	Hz
Amplitude eines Signals	A	$\mathbb{R}$		
Breite des Abtastinter-valls	ΔT	$\mathbb{R}$	Sekunde	s
Frequenzauflösung	Δf	$\mathbb{R}$	Hertz	Hz
kontinuierliches Signal	$f(t)$	$\mathbb{R}$		
Fourier-Transformierte von $f(t)$	$F(f)$	$\mathbb{C}$		
diskretes Signal	$f(n)$	$\mathbb{R}$		
z-Transformierte von $f(n)$	$F(z)$	$\mathbb{R}$		
abgetastetes Signal mit Dirac-Impuls	$f_T(t)$	$\mathbb{R}$		
Fourier-Transformierte von $f_T(t)$	$F_T(t)$	$\mathbb{R}$		
abgetastetes Signal mit Rechteck-Impuls	$f_{\Delta T}(t)$	$\mathbb{R}$		
Fourier-Transformierte von $f_{\Delta T}(t)$	$F_{\Delta T}(t)$	$\mathbb{R}$		
Kurzschreibweise für abgetastetes Signal zu den Zeitpunkten $f_T(j \cdot T)$	$f_T(j)$	$\mathbb{R}$		
diskretes Signal nach Unterabtastung	$f_{Tu}(n)$	$\mathbb{R}$		
diskretes Signal nach Überabtastung	$f_{T\ddot{u}}(n)$	$\mathbb{R}$		
Fouriermatrix	$\mathbf{W}$	$\mathbb{R}$		
Grenzfrequenz	$f_g(t)$	$\mathbb{R}$	$\frac{\text{Radiant}}{\text{Sekunde}}$	rad/s
Kreisgrenzfrequenz	$\omega_g(t)$	$\mathbb{R}$	Hertz	Hz
gemitteltes diskretes Signal	$f_M(k)$	$\mathbb{R}$		
maximale Signaldauer	t_g	$\mathbb{R}$	Sekunde	s
komplexe Frequenz	p	$\mathbb{C}$		
Periodendauer	t_p	$\mathbb{R}$	Sekunde	s
periodisches Signal	$f_p(t)$	$\mathbb{R}$		
periodische Folge von Dirac-Impulsen im Fre-quenzbereich	$P(f)$			

Dimensionsname/Größe	Größensymbol	Definitionsbereich/ Größenwert	Einheit	Einheitenzeichen
Rechteckimpuls	$g_F(t)$	$\mathbb{R}$		
Zufallsgröße der Variablen x	X	$\mathbb{R}$		
Erwartungswert von X	$E(X)$	$\mathbb{R}$		
Korrelationsfunktion von X_1 und X_2	$R_{X_1 X_2}$	$\mathbb{R}$		
Autokorrelationsfunktion von x zum Zeitpunkt t_i bei einer Verschiebung von τ_j	$R_{XX}(t_i, \tau_j)$	$\mathbb{R}$		
Autokorrelationsfunktion für über t_i gemittelte $R_{XX}(t_i, \tau_j)$	$\overline{R}_{XX}(j)$	$\mathbb{R}$		
diskrete Fourier-Transformierte von $\overline{R}_{XX}(j)$ bzw. diskrete spektrale Leistungsdichte	$\overline{S}_{XX}(j)$	$\mathbb{R}$		
Autokovarianz für über t_i gemittelte $R_{XX}(t_i, \tau_j)$	$\overline{C}_{XX}(j)$	$\mathbb{R}$		
zeitdiskrete Zeitfunktion	$f(n)$	$\mathbb{R}$		
zeitdiskrete Fourier-Transformatierte von $f(n)$	$F_D(m)$	$\mathbb{C}$		
mathematischer Operator, der auf $x(n)$ angewendet wird	$T\{x(n)\}$	$\mathbb{R}$		
diskreter Dirac-Impuls	$\delta(n)$	$\mathbb{R}$		
diskrete Impulsantwort	$g(n)$	$\mathbb{R}$		
Fourier-Transformierte von $g(n)$	$G(m)$	$\mathbb{R}$		
diskrete Übertragungsmatrix	**G**	$\mathbb{R}$		
zyklische Matrix mit $g_p(n)$	**Zykl**$\{g_\mathrm{p}\}$	$\mathbb{R}$		
Dreiecksmatrix mit $g(n)$	**Dr**$\{g\}$	$\mathbb{R}$		
diskrete Dirac-Impulsfolge	$\delta_\mathrm{p}(n)$	$\mathbb{R}$		
diskrete Pulsantwort	$g_\mathrm{p}(n)$	$\mathbb{R}$		
Anzahl der Werte pro Periode einer periodischen Folge	N_p	$\mathbb{R}$		

Dimensionsname/Größe	Größensymbol	Definitionsbereich/ Größenwert	Einheit	Einheitenzeichen
diskrete Folge	$x(n), y(n)$	$\mathbb{R}$		
Zahlenfolge am Knoten i eines digitalen Filters	w_i	$\mathbb{R}$		
Filterkoeffizienten eines digitalen Filters	c_i, d_i	$\mathbb{R}$		
Multipliziererkoeffizient eines digitalen Filters	K	$\mathbb{R}$		
diskrete Fourier-Transformierte von $x(n), y(n)$	$X(n), Y(n)$	$\mathbb{R}$		
zeitabhängige Fensterfunktion	$w(t)$	$\mathbb{R}$		
Fourier-Transformierte der Fensterfunktion $w(t)$	$W(f)$	$\mathbb{R}$		
Inverse Fensterfunktion zu $w(t)$	$h(t)$	$\mathbb{R}$		
Fourier-Transformierte der inversen Fensterfunktion $h(t)$	$H(f)$	$\mathbb{R}$		
Signal, das mit der Fensterfunktion $w(t)$ ausgeblendet wurde	$f_w(t)$	$\mathbb{R}$		
Fourier-Transformierte des Signals $f_w(t)$	$F_w(f)$	$\mathbb{R}$		
Breite eines Impulses im Zeitbereich	T	$\mathbb{R}$	Sekunde	s
Breite eines Impulses im Frequenzbereich	B	$\mathbb{R}$	Hertz	Hz
Maß für die Breite eines Gaußfensters	σ	$\mathbb{R}$		
Impulsfunktion im Zeitbereich	$i(t)$	$\mathbb{R}$		
Impulsfunktion im Frequenzbereich	$I(f)$	$\mathbb{R}$		
Niederfrequentes Signal der DWT der i-ten Stufe	X_{Ai}	$\mathbb{R}$		
Hochfrequentes Signal der DWT der i-ten Stufe	X_{Di}	$\mathbb{R}$		
Inpulsantworten des analogen und digitalen Signals beim Impulsinvarianzverfahren	$g_{an}(t), g_{di}(n)$	$\mathbb{R}$		

Dimensionsname/Größe	Größensymbol	Definitionsbereich/ Größenwert	Einheit	Einheitenzeichen
z-Transformierte von $g_{an}(t)$, $g_{di}(n)$	$G_{an}(t)$, $G_{di}(n)$	$\mathbb{R}$		
Impulsantwort eines RC-Gliedes	$g_{RC}(t)$	$\mathbb{R}$		

Kapitel 6				
Leistungsdichtespektrum	Φ			
Autokorrelationsfunktion	ϕ			
Spektraler Schwerpunkt	f_{mean}	$\mathbb{R}$	Hertz	Hz
Intensität	I	$\mathbb{R}$	Watt/ Meter^2	W/m^2
Absorptionskoeffizient	α	$\mathbb{R}$	1/Meter	1/m
Wellenlänge	λ	$\mathbb{R}$	1/Meter	1/m
Molarer Extinktionskoef-fizient	ϵ	$\mathbb{R}$	$\frac{Liter}{Mol \cdot Zentimeter}$	$l \cdot Mol^{-1} \cdot cm^{-1}$

Literatur

[1] Naomi S. Altman. An introduction to kernel and nearest neighbor noparametric regression. *The American Statistician.*, 46(3):175–185, June 1991.

[2] G. W. Beeler and H. J. Reuter. Reconstruction of the action potential of ventricular myocardial fibres. *Journal of Physiology 307*, 1977.

[3] Christopher Bishop. *Pattern recognition and machine learning.* Springer, Berlin, 2006.

[4] Armin Bolz and Wilhelm Urbaszek. *Technik in der Kardiologie.* Springer, 2002.

[5] M. Bresadola. Medicine and science in the life of luigi galvani. *Brain Research Bulletin*, 46(5):367–380, 1998.

[6] Eugene N. Bruce. *Biomedical Signal Processing and Signal Modeling.* John Wiley & Sons, 2001.

[7] G.D. Clifford and L. Tarassenko. Quantifying errors in spectral estimates of hrv due to beat replacement and resampling. *IEEE transactions on bio-medical engineering*, 2005.

[8] P. Colli-Franzone, L. Guerri, et al. A mathematical procedure for solving the inverse problem of electrocardiography. analysis of the time-space accuracy from in vitro experimental data. *Math. Bioscience*, 1985.

[9] A. G. Constantinides. Spectral transformations for digital filters. *POC. IEE, Vol. 117, No. 8*, 1970.

[10] M. H. Criqui, R. D. Langer, A. Fronek, H. S. Feigelson, M. R. Klauber, T. J. McCann, et al. Mortality over a period of 10 years in patients with peripheral arterial disease. *The New England Journal of Medicine*, 326(6):381–386, February 1992.

[11] E. Demirel. *Analyse von Kraftmessdaten der Standardbewegung in der Schallemissionsanalyse von Arthrosepatienten im Rahmen einer klinischen Studie.* Technische Hochschule Mittelhessen, Life Science Engineering, Bachelorarbeit, 2020.

[12] P. D. deSolla. *On the Brink of Tomorrow: Frontiers of Science.* National Geographic Society, 1982.

[13] G. Dirnberger. *Evozierte Potentiale (EP).* Online pschyrembel.de, 2020.

[14] J. Enderle. *Introduction to Biomedical Engineering.* Boston: Academic Press, 2005.

[15] Wolfgang Engelmann and K-Heinz Witte. Wie man eine biologische uhr stoppen kann: Singularitaetspunkt. *TOBIAS-lib - Hochschulschriftenserver der Universitaet Tuebingen*, 2016.

[16] A. Faller and M. Schünke. *Der Körper des Menschen.* Thieme Verlag., 2004.

[17] R. FitzHugh. Impulses and physiological states in theoretical models of nerve membrane. *Biophysical J.*, 1961.

[18] Evelyn Fix and Joseph Hodges. Discriminatory analysis. nonparametric discrimination: Consitency properties. *USAF School of aviation medicine, Randolph Field, Texas*, February 1951.

[19] Dirk Fritzsche, Thomas Eitz, et al. Early detection of mechanical dysfunction using a new home monitoring device. *The Annals of Thoracic Surgery*, 83:542, 2007.

[20] David B. Geselowitz. On the theory of the electrocardiogram. *Proceedings of the IEEE Vol. 77, No. 6*, 1989.

[21] W. Gitt. Künstliche intelligenz möglichkeiten und grenzen. 1989.

[22] W. Gitt. *In the Beginning was Information.* CLV Bielefeld, 1997.

[23] Werner Gitt. *Am Anfang war die Information.* Hänssler-Verlag, 2002.

[24] S. Gois and M. A. Savi. An analysis of heart rhythm dynamics using a three-coupled oscillator model. *Chaos, Solitons and Fractals*, 2009.

[25] E Goldberger. *The aVL, aVR, and aVF leads; A simplification of standard lead electrocardiography.* Am. Heart, 1942a.

[26] E Goldberger. *A simple indifferent electrocardiographic electrode of zero potential and a technique of obtaining augmented, unipolar extremity leads.* Am. Heart, 1942b.

https://doi.org/10.1515/9783111003115-008

[27] Krzysztof Grudzinski and Jan J. Zebrowski. Modeling cardiac ppacemaker with relaxion oszillators. *Physica A 336*, 2004.

[28] Urs Hackstein, Stefan Krickl, and Stefan Bernhard. Estimation of ARMA-model parameters to describe pathological conditions in cardiovascular system models. *Informatics in Medicine - Unlocked*, 18:100310, January 2020.

[29] Urs Hackstein, Tobias Krüger, Alexander Mair, Charlotte Degünther, Stefan Krickl, Christian Schlensak, and Stefan Bernhard. Early diagnosis of aortic aneurysms based on the classification of transfer function parameters estimated from two photoplethysmographic signals. *Informatics in Medicine - Unlocked*, 25:100652, January 2021.

[30] Thomas Harriehausen and Dieter Schwarzenau. *Moeller Grundlagen der Elektrotechnik*. Springer Vieweg, 2013.

[31] Jeremy Hill, Disha Gupta, et al. Recording human electrocorticographic (ECoG) signals for neuroscientific research and real-time functional cortical mapping. *Journal of Visualized Experiments*, 64:3993, 2012.

[32] A. L. Hodgkin and A. F. Huxley. A quantitative description of membran current and its application to conduchtion and exitation in nerve. *J. Physiol.*, 1952.

[33] A. L. Hodgkin and A.F. Huxley. A quantitative description of membrane current and its application to conduction and excitation in nerve. *The Journal of Physiology.*, 117:500–544, 1952.

[34] Josef Hoffmann and Franz Quint. *Einführung in Signale und Systeme*. Oldenbourg Verlag, 2013.

[35] Klaus Holldack and Dieter Wolf. *Atlas und kurzgefasstes Lehrbuch der Phonokardiographie*. Georg Thieme Verlag, 1974.

[36] https://de.wikipedia.org/wiki/Fensterfunktion. Fensterfunktion. Internet, 02 2018.

[37] Peter Husar. *Biosignalverarbeitung*. Springer, 2010.

[38] Kiselev J., Wolf U., Ziegler B., Schwalbe H.-J., and Franke R.-P. Detection of early phases of ostearthritis using acoustic emission analysis. *Med. Eng. Phys.*, 65:57–60, 2019.

[39] Subke J., Schneider B., Hanitz F., Krüger S., Junker H.-O., Schwalbe H.-J., and Wolf U. Clinical case study in acoustic-kinetic joint analysis: Synchronization and evaluation of kinetic measurement data in aea (acoustic emission analysis) based diagnosis of arthritic knee joint defects. *Current Directions in Biomedical Engineering*, 2021.

[40] Subke J., Schneider B., Hanitz F., and Wolf U. Acoustic-kinetic joint analysis: Synchronization and evaluation of kinetic measurement data in aea (acoustic emission analysis) based diagnosis of arthritic knee joint defects. *Current Directions in Biomedical Engineering*, 2021.

[41] Subke J., Krueger S., Junker H.-O., Schwalbe H.-J., Franke R.-P., and Wolf U. An introduction to acoustic emission analysis (aea) based medical diagnosis techniques: Screening and monitoring of cartilage defects in knee osteoarthrosis. *Current Directions in Biomedical Engineering*, 5(1):1–3, 2019.

[42] Ulrich Karrenberg. *Signale, Prozesse, Systeme*. Springer, 2017.

[43] J. G. Kim and H. Liu. Variation of haemoglobin extinction coefficients can cause errors in the determination of haemoglobin concentration measured by near-infrared spectroscopy. *Phys. Med. Biol.*, 52:6295–6322, 2007.

[44] Jae G. Kim, Mengna Xia, and Hanli Liu. Extinction coefficients of hemoglobin for near-infrared spectroscopy of tissue. *IEEE Engineering in Medicine and Biology*, 2005.

[45] Arild Lacroix and K-Heinz Witte. *Zeitdiskrete normierte Tiefpaesse*. Huethig, 1980.

[46] Claire M. Lochner, Yasser Khan, et al. All-organic optoelectronic sensor for pulse oximetry. *Nature Communications*, 2014.

[47] Hui Wen Loh, Shuting Xu, Oliver Faust, Chui Ping Ooi, Prabal Datta Barua, Subrata Chakraborty, Ru-San Tan, Filippo Molinari, and U Rajendra Acharya. Application of photoplethysmography signals for healthcare systems: An in-depth review. *Computer Methods and Programs in Biomedicine*, 216:106677, April 2022.

[48] N.R. Lomb. Least-squares frequency analysis of unequally spaces data. *Astrophysics ans Space Science*, 1976.

[49] H-Dieter Lueke. *Signalübertragung*. Springer, 1999.

[50] Stephane Mallat. *A wavelet tour of signal processing: the sparse way*. Academic Press, 2009.

[51] Jaako Malmivuo and Robert Plonsey. *Bioelectromagnetism*. Oxford University Press, 1995.

[52] PE McSharry, GD Clifford, et al. A dynamical model for generating synthetic electrocardiogram signals. *IEEE Transactions on Biomedical Engineering*, 2003.

[53] Nicole Menche (Mit Beiträgen von Stefanie Engelhardt und Bernd Guzek und anderen), editor. *Biologie Anatomie Physiologie*. Elsevier Urban & Fischer, 2012.

[54] Roberto Merletti and Philip Parker, editors. *Electromyography*. John Wiley & Sons, 2004.

[55] Otto Mildenberger. *Entwurf analoger und digitaler Filter*. Vieweg, 1992.

[56] Otto Mildenberger. *Uebertragungstechnik, Grundlagen analog und digital*. Vieweg, 1997.

[57] J. Nagumo, S. Arimoto, et al. An active pulse transmission line simulating nerve axon. *Proc IRE*, 1962.

[58] D. Noble. A modification of the hodgkin-huxley equations applicablt to purkinje fiber action and pacemaker potential. *Journal of Physiology*. 160, 1962.

[59] A.van Oosterom and T. Oostendorp. ECGSIM; an interactive tool for studying the genesis of qrst waveforms. *Heart*, 2004.

[60] Alan V. Oppenheim and Rolnalf Schafer. *Digital Signal Processing*. Prentice-Hall, 1975.

[61] H. S. Oster, B. Taccardi, et al. Noninvasive electrocardiographic imaging: Single and multiple electrocardiographic events. *Circulation*, 1997.

[62] Jiapu Pan and Willis J. Tompkins. A real-time QRS detection algorithm. *IEEE Transactions on Biomedical Engineering*, 1985.

[63] H. Piper. *Elektrophysiologie Menschlicher Muskeln*. Springer Verlag, 1912.

[64] R. Plonsey and R. Collin. *Principles and Applications of Electromagnetic Fields*. McGraw-Hill, 1961.

[65] Robert Plonsey. *The theoretical basis of electrocardiology*. Clarendon Press Oxford, 1976.

[66] J. G. Proakis and D. G. Manolakis. *Digital Signal Processing, Principles, Algorithms, and Application*. Prentice-Hall, 1996.

[67] C. M. Quick, W. L. Young, and A. Noordergraaf. Infinite number of solutions to the hemodynamic inverse problem. *American Journal of Physiology. Heart and Circulatory Physiology*, 280(4):H1472–1479, April 2001.

[68] Franke R.-P., Schwalbe H.-J., Kiselev J., Wolf U., Subke J., and Ziegler B. Schallemissionsanalyse zum nachweis von gelenkdefekten in der medizinischen diagnostik. *Deutsche Gesellschaft für zerstörungsfreie Prüfung 18. Kolloquium Schallemission, Berichtsband*, 2011.

[69] M. Rabenberg. *Arthrose. Gesundheitsberichterstattung des Bundes.*, volume 54. Robert Koch-Institut, Berlin, 2013.

[70] John T. Ramshur. Design , evaluation, and application of heart rate variability analysis software (hrvas). Master's thesis, The University of Memphis, 2010.

[71] Jürgen Rettinger, Silvia Schwarz, and Wolfgang Schwarz. *Electrophysiology*. Springer International Publishing, Cham, 2016.

[72] Werner Rupprecht. *Netzwerksynthese*. Spriner Berlin. Heidelberg, NewYork, 1972.

[73] B. Schneider. *Datenanalyse und –synchronisation im Rahmen einer klinischen Studie zur Gonarthrose*. Technische Hochschule Mittelhessen, Life Science Engineering, Bachelorarbeit, 2021.

[74] H. W. Schuessler. *Digital Systeme zur Signalverarbeitung*. Springer, 1973.

[75] W. Schwarz and J. Rettinger. *Elektrophysiologie*. Shaker Verlag, 2004.

[76] Hooman Sedghamiz. Matlab implementation of pan tompkins ECG QRS detector. Technical report, Rochester General Hospital, 2014.

[77] N. Shresta. *Bewegungsanalyse im Rahmen einer klinischen Studie zur Gonarthrose. Bewegung der Kniebeuge anhand der Koordinaten der Bodenreaktionskräfte.* Technische Hochschule Mittelhessen, Life Science Engineering, Bachelorarbeit, 2021.

[78] I. K. Skwirzynski. *Design Theory and Data for Electrical Filters.* D. van Nostrand Company ltd., 1965.

[79] D. Suter. *Einführung in die Medizinphysik, Kapitel Bioelektrik.* Vorlesungsskript TU Dortmund, 2009.

[80] Till Tantau. *The TikZ and PGF Packages*, 2013.

[81] TexasInstruments. Analysis of the sallen-key architecture, 2003.

[82] N. V. Thakor, J. G. Webster, et al. Optimal QRS detector. *Med. Biol. Eng. Comput.*, 1983.

[83] M. Titze. *Schallemissionsanalyse als Nachweis des Reibverhaltens im menschlichen Kniegelenk in verschiedenen Belastungssituationen.* Diplomarbeit FB Maschinenbau und Feinwerktechnik, FH-Gießen-Friedberg, 1996.

[84] O. W. van Assendelft and W.G. Zijlstra. Extinction coefficients for use in equations for the spectrophotometric analysis of haemoglobin mixtures. *Analytical Biochemestry*, 69:43–48, 1975.

[85] J. Walsh. Of the electric property of the torpedo. *Philosophical Transactions*, 63:461–480, 1773.

[86] P.D. Welch. The use of fast fourier transform for the estimation of power spectra: A methode based on time averaging over shord modified periodograms. *IEEE Trans. Audio and Electroacoustics*, 1967.

[87] Martin Werner. *Signale und Systeme.* Vieweg + Teubner, 2008.

[88] F. N. Wilson, F. D. Johnston, et al. Electrocardiograms that represent the potential variations of a single electrode. *Am. Heart*, 1934.

[89] F. N. Wilson, F. D. Johnston, et al. The precordial electrocardiogram. *Am. Heart*, 1944.

[90] F. N. Wilson, A. G. Macleod, et al. Potential variations produced by the heart beat at the apices of einthoven's triangle. *Am. Heart*, 1931.

[91] C. H. Wu. Electric fish and the discovery of animal electricity. *American Scientist*, 72:598–607, 1984.

[92] K. Yanagihara, A. Noma, et al. Reconstruction of sino-atrial node pacemaker potential based on voltage clamp experiments. *Japanese Journal of Physiology 30*, 1980.

[93] Oksana Zayachkivska and A. Coenen. Mecks-memorial an essey in honour of his 150th birthday. 01 2016.

[94] J. Zebrowski and K. Grudzinski. Nonlinear oscillator model reproducing various phenomena in the dynamics of the conduction system of the heart. *Chaos*, 2007.

[95] Eberhard Zeidler, editor. *Springer-Taschenbuch der Mathematik.* Springer Fachmedien Wiesbaden, Wiesbaden, 2013.

[96] S. Ben Zekry, A. Sagie, et al. Initial clinical experience with an hand-held device (thrombocheck) for the detection of bileaflet prosthetic valve malfunction. *The Journal of Heart Valve Disease*, 14:476, 2005.

Stichwortverzeichnis

https://doi.org/10.1515/9783111003115-009

Herzschrittmacher, 56
Herzton, 17, 277, 278
Herzvektor, 252
Hirnneuron, 222
Hirnrinde, 221
Hirnstammaudiometrie, 89
His-Bündel, 68
Histogramm, 272
Hochpassfilter, 107
Hodgkin und Huxley, 79
Hurwitz-Polynom, 150
hydrophil, 57
Hyperpolarisation, 63
Hämoglobin, 119

IIR-Filter, 201
Impulsfunktion, 25
Impulsinvarianzverfahren, 205
Impulsmodulation, 155
Informationsgehalt, 6
Informationsübertragung, 6
instantane Periodendauer, 24
Instrumentenverstärker, 104
Integralkern, 37
Integraltransformation, 36, 37
Interpolation, 155, 166
Intervallanzahl, 35
inverse Fourier-Transformation, 39
inverse Laplace-Transformation, 41
inverses Problem, 76
inverses Tschebyscheff-Filter, 131
Ionenkonzentration, 58
ionischer Ausgleichstrom, 95
Isolationswiderstand, 113

Kalman-Filter, 129
Kanalprotein, 58
kausales Signal, 28
Klappenaktivität, 252
kohärent, 169
kohärente Mittelwertsbildung, 170
kombinierter Zeit-Frequenz-Bereich, 190
komplexe Übertragungsfunktion, 184
komplexes System, 3
Konvergenzbereich, 165
Konvergenzgebiet, 41
Kopplung, 81
Korrelation, 172
Korrelationskoeffizient, 33

Kovarianz, 32
Kreuzkorrelation, 172
Kriechstromstrecke, 113
Kurzzeit-Fourier-Transformation (STFT), 43, 192
Körperoberfläche, 96

Ladungsverschiebung, 63
Lambert-Beer-Gesetz, 292
Langzeit-EKG, 275
Lead-Vektor, 252
LED, 119
Leistungsdichtespektrum, 232
Leistungssignal, 29
Leiterschleife, 112
lineare Faltung, 177
Linearkombination, 20
Lipiddoppelschichten, 56
LTI-System, 38
Luftschall, 117

magnetischer Fluss, 112
Matched-Filter, 129
Maxwell-Gleichung, 71
medizinisches Expertensystem, 48
Membranspannung, 61
Messaufnehmer, 115
metabolische Erschöpfung, 230
Mexican-Hat-Wavelet, 45
Mittelungsfilter, 169
Mittelwertskurve, 169
Mizelle, 57
Modellsystem, 18
Modulation, 9
molarer Extinktionskoeffizient, 293
Morlet=Wavelet, 44
motorische Einheit, 231
Moving Average (MA)-Filter, 166
Moving-Window-Integration, 263
multivariates Signal, 19
Muskelfaser, 229
Muskelkontraktion, 229
Myelinscheide, 65, 66, 222
Myokardinfarkt, 270
Myopathie, 229

Nabla-Operator, 73
Nadelelektrode, 100, 229
Nernst-Planck-Gleichung, 54
Nervensystem, 55

www.ingramcontent.com/pod-product-compliance
Lightning Source LLC
Chambersburg PA
CBHW080921220326
41598CB00034B/5633